韩国人类学百年

한국 인류학 백년

◎【韩】全京秀（전경수） 著

◎崔海洋　杨洋　译

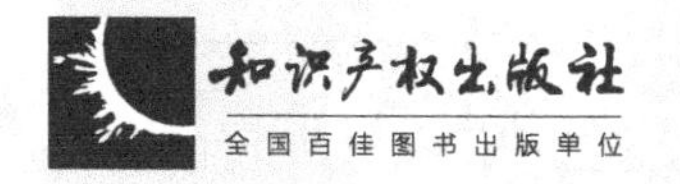

图书在版编目（CIP）数据

韩国人类学百年 / (韩) 全京秀著 ; 崔海洋, 杨洋译. — 北京 : 知识产权出版社, 2015.10

ISBN 978-7-5130-3879-9

Ⅰ. ①韩… Ⅱ. ①全… ②崔… ③杨… Ⅲ. ①人类学—科学史—研究—韩国 Ⅳ. ①Q98-093.126

中国版本图书馆CIP数据核字(2015)第258634号

著作权合同登记号 图字：01-2015-5001号

The Korea Foundation has provided financial assistance for the undertaking of this publication project.

内容提要：

本书第一部分从韩国人类学的基础讲起，详细论述了韩国人类学的研究范围及原著作者所理解的人类学。第二部分主要讨论了韩国人类学近代性和近代化的混存、学院派人类学的出现及在人类学界活跃的学者。第三部分内容集中于人类学专门化的短暂复兴期，主要讲述了国立民族博物馆与石南、大韩人类学会、“宋锡夏”“孙晋泰”，并对人类科学的整体发展进行了讲述。第四部分介绍了韩国人类学的发展潮流，主要讲述了人类学思想的复活，现阶段韩国人类学在韩国的发展倾向、制度性的变化，外国学界的韩国研究，以及人类学方法与研究的扩张。第五部分是对韩国人类学的反省与前景的讲述。

责任编辑：王　辉　　　　**责任出版：**孙婷婷

韩国人类学百年

HANGUO RENLEIXUE BAINIAN

［韩］全京秀　著

崔海洋　杨洋　译

出版发行：	知识产权出版社有限责任公司	**网　　址：**	http://www.ipph.cn
电　　话：	010-82004826		http://www.laichushu.com
社　　址：	北京市海淀区西外太平庄 55 号	**邮　　编：**	100081
责编电话：	010-82000860 转 8381	**责编邮箱：**	wanghui@cnipr.com
发行电话：	82000860 转 8101/8029	**发行传真：**	010-82000893/82003279
印　　刷：	北京中献拓方科技发展有限公司	**经　　销：**	新华书店及相关销售网点
开　　本：	720 mm × 1000 mm　1/16	**印　　张：**	24.75
版　　次：	2015 年 10 月第 1 版	**印　　次：**	2015 年 10 月第 1 次印刷
字　　数：	310 千字	**定　　价：**	76.00 元

ISBN 978-7-5130-3879-9

《韩国人类学百年》参译人员

罗康隆　阿拉坦宝力格　崔海洋
崔延虎　刘志霄　麻国庆　邵　侃
田　广　王建革　王晓敏　杨圣敏
杨庭硕　尹绍亭　张　曦　赵　敏

序

杨庭硕

韩国是中国的近邻，韩国的主体民族为朝鲜族，朝鲜族也是我国55个少数民族之一。更难得之处在于，近两个世纪以来，中国与韩国命运与共，都深受过殖民势力的欺凌和蹂躏。1842年，中国被迫接受“南京条约”，韩国也于1876年接受“江华岛条约”。1895年后，韩国沦为日本的殖民地，被日本军国主义奴役了半个世纪之久，直到1945年才获得独立。其后，又备受国家分裂之苦。时至今日，韩国尚未实现国家的统一，而日美等外国势力也还在不断插手中国的台湾事务，企图抑制中国的崛起。相似的历史进程，必然给两国的学术发展打上相似的烙印，也留下了同样的创伤。

时值全京秀博士《韩国人类学百年》汉文译本付梓之际，感慨万千。兴起之余，也不免为中国人类学界的研究现状担忧。学术是特定社会的产物，以至于一个时代有一个时代的学术思想，一个国家也有一个国家学术思想的发展历程。具体到人类学而言，她虽然堪称世界范围内的“显学”，但具体到每一个国家而言，显然需要认真清理服务于本国的人类学学术思想史。中国崛起已经成了不争的事实，但中国学术思想的系统清理却滞后于发展的需要。但愿中国学人能够以近邻为鉴，急起直追，不负于当代中国发展的需要。若就这一紧迫性社会需求而言，该书确实值得借鉴和参考。

近年来，中国政府不失时机地提出了“一带一路”的发展倡议，该倡议势必涉及多达数十个的国家和地区，明确涉及的民族数以千计。而当下的中国人类学家对相关国家各民族的认识，远远不能满足落实“一带一路”发展的需要。资料储备不足，专门人才欠缺，学术思想亟待创新。

若就国土面积而言，韩国确属小国无疑，但作为韩国人类学会会长的全京秀博士，其学术视野却能深入到中亚、印度、阿拉伯世界，与美国和法国知名学人都能保持密切地学术交往。韩国还有不少学者长期留住东南亚、印度、印尼等地，从事长期的民族学考察。而当下的中国学人却热衷于到欧美发达国家攻读人类学学位，向往于“一带一路”沿途各国，但真正从事人类学学习和研究者却又屈指可数，这显然与崛起中的中国社会需求极不相称。

波斯文本、印误第斯坦文本、阿拉伯文本有关人类学和民族学的专著与资料出版后，数十年间，居然还未出现汉文译本，这不能不说是一个重大的延。《韩国人类学百年》中译本的出版，堪称一个良好的开端，但其后的路还遥远得很。为了满足“一带一路”发展的需要，中国的人类学界，需要一大批精通阿拉伯文、印第斯坦文、波斯文、斯瓦希里文、泰文、孟加拉文、印尼文等专家。中国的人类学学人能不能急国家之所急，只能静候其表现了。

人类学是一门“显学”。在西方发达国家的教育体制中，人类学是作为基础课程而加以传授，中小学生都得接受人类学普及教育。但在中国，人类学往往是到了攻读硕士和博士学位时，才从头开始学习。这样的教育和研究体制，同样与崛起中的中国不相称。相比之下，韩国的人类学教育，却能做到大致与西方相合拍。《韩国人类学百年》汉文本付梓之际，是中国学界值得深思的一件事情。

全京秀博士求学于明尼苏达州立大学，与“进化学派”的领军人物斯图尔德、萨林斯、拉帕波特、塞维斯都有密切的个人交往，与法国学人列维斯特劳斯同样交往深厚，对西方人类学学术思想有精深地把握和认识。他在首尔大学任教期间，不仅系统讲授西方人类学思想史，还系统讲授“日本人类学史”和“中国人类学史”。他在编纂《韩国人类学百年》一书的同时，还编纂了《日本人类学史》。

时下的中国人类学的教学研究正面临着七大挑战：中华民族的传统文化，亟待需要现代人类学的思想高度，加以系统地整理和评估；中国人类学的学术视野亟待展拓；中国人类学家的活动范围亟待走向世界；中国人类学学术思想史必须及时清理反思，去其糟粕，取其精华；世界各国的人类学名著亟待翻译成汉文出版，以供参考；中国人类学的普及教育亟待从基础做起；中国人类学界的内耗需要尽早平息，对西方人类学思想的极端崇拜，亟待澄清。但愿《韩国人类学百年》汉文本的出版，能为上述七大挑战的应对提供一个契机，仅此切盼国内学人的响应。

《韩国人类学百年》的翻译者崔海洋博士，除翻译该书外，还翻译过全京秀博士的《环境人类学》等其他多部著作。他与韩国同人交往频繁，了解颇深，这样的学者在当下的中国似乎太少。但我国也有自己的优势，中国沿边各少数民族中，精通泰文、缅文、印度文、越南文、波斯文、塔吉克文、哈萨克文的民众，特别是青年人为数不少。但如果他们要进入高等院校深造人类学，都得重新学英文，既不能发挥它们的特长，又浪费了他们的学习时间。正当西方人忙着学中文的时候，我们却逼他们学英文，这确实有点令人不可思议。立足于落实“一带一路”建设的需要，不学英文无伤大雅，但中国若不拥有通晓“一带一路”沿途各国语言文字的人类学家，确实是一件大事。

中国的崛起，贵在发奋；中国的发展，贵在知己知彼。人类学正好是实现知己知彼的学术利器。此前，中国重在韬光养晦，人类学没有提到重要发展的议事日程，这情有可原。当中国初步崛起的今天，人类学将成为走向世界的先锋学科，乃是时代所使然。能否“应时而动”，关键就看人类学界的实际行动了。

祝贺全京秀博士、崔海洋博士的成功。

谨此为序。

目　录

第一章　韩国人类学的基础

第一节　研究的范围

笔者在书名中一直想要回避“学史”或“学说史”之类的用语。因为若要完成“韩国人类学史”这一课题，我们需要大量的先行准备工作，而目前的研究是远远不够的。笔者认为，所谓的“史”，是从整体上对全部相关事件和事实进行公正而深刻的评价，所以，要整理出全面的韩国人类学史，首先要进行各部分分论的研究。举例来说，将按主题分类的研究成果从时间序列上进行分析，或者将主要学者的研究成果进行集中的整理。在缺乏这些先行准备的情况下，学史研究很容易在整体上失衡，也有可能产生偏激的结果。

本书虽然以“韩国人类学百年”为名，而不是“韩国人类学百年史”或“韩国人类学史”，却仍是尽可能以学史为目的，完成相关内容的整理。少了“史”字，笔者希望以一种更轻松的方式来挖掘、收集、整理近百年发生的有关韩国人类学的事件和事实，并尽量避免某一特定的理论或历史观，更客观去分析人物和相关事件。

此文中所称的“韩国人类学”可分为两方面：一方面是指与韩国有关的人类学研究，另一方面是指韩国人所做的人类学研究。前者包含一切关于韩国的人类学研究，不论学者国籍和论著语言。后者则专指韩国本土人类学家的研究成果和韩国其他学科学者在人类学方面的研究。

时间上，本书选择了人类学这一学科兴起的19世纪中叶以后，也就是说，这是在近代学术研究范围内的人类学；空间上，本书是对朝鲜半岛、韩国人及其后代，以及韩国文化的人类学研究。而空间范围扩大的可能性，主要在于对“侨胞”的人类学研究。

一门学科的发展历程与百年来的韩国史是一脉相承的，但韩国人类学至今还踏着错误的脚步。编纂此书的目的不仅仅是为了展示部分韩国人类学史，更重要的是，作为与韩国人类学这一集团的民俗志（Ethnographic）的一部分。笔者希望以解读人类学研究的集团文化为基础，来开辟一条整理韩国人类学史的新道路。

自爱德华·伯内特泰勒发表人类学宣言以来，已有140年的历史。回顾这140年来韩国人类学发展历程，[1] 可以发现，韩国人类学的发展方向与西方或日本的人类学最大的差异在于，其是否有过（或有着）帝国主义的政治背景。过去的西方或日本学者在研究韩国的民族或文化的过程中，都或多或少的存在帝国主义的视角，而韩国的人类学界根本就没有过帝国主义的视角，目前也没有发现这一迹象。

西方和日本的人类学，在后帝国主义或后殖民主义的背景下，积累了大量自身的学术成果。而韩国的人类学则是在受帝国主义、殖民主义压迫的受害者的立场上发展起来的。虽然韩国人类学界与他们共同讨论“后帝国主义”“后殖民主义”，但二者的立场根本不同，然而长期以来韩国人类学界还在沿用这些西方学者创造的用语。由此看来，韩国人类学界要走的应该是“脱”后帝国主义或“脱”后殖民主义的道路，而不是走这些西方学者的路，而且要彻底地由韩国人类学界自己来完成。

因此，学者们在研究学问的过程中，应尽量摒弃自己的个人需求，不要为了满足自己而去做学问，而是选定学术问题和课题，并努力去解决相关问题和课题，这样研究的过程就是所谓学问的自我准据（文承益，1974：113）。笔者整理韩国人类学史的根本目的就是要确保人类学这一门学问的自我准据。

第二节　笔者眼中的人类学

随着时间的流逝，笔者越来越感到能够研究人类学是人生一大幸事，因此笔者对于直接或间接影响过作者和其他人类学前辈的老师们有着特殊

[1] 斯洛特金（Slotkin 1965: Ⅶ）曾说过，人类学全部的领域都是从18世纪末开始的。这作为学术的其中一部分在谈及人类学起源点之前有必要先理解人类学性研究倾向的胎动。在18世纪末初次出现的ethnography这一单词对人类学性的研究倾向有着支持和推动的作用。

的感激之情。随着年龄的增长，随着研究人类文化的深入，笔者在这一过程中经常被人类文化的奥妙所陶醉。也更加坚信这种人类文化的奥妙可以由人类学给出合理的解释。目前，韩国学界中，哲学和科学的日益相容而对于人文学和社会学的制度性分离的反对声音此起彼伏，笔者认为这是值得肯定的现象。

学界的这种研究氛围对人类学的发展十分重要，因为在制度性分离下，人类学是很难发现自我的。因此，在学者们对学术的态度转变期，韩国人类学界应趁机对韩国人类学这一学科发展的方向进行准确的定位。笔者坚信，如果这一课题与韩国人类学发展50年来人类学界的自省相结合，50年后的韩国人类学界会创造出辉煌的研究成果。

目前，作为人类学者，首先应自省——什么是人类学？为什么要研究它？怎么去研究它？因为这些问题反映了人类学研究的特点与价值，并能划清与其他学科之间的界限。

为了区分与其他相关学科之间的关系，我们有必要对人类学与体质人类学、考古学和民俗学之间的关系进行整理。笔者在这里要特别声明的是，本书提到的一些观点，如对个别学科的特性和这些学科与人类学之间的界限的认识，只是笔者的个人观点，并不代表整个韩国人类学学术界。

在学科分类问题上，我们可以参考其他国家的人类学分类方法。比如，美国把人类学分为体质人类学、文化人类学、语言人类学、考古学（史前人类学）四类（Bourguignon，1996年）；再如，欧洲式的分类是把人类学和民族学作为不一样的学派来进行研究。

把欧洲式的人类学用美国分类方式解读，那么欧洲的人类学指的是美国的体质人类学，而民族学则指的是文化人类学或社会人类学。但最近，传统的分类方式在“文化”概念的大框架下，出现了新的变化：一方面是传统的分类有所调整；另一方面是两种传统的分类方式融为一体成为新的体系（如国际人类学和民族学协会）。譬如，在英国，随着“文化”概念的介入，原本被划为人类生物学的体质人类学逐渐与美国式的体质人类学相一致。

美国式的人类学研究的特点是文化概念始终贯穿着整个学术研究，而相对来说，在欧洲，这种倾向就不那么明显。笔者一向把文化概念作为人类学的基础，因此，希望我们的学术界能运用美国式的分类方式，再根据韩国国情对韩国人类学重新分类。

目前，韩国的体质人类学有着盲目跟从解剖学研究结果的倾向。“解剖学主要研究生物体的形态、结构，以及繁衍等问题；而体质人类学主要研究生物体的体质特征、起源以及进化过程等，因此，也可以把两者视为同一学问领域。正如解剖学里有比较解剖学，体质人类学也有着研究人种或种族之间的体质差别的分支学科。”（张信尧，1979：11）但在这一论述中，我们根本就找不到文化概念介入的影子。因此，可以说体质人类学在韩国的发展形态较为畸形，而这一形态在其发源国都找不到。

众所周知，韩国考古学是作为历史学的辅助学科而兴起的，时至今日也一直保持着这样的特点。在韩国，考古学几乎可以被称为“考古美术”学派，由此名称也可以看出，考古学也跟体质人类学一样，很难找到文化概念的踪迹，而只是着重于阐明历史年代和重塑历史。

1970年后，即便是在美国获得人类学博士学位的韩国考古学者，大部分也都只是追逐着先学者的足迹。虽然他们在美国受教育的过程中重视过文化概念的影响，但回国后仍是热衷于阐明历史年代与重塑历史的工作，而不是研究忠实于文化概念的考古学。不可否认，韩国的考古学的确是历史学的辅助学科，而且在日本殖民地时代，韩国考古学也一直延续着这一特点。

韩国民俗学在宋锡夏的手中形成了应有的形态。显然，它是在一定的文化概念介入的基础上建立起来的。民俗学是“研究民族文化的学问”，而其主要内容是“社会民俗、经济民俗、医疗民俗、语言民俗、礼仪·宴会民俗、信仰民俗、艺术民俗等”（张哲秀，1996年）。在民俗学界，虽然这种分类方式也受到质疑，但对“民俗学是研究民族文化”的这个大方向，大家都持着同样的态度（参照李杜铉、张筹根、李光奎在1991年的研究，以及成炳禧、林在海在1986年的研究）。不难发现，韩国民俗学界和文化人类学界在研究内容上是大同小异的，所以两个学界就出现了重叠部分。从现在的发展情况来看，民俗学界的一部分是从韩国人类学会中分离出来的，也曾出现过四分五裂的形势。

体质人类学和考古学一直走的是远离其本质目标的路线，而民俗学遵循了在文化概念的基础，虽然在内容上与文化人类学保持一致，但在制度上仍然处于分裂的状态。从现在开始，我们要试着去打破这种现状，以文化概念为核心，把那些内容和目标相异的部分集中到一起进行研究，并尝试实现制度上的突破。

在人类学史中，最重要的内容莫过于“文化”这一概念。在研究人类学的过程中，我们设定了“文化”的概念，并通过它对“性相近、习相远”[1]进行了具体研究。人类学一直以来追求的本质目的在于，通过“性”的“同一性”来理解文化的普遍性，通过“习”的“相对性”来理解文化的特殊性。在这一过程中，人类学者一直坚持着一个假设，即人是身体与心灵相统一的实体。

我们将研究人身体的部分称为体质人类学（或是形态人类学，最近又被称为生物人类学），研究人心灵的部分称为文化人类学。每个国家根据实际情况所采取的形式是不一样的，有的是把两者在制度上紧密地连接在一起，而有的则是把两者分离分别研究。但可以肯定的是，无论是在哪里，这两者都是以统一的人类学为目标。

回首过去50年韩国人类学的发展历程，我们可以发现，这两者并没有以作为整体的人类学为目标，而是独立地研究各自的领域。大韩体质人类学学会会长也曾经反省，韩国体质人类学一直被看做医科大学解剖学辅助性基础研究的一环，并指责“体质人类学越来越倾向于遗传因子和分子的研究”（李光浩，1988年）。1988年以来，大韩体质人类学所发行的《体质人类学会志》中所登载的大部分论文，都是以了解解剖学形态为目的而进行的身体测量和与其相关的数据分析，以及有关疾病症状的一些事例，只有极少数是史前人骨的测量数据和最近才实施的对中国维吾尔族与泰国少数民族人体测量的研究结果。在韩国，研究体质人类学的一些解剖学者开始把目光转到比较解剖学当中。但比较解剖学和体质人类学有着明显的界限，要明确的一点是身体特征的地域性比较不是体质人类学，体质人类学必须包含指向文化概念的研究内容。

自称研究文化人类学的学者们根本就没有朝文化人类学指向的方向

[1] 见《论语·公冶长》。

发展。那这其中的某些教授就能反映韩国体质人类学的现状，他们不是从解剖学而是从人类学的角度出发，并获得体质人类学博士学位，但是与其说他们研究的是体质人类学，还不如说他们创造的是有关文化人类学的成果。然而，这不是单纯是某一个学者的问题，而是因为我们人类学界还没有形成均衡发展的制度背景，没法为个人提供良好的支持，而且从事人类学研究的学者缺乏正确的认知意识。

“在人类学中应把对人的关心放在首要的地位……人类学最终的目的在于对人类的全面而科学的理解……首先要分析人类的特征……。”（金光彦，1987：69）从这一段论述来看，人类学研究的对象最终是对人的理解。在此过程中，我们不能回避在人的特性中最基本的、作为前提的生物性特征。

生命的整体性，这是谁也不能否定的命题。在现实生活中，人类学者更要以身作则，要以行动来证明生命的整体性。但在过去的40年当中，人类学界却强制性地“试图闭上一只眼睛”，把人类学当成文化学。事实上，文化人类学是人类学的一个领域，体质人类学则是人类学的另一个领域。然而不可否认的事实是，在过去的40年里，我们人类学界回避建立两者均衡研究的人类学体系，以至于出现了文化人类学一边倒的现象。

对于这一现状的原因，可谓众说纷纭：有人说是因为医科大学的解剖学者把体质人类学当成是他们辅助性的工作；也有人指出是因为在现行的制度体系下人类学属于人文社会学。考虑到这些特殊性，韩国人类学难免出现向文化人类学一边倒的倾向。但笔者完全不同意以上观点，因为在这样的主张下，存在的只能是恶性循环的继续。在没有专业人士的条件下，就自然而然地不安排有关的课程，这对于学生来说，就是在根本没有提供接触体质人类学机会的前提下就被剥夺了学习的机会。

把文化概念作为基础人类学，要求无论是体质人类学还是文化人类学最终都要指向文化概念。单单研究人形体上和体质上的特征，不是体质人类学而是解剖学。人的这种形体上、体质上的生物特征作为基础怎样影响其文化的构成，而且这种文化的构成是怎样影响人的形体、体质的特殊性，即体质人类学研究的是两者之间的相互关系、相互影响，而这有助于实现人类学最终的目的——对人类的理解。从这个角度看，过去的韩国人类学不是指向总体性的人类学，而只是极端地立足于制度性分离下的基础性工作的一环。

众所周知，人类学这一学问是在19世纪中叶以Anthropology为名在西欧开始盛行的。韩国人类学研究是在19世纪末由日本帝国主义派遣的日本御用学者开始进行的，而在同一时间段俄罗斯也对沿海州的朝鲜人进行了相似的研究。可以明确的是，韩国最初盛行的人类学是殖民和统治的手段，可称为帝国主义时代的人类学。受此余波的影响，在殖民地时代，人类学学者被派遣到京城帝国大学，而当时的京城帝国大学就是日本人研究日本和朝鲜半岛文化的基地。

解放初，对于朝鲜人类学会（1984年改名为大韩人类学会）的诞生历程、同学会的活动，以及首尔大学文理专科学院社会科学部人类学科的相关记录，还没有较明确的介绍。之后，以解剖学者和临床医师为中心成立了大韩体质人类学会（创立于1968年），而且这一团体至今还存在着。

1958年韩国文化人类学会的创立，使现代意义上的人类学得以立足于这片土地，而1961年首尔大学考古人类学科的设置，使得人类学成为公共教育中一门正式的学问。从1975年开始到现在，首尔大学的人类学科一直作为社会科学大学一门独立的专业而存在。

过去，首尔大学的考古人类学科以考古学、文化人类学、体质人类学和美术学为中心课程。1975年的学科分离政策把以考古学和美术学为中心的考古美术史学科设置在人文大学，同时把人类学设置为独立的学科，但这时的人类学把中心指向了文化人类学，因此导致了体质人类学发展的极度脆弱。这种状况也存在于现在的考古美术史学科中。医科大学的解剖学教室曾研究并实践过体质人类学，因此，可以聊以自慰的是，首尔大学从整体上具备了人类学较完整的体系。

但自从现代意义上的人类学成立后，在首尔大学没有过任何体质人类学研究的踪迹，学问的一部分面临着即将灭亡的危机。虽然也曾有过在自然状态下灭亡的学问，但我们的体质人类学所面临的灭亡是由于学界对它的回避、抛弃，这与当今世界人类学发展的趋势是相违背的。体质人类学和文化人类学以共同的步调发展，同时促进考古学的发展，这才是世界人类学发展的总趋势。因此，笔者认为，在首尔大学，或是在韩国的某一大学，应确保专门研究体质人类学的硬、软件条件，从而促进体质人类学持续地发展。韩国的人类学面临着严重的正统性危机，我们要深思这一危机产生的根源。

韩国的人类学要以怎样的形式确立，而世界人类学又以怎样的趋势发展，对这两个问题有不同的观点，便会产生截然不同的态度。但韩国的特殊性要以世界的普遍性作为前提，我们要理解世界的普遍状况，而不是执着于阐述、证明韩国人类学的特殊性。否则，这有可能会导致韩国人类学永远的“残疾”。虽然这只是一种可能性，但我们有必要对这一可能性进行明确的讨论，而这种讨论就可以成为确立韩国人类学正统性的契机。

在韩国，以人类学为名建立学科（包含专业）的大学有9所（江原大学、庆北大学、德成女子大学、木浦大学、首尔大学、岭南大学、全南大学、全北大学、汉阳大学），在这9所大学中，专任人类学教授只有30位左右；在博物馆或研究院以及在大学的有关学科中，专门研究人类学的也只有20位；居住在国内并获得过人类学博士学位但处于“失业”状态的有30人（根据1999年至今的数据）。因此，可以得出以下结论：1999年至今，在韩国研究人类学的专家约有80人，其中1/3以上处于失业状态，这种局面是十分严峻的。

在现阶段，最紧迫的课题就是把80余位人类学专家聚集在一起，共同探讨出韩国人类学发展的方向和前进的道路。前面所提到的9所大学几乎都是在最近才设置人类学学科（专业），有些大学在设立人类学学科的过程中，面临着所谓学分制的大学制度框架等问题，这使我们很有必要再一次检讨韩国人类学的创立初衷。

韩国人类学研究的范围在空间上包含世界上所有的人类集体，在时间上涵盖古代、现在，以及未来的人类社会和文化，可以说人类学克服了空间和时间上的制约，把所有的问题都归结于人类的普遍问题。同时，人类学者把人类的生活作为主要的研究对象，虽然在研究过程中把很多时间投入到特殊社会中，但终究是在过去、现在和未来的比较中进行研究，因此可以归结为普遍的人类问题。正确诊断出政治和经济的发展、文化的变动，更重要的是为其指示正确的发展方向，从而为人类社会共同理想的实现作出贡献——这也就是人类学者的使命。确实，在解决人类社会面临的众多问题（如核战争、饥饿、人口急增、环境污染等）时，人类学发挥着最基本的作用。

人类学者除了对自己所要研究的主题，如宗教、政治、经济、医疗、教育、观光等进行主题研究（Subject Studies）外，还对一些特殊的地域进行地域研究（Area Studies）。没有地域研究的人类学研究就像是纸上谈兵。笔者曾在巴西的亚马孙、乌兹别克斯坦的集产农场、越南湄公河三角洲周围的农村，跟当地居民一起饮食、起居、干农活（三共）——从而进行实地调查研究（Field Research）。在韩国进行的地域研究也是很有意义的，如果没有在珍岛的一个渔村（被称为下沙漠）跟当地居民一起长时间生活的经验，笔者就不可能在这里论及韩国的文化。

很多韩国年轻的人类学者深入实地，有在马来西亚的农村跟农民一起生活的，有在巴西的一个贫民村研究造成其贫穷的原因的，有在印度的农村研究喀斯特的，有在墨西哥研究原住民的宗教和礼仪的，有在美国中产阶级生活地域研究其生活的，有在日本工厂里研究日本人创立企业的过程的，有在非洲尼日利亚研究血战斗争的原因的等。地域研究会逐渐增加而且其范围也会越来越广。在现阶段，动不动就使用“世界化”“国际化”这类用语是不妥当的，要知道，没有地域研究的基础性工作根本就不可能实现这种用语的真正价值。因此，人类学有望为世界化开创先河。

日本的世界地域研究所即亚洲经济研究所的研究人员，在韩国进行了农村祭祀传统和继承传统的研究。他们在全世界展开地域研究，研究当地居民持着怎样的价值取向，向往什么，怎样生活等问题。之后，掌握这些资料的企业就会输出完全符合输入国“口味”的产品以赚取更多的利润。这种良性循环促使如今的日本成了世界经济大国。

笔者在这里想要指出对人类学的几种偏见：

第一，认为人类学者就是研究骨头、研究文物的人。体质人类学当中的一些研究人类进化和研究考古学的人才是属于这一类型的。这是人类学研究中最基础性的领域，而且这些领域的最终目的也是“文化”。

第二，认为人类学只是研究他国文化。即把人类学视为与自身毫无相关的学问。从人的属性来看，人是不能看到自己的，所以人类就发明了能够看到自己的工具——镜子。人类学研究他国文化的理由就相当于镜子的作用，就是说不只是停留在看别人的阶段，还要在看别人的基础上创造出能够看到自己的工具。研究他国文化的人类学的目的就在于创造出能够研究韩国文化的工具。因此，当人类学成为韩国学的核心方法论时，韩国学也才能以正确的方式站住脚。

第三，认为人类学只是社会科学的一个领域。可能是因为首尔大学的人类学科属于社会科学的这一制度性安排给众人留下了这种印象。要明确的是，首尔大学的这种学科设置方式只是一个实验过程，并不是最终结果。就是因为没有把这种实验过程看成是成功的范式，才会面临着现阶段的结构调整。人类学是涵盖自然科学、人文科学和社会科学的综合性的科学。

现阶段，韩国人类学的发展极其畸形。体质人类学在国内几乎被排除在了框架之外，而考古学（史前人类学）只是专注于划分时代和寻找文物，而远离了理解史前文化的人类学精神；文化人类学则徘徊在粗疏的社会科学周围，不能全然发挥其接近事物本质的长处。

大学的入学考试分为“自然”和“人文”，这使得我们的学生不能具有统合性科学的视角。人就是人，人不可能分为自然的人和人文的人。但人类却人为地把人分为“自然人”和“人文人”。换言之，人类学就是要把自然和人文统合为一个整体，即人类学发挥着一种桥梁文化（Bridging Discipline）的作用。

能够使得上述偏见消失的针对性方案就是进行地域研究。这是因为，学问的研究最终是指向实用主义的，没有人类学的地域研究就像一枚“没有蛋黄的鸡蛋”。唯有以地域研究为基础，才能开辟出人类学发展的道路。虽然学界也期待，20世纪60年代后期发生在日本东京大学的景象能够出现在韩国，但现实则是现存韩国学界的霸权制度横行。

中东战争爆发时，没有一个人提到过那个地方。印度发生民族纠纷、尼日利亚发生暴动、向东帝汶等国派兵的时候，我们对这些地方当地的了解也都处于“零”的状态，才导致本应作为国民“眼睛”和“耳朵”的新闻舆论媒体最终成了最滑稽的“哑巴”。因此，我们要开始“活用”以人类学知识武装起来的地域研究专家们。

第二章　殖民统治和韩国人类学

第一节　韩国人类学的黎明：近代性和近代化的并存

想要对人类学刚开始作用于韩国时所产出的研究成果进行更精确的诊断，首要的问题是正确区分近代性和近代化的概念。19世纪末，日本殖民主义开始对韩国进行政治和经济上的剥削、掠夺，由此推测，人类学进入韩国与日本的登场应该是同时的。因此，可以说人类学的近代化理论是在殖民统治的背景下产生的。

在近代化的人类学研究中，韩国人处于被动地位，这种研究是单方面的，是在殖民统治背景下产生的作为侵略手段的研究。不同于在这种背景下产生的近代化理论，朝鲜人自己也对这一学术问题有了一定的意识。为了区分这种问题意识与近代化的不同，笔者想把在此认识论上所出现的研究范围称为“近代性”。

除了日本人以殖民统治为目的而进行的人类学研究外，韩国人类学的内容还应包括通过人类学研究来理解韩国人和韩国文化的种种尝试。在对关于韩国的人类学论文进行近代性和近代化的区分中，研究欧美人的论文所遇到的难题也同样适用于日本人的论文。然而，对人类学整体覆盖殖民主义的西方来说，这种区分也有可能是毫无用处的。

在殖民侵略的暴风雨和支配与被支配的权力格局下所出现的近代化的知识体系，以及朝鲜人对知识的好奇心所产生的近代性的知识体系，这两种知识体系是共存的。

近代性和近代化的知识斗争最终以怎样的结局收场，这终究取决于历史的权力格局。朝鲜人自身领悟出的近代性没能跟近代的人类学研究结合在一起，其根本原因在于，朝鲜人的近代性受到了近代化的殖民权力格局的强压。换言之，作为一个专门的学术领域，人类学知识体系的确立过程能够反映出一个国家的历史发展进程。

一、高义骏的文化论

19世纪末，日本对韩国进行了殖民统治。在当时的社会环境下，高义骏的人类学理论就像茫茫大海中的一叶扁舟，是近代化暴风雨下的近代性痕迹。当时已经是“日本殖民主义朝鲜研究的第一阶段（1868—1894年）”，即日本人已经了解了朝鲜的概况并为殖民侵略做好了事先准备；而第二阶段（1894—1905年）出现了专门的调查组织和团体”（朴贤洙，1993：9）。做好一切准备的日本人在欧洲殖民主义的深入影响下，以军—学复合（Military-Academic Complex）的过程来进行人类学研究。

笔者认为，如果没有高义骏的文化论，那今天我们连近代性的这一问题都无法谈论。19世纪末朝鲜人的人类学研究所指向的方向是什么？能对这一问题给出答案的就是高义骏的《人类学的方法》。即便论证不够充分，这篇论文至少也摆脱了殖民侵略所产生的近代化脉络。

1896年，作为韩国人的高义骏最先提出了人类学观点。因此，笔者认为，1896年就是韩国人类学的开端。所以，笔者将通过研究1896年前后有关韩国人类学的文章，来探讨韩国人类学早期的状况，同时结合1896年前后外国人对韩国进行的人类学研究结果，从而找到韩国人类学的渊源。

高义骏的论文早已被研究韩国早期社会学的崔在锡介绍过。他曾这样说道：“关于人类学的介绍先于社会学。‘人类学’乃至‘人类学的方法’等用语早已出现在高义骏撰写的《关于事物变迁研究的人类学方法》中。这篇只有五页的论文（当时算是一篇较长的论文）涉及‘事物’以及‘事物变迁研究’的概念定义和推理的方法，还有跟历史方法形成对比的人类学方法等内容。”（崔在锡，1974：6）

为了使读者更好地理解高义骏发表过的这篇论文（原文混用了韩文和汉文），笔者在这里把原文的部分内容进行小部分修改后直接转载到本文中。“这篇论文登在名为《亲睦会会报》的期刊上，而这个期刊的创刊日期是1896年2月15日，终刊日期是1898年4月。发刊人是崔相敦……1895年7月组织的大朝鲜人留学生亲睦会（也被称为大韩国留学生亲睦会）就是最初的日本留学生团体，而就是这个团体创办了《亲睦会会报》这一期刊。但此期刊于1898年4月在东京登载6号会报后就不见了踪影。”（朴仁华，1982年）因此，高义骏有可能是1895年大韩帝国政府派遣公费留学生之前就赴日本留学的先遣留学生（约35人）中的一员（车培根，1998：16）。

“事物”，其本身的意味十分广泛，但此处所指的“事物”绝非广义上的“事物”，其研究对象是“人为之事物即诸种的人事和人造的诸物”。“此等之事物”是围绕“诸物之状”而存在，因此，其事物的变化是根据“状貌之变化”而判断的。围绕“一体事物”的“诸般状貌”十分复杂，事物不可能以“恒常同样”的形式存在。事物免不了其变化，研究事物如何发生变化，以及以怎样的顺序发生变化的方法，我们称为“事物变化研究”。事物变化的研究有三种方法：

第一，“追究先进者，逐渐溯上本源”，从理论上研究事物的性质和发展变化，我们称此种方法为“推理的方法”。

第二，按年代顺序排列“古今之事实”，从而得知其发展变化，我们称此种方法为“历史的方法”。

第三，“付于诸人种研究过去现在的事物异同”，因而调查从“如何的时节”转到“如何的时期”，从“如何的时期之事物”转到“如何的时期之事物”，通过比较研究的方法，不拘于年代之顺序得知事物变迁的“途径”，我们称此种方法为人类学的方法。

譬如，研究衣服变迁为例，其推理的方法如下。衣服是为了防寒、防暑而产生的“不求奢侈只求实用的诸种装饰”，只是披在身上的“布数物”。之后逐渐产生“腰卷”、产生“上着”，用来遮蔽身体，并成为一种“附属物”，这种追想的过程就是衣服变迁之推理的研究方法。但没有“能够充当正当证据的材料”时，这种研究方法容易产生以“我”推“他”的弊端，即会出现以“今人之心”推断“古人之心”的弊端，这就如同于以“大人之心”测量“小儿之心”的事。历史的方法是根据年代顺序研究衣服变迁的过程，以确切的历史材料为“证据”。比如，之前有人穿过这样的衣服，之后有人缝制过这样的衣服，再之后某人的歌中提到了这样的衣服，因此就可以推断当时的衣服就是这样的。故历史的方法比推理的方法更为“确切”，但也存在其本身的缺点。虽然历史的方法能够反映确切的年代顺序变化，但不能解释“何故”产生了这种顺序。譬如，在不知道“春日花开、夏日茂叶、秋日实熟、冬日落叶”的植物生理循环之道理的前提下，就不能论及其发展变化。在事理变迁的研究中，方法不同，结果有别。再如“某地的住民以裸体生活”“某地的住民身着数种的装饰”“甲之人种使用腰卷，乙之人种以数似之物覆上体之上部”“某住民的衣服是从何时开始变化、某住民的衣服存在何物之遗风”等，收集这样的事例，并随着社会的进步不断积累，这种方法我们称为衣服变迁之人类学的研究方法。人类学的研究方法是直接对某个社会的某种事物进行研究分析，因此，不存在以“我”推“他”的弊端，同时又对每个事物的变迁给出科学的理由，因此，也避免了历史方法的缺点。对于事物变迁之研究，历史的方法优于推理的方法，人类学的方法优于历史的方法。历史的材料以“过去之事”为主，因此，很难判断其是非，而人类学的方法以“现在之事”为主，故容易“见别当否之事”。

全世界人民绝非居于“同一样之开化度”，诸人种不可能以“悉皆一定之状貌”存在。有一种方法能够让人在“通览全世界诸人种”时，可以确定其“种种之阶层”，让人“一时”看清“正一人民经历的数千年、数万年的时间”。“假定甲人民居于最下级位置、乙人民居于其上位、丙人民居于乙人民上位，对一件事物的比较研究如同于研究一人民从甲人民状态转为乙人民、从乙人民状态再转为丙人民状态直到现在的变迁过程。”故人类学的方法能够展示历史的经过，人类学的方法不可能完全排除历史和推理的成分。研究事物变迁的最好方法是人类学的方法，其第一要点是明确人类学的方法适用的领域，人类学方法是“付于人种的现在过去事物的异同研究”，是关于“人种间事物”的研究。

这篇文章包含了韩国人最初的人类学观点，对于其中的要点，笔者做了以下整理：

（1）把人类学研究的对象指定为“诸种的人事和人造的诸物”。这就相当于如今使用的广义文化概念。明治维新后的日本知识界把英文的culture译为“事物”，这一事实也体现了这种观点。高义骏把事物定义为诸种的人事和人造的诸物。换言之，人类学研究的对象就是关于人的事件和人们创造的一些现象。可以说他所说的就是文化。

（2）高义骏重视事物的变化即文化变动。当时把文化变动的研究定义为“事物变迁之研究”。

（3）高义骏所写的“对于事物变迁研究的人类学的方法”这篇论文阐述的就是关于文化和文化变动的观点。

（4）对于文化变动的研究方法，他提出了跟推理的方法、历史的方法形成对比的新的人类学方法。

（5）他特别强调，人类学的研究方法适用的范围是关于“人种的过去、现在事物异同的研究”和“对于人种间事物比较”的研究。

（6）把比较研究作为人类学方法的重要手段是Tylor提出的人类学研究方法的核心。

（7）作为具体的事例，把关于服装这个个别事物和服装演变过程作为论据。这不是抽象的理论讲述，而是把个别的、具体的事例作为论证的重要论据，带有浓厚的民俗志色彩。

（8）提出了在对现象进行认知的过程中，有可能会受到“内观的接近”（Emic Approach）或“外观的接近”（Etic Approach）的影响的观点。也在“今人的心”和“古人的心”与“大人的心”和“小儿的心”的对比中，提出了因为前者的专横而发生认识上误解的可能性的观点。这可以说是脱殖民主义和相对性问题共同摩擦切磋的思想性观点。

（9）“社会”或“社会进步”等用语不是在李人植（1902年）的《少年朝鲜半岛》中最先提出的，而是出现在比他早10年的高义骏（1896年）的论文中。由此可知，在当时，立足于进化论的社会进步概念已被广泛地接受。

（10）虽然提出了新的人类学研究方法，但没有把推理和历史的方法完全地排除在外，而是采取了适当结合。

（11）高义骏是第一个吸收Edward Tylor“立足于进化论的人类学研究”的韩国人，而且可以确定的是，他是通过日本留学吸收了19世纪末西方的人类学理论的。当然，他并不是进行现代意义上的人类学研究的人类学家，但值得肯定的是，他至少提到过人类学研究的方法。

（12）他把Tylor的“culture”译为 “事物”。

在同一时间段，由傅兰雅所写的介绍人种区别的论文——《1987“人分五类说”》（大朝鲜独立协会会报）——也是值得关注的一篇论文。韩国的东京留学生介绍了人类学的普遍知识，这一过程就是对接近和发现人类学近代性的一种尝试。

至此，有关高义骏的其他学术活动资料再被找到，之后，他好像成了亲日官僚及政治家。[1]

二、外国人类学对韩国的关注

笔者简单地整理了当时欧美人和日本人的研究成果。对于他们进行的人类学的研究内容，今后需要更缜密地分析。收录有关资料的有：丛林（1931：93–105）、高丽大学民族文化研究所（1964年）、宋锡夏（1960年）、须填昭义（1949年）、韩国精神文化研究院（1984年）等。

急于打开东方大门的俄罗斯最先收集了有关韩国的资料。当时定期发行的重要刊物中，涉及人类学或民俗学内容的有《韩国的储蓄库》（*Korean Tepository*，1892—1898年）、《回首韩国》（*Korea Review*，1901—1906年）、《韩国杂志》（*Korea Magazine*，1917—1918年）、《皇家亚洲学会韩国分公司的交易》（*Transactions of the Royal Asiatic Society*，1900年至今）等（请参考附录1）。

1876年马端临的专著发行后出现的“人种学”（Ethnography）一词的含义，跟早已在18世纪德国出现的同一单词的含义是一样的（Linke，1990：117）。这并不只是有历史记录，而是即使在传承方面也能看到其同等的重要性。19世纪末，在美国和英国发行的当时最重要的人类学刊物中[《美国人类学家》（*American Anthropologist*）、《民俗》（*Folk-Lore*）、《美国民俗》（*Journal of American Folk-Lore*）、《人类学研究所》（*Journal of Anthropological Institute*）]登载过有关韩国的研究论文。民族学的一般内容以及关于当时人类学的两大焦点“亲戚”和“仪礼”的内

---

[1] 1906年1月28日，日本帝国主义“授予了礼式官高义骏叙动四等赐旭小授章”（东京，朝日新闻1906年1月29日）。而授予勋章的时机是刚过乙巳条约之后的第二个月，因此受到大家的注意。高义骏是“深化日韩两国人士之间的交流和友谊为目的的韩国大东协会”的发起人（国民日报1906年9月8日）。

1924年3月25日，封建贵族和地主势力的代表性团体——各派有志联盟（后被日本帝国主义收买）在首尔的京城酒店举办了创立总会。高义骏作为各派有志联盟的执行委员发挥了主导性作用。（金俊烨、金昌顺，1986：23）为此称高义骏是“没落时期的民族运动”的核心人物。

容也登载在上述期刊中。

与此同时，日本人的人类学研究成果跟19世纪末日本进行的殖民主义近代化的人类学研究从脉络上很难被分清。日本人从西方吸收了人类学的相关理论，但之后却把人类学研究当作是殖民统治的重要手段。同时不能否认的是，在那样的脉络中日本人也对朝鲜人的“野蛮的居住方式”、社会组织（部落和种族等）、神祠等方面进行了专门的研究。以下是当时的主要研究成果：

铃木卷太郎：《关于刻着朝鲜人面的木標》，《人类学杂志》，1890：5–47。

羽柴雄补：《关于朝鲜里程碑》，《人类学杂志》，1891：6–65。

八木奘三郎：《跟朝鲜京城内的笠穴相似的小屋》，《人类学杂志》，1895：10–107。

鸟居龙藏：《高丽种族的纹样》，《人类学杂志》，1896：11–113。

长井衍：《朝鲜的神寺》，《人类学杂志》，1896：11–126。

船越钦载：《朝鲜家屋的话》，《建筑杂志》，1898：12–141。

川住程三朗：《韩国土俗上的见闻》，《人类学杂志》，1900：16–176。

三、迟来的体现正统性的努力

1910年对韩国来说是个特别的年份，1905年11月签订乙巳条约后，在日本帝国主义的侵略下大韩帝国丧失了国权。殖民统治的强制压迫，使韩国的知识人士不得不利用人类学的相关知识来确立自身的正统性。这种努力展现了殖民统治强压下的普遍性知识，也是连接比日本帝国主义更为普遍的韩国人的正统性秩序的其中一环。

崔在锡早已介绍过这一时期的文章，“1906年李人植发表的文章中（月刊杂志《少年朝鲜半岛》1–5号）谈论到人种学和人类学；1906—1907年的《人族历史的渊源概念》（薛泰熙译），大韩自强会月报4、5、6、7；1907年的《人类的起源和发展》（N.S. 译），大韩留学生会报第三号”（崔在锡，1974：6）。除了这些文章外，还有在日本帝国主义朝鲜半岛强占之前，在民俗学或人类学学问立场上翻译和撰写的文章：

金洛永：《世界文明史》（译），太极学报，1906，16：13–17。

《世界文明史》（译），太极学报，1907，17：22–26；18：19–23；19；16–21。

椒　海：《世界文明史》（译），太极学报，1907，20：10–14；21：19–22；22：14–18。

刘元杓：《民俗的大关键》，西北学会月报，1907，1（4）；20–24（在西北学会学报中，学问被分为自然的科学和精神的科学，社会学被归为精神的科学的范畴）。

李东初：《朝鲜半岛文化大观》，大韩学会月报，1907，2：38–44；4：47–50。

匿　名：《我国岁时风俗记》，西北学会月报，1908，1（10）：29–35；2（13）：39–42；2（14）；2（15）。

沧海生：《韩国研究》，大韩兴学会报，1909，9：10–14。

岳　裔：《地理和人文的关系》，大韩兴学会报，1909，10：28–32；11：18–25。

日本殖民统治时代的开始瓦解了高义骏人类学方法理论等本土学问的根基，也彻底终止了欧美人类学家对韩国的人类学研究。这是韩国人类学的一次曲折的历史。通过人类学能实现的近代性的问题意识被日本帝国主义的近代化给吞没了，这使我们的学界不能确立正确的理论框架。韩国沦为了日本人独享的舞台，而韩国的人类学迎来了最惨淡的时期。

笔者找到了一些描述这一惨淡时期的痕迹。1920年，自认为是最初介绍人类学的一位匿名（《开辟》）记者在文章中写道："人类学是关于人类总体即人类习性的理学。"（1920：80）笔者在《开辟》中又找到了关于人类起源和发展的翻译版的文章[1922年，《人类的起源和发展》（田文译），开辟 25号]。1926年，金允经在《人类社会发展程度的分类》（东光7：384–387，441–444）中写道："数年前美国芝加哥大学的人类学家——Starr博士[1] 访问过韩国。"（金允经，1926：441）他还在文章中介

[1] 1929年，芝加哥大学新设人类学科作为独立的学科。此前，费雷德里克·斯塔尔博士曾在芝加哥大学讲授人类学并进行了相关的研究：1906年在刚果进行实地研究，1923年正式退休。在任期间，曾6次访问东亚，退休后更频繁地访问东亚（参考Stocking，1979：11–15）。1925年，朝鲜在北美的留学生出版了名为The Rocky的杂志，斯塔尔博士在其中发表了题为《请保留朝鲜文化》的文章。

绍了Frobenius和Steinmetz。从这里可以看出，当时人类学发展现状多么昏暗，人类学研究还只是停留在表面的简单介绍，远远不如30年前高义骏提出的有关人类学的理论。

然而，高义骏有关人类学的理论最终被埋没在殖民统治的权力格局下，之后的朝鲜文化完完全全地成为了日本人和殖民统治者“调查”的对象。这就是殖民地时代扎根的“民俗调查”的精神和内容。

人类学的萌芽虽然被埋没在殖民统治的政治格局下，但在别的学术领域中也曾出现过像高义骏这样进行近代性思考的人。我们要把更多的意义赋予高义骏效力过的《亲睦会会报》自身所体现的近代性，这个期刊上登载过的研究成果就是殖民地重组之前体现近代性的证据。而殖民地重组属于近代化。要正确区分近代化和近代性。而就像前面所说的1896年高义骏撰写的《人类学方法》就是近代性的萌芽。

第二节　日本帝国主义的殖民统治和人类学知识的运用

日本为了抢占朝鲜半岛而进行了各种学术运用，人类学也不例外。跟西方一样,日本帝国主义同样把人类学当做是侵略的手段。日本人从西方国家学习人类学的第一阶段,就把韩国作为实验基地，把殖民统治和人类学相连接作为侵略手段。之后的日本人类学者也承认这一点（如蒲生正男）。

简单地看看初期日本人类学史，它对在殖民地朝鲜例行统治过程中积累的人类学和民俗学的工作进行了介绍。当然，这些内容由于和日本帝国主义的殖民地统治有直接关系，因此深入的讨论要取决于文章本身。

在日本，近代意义上的人类学的开端，是从把西周的《百一新论》（1874年）中出现的“Anthropology”译成“人性学”开始的。它首先从比较解剖学中分离了生理学、性理学、人种学、神理学、美学、历史学。（朴贤洙，1993：15-16）对此，很有必要证明它究竟属于博物学的研究范围，还是Tylor提出的人类学的研究范围。

1884年（明治十七年），由坪井正五朗、白井光太朗、佐藤永太郎、福家梅太朗四人在东京帝国大学理学部人类学教室创办了人类学会。这个组织发行的期刊是《人类学会报告》（1886年改名为《东京人类学会报告》），它就是《人类学杂志》的前身。不同于东京，在京都是以京都大学为中心创办的“京都人类学研究会”，其中的中心人物是铃木文太郎、足立文太郎、长谷部言人等解剖学者。

1914年（大正三年），密克罗尼西亚成为了日本的托管地，这时候东京帝大的松村瞭、柴田常惠和京都帝大的长谷部言人等人被派出并撰写了名为Contribution to the Ethnography of Micronesia（译为《密克罗尼西亚的土俗志》）的报告书。这本报告书包含了体质人类学的内容。后来，这些成员从1926年开始了有组织的探险活动。当时进行学术活动的组织还有日本土俗学会。

在韩国乃至整个东亚，留下诸多人类学研究成果的鸟居龙藏在东京大学理科大学的人类学教室（1893年设置）里，在坪井正五郎教授的指导下，学习了当时的人类学，即体质人类学和考古学……1910年，朝鲜总督府委托他对朝鲜石器时代的遗物进行研究，并对朝鲜人的人体进行测量……（省略）……他在没有区分体质人类学和文化人类学的情况下，以人种学的名义，对朝鲜半岛的人进行了人体测量，并调查了朝鲜半岛的风俗习惯。他的人种学概念不仅包含了体格……虽然他们留下了考古学上的史实，其中也有史前的史实，但是要有历史性的事实才是对风俗习惯调查。因此，他们调查的是固有的风俗习惯（朴贤洙，1993；91–92）。可以看出，当时人类学和人种学的用语是混用的，在日本以东京大学为中心进行的人类学研究还没有摆脱体质人类学的框架。这种倾向跟欧美的早期人类学研究倾向是没有太大差别的。调查朝鲜固有风俗习惯的论文有：

太田天洋：《关于朝鲜的笠穴》，《人类学杂志》，1914：29–4。

大野云外：《朝鲜里程碑的起源》，《人类学杂志》，1914：29–1。

八木奖三郎：《朝鲜的石战风习》，《人类学杂志》，1917：31–1，32–4。

伊能嘉矩：《深思石战风俗》，《人类学杂志》，1917：32–4。

村山智顺：《关于风水》，《朝鲜史讲座特别讲义》，1924。

黑井治德：《朝鲜城隍神及天下大将军考》，《考古学杂志》，1925：15–1。

1932年，在京都的民俗学研究会是以京都帝大为中心开展活动的。

1932年5月3日，在文学部的陈列馆进行了“弗雷泽心理人类学（池田）”“在原始经济中的交换（木村）”的发表会。当时有过一周一次的讲谈会，用的教材是马利诺夫斯基（Malinowski）的在野蛮社会中的犯罪和风俗（*Crime and Custom in Savage Society*）。这些研究民俗学的人却把属于社会人类学领域的书作为教材使用，可以看出在当时日本学界中，这两个领域是可以进行互换的，两者不存在明确的界限。日本人试图把从西方“引进”的人类学或社会人类学融入到自身的民俗学当中，这也是一个学问的本土化的过程。

东京大学把体质人类学、考古学、文化人类学集中在理学部，进行了为制定政策服务的研究；京都大学则把民俗学和社会人类学集中在文学部，并进行“纯粹”的学问研究。因此，考虑到日本学界关西/关东这两大山脉的走向，在往殖民地朝鲜的京城帝国大学派遣教授时，主要派遣东京帝大的教授，这件事也并不是和殖民地管理的政治目的完全无关的。

1915年，朝鲜总督府把关于“旧惯及制度”的调查移交给中枢院，重点对民事和商事习俗进行研究。1921年，为调查社会文化的实态而进行的风俗调查，与旧惯调查一样，是对同时代文化的研究。作为风俗调查的一个环节而出现的部落调查的研究结果有：《朝鲜部落调查预察报告》（小田内通敏，1923年），《朝鲜部落调查报告（第一册）：火田民、来住支那人篇》（小田内通敏，1924年），《朝鲜部落调查特别报告（第一册）：民家篇》（今和次朗，1924年）等。

今村鞆担任警察干部期间收集了很多资料，是驻扎朝鲜宪兵队司令部发行的《朝鲜风俗集》（1914年）的作者。退职后的他在总督府做临时的工作。在那期间，他编纂了有关风俗的资料，留下了诸多成果，其中不仅有关于韩日关系史的，还有关于朝鲜的韩医学、人参、船舶以及开城地方史等内容。今村鞆被称为朝鲜民俗学领域的开拓者，而他撰写的“《朝鲜风俗集》与《朝鲜社会考》（驻扎宪兵司令部编纂，明治四十五年）一起被评价为半岛民俗学的入门书。他为杂志《朝鲜》提供了广博的民俗学资料”（岩崎继生，1933：114）。

朝鲜总督府也在官房文书科设置调查系后对朝鲜民情进行了调查。此调查系当中的村山智顺（东京帝大出身）和善生永助（早稻田大出身）也收集了浩繁的调查资料。1919年临时任命的前者为民间信仰、后者为经济方面做出了各自的贡献。小田内通敏（早稻田大学教授）受总督府的委托撰写了部落调查的报告书（岩崎继生，1933：113–114），他跟柳田国男等都是最初在日本进行民俗调查的乡土会成员。以他为中心撰写的报告书有：《朝鲜部落调查预察报告第一册》（1923年），《朝鲜部落调查报告第一册》（火田民、来住支那人篇，1924年），朝鲜总督府刊行的《关于朝鲜民情资料契的调查》（1923年），《朝鲜民俗资料第一编朝鲜之迷》（1924年），《同第二编朝鲜童话集》（1925年），《同第三编朝鲜俚谚集》（1926年），《朝鲜的风习》（1926年），《京畿道内务部社会课编：京畿道农村社会事情》（1927年）等。小田内通敏作为在职教授，受总督府的委托（不是雇用）进行了调查。

对于那些为总督府殖民统治政策研究积极奉献的日本人类学界中的关东学派，我们有必要进行更深一层的分析。今村鞆的著作对秋叶隆（最初在京城帝大讲授并研究社会人类学）产生了深刻的影响。他在朝鲜民俗学会的创立中，跟宋锡夏、孙晋泰等人共同发挥的核心作用，而似乎违背了当时殖民政策下的韩国人类学发展。可以肯定的是，我们不能回避这样的现实："20世纪20年代后，受朝鲜总督府嘱托而进行的……资料、报告书的撰写虽然起初的目的是为了更好的殖民统治而提供殖民政策，但从民族学或社会人类学的角度看，它是有一定价值的。"（泉靖一、村武精一，1966：3）

通鉴部和朝鲜总督府的民族资料收集是以武力运用为基础的。"民俗学的研究是在大学研究室或政府进行的，但也可嘱托给地方的知识人士从而获得更好的效果。"（岩崎继生，1933：114）从日本学者的这段评价中可以看出，当时的民俗学研究主要是在政府进行的。朝鲜人和朝鲜文化成为了日本人的管理对象，管理过程中朝鲜民俗则成为了调查对象。笔者把在管理对象和调查对象相结合的状态下开展的民俗学和人类学的相关资料、调查结果及其影响称为"民俗调查"。

对于殖民统治时期进行的调查研究，既不能完全否定它对人类学的学问价值，同时也不能忽视殖民主义的介入对后来人类学学界产生的影响。显然，为了殖民统治而展开的人类学事业并不是 人类学 "研究"，而是作为官方统治性手段的民俗“调查”。

日本在确立统治体制的过程中，以朝鲜总督府为中心进行了高强度的调查，而且在1919年三一运动后进行了大范围的社会文化经验调查。这种过程给韩国人类学赋予了两种意义：一个是韩国人类学完全受日本人掌控，朝鲜半岛成为了日本人类学研究的实验基地；另一个是韩国人对于人类学这一学问的认同性问题。

殖民统治下的人类学是统治者的侵略手段，这一理念的根深蒂固导致韩国人对人类学和人类学知识持着两种态度：一种是反帝反殖民主义的倾向（这种运动是从西方留学回来的韩国留学生发起的）；另一种是对人类学的发展一直持有不太积极的态度，即虽然都在谈论同一内容的问题，但他们回避了“人类学”这一用语，而使用“民俗学”。在日本虽然出现了这两个词混用的倾向，但在韩国，那些早早试图研究人类学的学者们都很少使用“人类学”这个词语。

第三节　学院派人类学的出现

日本帝国主义殖民统治时期的民俗学分为三个派别：官方派、在野派、讲坛派。官方派指的是在政府进行活动的派别，在野派指的是与讲坛派和官方派无关的独立进行个体活动的派别，讲坛派指的是在学校的组织圈里进行活动的派别。笔者使用的这些分类名称并不具有特殊的思想和政治含义，只是想更好地营造当时的社会气氛，更好地反映当时的人类学意识。

其实，在岩崎继生对《朝鲜民俗学》（1933年）的评价中可以找到上述分类的痕迹，他同样把民俗学分为“讲坛民俗学”“官方民俗学”和“在野民俗学”三类。“讲坛”是秋叶隆主导的京城帝国大学的内容，“官方”是朝鲜总督府受雇者的成果，“在野”是以李能和为首的的韩国学者的成果。当时，民俗学的主流、主导是官方民俗学，而讲坛派和在野派是在官方派的影响、刺激下活动的，这就是当时学界的潮流。

但从学术的角度看，“讲坛”和“官方”是日本殖民主义“提供的”，而且它们是以日本人为中心进行的，而“在野”是李能和等韩国人自己“争取的”。当然，这两种倾向在朝鲜民族学会创立后有融为一体的趋势。这种趋势足以证明当时以韩国人为中心的在野派的力量，跟以日本官方为中心的讲坛派、官方派的力量是可以相提并论的。学院派只有打破固有思想观念（只能以讲坛为主导的观念），才能正确地把握殖民统治下的韩国人类学。

一、官方派

朝鲜总督府建立初期是通过委托制（委托给小田内通敏等的大学在职教授）收集资料的。鉴于对社会文化实态的经验性资料的需求，朝鲜总督府成了完成这项任务的中心组织，并为了完成更深层的调查而实行了雇佣制，即雇用专家收集并分析更深层次的政策调查资料。其实，就是为了向殖民统治提供更好的政策手段，把原来的委托制改为雇佣制。三一运动爆发的1919年成为了制度转换的关键时期，这在很大程度上受了日本帝国主义文化统治政策的影响。

从调查者暂时参与研究的委托制转换到调查者成为总督府调查专员的雇佣制，其实就是一个强化的过程，但在雇佣制的实施过程中我们感觉到与委托制不同的学术氛围，即日本帝国主义的学术研究是以积极地参与方法论的方式出现的。

就像岩崎继生所说的，20世纪30年代普遍认为“民俗学就是在大学研究室或政府进行的”（岩崎继生，1933：114）。在政府，研究民俗学的人就是被雇用于朝鲜总督府的受雇者，笔者把他们的成果统称起来叫做官方民俗学。官方民俗学的目的就是收集对殖民统治有益的资料。以受雇者为中心实施的研究中，也有不少具有人类学、民族学价值的资料，所以对于官方民俗学，我们不能一味地采取反殖民主义的态度。至今存在的人类学研究中的一大弊病就是，我们的学界依然对官方民俗学持着消极、片面的态度，所以时至今日，我们也很难对官方民族学及其留下的资料进行更深层次和较为客观的研究分析。

刚刚在前面提过朝鲜总督府实行的是雇佣制，而被雇用的人当中具有代表性的有村山智顺、善生永助、今村鞆等人。前两位在大学系统地学习过社会学、人类学、民族学等相关学科；而今村本身则是独立的在野派出身，以前任过警察干部，所以利用职位的便利收集了很多一手资料，而他收集、分析的资料对当时的殖民统治政策的制定产生了很大的作用。因此，不能把今村列入以韩国人为中心的在野派。

受雇者们的主要任务就是对殖民地的社会文化实态进行经验性的调查。当时总督府雇用的人当中有个名为吴晴的韩国人，关于他，笔者尚未收集到完整的资料，所以今后再予以介绍。

1923年成为总督府受雇者的善生永助在长达12年的时间里编纂了大量的报告书，主要有《在朝鲜的内地人》（1924年）、《朝鲜的市场》（1925年）、《朝鲜的人口研究》（1925年）、《朝鲜人的商业》（1925年）、《市街地的商圈》（1926年）、《火田的现状》（1926年）、《朝鲜的契》（1926年）、《朝鲜的工业》（1926年）、《朝鲜的物产》（1927年）、《朝鲜的人口现象》（1927年）、《朝鲜的犯罪与环境》（1928年）、《朝鲜的灾害》（1928年）、《朝鲜的小作惯行》（1929年）、《朝鲜的市场经济》（1929年）、《生活实态调查1：水原郡》（1929年）、《生活实态调查2：济州岛》（1929年）、《生活实态调查3：江陵郡》（1931年）、《生活实态调查4：平壤府》（1932年）、《生活实态调查5 ：朝鲜的聚落（前）》（1933年）、《生活实态调查6：朝鲜的聚落（中）》（1934年）、《生活实态调查7：庆州郡》（1934年）、《生活实态调查8：朝鲜的聚落（后）》（1935年）（朴贤洙，1933：65–85 ）等。

村山智顺毕业于东京大学，在大学期间受过专业的人类学教育。毕业后在日本中枢院工作，之后受雇于朝鲜总督府，担任了《朝鲜》杂志的编辑主任。他主编的作品有《朝鲜的服装》（1927年）、《朝鲜的鬼神》（1929年）、《朝鲜的风水》（1931年）、《朝鲜的巫》（1938年）等。虽然他进行的是官方民俗学领域内的研究，但他的很多作品至今还备受关注，其主要原因是他所收集的资料具有较强的具体性和缜密性。作为总督府的受雇者，他的这些研究结果被殖民统治者很好地利用了。例如，1935年出版《朝鲜的类似宗教》（1935年）之后，他很快就参与了信仰审查委员会。而在1936年，朝鲜总督府以此委员会为基础完成了《心田开发》的基本框架（南根祐，1988：65–73）。最近，朝仓敏夫发掘并出版了村山的《朝鲜场市的研究》（村山智顺，1999年）。

中枢院的调查对象从历史学扩展到了社会学、人类学，而且为了调查从古代到当代的风俗还设置了风俗调查项目。此项目的研究结果有今村鞆整理的《关于朝鲜姓名氏族的研究调查》（1934年）、《朝鲜风俗资料集说——扇、左绳、匏、毯》（1937年）、《李朝实录风俗关系资料撮要》（1939年）、《高丽以前的风俗关系资料撮要》（1941年）等。今村于明治三年（1870年）出生在土佐高冈（今日本高知县高冈郡），毕业于警察监狱学校和法政大学法律系。他曾在大板部、高知县、京市厅、岐嗥县等地担任过要职，之后还相继担任了忠清北道、江原道的警察部长（1907—1908年）、京城南北警察所长（1910年）、平壤警察所长、济州岛使（1915年）、元山府尹、李王职事务官（退职于1920年）。他还有个叫作今村螺炎的笔名。

1940年，今村鞆所属的一些组织为了纪念已故的今村鞆，在这一年特别为他发行论文集来表示对他的尊重。朝鲜民俗学会把《朝鲜民俗》第3号作为特辑出版，书物同好会（一种书志学会）把《书物同好会会报》第9号作为“今村鞆先生古稀祝贺纪念特辑”出版。这两个论文集都登载了秋叶、孙晋泰、宋锡夏的论文，展现出学术性之间的连带关系。

善生和今村的调查研究都忠于官方民俗学的初衷，致力于扶持政策的资料调查，而村山的调查资料则带有不少人类学研究的性质。还需要留意的一点是，当时朝鲜总督府发行的定期刊物《朝鲜》中刊登了许多民俗学资料和论文。

二、在野派

殖民地时代由韩国人进行的民俗学活动是一种抵抗式的文化活动，是为了找回民族和民族文化的正统性而进行的活动。正当日本动员朝鲜总督府进行一系列的调查活动时，一些学者在民族文化领域的人类学和民俗学中留下了不可磨灭的成就，代表人物有李能和、崔南善、孙晋泰、宋锡夏四人。在还没有人对他们四人进行过深层次评价的情况下，笔者会暂时保留对他们的成就的议论，只想在已经出现的评论中，指出大家共同认识的部分和错误理解的部分。

把他们四人称为最初的韩国民俗学家，这是学界的普遍共识。例如，有人这样评价说："从近代意义上看，被认为韩国最初民俗学家的人是李能和、崔南善、孙晋泰、宋锡夏四人。崔南善（1890—1957年）读完Tylor后，引用宗教信仰的万物有灵论来研究韩国的萨满教和神话，主要采用的是引用文献后对其进行分析的方法。李能和（1868—1945年）也对神话和萨满教感兴趣，但很快他把研究领域扩大到了韩国所有的宗教。崔南善和李能和是把韩国文化和其正统性作为民俗文化的要素进行考察。然而他们两人都没有进行当地研究，只是依靠原有的文献进行研究。"（Janelli，1986：31-35）

对此，韩国的学者也做出了同样的评价："对于韩国的民俗……有体系的学问研究是在甲午战争（1894年）和三一运动（1919年）后的新文化运动时期进行的。先驱者是崔南善和李能和两人。……但这时的民俗学也不是真正意义上的学术研究。崔南善主要是依据文化人类学方法，在上古时代历史研究中结合这方面来进行研究，而李能和则以宗教学为基础着手于这方面的研究。……（1927年《启明》第19号）崔南善的《萨满教察记》和李能和的《朝鲜巫俗考》这两个长篇论文的合刊本的出版带来了韩国民俗学的黎明。"（赵志勋，1964：235）

"如果说从引进西洋近代科学，以科学的觉悟处理有关民俗的各种问题的时候开始，是韩国民俗学研究的开始，那么崔南善（号六堂）可以被列为韩国民俗学的先驱者。……我们的民族自觉性是在帝国主义的侵略中'抬起头的'，而在这之中崔南善的民族史学研究也得以发展。……1926年3月，他在东亚日报上发表了'檀君论'。他是站在民俗学的立场上，用神话论来与日本人在文献史学立场上的檀君抹杀论相对抗的。之后，他又发表了一系列有关民俗学的论文，如《儿时朝鲜》（1926年朝鲜日报连载）、《三国遗事解题》（1927年《启明》第18号）、《萨满教察记》（1927年《启明》第19号）、《不咸文化论》（1928年《朝鲜及朝鲜民族》第1号）等。和崔南善几乎同一时期，主要以文献整理的方式对民俗学做出贡献的人还有李能和（号尚玄）。……20世纪20年代，李能和与崔南善一起整理了有关宗教史和隶属关系的文献。如《朝鲜佛教通史》（1918年）、《朝鲜神教源流考》（1922年）、《朝鲜儒教及儒教思想史》（1927年）、《朝鲜巫俗考》（1927年）、《朝鲜女俗考》（1927年）、《朝鲜解语花史》（1927年）、《朝鲜丧祭礼俗史》（1930年）、《朝鲜道教史》（1961年，影印）。”（李杜铉、张筹根、李光奎，1991：14–16）

由韩国人进行的两个评价中能体现出其他的共通点，就是这四个人又被分为两两一组。从这里，便开始产生了误解，而对著作缺乏缜密的内容分析则是产生误会的主要原因。对于从这些大量评价中产生的误解，在此，笔者想要提出对这种误解的几种见解：

第一，有把四个人以两人为一组分为两组的倾向。这种分类只是考虑年龄的物理性分类，没有实质上的意义，如果比较他们论文登载刊物的发行年度，会很容易发现这纯属偏见。李能和从20世纪10年代开始发表论文，1922年编纂了关于萨满教的著作。崔南善（1906年入学到早稻田大学地理历史系）和孙晋泰是从1926年开始人类学及民俗学研究的。而宋锡夏把更多的重点放在了实地考察和资料收集上，在1927年后，发表了一篇以当地研究为基础的文章。因此，无论是从年龄还是成果上，笔者认为李能和才是韩国民俗学的最初代表。

第二，从诸多评价中不难发现，大多数人把崔南善放在比李能和更高的位置，笔者认为这是误解。这也许是因为崔南善对韩国民族文化整体所产生的影响对政治判断造成了误导。“李能和才是专注于朝鲜民俗学的人，即便称为朝鲜人中民俗学第一人也不为过。”（岩崎继生，1933：114）我们有必要对下列评价进行再一次思考：“从研究成果看，韩国民俗学的鼻祖是李能和”（赵志勋，1964：235）；“李能和是韩国有卓越的民俗学者”（泉靖一、村武精一，1966：2）；“李能和的研究涉及的领域很广泛：①信仰和宗教的史籍考察；②基督教的传入过程；③巫俗；④特殊阶层——妓生（名妓）的生活史；⑤婚姻及丧祭祀；⑥风水思想；⑦地方行政组织等。……可供我们参考的著作有……《朝鲜神教源流考》[《史林》7（3、4、5），8（1、2、3、4），1922—1923年]、《朝鲜女俗考》（1927年）、《朝鲜巫俗考》（《启明》，1927：19）、《朝鲜的巫俗》（1–8）（《朝鲜》，1928年5、6、8、9、10、12月，1929年1月）、《佛教和朝鲜文化》[《别乾坤》2（10、11）1928年]……《朝鲜的神事志》（《朝鲜》，1929：135）、《对于朝鲜神话的婚姻》（《朝鲜》，1929年5月）、《关于朝鲜婚姻的惯习》（《朝鲜》，1929年6月）、《对于朝鲜的王家及庶民的婚制》（《朝鲜》，1929年7月）、《朝鲜丧祭体俗史》（《朝鲜》，1930：147-153）、《风水思想的研究》（《朝鲜》，1930：154）”（崔在锡，1974：23-24。根据笔者立场，只摘取了原文中的一部分）。

从李能和的研究成果中可以看出，他的研究都是基于文献的研究，即不是以当地研究（Fieldwork）为基础的。他的这种研究方法和研究主题跟Tylor、Frazer等 “纸上人类学者”（Armchair Anthropologist）很相似。虽然都是“纸上人类学者”，但两者有着明显的区别，区别就是李能和是“本土纸上人类学者“，而前面两位是“未知纸上人类学者”，即李能和是本土派，而Tylor、Frazer是未知派。李能和的文献虽然没有经过当地研究，但他为了确定当地情况而做的努力处处可见。从这一点上也能说明李能和跟崔南善的差别。在这些方面，也能说李能和是初创期开始活动的人类学者中的一员。

“在1922年发表的《朝鲜历史通俗讲和问题》中崔南善主张要设立‘朝鲜学’。朝鲜总督府在这一年设立了‘朝鲜史编修会’，通过这一组织进行了古书的调查研究。在此过程中受到打击的崔南善因而主张设立由朝鲜人组织的朝鲜会。”（韩永愚是，1994：9）崔南善在论文中引用的有关人类学的书籍和民俗学的议论，只是为论述檀君论和朝鲜学提供方便，笔者并不认为这是人类学、民俗学的研究结果。六堂在1927年发行的《启明》第19号的序文中提到了“土俗学”和“人种学”，并把这两者称为设立朝鲜学的学问基础，而且还进一步说明了人种学是跟比较有关的学问。在崔南善的成果中，我们可以找到有关人类学或民俗学的用语和内容，但他所做出的贡献还不能与李能和与孙晋泰相提并论。

跟孙晋泰“在同一时间段进行研究的宋锡夏（1904—1948年）想要普及的概念是‘folklore’（民间风俗），他认为‘folklore’（民间风俗）就是民俗学”（柳基善，1995：71f）。虽然宋锡夏（号石南）在以“当地研究”为基础进行的民俗资料调查、发掘、保存中立下了不少功劳，但在量上还是不能跟孙晋泰的研究成果相比。“留下方法论成果的是宋锡夏和孙晋泰，他们把民俗学确立为真正的学问……由我们自己进行具有近代化意义的民俗学研究应该是从1927年开始的。”（赵志勋，1964：237）对于这些评价，笔者虽然没有任何异议，但石南和南仓的学问研究倾向有待更具体的比较分析。

例如，石南指出他的民俗学指向的是英文的“folklore”（民间风俗），但石南的民俗学指向的是更广泛的领域，显然石南的民俗学不是指狭义的“Folklore”。在这一点上，南仓的情况也是相同的。南仓在早期研究中一律使用了如“人类学、土俗学的研究”等方法论用语，而且还对石南使用的“民俗学”这一词表示出极大的不满。宋锡夏曾对Arnold van Gennep的《民俗学》（*Le Folklore*）和Challotte Burn的《民俗手册》（*Handbook of Folklore*）进行过评价，而在他1934年发表过的论文《什么叫民俗学》中也提到过19世纪欧洲的民俗学家和日本的柳田国男。虽然如此，我们可以发现石南并不满足于自己所做的研究的民俗学框架。

石南把“Field Research”译为“当地研究”。在这里，我们要认识到他回避了一直以来使用的“调查”这一用语。当时，那些为殖民统治服务的官僚为了收集资料而进行的活动被称为“调查”（例如，总督府或总督府的受雇者们进行的“惯习调查”“市场调查”等），石南对“调查”的回避与此不无关系。而调查并不是研究，两者有本质上的区别：研究是为了了解未知的领域，为了学习，为了追求真理而进行的活动；而调查是通过追究、追查从而确认怀疑的部分的活动。孙晋泰和宋锡夏也都用“研究”取代了“调查”，所以这也是必须重新解释的部分。而且，对于深深渗透了摆脱殖民化精神的用语的选择是不能不慎重的。

石南在1933年发刊的《朝鲜民俗》中发表了《五广大小考》一文。在展开这篇论文的过程中，为了对万物有灵论进行论证，他引用了Tylor的《原始文化》（*Primitive Culture*）。在1935年发表的《稻草人考》《新罗的民俗》中，石南提出了大量的比较观点。从1935年6月到7月发表的《农村娱乐的助长》（东亚日报连载）中，他完全立足于比较的观点，对文化变动的问题进行了较为深入的分析。他在1938年发表的《朝鲜传承游戏的由来》中也体现出把韩国文化的北方说和南方说作对比的理论性章法。

宋锡夏为了武装自己的理论知识，大量整理了西方的有关文献。他说：“民族学（Ethnology）也可翻译为‘人种学’，属于人类学（Anthropology）中的体质人类学（Physical Anthropology），是主要研究体质发展过程的学问；土俗学（Ethnography）也可翻译为‘人种志’，属于人类学中的文化人类学（Cultural Anthropology），是主要研究文化发展的学问……（省略）……土俗学和民俗学的关系是……有人认为土俗学是整体，民俗学是分支，有人认为民俗学是整体，土俗学是分支；也有人给土俗学地理性的限制。前者是人类学者的意见，后者则是民俗学者的意见。”（宋锡夏，1934年）同时，宋锡夏还对日本早稻田大学西村真次的分类做了人类学分类表（虽然不完全认同但可作为参考）：

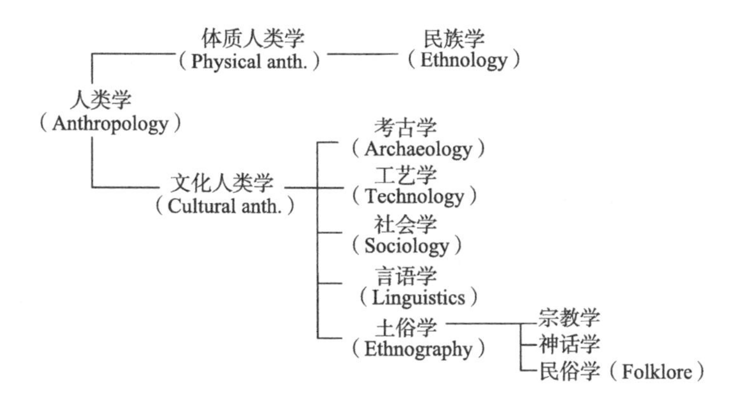

对石南进行深入的研究可以发现，对他的评价还存在一些误解。“宋锡夏最大的贡献在于朝鲜民俗学会（1932年）的创立，而且自己投资创办了《朝鲜民俗》。之后，他又开办了朝鲜传统宴会和传统游戏展览会，是最初的民俗学博物馆创始人。”（Janelli，1986：39–40）在这段评价中，Janelli引用了任皙宰文献中的一段话（宋锡夏：《韩国民俗考·序》，首尔：日新社，1960：5–8）。石南创立的博物馆不是民俗学博物馆，而是人类学博物馆（韩文名字叫做“民族博物馆”）。宋锡夏去世后，后学们在整理文献过程中漏掉了宋锡夏晚年的一些认识上的变化。他曾在给军政厅教育部局长（Knezevic）写的信（英文，1946年1月）中称自己是“人类学博物馆”（Museum of Anthropology）的馆长。从这里可以看出，包括任哲宰在内的后学者们跟宋锡夏有着认识上的区别。

1936年1月1日，宋锡夏发表在东亚日报的论文《民俗的振作调查研究机关》强调了民俗博物馆设立的必要性。在此文中可以很明显地看出，“民俗博物馆”出现的频率远远高于“民族博物馆”，这也许就是解放初创立人类学博物馆的思想基础。博物馆的名称并不是20世纪30年代石南脑中想的民俗博物馆，而是人类学博物馆，笔者认为这是由于石南在经过沧桑进入不惑之年后，思想愈发成熟，接触到的人类学书籍也越来越多。越来越多当然，博物馆的韩文名字叫做“国立民族博物馆”这一事实，体现的是解放初的时代背景。

20世纪10年代的李能和、20世纪20年代初期的崔南善、20世纪20年代后半期的宋锡夏都是为了解释韩国文化而进行人类学和民族学研究的在野民俗学者们人。这三人虽然在研究方向上有着一定的差别，但研究框架、脉络基本相同。在研究方法上，李能和、崔南善主要是根据现存的文献进行研究，而宋锡夏却进行了彻底的“当地研究”。崔南善把人类学和民俗学作为论证朝鲜学和檀君论的重要论据，而李能和跟宋锡夏进行的却是关于人类学和民俗学本身的学问研究。因此，可以认为李能和才是韩国民俗学的鼻祖，而试图打破民俗学框架从而转换为人类学的人是宋锡夏。当然，这要以“广义的人类学包含早期的民俗学”这一认识为前提。

三、讲坛派

就在官方进行一系列高强度的民俗学、人类学调查时，在大学的制度圈里萌生了一种真正意义上的学术研究。在京城帝国大学，设立了以日本人为中心的宗教、社会学教室，提供了在讲坛上研究和教授人类学和民俗学的机会。而在京城帝国大学设立之前，早已在早稻田大学史学科学习并研究过人类学的孙晋泰从1926年开始发表了大量关于人类学、土俗学的论文，这在韩国人类学史上画上了辉煌的一笔。在讲坛人类学领域，韩国人发表了人类学论文。

“孙晋泰用民俗学、人类学、民族学的角度集中研究了韩国的巫俗、古代文化、原始信仰、掠夺婚，婿留妇家婚及中国的信仰，并在此基础上发表了无数论文。

……

（省略）

……

他的主要的论文有：《朝鲜家庭式人类学的土俗学研究》（《新民》，1926：16、17）、《禁忌文化的土俗学研究》（《新民》，1926年10月：18）、《苏涂积石坛立石的土俗学的宗教研究》（《新民》，1926年11月：19）、《朝鲜上古文化的研究》[《巫俗关系》（东光），1927年3~8月：2（3、4、5、6、7、8]、《朝鲜支那民族的原始信仰研究》（《如是》，1928：1、2）、《朝鲜神歌遗篇》（1930年）、《太子巫子考》（《新民》，1930年5月）、《关于朝鲜巫》[《民俗学》，1930：2（4）]、《关于支那及朝鲜的巫的腹话术》[《乡土研究》，1931：5（4）]、《巫的腹话术追记》[《乡土研究》，1931：5（5）]、《关于太子明道的巫术》[《乡土研究》，1932：6（3）]、《朝鲜巫的神歌》（《青丘学业》，1935—1937：20、22、23、28）、《仍火的近亲婚》[《民俗学》，1933：5（7）]、《关于朝鲜掠夺婚的习俗》[「旅と伝説」，1933：6（1、3）]、《关于朝鲜的率婚俗》（《史观》，1933：3）、《支那民族的雄鹰信仰及传说》（《震檀学报》，1935：3）、《中华民族关于魂的信仰和学说》（1-2）（《震檀学报》，1936年4月、7月：4-5）。”（崔在锡，1974：24-25）

1948年，孙晋泰出版了《朝鲜民族文化的研究》一书，这本书是由他在解放前发表过的15篇关于信仰、婚姻及居住等方面内容的论文组成的。孙晋泰以人类学的方式确立了理解韩国文化论的基本框架。“孙晋泰把‘人类学’分为与‘土俗学’相同的‘狭义人类学’和比‘土俗学’更广泛的‘广义人类学’。……在理解韩国文化的基础和韩国民族的成立过程中，‘广义的人类学研究是至关重要的一环’。[孙晋泰，1980VI（1926d）：53]”（柳基善，1995：72）

1926年，孙晋泰首次发表了他的人类学研究论文。在之后的10年中，他发表了一系列“土俗学研究”论文，这里的土俗学指的就是民俗志（Ethnography）。他的大部分论文都是以当地研究为基础，而且还收集了诸多有关中国的资料，这足以证明他的研究是从比较文化的观点出发的。其实，他很明显是在早稻田大学史学科留学过程中，受了以西村真次为中心的东洋文库的影响。南仓也同样接受过史学科的教育，因此，在历史研究方面也有了更深的理解。但不能把他的这种研究（把历史和人类学结合在一起）看成是历史民族学的一环。因为，当时所谓的历史民族学是以德国和奥地利的文化传播论为核心的维也纳学派的学统，它们在方法论上追求的是截然不同的方向。

南仓在《朝鲜民谭集》的“自序”中提到：“（1920年）来到东京后开始研读关于人类学、民俗学的书。……感谢西村真次的教导。”（孙晋泰，1930年）这段话足以体现孙晋泰的学问研究倾向。1920年，孙晋泰到了东京后受到当时在早稻田大学史学科做讲师的西村真次的很多指导，在他的教导下，孙晋泰读了很多有关人类学、民俗学的文献。西村对日本人类学的贡献是有目共睹的。“他既是史学家，同时也对人类学表现出了极大的关心，他把德国、英国的人类学知识普及到日本，同时自己也进行有关人类学的研究，因此，他在日本也被称为人类学家。”（柳基善，1995：60）他是属于史学科的，但他的研究还不足以让他成为史学家。他对于日本古代史的研究成果，也是在具有民族传统的日本人类学背景下，才有了实现的可能性。

“对于西村真次，日本学就是解释日本民族文化的文化人类学。1924年他出版的《文化人类学》是日本最初的单行本。1925年他又出版了《体质人类学》，以此完成了人类学的概说书。西村介绍了诸多英美人类学概说书，一生致力于人类学的普及。此外，他还有相当数量的传播论式的著作，如《文化移动论》《神话学概论》《日本文化史概论》等。1918年，西村真次被聘为早稻田大学的讲师，当时东大学的规模和组织正处于准备和扩充阶段。之后，他1923年升为教授，1926年在文学部的史学科讲授了日本文化基础史论、人类学和考古学。晚年又专注于马林诺夫斯基技能主义。”（水野祐，1988：131-139）东洋文库创立于1924年11月19日，是有关东洋学的图书馆，也是专门研究东洋学的研究所。东洋文库是以财团法人的形式创立，由白鸟库吉实际管理，此文库于1949年成为了国会图书馆的分馆。秋叶隆曾在东洋文库短暂地工作共一段时间，笔者推测这一经历成为了孙晋泰与他同时加入朝鲜民俗学会的一个契机。

受西村老师和东洋文库学术氛围的影响，孙晋泰从1926年（大学四年级）开始，发表了大量有关人类学、土俗学的论文，读完Bogoras的*The Chukchee*后在国内出版了介绍楚科奇族婚礼的论文（孙晋泰，1926年）。在这篇文章中，他介绍了人种学。解放后，孙晋泰任职于首尔大学文理大学史学科的教授，这与西村在早稻田大学史学科任教授的经历相仿；孙晋泰出版的《朝鲜民族史概说》《朝鲜民族文化的研究》跟西村出版的《日本民族史概说》《日本民族文化的研究》这几书的构思也是相同的。换言之，孙晋泰可以称为韩国版的西村真次。因此，在早稻田大学研究过民俗学的孙晋泰（韩英佑，1996：218）可以被称为人类学家。

"孙晋泰引用了Eliot Smith、William Perry、Alfred Kroeber、Marie Chaplika，他引用的很多内容都是民俗志式的文献而不是古典文学。孙晋泰受到民俗学研究者们的影响远不如人类学方面所给他的影响。他认为民俗学是欧洲人类学的延续。""孙晋泰也受了马克思主义的影响。他试图结合恩格斯的原始共产主义思想和Tylor的遗制（Survival）概念来解释韩国的史前时代。"（Janelli，1986：37–38）孙晋泰所继承的学统指向的是当代的广义人类学，在这样的传统中，研究对象的现实生活必须要用历史的方式去接近。从这一点上很明显地可以看出，孙晋泰继承了西村的研究方式。[1]

不同于只是单纯地研究蒙昧时代或部落社会的早期社会人类学家，孙晋泰是在大量的历史资料累积的条件下，站在历史人类学的立场上研究人类学的。孙晋泰拉开了现代意义上的韩国人类学帷幕，是第一个把当地研究和文献整理结合在一起研究的韩国人类学者。他把从西村真次那里学来的人类学和历史文献资料众多的韩国实际结合起来，是尝试历史人类学研究的第一人。

孙晋泰留下了叫作《研究旅行记》和《探访余录》的考察记。1932

[1] 彭尼曼引用了Bendyshe的话（T.Bendyshe 1865"人类学的历史"，Memoirs of Anthropological of London 1：335），并且主张"人类学是历史科学（彭尼曼，1965：15），人类学具有与生俱来的历史科学的传统"。

年，在日本帝国主义的资助下，孙晋泰开始了在朝鲜的探访旅行。当时出版了《土俗研究旅行记》（《新民》，1926：第13册2–5号）、《民俗探访余录》（《乡土研究》，1932年）、《朝鲜民俗探访余录》（《乡土研究》，1933年）、《朝鲜民俗探访余录》（《支石墓》，1933年）等书。这足以证明他的当地研究是为了编撰民俗志。“从孙晋泰的角度来看具有‘Ethnography（人种学）’意义的‘土俗学’和‘民俗学’仍适用于现在……更进一步看‘Ethnology’（社会人类学）的意义也包含其中。”（柳基善，1995：73）当时，日本学界对于“人种学”（Ethnography）一词的反应，也有助于孙晋泰理解这一单词。俄罗斯的V.G. Bogoras被卷入到19世纪末的革命运动中，并被流放到西伯利亚。介绍这一过程的日本人所说的“由Bogoras实现的西伯利亚土俗学（Ethnography）”中的“Ethnography”，与当今俄罗斯和朝鲜使用的Ethnography的意思相当接近。

1934年，孙晋泰被任命为普成专门学校（现在的高丽大学）的讲师，讲授文明史，1937年接任了专任讲师和图书馆馆长。这个图书馆在金性洙老师的指导下具备了日后设立博物馆的基本机能（高丽大学90年志编制委员会，1995：219–222；慎镛夏，1991：259–260）。

金斗宪，我们虽然不能称为人类学家，但他却留下了很多有关人类学的论著。“在东京大学以哲学和伦理学作为专业的金斗宪……专注于韩国家族制度史的研究……其内容如下：《关于朝鲜的同族部落》（《青丘学业》18，1934）、《朝鲜的家族构成》（特别是关于中等学校生徒的家族）（《朝鲜》208，1935.3）、《朝鲜的早婚和对其起源的考察》（《震檀学报》2，1935）、《五服制度的研究》（《震檀学报》5，1936）、《朝鲜礼俗的研究》（以冠婚丧祭为主）（《青丘学业》24，27，1936）、《朝鲜族谱的研究》（上、下）（《朝鲜》274，275，1938）、《李朝时代的婚姻制度》（1–2）（《朝鲜总督府调查月报》1939年6月、7月）、《对于朝鲜的大家族制度的崩溃的倾向》（1–2）（《朝鲜总督府调查月报》，1940年1月、2月）、《朝鲜妾制史考》（《震檀学报》11，1940）、《关于李朝时代的连坐的刑》（《朝鲜民俗》3，1940年10月）、《关于对于亲族间不伦行为的李朝法制》（《朝鲜总督府调查月报》12-7，1941）、《朝鲜妇女地位的变迁》（1-2）（《朝鲜行政》21：6、7，1942）”（崔在锡，1974：26）。

20世纪20年代初，朝鲜发起了以朝鲜人为中心的民立大学设立运动。在这种状况下，代表日本帝国主义的朝鲜总督府需要实施相应的对策，而且随着在首尔居住的日本人人数的增加，日本人也需要为子女设立高等教育机关。再加上为了殖民统治所需的更深入的研究，日本帝国主义设立了京城帝国大学。

为强化统治体制而进行的学术动员在人类学领域的展开是完全可以预料的。曾在东京帝国大学社会学教室受过人类学教育的秋叶隆在京城大学设立了社会学教室。其主要任务就是整理并深入分析在民族调查中收集的大量资料，从而为殖民统治提供政策服务。秋叶隆，1888年出生，1917年就读于东京帝大文学部先科（专攻社会学），1920年就读于东大学本科（专攻社会学），曾在“莫里森文库”（东洋文库前身）工作，1924年9月从东洋文库退职后，10月被任命为京城帝国大学预科讲师，又以讲师身份被派往法国、德国、英国、美国等国进行社会学、民族学研究（历时1年10个月）。1926年4月，他被任命为京城帝国大学的助理教授，但在同年11月进入得以韩国讲授社会学。1934年，他在东京帝国大学被授予文学博士学位，学位论文是《朝鲜巫俗的现地研究》。卒于1954年，享年67岁。

“在莫里森文库工作，这也许就成为了秋先生研究民俗学的契机。根据岩井老师写的《回顾我的萨满教研究》，1923年读了韦斯特马克的人类婚姻的历史后，秋先生对于岩井老师的萨满教研究感到新奇。……从1924年10月开始的近两年的海外留学过程中，他以涂尔干（Durkheim）、莫斯（Mauss）、韦斯特马克（Westermarck）、拉德罗夫（Radloff，俄罗斯的语言学家、民族学家）、布朗（Brown）为中心进行研究。尤为重要的是，在伦敦大学参与的‘社会学练习’对先生的研究过程产生了决定性的作用。当时，先生遇到了主任教授韦斯特马克（Westermarck）手下具有敏锐思维的马力诺夫斯基（Malinowski），先生不仅对马力诺夫斯基的学问研究领域感兴趣，而且还一度称赞了马力诺夫斯基的人品。……”（岛本彦次朗，1955：380-381）

“秋叶去京城帝大赴任途中读了今村的《朝鲜风俗集》后感触很深。”（朴贤洙，1993：77）这就反映了殖民地时代的讲坛民俗学必然有跟官方民俗学“走在一起的”趋势。

1926年，到达京城的秋叶专注于朝鲜民俗学和社会人类学的调查研究。他设置了“朝鲜民俗参考室”（1929年），实现了民俗文化遗产的收集和民俗学的体系化。从1934年开始，维持了将尽4年的考察在外务省文化事业部的援助下扩展到了满洲、蒙古。秋叶先生热衷于民俗品收集，而在此考察期间，泉靖一作为秋叶老师的左膀右臂，成长为一名干练的研究者。在朝鲜、中国的东北等的考察过程中，共8000多个物品、照片、记录被收集。之后，秋叶开始设置能够容纳这些民俗品的博物馆设施，而这是因为在欧洲留学的时候受到了“博物馆的巡礼”的刺激。在罔正雄、泉靖一等人的帮助下（与哥本哈根民俗品的交换、新几内亚民俗品的收集）终于在1941年9月，在京城帝国大学设置了陈列馆和研究室（新建筑）。虽然规模不大，但已具备了大学博物馆的基本形态（岛本彦次朗，1955：382–383；泉靖一、村武精一，1966：4）。

这个建筑就是首尔大学博物馆的前身。从1929年的“朝鲜民俗参考室”扩大到“考古学参考室”，再经过民俗学资料的收集最终升级为1941年9月的“陈列馆”形态。这就是首尔大学博物馆建立的历史过程。

除了巫俗研究外，秋叶还完成了韩国民俗研究的概要和其体系化，这一努力在《朝鲜民俗志》（六三书院，1954年）中有所体现。这本书以序论中的方法论介绍开头，由“房屋的民俗”“村落的民俗”“岛·山的民俗”和结论部分的“民俗的比较”构成的。他把韩国的民俗分为三类：①历史最悠久的巫俗；②从中国传来的礼俗；③最近的欧美式的思考和行为方式。他试图把韩国的民俗文化和北亚以及日本的民俗文化进行比较分析。从这本书的英文摘要原稿“韩国的民俗——社会人类学研究”（Korean Folkways—A Social Anthropological Study）的记录阐明，他的研究就是社会人类学的传统。在英文摘要中，他把自己介绍成“Curator of University Museum”，意思就是1941年建立的陈列馆是大学博物馆，而自已就是馆长。[1]

“秋叶隆除了研究韩国的巫俗外，还研究韩国的婚姻制度和有关同族部落的问题。主要研究成果如下：《奠雁考——朝鲜婚姻风俗的研究》[《民族》，1928：3（5）]、《朝鲜的婚姻形态》（《城大文学会论藁》，1930：2）、《性的禁忌及解放——朝鲜婚姻风俗研究序说》（《日本社会学杂志》，1930：70）、《朝鲜的同姓部落》（《日本季刊社会学》，1932：4）、《朝鲜巫俗研究》（上、下）（1937：38）、《儒教以前的祖上崇拜》（《朝鲜》，1940：297）、《屯山部落的社会学研究》（《朝鲜》，1943：338、339、340）、《何为同族部落》（上、下）（《朝鲜》，1944：349、351）。”（崔在锡，1974：26–27）。此外，他专攻的论文有《关于游牧民的购买婚姻》（《社会学杂志》，1924年）等。

“1945年秋叶从朝鲜回国，在他‘秋叶隆的主要研究’目录中发现还有一部分原稿是没有发表过的：①民族和社会；②东亚民族研究（1册）；③朝鲜民俗志；④朝鲜巫俗的社会性质（学位论文）；⑤朝鲜假面图谱（与宋锡夏一起编制）；⑥韩国的面具（英文原稿）（1册）。其中⑤和⑥的原稿朝鲜丢失了。”（岛本彦次朗，1955：384–385）结果，关于韩国假面的研究就没能问世。值得关注的一点是，在年龄上小16岁的宋锡夏跟秋叶共同进行了关于韩国面具的研究，而且共同参与了朝鲜民俗学会，这说明属于在野派的宋锡夏已跟上了在学问研究上足够成熟的秋叶的脚步。跟秋叶（讲坛派）的合作对宋锡夏产生了重大的影响。

在京城帝国大学跟秋叶隆一起活动的还有宗教学家赤松智城。1940年7月1日，京城帝国大学在职教授中赤松智城是法文学部教授一等四级，秋叶隆是教授三等七级，四方博跟秋叶是一个等级，末松保和是教授五等十二级。当秋叶被任命为助教的时候，赤松智城已经是教授，而这两个

---

[1] 1929年，秋叶隆在京城佛教专科学校讲授过《社会学概论》。该校改名为中央佛教职业学校后（1930年）讲授的科目是《社会概论》和《社会问题》。1940年，该校又改名为惠华职业学校，这时的秋叶讲授了《日本学》《社会学》《应用社会学》等科目。当时，赤松智城也在惠华职业学校担任讲师。

人的会合奠定了京城帝国大学宗教民俗研究的根基。两人一起带动了满蒙文化研究会的发展，通过实地考察给后人留下了许多资料和合著（如《朝鲜巫俗圆录》（大阪屋书店，1938年）等）。在外务省文化事业部的援助下，满蒙文化研究事业持续了将尽6年的时间（1933年4月—1939年春）。这个事业作为伪满洲国建国纪念活动，由东京帝大的池内和内藤主办。

“京城帝国大学建立满蒙文化研究会是在1933年。……医学部的今村丰发表了叫做‘极东体质人类学’的报告书。”（李忠雨，1980：201）1940年，今村丰是当时京城帝国大学的医学部长，专注于体质人类学的研究。今村参与了由法文学部的赤松、秋叶带领的满蒙文化研究会，一起考察了中国的东北和内蒙古等地，收集了有关体质人类学的资料，并以此奠定了比较解剖学和体质人类学的基础。遗憾的是，1945年美军占领医学部后彻底毁灭了今村整理的那些体质人类学资料。以今村为中心展开的体质人类学研究始终是殖民统治的延伸，而当时正在京都帝大留学的宋乙秀的论文却指向的是解释人类起源，以及人猿关系的古人类学和灵长类学。今后，对资料的挖掘也是预想中的一部分。

泉靖一的参与使从事社会人类学的秋叶和从事体质人类学的今村的合作变得更加巩固，对此，一位回顾当时情景的医学部毕业生毫不犹豫地把他们三人称为“京城人类学派”。当时的医学部共有三个演讲席，“虽然上田和今村是在不同的演讲席进行讲授，但讲义的内容都是与体质人类学研究相关的。……他们的踏查活动从朝鲜各地扩展到中国本土，后来再扩展到泰国等地。……之后进行了一系列称得上京城人类学派的活动。京城体质人类学派……泉靖一属于文化人类学派……”（岛五朗，1974：240）。岛五朗的证言说明，今村的体质人类学研究取得了整个东亚的最高成就成果。今村同时跟社会文化人类派合作，最终形成了“京城人类学派”。当然，这一切的实现跟日本帝国主义殖民统治的大背景和日本的援助是分不开的。

正如蒲生正男所说，日本的人类学界是把朝鲜这块殖民地当成了他们研究人类学的实验基地。因此，对于京城人类学派的活动，我们今后还需要进行更深层次的分析。在殖民统治背景下实行的日本人类学研究对解放后的大韩民国产生了何种作用，受到了何种评价……对这些问题的自省会对未来的韩国人类学发展产生至关重要的作用。

在京城帝大“以法文学部为中心发表的民俗学文献及论文有秋叶隆的《朝鲜的婚姻形态》（京城帝国大学法文学会编《哲学论集》，1930年）、《巫人乞粒之歌》（《青丘学业》，1932：6号）、《济州岛跎神的信仰》（《青丘学业》，1932：7号）、《山之人，谷之人》（《朝鲜》，1932：203号）、《巨济岛的立竿民俗》（《朝鲜民俗》，1933：1号）、《从母亲那里听来的故事》（《文教的朝鲜》，1933：90号），高桥亨的《朝鲜的民谣》（《朝鲜》，1932：201号），近藤时司的《朝鲜神话传说的特异性》（《朝鲜》，1932：201号），岩崎继生的《朝鲜的白丁阶级》（《朝鲜》，1932：201号）”（岩崎继生，1933：113）等。

“（在秋叶隆的推动下被任命为京城帝国大学助教的铃木荣太朗）专注于‘朝鲜家族制度’的研究。”（泉靖一、村武精一，1966：11）“铃木荣太郎出生在壹岐，在东京帝大受过社会学教育，曾在岐睾高等农业学校担任过教授，1942年被任命为京城帝大的助教。他试图把日本农村社会学原理直接应用于朝鲜农村地域，并进行了一系列的踏查。”（朴贤洙，1933：93–94）他留下的著作有《内地的村落与朝鲜的村落》（《城大文学会论丛》，1943：2）、《朝鲜农村社会瞥见记》[《民族学研究》，1943：（新）1（1）]、《朝鲜的村落》（《东亚社会研究》，1943：1）、《朝鲜农村的社会集团》（《调查月报》，1943：5/9、11、12月）、《朝鲜农村踏查记》（1944）、《湖南农村调查野帐拔书》（《朝鲜》，1944年10月）等。从他的诸多论著可以看出，他几乎完全专注于农村社会学研究。

泉靖一出生在东京，他的父亲（本籍是北海道）是当时明治大学的教授（泉哲：《殖民地统治论》的作者，在1932年发行的《朝鲜之图书馆》的杂志中发表了关于殖民统治方法论的论文《上海共同居留地的组织》）。1927年，泉哲被调到京城帝国大学法文学部，泉靖一跟随父亲转学到京城府公立东大门寻常小学，1928年升学到京城公立中学，但因为患肺病而休学在内金刚长安寺疗养。1933年入学到京城帝国大学预科班后，参加了竹中要（东大学植物遗传学教授）组织的“滑雪山岳部”（同好会）（根据另外一个证言，说这个同好会的名称是“城大山之会”，成立于1933年8月，会长就是预科竹中要教授）。

泉靖一是彻底的城大人，是《城大文学》（1936年11月创刊，同人杂志，6次连载）的主导会员。他在《城大文学》第2册4号中发表了有关文化人类学的文章《五叔——旱田的故事》，这是他从文学青年转向人类学思考的重要转折点。他同时也是“映书鉴赏会”（1934年）的会员，还是1936年4月创办的《城大新闻》编制委员中的核心人物，在“城大文化祭”（十周年学生文化纪念活动，1936年12月3~6日）中担任讲演会会长。此外，他也曾活跃于翱翔机同好会（1935年创立）。

在咸镜道的冠帽连山登攀（1934年）过程中，泉靖一对火田民及其民族学性质产生了极大的兴趣。1935年升学到京城帝国大学法文学部国文科，并作为城大山岳部的队长组织了济州岛汉拿山的攀登。在这次攀登过程中，一起登山的队员不幸遇难。这件事让泉靖一第一次接触到当地的神托。在济州岛攀登事件的影响下，一心想专攻社会学的泉靖一找到秋叶隆教授（1936年），并在其指导下读完了马林诺夫斯基（Malinowski）的《西太平洋的远洋航海者》，之后开始了在中国北部的旅行。再之后，他转到法文学部哲学科专注于宗教学、社会学研究。1936年夏天，泉靖一开始了对大兴安岭东南部鄂伦春族的研究旅行，此次研究结果被直接刊登在《京城日报》上。而且，关于大兴安岭的论文还以《大兴安岭东南部鄂伦春族踏查报告》为题目刊登在《民族学研究》（1937年）上。

泉靖一跟随出差的父亲开始了中国旅行，并在1937年秋天加入了由秋叶隆和赤松智城带领的蒙古研究。就在那时，他留下了关于赫哲族的研究成果。1938年作为毕业论文，他发表的是《济州岛——其社会人类学的研究》。毕业后，他被任命为京城帝国大学法文学部的助理。同年秋天服兵役后，在滑雪部队担任教官。1941年，回到京城帝大在理工学部兼任助理及书记。任京城帝大学生主事助理后，1945年作为东大学大陵资源科学研究所的受雇者进行了对北京等地域的调查研究，在回国的路上收到了日本战败的消息。

1945年8月27日，泉靖一被任命为京城帝国大学法文学部的助教，但

9月为了进行医疗服务（服务于战争中受伤的日本归国者）而回国；1946年5月31日，根据敕令第278号，他被任命为财团法人在外同胞援护会的参事；1948年，他对石田英一朗的《民族学研究》编辑给予了帮助；1949年2月12日，在第4届“民族学研究恳谈会”上发表了《关于西谷椰子文化》的演讲，并以此回归日本民族学界，4月1日上任为明治大学政经学部的助教；1950年，他担任了“对马岛共同调查团”的干事长，在东京进行了对济州岛人生活实态的调查；1951年赴任东京大学助教，负责东京大学东洋文化研究所的文化人类学领域。

1952年，本来计划跟京都大学的今西锦司一起对喜马拉雅进行调查的泉靖一，被邀请参加国际共同调查活动而访问巴西。在圣保罗大学齐藤广志的帮助下，他对圣保罗近郊的日系人农村进行了调查；1953年回国后在东京大学大学院生物系研究科讲授人类学课程；1954年会见了访问东京大学的克莱德·克鲁克洪；1960年，作为东京大学安第斯学术调查协会的会长，他探访了秘鲁神殿，并投身于安第斯考古学研究；1964年升任为东京大学教授；1965年再次访问济州岛；于1966年发行了《济州岛》。卒于1970年（享年55岁）（泉靖一，1972年；大贯良夫，1988年；蒲生正男，1981年）

泉靖一对韩国人类学的贡献相对来说不是那么大。因为当他正值血气方刚的活跃年纪，却成了战败国的臣民，随着韩日断交，他的韩国研究也不能再持续下去。因此，他对韩国人类学的贡献中具有代表性的就是关于济州岛的研究，而这也是他唯一的研究业绩。对于泉靖一来说，韩国也算得上是“泉靖一人类学”的故乡。岛陆奥彦（现东北大学教授）在学生时代因为找不到前进道路而感到困惑时，泉靖一教授给的建议就是“到韩国看看”。他在东京培养的很多学生成为了日后韩国人类学的主要研究者，这足以证明“泉靖一人类学”是以韩国研究为基础的。

关于受过秋叶隆教授社会学教育的朝鲜学生到目前为止还没有明确记录。但毕业于社会学专业的朝鲜学生目录中，有1939年预科16届文科乙类（9名）中的李相苙（毕业于京畿中学， 17届哲学系，社会学专业，越北）和申钟谋（毕业于京城大学，社会学专业，首都公库财团常务理事），还有1940年17届文科乙类（12名）中的郑钟蒐（毕业于京畿中学，

18届哲学系毕业，社会学专业，韩国保健开发院事务局长）（李忠雨，1980年）。我们还需要更多关于这些学生的资料，因为到目前为止我们掌握的有关秋叶隆的信息是比较片面的，对于他的教学生涯也一无所知。要通过挖掘曾受过秋叶隆社会学教育的朝鲜学生的资料，才能对秋叶隆进行更深层次的评价。

虽然“由秋叶隆、铃木荣太郎、泉靖一进行的有关韩国村落的研究，无论在质量上还是成果上都为韩国人类学提供了很好的研究视角”（泉靖一、村武精一，1966：7），但我们不能忽视在殖民统治背景下以京城帝大为中心进行的讲坛人类学派的另一面。“民俗学的根本目的就是通过对没有记录的传说，遗物所体现的信仰，其余如惯例、风俗、方言、俚谚、民谣等的调查来回顾祖先的生活，并以此来把握体现一个民族的生命现象。欧美的民俗学研究也是从‘原始社会’的调查研究开始的。从这个角度看，朝鲜社会是一个能充分孕育民俗学的地方，因为在那里还有很多地方仍保留着尚未与文明的激流相接触的原始社会的痕迹。”（岩崎继生，1933：112）这样的视角能够充分说明日本学者把朝鲜作为一个“原始社会”，把从西方国家学来的人类学直接运用在朝鲜半岛，使之彻底成为日本人　发掘原始社会的实验基地。

以李能和、崔南善、宋锡夏为中心的韩国人类学家属于在野派，而当时的日本人类学家却属于官方派或讲坛派。从学术的角度看，要把这三个派别完全分开是不可能的，因为官方派和讲坛派有自然联系在一起的部分，官方派、讲坛派与在野派也有着较明显的联系。因此，对于三个派别的联系和相互关联性有待今后更深入的分析。

四、台北帝大和京城帝大的比较

当时在京城帝国大学法文学部专攻社会学的学生肯定受过秋叶的社会学教育，但在朝鲜人学生中根本看不出有谁专攻过社会人类学的痕迹。[1]

[1] 虽然一部分学界人士主张的“首尔大学的任皙宰教授曾担任过秋叶隆实地研究的助手并发挥了重要的作用”这一观点和对于这个问题在以后还需要更进一步的确定，（伊藤亚人，1988：220）。但是似乎也有和前面见解不一致的地方。有任皙宰教授的证言为证：“自己没有担任过实地研究时的助手，而且秋叶的助手都是日本学生。但秋叶教授告诉我“‘杨州别山台’公演在景福宫内举行，观看那次公演后我采录了公演的台词。”

受过秋叶人类学教育的只有泉靖一一人，泉靖一在秋叶的影响下成为了他的助手和助教，可以算是秋叶唯一的学统继承者。作为教授的秋叶任命东京大学社会学教室出身的铃木荣太郎为助教，任命泉靖一为他唯一的助手，以此形成了教授—助理教授—助教的研究体制。

但京城帝国大学人类学的教学体制并没有像研究体制那么完善。日本的这些学术方面的倾向是受了英国乃至欧洲“教导”式的影响 。教授直属于总督府，一切研究都是在命令的前提下以教授研究室为中心进行的，这显然是一种闭锁的研究体系。

“台北帝国大学文政学部史学科设有土俗・人种学教室。移川子之藏先生（1918年哈佛大学人类学博士，1922年任东京商大教授，1926年任台北高校教授，以中国台湾总督府在外研究员的身份留学于欧洲和印度1年零10个月，1928年赴任台北帝大教授）讲授了土俗、人种学概论和演习（或是特殊演习）。演习科目的讲解主要是在教室进行，使用的教材是弗雷泽（Frazer）的《金枝》（*The Golden Bough*），出席者只有3~4名学生和当时的助手宫本延人，主要以座谈会的形式进行。……教室的英文名称是Ethnology（人种学）。在昭和早期民族学这一用语……考虑到台湾民族运动中的“民族”二字，总督府会回避民族学这一用语，大学方面因此使用的是土俗、人种学。……在教室出版的《南方土俗》改名为《南方民族》。……移川先生跟随美国文化史学派的研究倾向，……他要求在总督府设立民族学博物馆……在台北帝大开设了南方文化研究所。”（马渊东一，1974：469-474）

1973年，马渊东一（当时琉球大学教授）和宫本延人（写过关于考古学的论文，还翻译了一些民族学的英国文章）合著的“《南方土俗》寄于景印本刊行”（实际是马渊东一一人写的）中发现，当时以民族学乃至文化人类学命名的研究室只有在日本帝国的领土内才有存在的可能性。另外，那时的日本学界已普及了“民族学”这一学术名称，但由于总督府回避了和台湾地区民族运动有关的“民族”这一用语，因此便决定使用土俗・人种学研究室或者是南方土俗等名称。

早在发动太平洋战争数年前，“民族”这一用语就在日本流行，所以，《南方土俗》改名为《南方民族》。《南方土俗》或《南方民族》的英文名称是Ethnographical Journal of South–Eastern Asia and Oceania（东亚及太平洋洲民族志杂志），研究室的英文名称是Institute of Ethnology（民族学研究所）。《南方民族》在太平洋战争结束一年前就被强行停止出版，之后土俗·人种学研究室成为了史学科的一部分。

1930年，前台湾地区总督上山满之进先生把退休金捐赠给语言学研究室和土俗·人种学研究室，并从1931年开始进行历时近一年的原住民实地调查。同时也正式开始对高砂族进行研究，移川子之藏、宫本延人、马渊东一三人以“以系谱为主的高砂族系统所属的研究”为名实施了调查研究。马渊东一是专攻民族学的最初也是最后一个台北帝大毕业生。

1929年9月16日，南方土俗研究会（混用了“学会”和“研究会”）在台北市东门町的移川子之藏的家里创设，当时的参与者共有10人。《南方土俗》第1册第1号的编辑委员中有移川子之藏、宫本延人和马渊东一（学生）。南方土俗研究会的会员一共有32人，当时还是学生身份的马渊东一并没有被包含在会员名单中。1931年7月，《南方土俗》第1册第2号发行，已经摆脱学生身份的马渊东一的名字被写入编辑委员的名单中，同年11月发行的第1册第3号中马渊东一的名字也被写入了南方土俗学会的会员名单中。

移川和秋叶的研究活动体现出了相同的轨迹：移川作为台湾总督府的在外研究人员留学于欧洲，而秋叶作为朝鲜总督府的在外研究人员留学于英国；而且二者培养弟子的方式也相同：秋叶培养了泉靖一，移川培养了马渊东一。

马渊，1910年出生，1928年毕业于第五高（现熊本大），升学到台北帝大文政学部，1931年毕业于东大史学系。毕业的同时受雇于于东学部土俗·人种学教室，1943年经过东大南方人文研究所所员一职后成为助理教授，同年接受担任海军无给奏任的命令在西里伯斯岛（Celebes）进行了当地研究。也就在那时，马渊跟随了移川。当时，台北帝大已经设立了南方土俗学会并发行《南方土俗》。在《南方土俗》最初发行（1931年3月）的时候，主管方是南方土俗学会（前身为台北帝国大学土俗·人种学研究室）。马渊东一“专攻文化人类学与民族学（当时被称为土俗、人种学），虽然属于史学科，但形式上是东洋史专业”（古野清人，

1974：1）。

秋叶和泉靖一以大陆资源研究所等研究机构为中心，在京城帝大进行了东北亚地域人类学调查活动。在同一脉络上，移川和马渊以台北帝大为中心展开了东南亚地域的人类学调查活动。可以看出，日本帝国主义殖民政府的总督府在实施殖民统治政策过程中充分利用了人类学。在那样的政治背景下，殖民地出身的研究者很难被培养成为日本人类学家的继承人。

虽然台北帝大的移川和京城帝大的秋叶在研究上脉络相同，但两人的活动也存在几点差异：移川直接在他的教室经营南方文化研究所并发行《南方土俗》；但秋叶是在京城遇到了从事同样研究活动的殖民地出身的学者如宋锡夏、孙晋泰等人，并跟他们共同组织相应的活动，因此这是在教室外进行学术活动。可以说，在京城，帝国大学教室并不是唯一能进行学术（人类学）研究的地方，因为殖民地已经孕育了“自学成长”的民俗学和人类学家。这就是朝鲜民俗学会和《朝鲜民俗》区别于南方土俗学会和《南方土俗》的地方。在这一点上，我们应该对宋锡夏和秋叶之间的关系产生一些关注。

在中国台湾，民俗学、民族学研究活动是以台北帝国大学医学部的日本体质人类学家为中心进行的。《民俗台湾》是1941年在台北帝国大学医学部的金关丈夫教授（1897—1983年）主导下，由台北的东都书籍台北支店最初发行的。主要通过这个杂志发表研究成果的日本学者有国分直一（当时在台南第一高等男女学校工作）等人。笔者还看到了当时在台北帝国大学土俗·人种学研究室成长的中国学者的名单（如陈绍馨等）。比起京城帝大，台北帝大有着更浓厚的学术氛围，移川的研究室培育了殖民地出身的人类学学徒。

秋叶的京城帝国大学社会学研究室和移川的台北帝国大学土俗·人种学研究室的另一个区别体现在他们的研究倾向上：前者体现的是传统的英国社会人类学倾向，而后者体现的是美国文化史学派的传统美国文化人类学的研究倾向。

比较两位学者的学术活动可以发现，与秋叶相比，移川所指向的人类学领域更广泛。移川的人类学研究包含了语言人类学、考古学和体质人类学。而秋叶把自己的活动领域只限定于社会人类学和民俗学，他的讲义科目是“社会学”，以社会人类学为主要内容，也讲解过P.Sorokin的现代社会学理论。他的社会学是受东京大学教育的影响，民俗学是受莫里森文库（东洋文库的前身）的影响，而社会人类学是在英国伦敦大学留学时学到的。

秋叶的研究室有两位社会学专业的助理教授（森谷、铃木），由此形成了东京大学社会学科的缩小版。秋叶跟京城帝国大学医学部解剖学教室的体质人类学家（今村丰）一起到中国东北和内蒙古地区实地考察，这体现了他在学术领域的视野是比较宽的。

另一个区别体现在战后两个研究室（京城帝大的秋叶研究室和台北帝大的移川研究室）的发展状况：在韩国，秋叶的研究室看不到一点继承形态，相反在台湾大学可以看见移川的研究室被充分继承的痕迹。换言之，在韩国出现了殖民地时代学问成果成果的断绝现象，而在台湾出现了殖民地时代学统的继承现象。这两种现象也就成为了战后两国的人类学发展基础。

在移川的土俗·人种学教室成长的中国学者带动了战后台湾大学的人类学发展，而一个殖民地出身的学者都没有培养出的京城帝国大学研究室终究面临倒闭。当然，两国对殖民地这一问题的应对方式要单独予以分析。

第四节　朝鲜民俗学会的综合力

在野、官方、讲坛派的统合实体为朝鲜民俗学会，创立于1932年4月，发起人是孙晋泰、白乐溶、郑寅燮、李根、崔淳、李钟泰、俞亨穆、宋锡夏（干事），孙晋泰担任责任编辑，李钟泰管理日常事务。学会创立初期，日本人秋叶隆和今村鞆作为核心人物参与进来，而宋锡夏是整个学会的中心人物，并且他用私费运营学会。宋锡夏出生于1904年，与其他朝鲜人会员的年龄相近，而秋叶出生于1888年，今村出生于1870年，可以看出学会会员的年龄有着很大的差异，这也使朝鲜民俗学会有了其特殊性。

1933年最初的《朝鲜民俗》是以韩汉文混用体文字出版的，那时的发行人是宋锡夏。1940年《朝鲜民俗》第3号出版时，发行人却变成了秋叶隆，而文字也从韩汉文混用体变成了日语。这样的变化跟当时的殖民统治政治背景是分不开的，即朝鲜人已经丧失了对朝鲜民俗学会的主导权，学术活动受到了极大的限制。虽然对于崔南善和李能和没有参加这个学会的原因不能作出明确的解释，但这间接地说明，两派在学问目的和方法上跟朝鲜民俗学会有着一定的区别。崔南善和李能和是以整理传统文献为中心进行研究活动的，而宋锡夏、孙晋泰等人则采用的是当地研究的方法。

以当地研究为基础开始人类学研究的是孙晋泰和宋锡夏，他们是最初的、纯粹的民俗学家，并在韩国开辟了一条新的民俗学研究之路（金泰坤，1984：34；崔吉城，1983年；印权焕，1978：65–66）。然而崔南善和李能和因为倾向于不同的学问研究，因此选择了不同的研究之路。

从朝鲜民俗学会的主轴来看，这个组织相当具有囊括性。在学术领域包含了超越狭义民俗学的人类学者，会员的年龄也有很大差异，会中也有日本人，并包括了在野，讲坛和官方三个派别，所以学会有指向广义人类学的倾向。但由于民俗学这一框架，学会并没有包含体质人类学和考古学的内容。1934年创立的震檀学会总揽了整个学问领域，体现着韩国学的性格，使1932年创立的朝鲜民俗学会在内容上指向了广义的人类学。我们要关注的是这两个学会的中心人物——宋锡夏，他用实践证明一个学者的作用不只是留下研究成果，更重要的是为整个学界创造学术研究的氛围。

20世纪20年代后期到30年代前半期，美国留学生在曾发行过的名为*The Rocky*的杂志上发表的有关人类学的论文，这些论文使用与国内完全不同的脉络来介绍人类学。“*The Rocky*是从1925年到1936年（一共发行到第7号）期间发行过的留学生机关杂志，曾以芝加哥为中心进行活动。……国内的发刊阵容接到在美国发表的论文后通过总督府的同意再出版。”（金泰坤，1998：1100–1108）。这可以看出，当时的学者为试图在国内建立人类学这一学问而不断努力着，登在*The Rocky*的一篇有关人类学的论文就能说明这一点（黑龙江人，1931；南宫卓，1933）。

日本军国主义发起的太平洋战争重重打击了韩国的学问活动。战争终止了朝鲜民俗学会和震檀学会的所有活动，使韩国的民俗学和人类学经历了一段艰辛的历程。这是在殖民统治时期学术研究的一大界限，而在这种背景下就很难有集中的研究成果积累下来。

川村以结构性的视角解释了朝鲜民俗学会的活动停止现象。“创立朝鲜民俗学会的核心人物是宋锡夏……六年后发行人从宋锡夏转变为任京城帝国大学教授的日本人，而且登载的论文全部都是日语论文，还发行了纪念今村鞆（1870—？）的特辑，出现了柳田国男投稿等‘日本化’现象。”（川村，1996：45）川村在解释《朝鲜民俗》第3号时毫不犹豫地使用了“日本化”这一用语。笔者怀疑对帝国主义时代发生的这一现象能否用“日本化”来予以解释，如果只用结构性的视角接近这一问题，就很容易让人忽视当时参加活动的学者们的立场。笔者认为，只有在对个别学者的具体论著进行缜密分析的基础上，才能用结构性或是脉络性的视角解释这一现象。

《南方土俗》在台湾被停止出版，以及《朝鲜民俗》只发行过3辑就不能再发行，这些现象不应被解释为“日本化”现象。因为这不是学问自发的现象，而是在日本帝国主义的强制镇压下才发生的学界变化。因此，笔者认为，川村所指的“日本化”现象包含了“同化”或者是“皇民化”的意思。为了更好地反映当时的时代背景，笔者认为，用“日帝化”这一用语更为恰当。“日帝化”现象体现了以军事主义为前提膨胀起来的帝国主义的问题意识。用川村的“日本化”来解释上述现象存在两大问题：

第一，“日本化”这一用语由于被时间上的概念所干涉，会有引来一定混乱的危险性。即对“日本化”中的“日本”可能会产生不同的理解。“日本”有可能是指现在的日本，也有可能是指五百年前的日本，还有可能是指帝国主义时期的日本，因此，要根据时代的不同，选择能够反映日本立场的用语。

第二，过分突出了川村作为日本知识人的立场，使得历史反省和学问批判的立场的交错，从而产生的过度批判的问题。批判极大和过度批判是有区别的。站在日本人的立场反省过去是无可厚非的，但当批判超越批判的最大限度成为过度批判的时候有可能会产生混淆事实的可能性。过度批判有可能会失去批判极大的意义，也有可能会掩饰事实的准确性。

良知判断和正确判断在有些情况下取向相同，但在有些情况下，过度的良知判断会损伤基于事实的正确性。学问受到意识形态的影响，会从多个方面受到侵害。学问可能会受到意识形态的限制，也可能会受其影响而不能顺利进行。这时，日帝化学问其实就是意识形态的牺牲品。过度批判是意识形态的另一产物。所以，我想以过度批判的例子，提醒学者们学问可能会沦为意识形态的牺牲品，在桎梏中受到的威胁。

在殖民主义帝国时代，学者们所处的立场和研究的方向都受到了极大的限制。殖民地的所有人力和物力都集中在战场的情况下，强有力的“皇民化”和“同化”的殖民政策下，朝鲜半岛的学者们经历了怎样的学问过程？韩文的使用是被禁止的，所有的研究成果都只能用日本语发表，而《南方土俗》和《民俗台湾》从一开始就用日本语出版。但这样的学术杂志在太平洋战争时期也都被停止出版。对于一边是要发表学术研究成果，而另一边是望着帝国主义的殖民镇压从总督府那里得到支援的殖民地时代学者的复杂立场，我们有必要进行进一步的分析。

《朝鲜民俗》（朝鲜民俗学会发行）的目录如下：

第一号（1933年1月发行）

牲考（孙晋泰），巨济岛的立竿民俗（秋叶隆），五广大小考（宋锡夏），晋州五广大假面游戏（郑寅燮），江界的正月岁时（孙晋泰），韩国民俗参考书籍（S.Ha Sohng），去年度各杂志揭载朝鲜民俗学关系文献。

第二号（1934年5月发行）

村祭的二重构造（秋叶隆，日文），江界探查者的习俗（孙晋泰），关于出生的民俗（京城）（金文卿，日文），东莱叶游词（宋锡夏），成川民俗二三（连荣嫜），妇谣女子叹（韩基升），韩国民间故事以及其与西方民俗的关系（L.G.Paik），韩国民俗参考书籍与素材（S.Ha Sohng），去年度各杂志揭载朝鲜民俗学关系文献。

第三号（1940年10月发行，有“今村翁古稀纪念”的副题）

民俗学和小生（今村鞆），学问和民族结合（柳田国男），济州岛俗信杂志（赤松智城），所谓十长生（秋叶隆），关于阴宅的发福（村山智顺），苏涂考订补（孙晋泰），关于李朝时代连坐的刑（金斗宪），朝鲜的异类交婚谈（任晳宰），社堂考（宋锡夏），随闻录（孙晋泰），今村鞆翁著作目录，书评。

《朝鲜民俗》第一号是以韩、汉文混用体即以韩文为中心发表的，有季刊的标志，而在第二号中开始登载一部分日文文章（减少了一系列负担，如确保更多的作者、翻译等），第三号则完全用日文出版。第一号和第二号的发行人是宋锡夏，而第三号的发行人则换成秋叶隆。第一号和第二号是连续发行的，而第三号是第二号发行后相隔六年发行的。在这六年的时间内，朝鲜民俗学会停止了一切活动，谁也没有试图让《朝鲜民俗》重新发行。可以说，没有宋锡夏就没有《朝鲜民俗》。事实上，朝鲜民俗学会除了出版《朝鲜民俗》第三号外，一直到1945年解放的时候都没有进行任何其他活动 。《朝鲜民俗》第三号是为了纪念今村而出版的古稀纪念特辑，只是学会的一次性活动。秋叶隆也是发行第三号后再也没有运营管理朝鲜民俗学会，这也可以看出今村在秋叶心中的地位。

最初计划《朝鲜民俗》应该是在朝鲜民俗学会成立的1932年。因为第一号的发行时间是在1933年1月，在此之前的1932年就完成了收集和编辑文稿的工作。最初主管《朝鲜民俗》的宋锡夏打算以季刊的形式发行（第一号的英文标记上写着季刊），但不知什么缘故却没有得以实行。考虑到宋锡夏是用私费发行这个论文集，因此，笔者认为不能以季刊形式发行的最重要的原因应该就是财政问题。第二号中有介绍“英国民俗学会的请嘱”专栏，这表明朝鲜民俗学会试图进行过国际交流。第三号中有当时日本民俗学的领头人——柳田国男的文章，这反映了朝鲜民俗学会在日本学界也是备受关注的。

除此之外，《朝鲜民俗》还具有一些其他特征：第一，朝鲜民俗学会被标榜为“民俗学会”，在英文标记上也使用的是“folk-lore”或“folklore”；第二，登载的论文内容全部跟“朝鲜”有关；第三，民俗概念的使用相当广泛；第四，京城帝大的教授、总督府的受雇者、“朝鲜人”学者共同参与、构成学会并发行学会志；第五，注明作者的25篇文章中，一半以上的文章是由孙晋泰、宋锡夏、秋叶发表的，其中孙晋泰和宋锡夏各发表了5篇，秋叶发表了3篇，这说明他们三人实际上是朝鲜民俗学会的中心人物。

1934年第二号发行后没能在1935年继续发行第三号的主要原因是宋锡夏的病情恶化。之后一直没有出现能够代替宋锡夏朝鲜民俗学会的领导人，孙晋泰也没能发挥其代理作用。1940年，在秋叶的主导下，《朝鲜民俗》第三号（日文）发行。其实宋锡夏对朝鲜民俗学会的弃置至今仍是一个谜。朝鲜民俗学会被搁置期间（20世纪30年代后半期），宋锡夏不仅一直专注于朝鲜民俗的研究，并且对当地研究也未曾停止过。这就让人更难理解《朝鲜民俗》的停刊事件。

对于《朝鲜民俗》第三号的发行，笔者想要表达一些个人见解。第三号是作为纪念今村的古稀纪念特辑发行的，可以看出今村在朝鲜民俗学中所处的位置。当然，这跟秋叶的"个人崇拜"是分不开的：1926年在从日本到朝鲜的船上，当秋叶读完今村的（《朝鲜风俗集》）后，便对今村产生了敬佩之情。

秋叶重振了宋锡夏主导的朝鲜民俗学会和《朝鲜民俗》，这不得不让人对他俩的关系产生疑问。如何解释纪念今村的古稀纪念特辑没在朝鲜人的手中，而是在京城帝大教授——秋叶的主导下发行这一事实呢？如果不是作为今村古稀纪念特辑，《朝鲜民俗》第三号有可能一直都不能发行。事实上，还要予以考虑的一点是，在1940年这一时间点上，所有的一切都转向战争，在那样的背景下，发表学术志是件不可能的事情，而第三号是特殊情况。

综上所述，实际上朝鲜民俗学会从1934年发行第二号《朝鲜民俗》后就停止了一切活动。这主要跟宋锡夏当时的健康状况有关，还有一个重要原因跟宋锡夏主导的另一个学会——震檀学会的创立（1934年）有关。随着震檀学会的创立，宋锡夏的重心从朝鲜民俗学会转移到了震檀学会。[1]换言之，在当时，如果没有宋锡夏，就不可能确立以朝鲜人为中心的朝鲜民俗学。

在此过程中，必须要指出的是宋锡夏的观点变化问题。宋锡夏成立了朝鲜民俗学会并发行《朝鲜民俗》，接着又创立了震檀学会，然后在解放的同时主导了大学的人类学和人类学博物馆的创建。如果把这些过程作为时间系列联系起来思考的话，我们可以得出这么一个小的结论：从宋锡夏的立场来看，从民俗学跨越到人类学的过程中，有震檀学会作为垫脚石，

[1] 值得关注的是震檀学会正式创立前的参照会员的名单中有李能和和李克鲁的名字。

而打算从狭义的民俗学中摆脱出来的宋锡夏试图通过震檀学会的创立来实现这一切。而逐渐扩大的观点上的支持也为日后从狭义民俗学扩展到广义人类学留下了余地。

第五节　活跃在人类学边缘的学者

在《韩国人类学百年》中，不能忽视的一部分人就是那些虽然没有专门去研究过人类学却做了一些有关人类学研究和活动的人。如果以现在的视角来评价，会觉得他们所做的工作是微不足道的，但在当时原本就没有几个学术研究者的氛围中，这种小小的关心的集合就是一种很大的力量。整理像在茫茫大海中漂流的一叶扁舟式的先驱者们的足迹，是件很不容易的事情，也是仅由笔者一人根本完成不了的事情，所以，在这里，笔者只针对韩国人做了一些整理。其中，关于金孝敬的事迹重点参照了两篇文章（任东权，1996年；崔吉城，1995年）。

作为韩国人最初成为东京人类学会（日本人类学会的前身）会员的人是郑斗铉（1887年10月27日出生）。在1917年10月创立的东京人类学会会员名单中可以清楚地看到他的名字，他于1919年8月作为东京人类学会会员移居到朝鲜平壤府港町。当时，他是唯一一个朝鲜人会员。那时的住址是“平壤府竹典里191番地”（门牌号），1927年入学到东京帝国大学，这时的住址是“仙台市东北帝大理学部生物学教室”[人类学杂志，1927年10月，42（10）：410]，在《东北帝国大学一瞥》（1930年发行）中还有“3月学士试验合格者名簿：生物学专攻的郑斗铉（朝鲜）”的记录（在东北大学文学部岛陆奥彦教授的帮助下收集了有关资料）。

随后，作为韩国人成为东京人类学会会员的李瑄根也在1926年2月搬进了东京的住址[《人类学杂志》，41（2）：602]。

韩兴洙是在1935年2月成为东京人类学会会员的，当时的住址是“开成府北本町520”[《人类学杂志》，50（2）：84]，于1936年6月搬移到“开成府高丽町446”[《人类学杂志》，51（6）：274]，1936年10月的住址是（澳大利亚）“Wien, IX, Rossauerlande52/18, Österreich”[《人类学杂志》，51（10）：452]，同年12月又搬移到“Wien, IX, Seegasse16/7,

Österreich”[《人类学杂志》，51（12）：554]。成为日本民俗学界领头人物的石田英一朗和韩兴洙在1937年的住址都是“bei Frau Dr.Turkel,Siebensterngasse20,wein,VII, Österreich”[《人类学杂志》，52（7）：226]。因而，进行在同一时间、同一地点一起学习过的日本人罔正雄、石田和朝鲜人都宥浩、韩兴洙的比较是件很有必要的事情。

与韩兴洙相比都宥浩更早留学于澳大利亚。其论著如下：《图腾主义的先史学的再吟味》[《人类学杂志》，56（11）：580–589]、《关于支那青铜器的起源》[《人类学杂志》，56（12）：650–657]、《细石器文化假想的摇篮地》[《人类学杂志》，56（8）：432–433]。这三篇都是在1941年6月到10月之间从咸兴邮寄到东京的论文。频繁的迁移生活表明一个殖民地的青年学徒为了学问深造而经历的磨难。1942年6月迁移到东京市森川町132星野方[《人类学杂志》，57（6）：272]，同年11月又搬到横滨市中区常盘町基督教青年会公寓[《人类学杂志》，57（11）]，1943年1月搬到横滨市中区本牧町3丁目640[《人类学杂志》，58（1）：90]，1943年2月再一次搬到横滨市中区山手町217静山庄公寓[《人类学杂志》，58（2）]。都宥浩跟罔正雄是几乎在同一时间段留学于澳大利亚的，但两人日后的学问道路却出现了如此大的差别。这不禁让人想到一个学者的成长和殖民主义的关系问题，在殖民主义环境下所处的位置将会影响到日后学者的发展道路。

在京城帝国大学研究体质人类学的罗世振（日本名为西木世振）在1942年2月成为了日本人类学会会员[《人类学杂志》，57（2）：101]，金载元也于1942年3月加入了日本人类学会（《人类学杂志》，57（3）：146]。

1931年，金永键在法国的极东研究院[1]（在当时越南的河内）当图书管理员。“1931年，广岛文理专科学院东洋史研究室的杉本直治朗先生访问河内时第一次见到了金永键”（杉本直治郎，1942：4）、“金永键是在河内的佛国极东学院（法国远东博古学院）图书馆的日本书籍部工作的朝鲜出身的年轻学徒”（松本信广整理金永键原稿《日本见闻录》），根据以上记录可知，金永键是在20世纪20年代留学于法国，之后被安排在越南河内的极东研究院，在越南居住了至少10年时间。

[1] 日本人有时也称为“远东学院”（Bouchez，1995：175，脚注）。

通过研究论著可以把握金永键的学问研究方向。他用日语发行了三册单行本：《在印度支那进行的邦人发展的研究：关于印刷在古地图的日本河》（杉本直治朗、金永键共著，1942年，东京：富山房）、《日—佛、安南语会话词典》（金永键著，1942年，东京：罔仓书房）、《印度支那和日本的关系》（金永键著，1943年，东京：富山房），解放后还发行了一本叫《黎明期的朝鲜》的书。他的关于人类学的论文都登载于《民俗学研究》（日本民俗学会发行）。第一个登载的是《日本见闻录》（民俗学研究，1936：2–1），第二个是《安南的浦岛传说》（《民俗学研究》，7–3），第三个是《印度支那人类研究所的事业和意义》（《民俗学研究》，1941年12月发行，第181–184页）。第三篇论文是在1941年5月28日学士会馆举办的日本民族学会中关于《占城与日本》（论述了17世纪的占城和当时的占城与日本的关系）的演讲。其中，最重要的著作是1943年发行的《印度支那和日本的关系》，这本书主要专注于日本和安南交流史的研究。

直到1940年年初，金永健一直居住在河内。[1] 1939年12月23日，在圣诞晚会上拍的照片中（与在极东研究院工作的亚洲人一起拍的），金永键（Kim Yun Kun：Trieu Tien——指的是朝鲜）戴着圆框眼境（参照 Nguyen Thieu Lau，1997：29 照片）。并且在介绍1941年东京学士会馆举行的日本民族学会演讲和会员座谈会的资料中也有这么一段记录："在河内的佛莱希极东研究院研修数年后，最近归朝的金永键先生讲解近期佛印的人类学研究现状。"这证明金永健一直居于河内。1940年10月，日本军以"大东亚共荣圈"建设的借口占领了海防港，有可能就在那时金永键不得已才离开了越南（因为当时他的国籍是日本）。综上所述，金永键应该就是在1940年年末到1941年年初的这一时间段从越南的河内搬到日本东京的。

金永键和金孝敬一起参与了1941年6月举办的日本民族学会会员座谈会。1941年10月，金永键的住所是在东京市淀桥区户塚1–49日乃出馆2号，1942年6月搬到东京市芝区白金台町1–56藤山工业图书馆，1943年1月再次搬到东京市本乡区丸山福山町3八清庄28号。这也反映出了不安定的东京生活。解放后的第二天（8月16日），他在举办的震檀学会临时总会

[1] 1997年8月1日，笔者在访问河内極东研究院时找到能够证明金永键键在越南居住过的证据（照片）。在此对朴同哲所长、吴秀振所长，崔斗贞女士、崔浩林先生表示感谢。

的首尔露面。就在那天，宋锡夏被选为震檀学会的委员长。因此，他应该就是在1943年到1945年这一时间段回国的，但同时又不能排除1940年10月归朝后在朝鲜和日本之间来往的可能性。

金永键精通法语、日语、汉语和越南语，受过法国式的教育，曾编纂过包含越南语、日语、法语在内的词典，研究古地图后跟日本学者共同完成了著作，还发表了关于印度、中国的人类学状况和安南多妻制度的论文。他在1941年发表的有关印度、中国状况的演讲内容是以广义的人类学为基础的，因此，虽然不能确定他是否专攻过人类学，但可以把他评价为具有人类学背景的韩国最初的越南（或是越南语）研究者。金永键作为解放时期的社会主义者，在文学领域也做出了不少的贡献，[1]他是月刊《科学与技术》的发行人。

金孝敬（1904—？）出生在平安北道義州，1926年去了日本，1929年毕业于大正大学专科佛教学系，1932年7月以宗教学作为专业毕业于大正大学，当时所写毕业论文题目是《巫堂（Mudang）考》（《大正大学学报》12号204页，1932年5月10日发行）。1932年10月20日发行的《大正大学学报》13号156页中写着当时金孝敬是宗教学研究室的副手。当时大正大学的宗教学研究室发行了《宗教学年报》，金孝敬担任了这个年报的编辑委员（1933年2月25日发行的《大正大学学报》14号169页）。在1933年6月30日发行的《大正大学学报》15号174页上记录着金孝敬作为副手在4月25日举办了16名新生的欢迎会。同年12月13日（星期二）在传通会馆举办的光尘会研究会例会发表会上，金孝敬发表了以《朝鲜的地精信仰》为题目的论文。1934年在大正大学民俗学同好会举办的“民俗学、考古学资

---

[1] 以下是解放后金永键发表的作品：

1945：《余录》。

1946：《历史文化的封建性质：特别是关于女性关系》[《文学》2：177-181（李泰俊出版）]、《朝鲜与法国的文化关系》[《人民评论》1（第1册第1号）]、《3.1运动与6.10万岁（回忆3.1运动》[《朝光》123（第12册第1号）]、《致美洲的挚友》[朝美文化协会创立祝贺纪念讲演，舆论调查科斯密斯中尉），《新天地》8（第1册第8号）]。同年的翻译作品有：《苏聊的儿童》[《新天地》10（第1册第10号）]、《文化的摄取与民族文化》[《新天地》7（第1册第7号）]。

1947年：《唯物史观世界史教程》（第1-5分册），与Borarov Yoshianini著，首尔：白杨堂。与朴赞谨共议《朝鲜开化秘谈》，首尔：正音社。

1948年：《黎明期的朝鲜》，首尔：正音社；《文化与评论》，首尔：正音社。

料展览会"上，金孝敬陈列了朝鲜巫教照片和有关巫教的资料。1934年在京城（首尔）创立的震檀学会发起人名单中有金孝敬的名字。

1936年4月1—2日（持续两天），东京人类学会·日本民族学会第一次联合大会在东京帝国大学理学部2号馆举办。此次会议总共发表了48篇论文，金孝敬的《风水信仰对朝鲜聚落和惯习的影响》作为第27篇论文发表。第二次联合大会也是在同样的地点举行（1937年3月29—31日持续三天），而这次金孝敬的《朝鲜民族宗教的特性》作为第19篇论文发表。在1936年举办的第四届日本宗教学大会（1936年11月8—9日，驹大讲堂）中，金孝敬还发表了以《日本的风水习惯》为题的论文。

以大正大学、立正大学、驹泽大学、智山大学的研究生为中心创立的东都佛教大学研究联盟的第一次（1937年2月3日）研究发表会在立正大学举行。在那里，金孝敬发表了《风俗信仰对孝道的影响》（《大正大学学报》，26：183）；在1938年第三次联合大会上发表了《朝鲜民间信仰中的弥勒》，同年10月在东大宗教学研究室（由大正大学民俗学同好会举办）口头发表了《从北京回来》；1939年第四次东京人类学会·日本民族学会联合大会中发表了《朝鲜的药水信仰》；1943年10月17—18日举办的日本宗教学会中发表了《朝鲜的村邑守护神崇拜的地域特异性》。

大正大学宗教学研究室在每周一中午12点半开始举行叫做"演习"的活动，此活动由金孝敬负责，所用书籍是赤松智诚编著的《挽进宗教学说研究》（《大正大学学报》，27：218，1937年12月25日发行）。有人这样说道："包括金前辈在内的很多的在京前辈到研究室指导后辈……"（《大正大学学报》，29：193，1939年5月发行）。金孝敬被称为"前辈"或者是"前辈讲师"（《大正大学学报》，30、31合本，第594–595页，1940年3月10日发行），可以看出他是大正大学宗教学研究室的非常任讲师。

金孝敬1941年居住在东京的礼岛区，这一年退出日本民族学会后，在1943年又重新加入学会（任东权，1996：55）。直到1943年，他一直在东京日本民俗学会日本宗教学会专注于朝鲜宗教及信仰的研究。但是1943年后在日本便再也找不到金孝敬的足迹（只有"不明"的记录），关于金孝敬，金钟瑞教授（首尔大学宗教学科出身，现任宗教学科的名誉教授）也提供了一些资料："金孝敬作为讲师在首尔大学宗教学科讲授有关巫俗的内容。”（金钟瑞，1993：301）1948年8月宋锡夏去世后，金孝敬接任了国立民族博物馆馆长一职。

1949年5月19日，金孝敬以国立民族博物馆馆长身份访问了开城分馆（国立民族博物馆馆报第7号，1949年9月发行，19页）。访问当时（5月4日），离朝鲜人民军越南，在开城府内的成均馆内与韩开战，导致开城分馆处于临时关闭的状态。在这种情况下，为了进行国立博物馆的陈列品整理，李弘稙、金元龙、黄嘉永等博物监管不断地往返于首尔和开成。5月16日，他们开始包装陈列品，到5月17日，开城分馆的陈列品便已完成全部包装工作，准备运往首尔。金孝敬在之后的6·25动乱中被绑架到朝鲜，准确日期是1950年7月11日。当时的金孝敬47岁，任东国大学教授，住址是首尔钟路区苑西洞 71（编辑部，1991：80）。

解放后，东国大学的专文部分为专文1部和专文2部（夜间），专文2部有国文科、文化科、历史科。金孝敬担任文化科主任一职（东国大学校90年志编撰委员会，1998：80），1947年5月到1950年6月25日期间，东国大学校佛教学科的教授名单中有金孝敬的名字。他主要负责给1年级、2年级的学生讲授《宗教史》和《宗教学》两门科目（1948年6月《东国》创刊号 记录）。

金孝敬不仅有单行本著作《支那精神和民族性》（1940年，三友社刊），还发表了《温泉信仰是迷信吗》（朝鲜日报，1930年）和《关于巫堂》（1932年，《宗教纪要：日本宗教学》）等11篇论文（其中包含1篇新闻报道和两篇序评）。他是朝鲜巫俗的研究者，主要专注于宗教民族学研究。金孝敬在这样的知识背景下，以京城大学宗教学家赤松的著作为中心开展了一系列研讨会，并以日本民族学会会员的身份发表论文，此后，接任宋锡夏成为了国立民族博物馆馆长。

除了金孝敬，我们也不能忽视其他学者的成就，因此我们有必要对在殖民地时代为朝鲜总督府服务的吴晴[1] 和严弼镇，研究济州岛民俗的石

[1] 1899年吴晴出生于庆北青松，在安东郡林洞上了小学，毕业于日本明知大学和早稻田大学。作为朝鲜总督府的受雇者发表了大量有关朝鲜文化的论文。6·25动乱时“拉北”。他的代表作是《朝鲜的民俗活动》（1931年，朝鲜总督府发行），另外还有有关金玉钧的著述（奖忠六十年史编纂委员会，1994：72–73）。

宙明以及崔常寿和金廷鹤等人的论著进行整理。还有，对于在日本东洋大学和德国留学过程中把社会学和新闻学作为专业的金贤準（博士），对他发表的《朝鲜家族制度的研究》（1930年）论文和《社会学概论》专著（1948年）中体现的他的有关人类学、民俗学的立场也要进行研究。（松本诚一，1985年）历史学界的金圣七留下的有关护法的论文也不能错过。

民俗学家崔常寿，从1946年5月开始在月刊《韩文》（李克鲁发行）中连载《朝鲜地名的传说》，同时又在《协同》中连载《寻找朝鲜的传说》，并在1947年创刊《朝鲜地名传说集》（一成堂书店）后，开始组织乡土研究会和朝鲜传说学会。

宋锡夏在崔常寿所写《朝鲜民间传说集》的“序”中称崔常寿为“石泉崔常寿君”（两人的年龄相差14岁）。这本书中的崔常寿“自序”在1946年9月完成，南仓和石南的“序”在同年10月完成。石泉在“自序”中写道：“笔者……专注于朝鲜传说的研究，在过去的十余年，利用夏天和冬天休假时间走遍了朝鲜的大江南北，收集了一千几百个当地的传说。”

他在副题为《朝鲜民俗学丛书1》的子书的“自序”中写道：“我是在20年前对朝鲜传说开始产生兴趣的。当我还是小学生的时候，……班主任给我们讲述了一个传说。……就是这一次的经历激发了我对传说的兴趣……就在第二年我去了庆州。……那是我的第一次民间传说采集。……之后……只要一有时间我就跑到各个地方寻找不同的传说。……戊寅年（1983年——笔者注）8月……我被关进东莱警察局，在那里，一部分民俗学资料的原稿被没收了。”他还写道：“对在雅文阁出版社工作并出版此书的李石钟表示感谢。”结尾写着“在1947年晚秋写了这篇‘自序’”。从这里可以看出，1927年，当崔常寿还是小学生的时候就对收集传说感到极大的热情，而他在1938年丢失了一部分原稿。

雅文阁出版社出版的《朝鲜民俗学丛书》一共有8册，分别如下：“①崔常寿编《朝鲜口碑传说集》；②崔常寿编《朝鲜民俗说话集》；③孙晋泰编《朝鲜神歌集》；④金秀东编《朝鲜八道民谣选集》；⑤崔常寿编《朝鲜谜语词典》；⑥崔常寿编《朝鲜俗谈词典》；⑦宋锡夏编《朝鲜民俗剧集》；⑧宋锡夏、孙晋泰、崔常寿合编《朝鲜民俗记》”（朝鲜出版文化协会，1949：82）。

崔常寿在1949年由朝鲜科学文化社出版的《朝鲜口碑传说志》（《朝鲜民俗学丛书1》里的序文中也曾提到过“雅文阁出版社”的名字）。朝鲜科学文化社也同样介绍了8册《朝鲜民俗学丛书》的题目和内容：“①《朝鲜口碑传说志》4.6版，308页，定价 700韩元，崔常寿著；②《朝鲜民族说话集》4.6版，300页，定价700韩元，孙晋泰编著；③《朝鲜神歌选篇》4.6版，230页，定价 600韩元，宋锡夏编；④《朝鲜民俗剧集》4.6版，220页，定价600韩元，李在郁编；⑤《朝鲜八道民谣集》4.6版，250页，定价600韩元，崔常寿编；⑥《朝鲜谜语词典》4.6版，250页，定价 600韩元，崔常寿编；⑦《朝鲜俗谈词典》4.6版，300页，定价600韩元，宋锡夏著；⑧《朝鲜民俗志》4.6版，250页，定价600韩元。”并详细地介绍了前面4册书的内容，包含它们的主要目次。

1949年，雅文阁出版的8册《朝鲜民俗学丛书》的计划没有顺利进行，后来，由朝鲜科学文化社出版的时候，这些丛书发生了一些变化，把《丛书1》书名中的“集”换为“志”、“编”换为“著”，最后出版为崔常寿著的《朝鲜口碑传说志》，本应作为《朝鲜民俗丛书（2）》出版的崔常寿的《朝鲜民俗说话集》最终没能在1949年出版，其余的丛书也只是在等待出版。朝鲜科学文化社对所有丛书内容进行了简单的介绍，但着重介绍了崔常寿的《朝鲜民俗说话集》、孙晋泰的《朝鲜神歌选篇》、宋锡夏的《朝鲜民俗剧集》。

如果看孙晋泰《朝鲜神歌选篇》的主要目录（创世歌、回生歌、黄泉曲、淑英朗鹭运娜神歌、成造神歌、戒责歌、神歌、巫女祈祠祷）和索引等，就可以发现，他应该是想把过去在日本发行过的书翻译为韩文出版。宋锡夏《朝鲜民俗剧集》的主要目录以“朝鲜民俗剧概说、人形剧木偶、晋州五广大假面游戏、东莱野游台词、山台剧都监、凤山假面具等索引”构成。雅文阁的广告中宋锡夏、孙晋泰、崔常寿合编的《朝鲜民俗记》，在朝鲜科学文化社的广告中却变成了宋锡夏著的《朝鲜民俗志》，而且《朝鲜八道民谣选集》的作者从金秀东变成了李在郁。其中，特别吸引笔者的部分是宋锡夏编的《朝鲜民俗剧集》。

他的这本丛书整理得非常有体系。从“概说”开始介绍不同种类的民俗剧，他应该称得上是韩国民俗剧的集大成者。宋锡夏去世（1948年）后的1949年，《朝鲜民俗剧集》处于准备出版的状态，而朝鲜科学文化社相当具体地介绍了这本书的目录和主要内容——在没有原稿的情况下是不可能介绍得这么详细的。

这不禁让人开始怀疑崔常寿对宋锡夏所作出的评价：“据我所知，已故的宋锡夏先生对民俗剧很感兴趣。但宋锡夏也只在报纸或日文杂志上发表了有关凤山假面剧的单篇论文，没有对民俗剧进行全方位的调查研究。”（崔常寿，1957：11–12）但宋锡夏编的没有出版的《朝鲜民俗剧集》的主要目录中，除了凤山假面具外还有其他的民俗剧内容，如晋州五广大、东莱野游台词、山台剧都监等。目录内容跟崔常寿的上述评价内容显然是不对称的。那崔常寿的意图又是什么呢？

崔常寿作为团员参加了宋锡夏1946年举办的朝鲜山岳会踏查活动，而在崔常寿出版的《朝鲜口碑传说志》（1947年）中，宋锡夏还给他写过“序文”（1946年），可以说宋锡夏在学问方面对崔常寿给予了很大的鼓励和帮助，原本专注于“传说学”研究的崔常寿遇到宋锡夏后把自己的学术研究领域扩大到了“民俗学”。雅文阁或朝鲜科学文化社出版物的广告内容提示《朝鲜民俗学丛书》的出版是以崔常寿为中心编辑的。崔常寿在1946年组织的“朝鲜传说学会”于1954年改名为“韩国民俗学会”，而且在1958年后持续地发行《韩国民俗学研究丛书》。特别引人注目的是，该书的大部分是关于民俗剧和假面具的内容。

崔常寿（1918年生）出生在庆南东莱（韩国精神文化研究，1983：650），在日本大阪外事专门学校学习过英语。从1940年开始在首尔的中高等学校担任教师，从日本帝国主义时代开始收集传说资料，之后一直专注于传说学的研究，出版过有关传说学的书籍，还把一部分作品翻译为英文出版。但笔者始终对他在《韩国民俗学研究丛书》中出版的有关民俗剧和假面剧的内容感到疑惑。

崔常寿说：“凤山假面是我在1935年进行实地调查时所提到的。”（1966：27）。对“开城德物山巫觋们的信仰”在“1935年、1942年、1943年进行了无数次的实地调查”（崔常寿，1966：47）。“我从1935年

8月到1944年7月期间在凤山、旧邑、黄冈、西兴、麒麟、江陵等地进行了共28次的实地调查（每个地方考察四次）。”（崔常寿，1967：11）“据我调查，假面剧在凤山、海州、江陵三地一直作为年中行事沿袭到1938年，但从之后的1939年开始也出现了中断现象，而在其他地方早已找不到假面剧的踪迹。……因此，假面剧……一直处于中断状态，直到1946年。”（崔常寿，1967：12-13）综合上述文章，可以发现有几个地方是相互矛盾的：崔常寿说从1939年开始已经不存在假面剧，那么，我们可以理解为崔常寿从1935年到1938年即从17岁到20岁集中收集了有关海西假面剧的资料。

根据崔常寿的这一反复陈述——“28年前进行了有关假面剧的实地调查”（崔常寿，1966：17，18），我们得知，他是满20周岁时，即在1938年一年的时间里收集了全部有关假面剧的资料。他在《朝鲜口碑传说志》（崔常寿著）的序文中也提到，从1938年8月开始他就被关进了东莱警察局。也就是说崔常寿是在此前7个月时间内，并且是在当时交通条件不好的情况下走遍忠清北道、忠清南道、黄海岛、京畿道、首尔地区、江源道、庆尚北道、庆尚南道等地去收集了有关假面剧的资料。这其实是件不能完成的任务，但是崔常寿却做到了。

笔者认为，一向专注于传说研究的崔常寿应该是受到宋锡夏的影响，所以从1958年开始，持续出版有关民俗剧和假面剧的书籍。1949年，崔常寿开始准备出版《朝鲜民俗学丛书》这本书，虽然我们直到现在仍然找不到《朝鲜民俗集》的原稿，但从宋锡夏对崔常寿的影响来看，崔常寿应该是看过宋锡夏的《朝鲜民俗剧集》原稿。

众所周知，宋锡夏一直对民俗剧和假面剧有着浓厚的兴趣，而且进行了无数次的实地调查，也曾发表过相关的论文。如果说秋叶的证言是事实（自己跟宋锡夏合著过《朝鲜假面图谱》但丢失了原稿），那么1949年原本要出版的宋锡夏的《朝鲜民俗剧集》和秋叶所说的原稿又有着何种关系？遗失的原稿的著者是谁？共著者又是谁？想要得到这些问题的解答似乎已经很太遥远了。

无论如何，崔常寿留下的这些论著会成为后学者研究韩国民俗学的重要资料。其主要研究论著如下：

1947年：《朝鲜地名传说集》。

1949年：《朝鲜口碑传说志》《朝鲜谜语词典》。

1953年：《国文学词典》。

1954年：《庆州的古迹和传说》。

1955年：《扶余的古迹和传说》。

1958年：《韩国民间传说集》。

1959年：《河回假面剧的研究》

1960年：《韩国的岁时风俗》。

1962年：《韩国人形剧的研究》

1966年：《韩国和越南的关系》。

1967年：《海西假面剧的研究》。

1968年：《韩国纸鸢的研究》。

1969年：《韩国的岁时风俗：年中行事记》。

1972年：《韩国扇子的研究》。

1974年：《韩国摔跤和秋千的研究》。

1984年：《韩国假面的研究》。

金廷鹤（当时任高丽大学教授）从1948年开始发表有关神话学、考古学、人类学文章，直到发生韩国6·25动乱。[1]解放后，赴任国立科学博物馆动物部长的石宙明发表了过去在济州岛收集的民俗学资料。1946年，石宙明作为朝鲜山岳会的队员跟宋锡夏一起组织了诸多学术活动，曾任朝鲜山岳会理事（1946—1949年）、副会长（1949—1950年），本会派遣的五台山、太白山学术调查队的学术班员（1946年），小白山脉学术调查队副队长（1947年），郁陵岛等学术调查队学术班员（1947年），车岭山脉学术调查队队长（1948年），仙甲岛、德积群岛学术调查队队长（1949年），多岛海学术调查队队长（1949年）。

---

[1] 有《朝鲜神话的科学考察》（《史海》第1卷第1号，1948：12）、《朝鲜文化的方向》（《海东公论》49，第4册第1号，1949：3）、《先史遗产探索记》（《民族—文化2》，1950：2）等论文。1949年，国际出版社出版的《科学入门丛书》（全4卷，金廷鹤任“监译”）中登载了列维–布吕尔的《道德学》、波阿斯的《人类学》等文章（朝鲜出版文化协会，1949：35），但遗憾的是现在已找不到实物，金老师也不记得当时的事实。1950年4月钟路书馆发行的《Alcan文化科学入门》（金廷鹤译）登载了列维–布吕尔的《道德学》内容（71–105页）。

第三章　人类学专门化的短暂复兴期：解放和战争期间

第一节　国立民族博物馆与石南

1945年8月15日，这一天带给韩国人最有意义的礼物就是“民族”两个字。应该怎么去确立、体现“民族”？怎么去建设真正意义上的民族国家？解答这两个问题成了所以领域最大的课题。从之前的殖民统治框架中摆脱出来而成为一个真正独立的民族是件多么让人震撼的事情！

光复日第二天，早已停止活动的震檀学会在仁寺洞太和亭举行了一次大型聚会。在这次会议中，宋锡夏（石南是他的号）被选为委员长，委员会名单如下。

委员长：宋锡夏　　总务部长：赵云植　　出版部长：孙晋泰

编辑部长：金丞植　　事业部长：俞亨穆　　财务部长：委员长兼任

委员：金丞植、金荳铉，金秀晶、金永键、金尚伍、都宥浩、孙晋泰、宋锡夏、申石浩、俞亨穆、李秉基、李丙浩、李相佰、李崇宁、李汝成、李仁英、赵明基、赵云植。

在确定震檀学会的住址（桂东町72番地）后，会议拟定了三项实践活动：①编撰国史的教材和教科书；②举办国史讲演会；③举办建国纪念大讲演会（匿名，1945：18–20）。

在所谓“决定朝鲜未来的各政党各团体”中，能在学界领域站住脚的就是震檀学会，而其中起着核心作用的就是宋锡夏。在当时的时代背景和学术氛围下，宋锡夏所想的中心概念是包含“民俗”的“民族”。而把这种思想变成现实的是“国立民族博物馆”，而不是“国立民俗博物馆”。宋锡夏认为，只有包含“民族”的人类学才是真正意义上的人类学，这直接体现在博物馆的英文名称上（Museum of Anthropology）。

国立民族博物馆是韩国最初设立的关于人类学的国立机关，它在确立韩国人类学史的过程中发挥了至关重要的作用。要想知道国立民族博物馆的重要性，对它的设立过程及其存在的理由等都要进行更深入的研讨。因此，收集有关国民民族博物馆的记录是件极其重要的事情。在整个东亚，最初以人类学为中心建立的国立民族博物馆出现在朝鲜半岛这片土地上，因此对于韩国来说再怎么强调它的重要性也不显得过分。在民族统一的美军政统治时期内，以本土化为背景成长起来的韩国人类学家主导设立的国立民族博物馆最终埋没在抗美援朝战争的炮灰下。这不禁让人思考在未来朝鲜半岛统一的过程中，我们应该做什么，怎么做。为了更细致地分析上述内容，笔者罗列出了以下有关资料：

国立民族博物馆的地址是首尔市中区艺场洞2番地（倭城台），创办日是1945年11月8日，馆长是宋锡夏。历史概况：根据1884年签订的《汉城条约》，由我们政府提供基地和建筑费用，建设成为第三届日本公使馆厅舍。后来作为日本驻韩公使馆、统监官邸、总督官邸使用。而要特别指出的是《韩日合并条约》就是在这栋楼签订的。1940年11月改名为朝鲜总督府施政纪念会馆。解放后，石南宋锡夏在美军政厅的帮助下创立了国立民族博物馆。1946年4月25日开馆。其主要活动包括：济州岛民俗及方言调查，国立博物馆主宰庆州古迹发掘参与，五台山、太白山连脉一带民俗调查等。其未来事业计划为：窑迹等的发掘及调查，设置映写室设备和一般人的研究室，文化人类学知识的普及及讲座施设，在世界宣扬朝鲜工艺品，传承民俗艺术的全面调查和展示，制定有关民族文化的基本资料，44名职员（金溶浩，1947：159–160）。

国立民俗博物馆的历史概况为：1945年11月8日，国立民族博物馆创立，宋锡夏赴任馆长（军政厅令第68号）；1946年4月25日，国立民族博物馆开馆；1946年11月，朝鲜民族美术馆（景福宫缉敬堂）的珍藏品搬移到国立民族博物馆内；1949年12月12日，根据政府组织法的改编设定国立民族博物馆职务制度（大统领令第235号）；1950年12月，成为国立博物馆的南山分馆；1966年10月4日，文物管理局所属的韩国民俗馆开馆（景福宫内秀正殿水晶殿），1972年6月，民俗博物馆设立准备委员会成立；1975年4月11日，韩国民俗博物馆开馆；1979年4月13日，从文物管理局所属改编为国立中央博物馆所属的国立民俗博物馆；1992年10月30日，从国立中央博物馆所属改编为文化部所属的国立民俗博物馆；1993年3月6日，改编为文化体育部所属（国立民俗博物馆，1996：5）。

1945年11月8日，民俗学家宋锡夏创立国立民族博物馆。……以宋锡夏的收藏品为主，在美军政厅Knez博士的帮助下经历了6个月的准备过程……1946年10月16日，在震檀学会的主导下，举办了训民正音发表纪念图书展览会；1947年9月16日，美苏共同委员会的布朗所长及其委员展示了祝贺纪念品，以宋锡夏主导的“朝鲜山岳会”为中心进行了济州岛民俗和方言调查以及五台山、太白山连脉一带的民俗调查，还参与了庆州古迹的发掘活动。……1949年12月12日，根据大统领令235号设定了国立民族博物馆的职务制度，即“国立民族博物馆由文教部掌管，收集、陈列有关民族文化及文化人类学领域的参考品展示给国民并进行相关的调查与研究”。……随着宋锡夏的去世和抗美援朝战争的爆发，1950年12月，在政府的行政命令下国立民族博物馆成为国立博物馆的南山分馆。……1950年12月，按照“旧民族博物馆收藏品输入命令书”的要求，国立博物馆遗物管理科接收国立民族博物馆的收藏品（国立民俗博物馆，1996：10–11）。

（1949年，当时的首尔除了国立博物馆和李王职美术馆外）还有另外一个博物馆，名为施政纪念馆。施政纪念馆专门收藏了跟日本殖民统治有关的遗物，如历代统监和总督的肖像、日皇在韩国时使用的马车和寝台、韩日合并调印室的家具等。……日本战败时，此博物馆的馆长是加藤灌觉，（他说自己已经）创氏改名为全州李氏，并哀求把施政纪念馆改名为民俗馆后继续担任馆长。……我把施政纪念馆交付给宋锡夏。之后施政纪念馆改名为国立民族博物馆并且收管原本在景福宫回廊的柳宗悦、浅川伯教等的仓库品。一直病弱的宋锡夏在6·25动乱中离世。当时文教部文化局长赵根泳任命自己的中学同学金镐卓为馆长，但金镐卓因为缺乏专业知识很快就退职。政府在紧急事态下把民族博物馆统合为国立博物馆，至今为止，国立博物馆依然收藏着民族博物馆的收集品（金载元，1992：88–90）。

25日上午，国立民族博物馆在倭城台总督府施政纪念馆……在民俗学家宋锡夏馆长的管理下……此博物馆参与了东方文化社……国立民族博物馆整理、保存、研究我们的传统文化和其他民族文化，成为了研究者的殿堂，贡献于学者和百姓（东亚日报，1946年4月26日）。

国立民族博物馆和仁川市立博物馆是姐妹博物馆。它们标志着我国最初的民俗博物馆的创立，且任命学界的权威——宋锡夏为馆长。1945年10月后开始准备馆内设备并陈列相关的收藏品，1946年5月举办了开馆仪式。此馆主要陈列民俗品和我民族生活史的材料，为了比较研究，还陈列了一些他民族的民俗品……（国立博物馆，1947：14）

“11月4日借出民族博物馆袋主办的风俗图展中的图画”，“11月29日运回了从国立民族博物馆借出的全部18幅风俗图”（国立博物馆，1948：1，9）。

三八线以南博物馆一览表中（1947年5月至今）……1945年11月8日，国立民族博物馆在首尔中区艺场洞2番地创立，所藏陈列品2619种（金丞植，1947年）。

美苏共同委员会的美国方代表布朗所长及其委员在倭城台国立民族博物馆陈列个人和团体捐赠的祝贺纪念品……都是朝鲜优异的手工制作品如螺钿瓷器、银器、铜器等（东亚日报，1947年9月18日）。

官报第240号（1949年12月12日），大统领令第235号。

国立民族博物馆职务制度

第一条　国立民族博物馆从属于文教部长官，收集陈列民族文化及人类学领域的参考品供给学者和百姓参观并进行相关的调查与研究。

第二条　国立民族博物馆设置公务员。学艺官、事务官、主事、技士、书记、技员等的公务员定员由大统领令决定。

第三条　国立民族博物馆除了设置前条规定的公务员外，还可以另外安排受雇者。

第四条　国立民族博物馆设置馆长。馆长属于学艺官。馆长受文教部长官的命令掌握馆务、指挥监督所属公务员。

第五条　国立民族博物馆设置总务课和研究课。

各课长由学艺官或事务官担任。

课长受上司命令处理课务、监督指挥部下公务员。

事务官、主事和书记受上司命令担当其事务。

技士和技员受上司命令担当有关技术的事务。

第六条 总务课恪守机密、人士、官印，收发文书，负责编纂，保管会计、用度、官有财产，负责陈列品的供浏，即分管不属于其他课主管领域内的事务。

第七条 研究课分管关于民俗的学术研究，陈列品的获得和寄托，所藏品的誊写和摄影，陈列品的解说和著述。

附 则 本令在其公布日开始施行。

1962年1月，首尔大学图书馆员白林寄给革命监察部长的介绍贵重图书的确认书中……（首尔大学图书在1951年1月4日后退时）釜山管材处（釜山市光复洞）仓库4楼保管国立图书馆、民族博物馆、德秀宫博物馆、国立图书馆的图书。……（首尔大学50年史编纂委员会，1996：55）

1953年，随着局势的好转，政府重新回到首尔。但因为李大统领的反对，博物馆再也不能回到景福宫内，……离开釜山，把事务所搬移到民族博物馆的位置（金载元，1992：131）。

从1952年3月22日到1954年1月10日期间，根据大统领令的内容，由金廷鹤担任南山分馆馆长。……金廷鹤一直主张“民族博物馆应作为独立的实体存在，把它隶属于国立博物馆的行政措施是违法的行为”，最后金廷鹤递交了辞退信。……南山分馆馆长的位置一直空着……1959年10月7日，金正基被任命为南山分馆的馆长（张筹根，1996：147–148）。

虽然上述资料中的大部分是事实，但依然存在一些误解和认识上的偏差。综上所述，1945年10月开始进入博物馆创立的准备阶段，国立民族博物馆的创立日是1945年11月8日，馆长是宋锡夏，博物馆的住址在倭城台（旧施政纪念馆），设立的目的是人类学知识的普及，开馆日是1946年4月25日。1949年，根据大统领令设置职务制度，抗美援朝战争中作为临时性的行政措施成为国立博物馆的分馆。这种状况一直持续到现在的原因，有可能是因为没有经过合法的程序。

国立博物馆虽然与国立民族博物馆同时根据大统领令设置了职务制

度，但是却没有指出特定的学术领域。可以看出，为了确立民族而努力的政府和作为理论基础的人类学已达成了举国式的“协议”。国立博物馆具有很明确的特殊性质，它是研究韩国文化和他国文化的殿堂，是纯粹的民族学博物馆。根据馆报所登载，1948年11月中旬国立民族博物馆还举办了风俗图展。然而发展至今，人们对国立民俗博物馆和旧国立民族博物馆的理解存在两个误解。有人认为现在的国立民俗博物馆延续着旧国立民族博物馆的学术系统（这也是最大的误解）。但事实上并非如此，张筹根说：“现在的国立民俗博物馆和旧国立民族博物馆虽然都是韩国人以同样的意志建立的民俗博物馆，但是除此之外两者并没有实质上的联系。”（张筹根，1996：148）众所周知，旧国立民族博物馆建立的理论基础是人类学，它是人类学博物馆（Museum of Anthropology）。因此，笔者认为，负责国立民俗博物馆开馆的张筹根的见解是极其妥当的。

但在这里要明确的是，我们到底该怎样理解张筹根所指的“同样的意志”。张筹根所指的同样的意志，有可能是在把人类学和民俗学视为同一体的基础上得到的结论。因为他在《韩国民俗学概说》（李杜铉、李光奎）中把民俗学定义为广义人类学系统中的一个学问。

此外，我们还需要明确创立国立民族博物馆的宋锡夏的立场和创立国立民俗博物馆的有关人员的立场的差异之处。前者想要体现的意志的基本概念是“民族”，而作为理论基础的学术领域是人类学，体现的是在美军政统治时期内寻找民族的意志；后者想要体现的意志的基本概念是“民俗”，而作为理论基础的学问领域是民俗学。明确这两种立场后才能对两者的关联性进行探讨。在城市化和产业化过程中，为了提高对传统文化的认识意识，保存、记录逐渐消失的民俗文化，这才是后者所指向的目标。

另外一个误解是关于美军政厅文教部文化局长Knez博士在国立民族博物馆创立时所发挥的作用。关于Knez博士的文书记录有两个：

第一个是1978年Knez博士离任联合国博物馆后，为了整理他收集的资料而拟定的博物馆内部用的文书。文书中有这么一段评价：“1941年，他在新墨西哥大学主修人类学和考古学并拿到学士学位。1945年在韩国任将校时对国立民族博物馆（Korean National Museum of Anthropology，即现在的国立民俗博物馆）的创立做出了贡献。与其说他是专业的人类学家，还不如称他为学艺官或是博物馆学者。”（McGlamery，1979年）1968年，Knez博士跟Chang-su Swanson（赵昌洙）一起出版了《关于韩国人类学的文献目录》。这篇报告书体现了人类学研究领域中的美国学界和韩国学界的差别。

第二个文书记录的内容是：“1959年，Knez Eugene Irving（1916—2010年）在锡拉丘兹大学（Syracuse University）获得博士学位。1945—1946年期间服务于美陆军，担任美军政厅文教部文化局长，负责国立民族博物馆（National Museum of Anthropology）的‘创立’（founding）。”（Glenn，1992年）最近，在Knez博士给笔者的回信中写到，他根本不知道创建国立民族博物馆的意义只是在于博物馆成立的过程中帮助宋锡夏完成行政性的任务。因此，上述两份文书中的“Knez博士担任了博物馆创立的任务”这一部分应改写为“Knez博士在人类学博物馆创立过程中给予了行政性的支援和帮助”。宋锡夏才是创设的主要人物。

而国立民俗博物馆记录的文章内容和事实是存在着一些偏差的。国立民俗博物馆的创立由军政厅所主导，宋锡夏被任命为馆长并负责开馆准备活动（军政厅任命令第68号）。当时Knez是美陆军的大尉，还不是博士，人类学博士学位是回国后在锡拉丘兹大学所获得的。

后来介绍了出自史密森尼的“Knez Paper”中的另一件资料。末尾为宋锡夏（Song Suk Ha/Museum of Anthropology）签名的两页纸的手写英文信件的收信人是Knezevich大尉（Capt.Eugene 1. Knezevich），以备忘录作为题目的信件的写信日期是1946年1月26日。这是一封求助信，内容是“为了1946年4月1日的人类学博物馆开馆的准备，希望得到Knezevich大尉在展示品和设备以及人力资源方面的支援和帮助”。当时的Knezevich大尉任美军政厅文教部文化局长，掌管有关博物馆的事务。在这封信中，宋锡夏把博物馆的英文名称标记为“人类学博物馆”。这跟联合国博物馆整理出Knez文书的资料中阐明的事实完全一致。这再一次证明国立民族博物馆的基本性质是人类学博物馆，而大统领令第235号“国立民族博物馆职务制度”第一条的内容也证实，博物馆是以人类学作为基本性质来发展，应该在人类学的框架内讨论民族问题。笔者认为，既然宋锡夏是博物馆馆长，那么大统领令的草案应该是由宋锡夏来完成的。原定于4月1日的人类学博物馆开馆日推迟到4月25日，在同一天，根据大统领令也成立了国立博物馆。但国立博物馆职务制度的第一条内容没有明确指明博物馆的具体学问领域，这就更加体现国立民族博物馆作为人类学博物馆的基本性质。负责博物馆创立的宋锡夏最终没能看到大统领令，但可以明确的是他为国立民族博物馆的创立做出了巨大的贡献，国立民族博物馆的职务制度直接体现了他对人类学的信念。

但是，最终在大统领令下成立的国立民族博物馆还是消失在战争的旋涡中。抗美援朝战争作为战时临时性的行政措施，国立民族博物馆成为国立博物馆的南山分馆。这让人看清在战争旋涡中消失的博物馆的命运，而随着它的消失，对人类学政策上的关照和世间的关心也逐渐被带走了。消失的国立民族博物馆证明了抗美援朝战争的产物——“休战线”（还在战争中的意思）依然存在的原因（全京秀，1998：700）。

使国立民族博物馆成为国立博物馆分馆的政府的文化政策一直延续着以遗物为中心的政策内容。人类学是以文化概念为基础的，而以人类学为中心的国立民族博物馆的消失象征性地证明了抗美援朝战争后政府实施的文化政策的失衡状况。

解放后，即使是在在混乱状态下，朝鲜山岳会还是集中社会知识人士举办了举国式的“与学术调查并行的登攀”活动（洪钟仁，1966：3）。8·15解放后不久，以朝鲜人为中心的叫做“白岭会”的组织构成了山岳会成立准备委员会，“在创立总会的召集过程中邀请几位社会知名人士作为成立发起人，推举在震檀学会发挥重大作用并曾在白头山探求行中同行过的已故的宋锡夏为准备委员……1945年9月15日，钟路Y.M.C.A（基督教青年会）礼堂聚集了75名山岳人……在此举行了创立总会。”（金鼎泰，1966a：12）

当天，宋锡夏被推举为朝鲜山岳会的第一任会长。1943年夏天，宋锡夏参与了以白岭会为中心的朝鲜山岳会举行的“白头山探求行”（金鼎泰，1966a：11）

“作为首任会长，宋锡夏确立了我们山岳会的思想方向。……只是背着背囊来回于各山之间的山岳会有什么意义，我们不能成为那样的山岳会……这是宋锡夏一贯的主张。”（洪钟仁，1966：2）

笔者整理了宋锡夏在朝鲜山岳会的活动和论著。以下内容是根据韩国山岳会发行的《韩国山岳》第6册1号（1966年4月发行）中登载的“会务·事业略志（1）”整理的（金鼎泰，1966b）：

1945年9月27日，朝鲜山岳会的事务所在钟路3区邮局2楼，在同年12月5日搬移到国立民族博物馆（馆长宋锡夏）。1946年2月26日到3月18日的21天里，作为第一届国土究明事业的一环派遣了“积雪季济州岛汉拿山学术登攀队”（队长宋锡夏，学术班7名，登山班除金鼎泰7人），3月29日在国立科学馆礼堂举办了归还报告的讲演会。6月15日在明洞剧场首次召开了“济州岛风土记”（李庸民摄影）发表会。同年6月28日，在国立民族博物馆礼堂举办了首次定期总会，通过人员投票改选宋锡夏担任会长。

1946年7月25日到8月12日的19天里，第二届国土究明事业派遣了“五台山、太白山脉学术调查队”（队长宋锡夏）。参与此次学术调查班的人员和负责领域如下：民俗（宋锡夏），历史、民俗（崔常寿），语言（金寿卿），社会经济（南行秀），动物（石宙明、金熙昊、李钟益、李永鲁），植物（沈鹤镇、任录宰、张震、李一球、李熊稙、李奎元、宋一），古生物（李明基），矿物（李敏载、郑卜周），医学（郑彦模、慎业缔）。同年10月16日到10月23日，在国立民族博物馆举办了以宋锡夏的人文生活、金鼎泰的登攀行动、石宙明的动物、沈鹤镇的植物、刘夏俊的一般班为主题的6个报告讲演会。1946年4月16日，在国立民族博物馆礼堂召开第二次定期总会，宋锡夏担任会长。在此次会议上，石宙明被选为负责学术的常任理事。1947年7月12日到25日的14天里，第三届国土究明事业派遣了小白山脉学术调查队。此时的队长是洪钟仁，副队长是石宙明。当时宋锡夏因为病重入院。

1947年8月16日到28日的13天里，第四届国土究明事业派遣了郁陵岛等岛屿的学术调查队（队长宋锡夏）。这次学术调查队由本部班、社会科学A班、社会科学B班、动物学班、植物学班、农林学班、地质矿物班、医学班、摄影报道班、电气通信班构成。9月10日，在国立民族博物馆礼堂召开此次学术调查报告讲演会。在宋锡夏的“回归讲词”发表后，还陆续发表了洪钟仁的“社会经济”，郑红显的“地理”，方钟贤的“语言”，金元龙的“考古”，[1]金钟书的“农林”，石宙明的“动物”，都峰燮的“植物”，玉承识的“地质”等文章。此后1948年5月19日，在国立民族博物馆举办了第三届定期总会，宋锡夏担任会长。但在同年8月5日宋锡夏去世，8月9日在其自家宅中办理了葬礼仪式，埋葬地点为忘忧里墓地。

1945年9月到1948年8月，石南作为朝鲜山岳会会长共领导了四次国土究明事业学术攀登队。不能漏掉的两件事中，一件是1946年崔常寿和石宙明参与了五台山、太白山学术调查队，另一件是1947年金元龙参与了郁陵岛、独岛学术调查队并负责考古学领域。虽然宋锡夏在当时的学界发挥过如此巨大的作用，但在6·25动乱后找回平静的社会中，再也听不到有人谈论他的功绩。难道这就是世道？这就是世上人心吗？这种不良的世道和扭曲的人心同样流入了学界，使得韩国学界的发展显得如此地“病弱”。

第二节　朝鲜人类学会到大韩人类学会

韩相福介绍过的韩国最初的人类学会——“大韩人类学会”（韩相福，1988年）的前身就是“朝鲜人类学会”。1948年，朝鲜半岛的南部先组建政府，命国号为大韩民国，跟随这一政治格局，“朝鲜人类学会”将“朝鲜”两字换成“大韩”，但之后在内容上依然延续着朝鲜人类学会的学统。当然，在建立政府的过程中，因为存在南、北两方的思想对立，也曾出现过学会核心成员的更换现象。下面介绍有关朝鲜人类学会及大韩人类学会的重要文献资料：

“朝鲜人类学会，1946年5月8日创立，所在地是首尔市钟路区松岘洞49番地，主要成员：委员长，李克鲁；事务委员：李晳洛。”（金丞植，

---

[1] 1963年，金元龙在自己的记录中写道：“1947年夏天，笔者参加了韩国山岳会举办的郁陵岛学术调查团，并第一次在那里参观学习……”（金元龙，1963：3），“参观了郁陵岛”（金元龙）。实际上，他在公开场合发表过郁陵岛学术调查的报告书。金元龙上述的陈述似乎缩小了学术调查的意义。“学界对郁陵岛的关注甚少。故金元龙博士在1957年和1963年带领国立博物馆调查团在郁陵岛进行了实地研究，他是唯一访问该岛的学者。”（崔梦龙等，1998：13）众所周知，1947年宋锡夏主导的朝鲜山岳会在郁陵岛进行过学术调查并举办了相关的报告讲演会，显然崔梦龙的评论存在很大的误区。无论出于何种原因，都不应该削弱先学者的业绩所具有的意义，因为这样的行为不利于学界正常地发展。

1947年）报纸上登载过有关朝鲜人类学会创立的内容（《东亚日报》，1946年5月11日），以下是学会活动内容的介绍：

“朝鲜人类学会决定在5月7日举办创立一周年纪念讲演会。”（京乡新闻，1947年4月25日）“5月7日，朝鲜人类学会在中央基督教青年会馆召开研究会，讲师是李克鲁和Fishia博士。”（《东亚日报》，1947年5月7日）“6月25日，大韩人类学会在美国文化研究所举办人类学研究发表会。”（《东亚日报》，1949年6月20日）“大韩人类学会在美国文化研究所2楼举办第18届人类学研究发表会，发表的论文题目有：《韩民族的世界分布像》、《古代韩民族的分布地域史》（张道斌）、《世界地域上的韩民族及其生活圈》（俞夏溶），幻灯：《朝鲜的石塔》（黄寿永）。”（《京乡新闻》，1949年7月23日）

以15个条款组成的学会会刊介绍的人类学部门有体质人类学部门（动物学、化学学、生物学、心理学、人种学）和文化人类学部门（考古学、工艺学、社会学、语言学、土俗学）。事业部门有研究所、人类学博物馆、附属图书馆及研究发表会（发行学报、召开座谈会或讲演会）。当时日刊新闻介绍说，此学会以财团基金5000万韩元为目标设立。为第一届人类学讲演会（1946年5月25日举办）印刷的邀请函中，介绍的学会名称是“朝鲜人类学会”，所在地是汉城市钟路区仁寺町59番地新罗屋（现在此处已建起15楼的写字楼）。当天发表的讲师及其论文题目是：罗世振《人类学视角上的我们民族》、Knez《人类学视角上的新罗文明》、李克鲁《人类学和民族》。

大韩人类学会定期发行会报，但留到现在的就只有最后一次发行的会报（《大韩人类学会报》3卷 2号，全册 第7号，1949年9月1 日发行）。孙保基老师证实看过朝鲜人类学会第一号会报。第7号会报介绍的学会活动和概况如下：“会报的英文名称是The Bulletin of Korean Anthropological Association（朝鲜人类学协会公报），大韩民国独立一周年纪念号，首尔国立民族博物馆内大韩人类学会发行。编辑兼发行人是李晢洛，定价为100韩元。”

会报的内容及登载的文章如下：社论《人类进化史上东亚的位置》（主干）、第三周年纪念词（委员长孙晋泰）、祝词（文教部文化局长赵根泳）；第十五会研究发表会：《朝鲜民族的由来和形成——民俗学的论证》（孙晋泰）、《外国人眼中的朝鲜民族的过去和现在》（格雷戈里汉森）、《古代朝鲜的研究》（李哲洛，4–12页）、《外国人士眼中的韩民族印象记》（义堂）；第十八会研究发表会：《北京人类的化石研究》（李哲洛，15–17页）、《印度民族的构成及其文化》（联合国韩委印度代表，Shing博士，15–17页）；第十九会研究发表会：《世界地域上的韩民族分布及其将来》（外务部情报局文化课长，俞夏濬，18–19页，次号继续）。

第七号会报中介绍的学会的发起经过如下：1946年3月开始准备，5月8日在国会议员朴峻家中，在李克鲁博士的主持下召开了学会创立总会。当时出席的会员有李克鲁、李哲洛、孙晋泰、郑一千、辛东烨、王学洙、柳元生、李健赫、南星焕。被选出的委员有委员长（李克鲁）、副委员长（李动求）、事务委员（李哲洛）、体质人类学委员（郑一千等4人）、文化人类学委员（孙晋泰等9人）、考古学委员（金载元等8人）、财团准备委员（朴峻等3人）。1949年8月，此时的会员总数有404名（首尔191名、庆北155名、庆南42名、全南16名），其中中央任员有顾问（安浩相、格雷戈里·汉森）、委员长（孙晋泰）、事务委员（李哲洛）、研究委员（罗世振等54名）、财务委员（金泳洙等13人）。

大韩人类学会加入了世界人类学协会，1947年9月15日是其加盟纪念日。另设置了国内的支会（庆北支会长高炳干、庆南支会准备委员长尹仁久、仁川支会准备委员长申太范、首尔支会）。会报还介绍了研究发表会的日期（第1届1946年5月25日，第19届1949年7月23日）和出版内容（单本1947年11月5日人类生活史图解第一集4000册，学报第一号1947年9月1日1000册，第二号1947年11月1日1000册，第三号1948年1月1日1000册，第四号1948年5月1日844册，第五号1948年9月1日550册，第六号1949年3月1日2000册。事业概况举办至第3届，研究发表会举行至第19届，人类学研究第一辑3000册，朝洋社发刊准备中）。学界外报中最引人注目的是，跟美国人类学会的交流内容和美洲人类学会举办的国际会议的邀请内容。

虽然，有关学会实质性的活动内容没有充分的记载资料，但从当时的情况来看，人类学会在解放后的韩国学界逐渐地站住了脚，通过发表会和一系列出版物在朝鲜半岛普及人类学知识，营造一种学术研究氛围。学会还参加了一些国际性活动，而且对人类学这一学问一直持有坚定的信念。

大韩人类学会没有限定在狭小的民俗学或社会人类学领域，它指向的是包含体质人类学、文化人类学和考古学的现代意义上的、广义的人类学。这是一种尝试，试图突破殖民地时代指向的民俗学或社会人类学框架，通过这种尝试接近“民族”的概念和问题。当时，以人类学会名义发表的论文题目和学术志题目都是围绕“民族”这一概念展开内容的。需要再次强调的是，朝鲜人类学会就是在这样的氛围下诞生的。

大韩人类学会发表的学术志《人类学研究》第一辑（现已找不到实物）的内容如下：《原始住民的世界分布》（去见先祖吧，论人类的故乡——Roy Chapman Andrew博士著，朱耀燮译）、《朝鲜民族的特征》（论韩民族的原始系统及其特征——李钟奎）、《盎格鲁—撒克逊人的民族性》（英国人民意识的四大性质及特质难解点，批判美国民族性等——崔承万）、《世界语族和言语圈》（语言的起源、人类和兽类、人类的专属言语、语言的系统分类等——马克思·缪勒）、《人类的遗传》（家系调查、遗传性质和疾病的简略优生学等——李明馥）、《文化发生的起源》（地球的构成、地质年代、生命的起源、人类的先祖及发祥地、古代文明发达地域——金容基）、美洲人种史（美洲原始人种印第安人的发源地、现分布地域、体质调查级文化等——李哲洛）、《不同疆域上的朝鲜民族》（第一篇岭南人，第二篇关北人）。

这个杂志的预定书配送日期是1949年10月30日，大十六开版350页，金字入布衣洋装，限定3000册，照片30张，定价为1000韩元整。预定的发行日期是1949年3月10日到1949年9月末。现在，仍然可以联络到的杂志作者有李明馥老师，根据笔者跟李明馥老师通话后得知，他的论文内容是“六指家系40余事例”的研究成果，其中的一部分登在第一辑，其余的部分预定登在下一辑。李明馥老师曾拿到过论文集，但在战乱中丢失了。

因此，大韩人类学会发行的期刊《人类学研究》第一辑大概在1949年年末或在1950年年初，虽然印发数量不多，但杂志中的作者们应该是人手一本。没有分发出去的在库图书应该都由国立民族博物馆（当时大韩人类学会办公室在博物馆内）保管。但在抗美援朝战争中，国立民族博物馆的图书（和其他机关的图书）都搬到釜山国立博物馆的南山分馆[参考《首尔大学50年史》（上），第55页]，而且国立博物馆也搬移过很多次，在这样不断搬移的过程中有可能丢失了全部论文集。

在朝鲜人类学会的组织和运营过程中，起核心作用的是李克鲁和李晢洛两人：李克鲁担任学会的首任委员长，李晢洛负责实质性的事务运营。曾经设计过《大韩人类学会报》第3册第2号封面图画的崔敬焕（1997年首尔大学美术科教授）证实，在发行会报和杂志的过程中“跑腿儿”的人就是李晢洛。❶

李克鲁是具有相当政治性的人物。❷ 因朝鲜语协会拘留时间而为人所知的李克鲁在解放后成为朝鲜人类学会的委员长。对这一转变，没有能够充分解释说明的历史资料。可以确定的只有，他在欧洲留学（在德国和英国留学过）时辅修过人类学，上过人类学的课程。“（1929年，金载元为了在德国留学，抵达柏林时），曾听过李克鲁和李仪景参加的在日内瓦举办的世界被压迫民族大会（1927年）。当时李克鲁用德语发表的主要内容出版为名为《韩国的独立： Die Unabhängigkiet Koreas》小册子。……当时在德国学习人类学的留学生有金柏枰，❸ 他作为在德朝鲜学生的代表被指定参加了1929年度的世界被压迫民族大会。”（金载元，1992：

---

❶ 李晢洛出生于庆北永川，毕业于平壤神学校，后成为牧师。解放前，他在大邱成立了鸡林学会并发行了名为《鸡林》的杂志。后李晢洛成为天主教徒，并撰写了《圣经童话神汉牧师》（大丘岭南书院出版，1926年）、《英语会话》（鸡林学会编，1945年）和《人类生活史图解》（小册子形式的图书，朝鲜出版文化协会，1948：10）等书籍。1954年，李晢洛在文章中介绍自己是大韩人类学会委员长，称韩国战争后维持大韩人类学会命脉的人就是自己。换言之，继承朝鲜人类学会（或大韩人类学会）委员长职位的系统是“李克鲁—孙晋泰—李晢洛”。

❷ 李克鲁是李氏家族的人，出生在庆尚南道宜宁郡地正面佳谷里。16岁就读于马山私立昌信学校，向西间岛和满足回人县辗转的同时在同昌学校遇见了汉字学者朴恩实，还遇见了大众教室教师，同昌学校校长尹世福老师。在那担任教编和誊写工作，一起共事的教员中还有周士静老师的弟子金进。1912年，李克鲁经过上海和当时俄罗斯首都圣彼得堡，后跟尹世福、义兵队长、金同平（石岘）一起去了武城县。那个地方离白头山很近，是适于义兵的好地方。在武城县的白山学校当了一段时间的教师，后来留学于同济大学（驻上海法国租界的德国人运营的学校），之后进入了那所大学的工科学习（李克鲁，1984：202）。

❸ 1933年，金柏枰获得柏林大学生物学博士学位，后在美国当了医生。

40，41）[1]

李克鲁“1922年入学到柏林大学的哲学系，以政治学和经济学作为主科，以哲学和人类学作为副科，此外又出于兴趣和需求另选语言学作为副科，1923年在柏林大学东方语言学部创立朝鲜语科，之后在那里当了3年的讲师。”（李克鲁，1947：33）“1923年8月，他在离柏林近郊做了田野调查，李克鲁对当地的本土民族——Welden族（属于斯拉夫民族）感到了极大的兴趣，以人类学作为副修科目的李克鲁为了研究特殊环境下的民族文学，在1923年8月同金俊渊、金弼洙一起游历了这些地方并得到了很多参考资料。”（李克鲁，1947：34–35）“在柏林大学完成四年学业后继续在那里的研究室进行为期一年的研究。……让我受到影响的教授中跟此研究室有关的教授有，经济政策和财政学的权威Slamek、社会学和社会经济学的权威松巴特、认识论的权威Mayer、民族心理学和人类学的权威图恩瓦尔德。”他的学位论文的题目是《中国的生丝工业》（李克鲁，1947：34–35）。

“1925年11月23日正式入学于伦敦大学政治经济学部，听了一个学期的课程。在诸多教授的讲演中，使我感兴趣的是拉斯基教授的‘政治理想发展史’、杨格教授的‘战时经济问题’和塞利格曼教授的‘文明族和野蛮族的文化关系论’。”（李克鲁，1947：40）李克鲁在英国留学期间，由朝鲜总督府派遣的秋叶也刚好在英国进行研究。在同一时间、同一场所内，殖民地朝鲜的青年和在殖民地朝鲜的京城帝国大学任教授的殖民统治者一方的学者是否有过学问上的交流，对这一问题除了当事人谁也不能给出明确的答案。但两人有明显的差异，李克鲁是对“民族”感兴趣，而秋叶则是对“马林诺夫斯基的‘深化的研究’（Intensive Method）感兴趣”（伊藤亚人，1988：213）。

李克鲁“1926年……经过伦敦，经过白耳义、首尔、布鲁塞尔抵

[1] “柏林大学的同窗金俊渊氏回国后成为东亚日报社的记者。国内派李克鲁和黄祐日作为代表参加在比利时首都布鲁塞尔举办的世界弱小民族大会（第一届）……参加此次大会的还有德国留学生代表李仪景，金俊渊跟当时的法国留学生代表金法麟和正旅行中的许宪讨论后作为观众参加了大会。国内组织了朝鲜代表团，而团长就是李克鲁。准备在大会中讨论的提案是：（1）实行马关条约并确保朝鲜的独立；（2）立即废除朝鲜总督政治；（3）承认上海的大韩民国临时政府。”（李克鲁，1947：36–37）

达柏林。他想在柏林大学研究言语学和音声学。之后，在音声学实验室主任Whitlow教授的指导下也实验过朝鲜语的语音。”之后，他去了巴黎。在巴黎大学的音声学部，李克鲁在Perno教授及其助手捷克斯洛伐克人Slamek博士的要求下，成功地实施了朝鲜语音的实验研究（李克鲁，1947：41）。1929年1月，李克鲁抵达釜山港，同年4月加入朝鲜语研究会（朝鲜语学会的前名）。李克鲁一抵达首尔，就着手调查朝鲜语的教育状况。“语言问题就是民族问题的核心，在日本殖民统治下的朝鲜民族面临朝鲜语的灭亡的危险。”1942年10月，发生了朝鲜语学会的拘捕事件（李克鲁，1947：63-64）。解放后，李克鲁在政治领域的活动比较活跃，但也留下了韩字的研究成果。他是月刊《韩字》的发行人，有关的著作有《音声学》（新文阁，1947年）、《中等国语》（正音社，1948年）等。

李克鲁参加了世界被压迫民族大会，进行政治性的活动，后来由于成为朝鲜语学会事件的中心人物，被判刑入狱。李克鲁通过人类学想要解决的是民族问题，为了完成这一目标，只能通过政治性手段。1927年，辅修人类学的李克鲁作为代表参加了世界被压迫民族大会，1929年，主修人类学的金柏秤作为代表也参加了大会。这种趋势足够证明，当时人类学的关注点主要就是民族问题。

但朝鲜人类学会明显地体现了学术团体的基本特征，也留下了相关的活动经历。比较1932年在殖民地朝鲜发起的朝鲜民俗学会和1946年在美军政统治时期的朝鲜半岛内发起的朝鲜人类学会，就会发现，没有参与朝鲜民俗学会的李克鲁却参加了1946年的朝鲜人类学会，并担任委员长。这就是体现李克鲁政治倾向的最好的“证据”。随着组成朝鲜民俗学会的日本人的离开，一些具有政治性质的、深入思考过民族问题的朝鲜人组建了朝鲜人类学会。

民俗学不再是过去狭小范围内的一门学问，而是成为了包含体质人类学和考古学的广义上的人类学。在朝鲜民俗学会一起发挥过主导作用的宋锡夏和孙晋泰，面对朝鲜人类学会时发生了立场上的分离。在前者中宋锡夏的活动更有主导权，而在后者中孙晋泰变得更积极。当然，宋锡夏的病患不允许他积极地参与朝鲜人类学会的活动，但当时朝鲜人类学会的事务所在国立民族博物馆内（当时国立民族博物馆的馆长就是宋锡夏）的这一事实，能够充分地证明宋锡夏对人类学的参与程度。

其实，朝鲜人类学会创立的1946年春天，宋锡夏在忙于其他的事情。国立民族博物馆的开馆日期是4月25日，而朝鲜人类学会的创立日是5月8日。当时，宋锡夏在京城大学的陈列馆（博物馆的前身）以“人类学科”的名义给学生讲解人类学，还要准备1946年第2学期人类学科的开设科目。以此看来，在人类学相关工作大幅度增加的同时，宋锡夏和孙晋泰确实分担了有关人类学的事业：孙晋泰负责人类学会这一边的工作，宋锡夏负责博物馆和人类学科的设置。

1932年，以宋锡夏和孙晋泰为中心成立的“朝鲜民俗学会”没有明确地区分民俗学和人类学领域。孙晋泰和秋叶受过正规的人类学教育并且都是发表过 “人类学”论文的学者。因此，可以说，“朝鲜民俗学会”只是在名称上体现民俗学，其内容跟人类学没有多大的区别。随着解放，秋叶离开了朝鲜半岛，朝鲜民俗学会也跟着变得有名无实，在这样的氛围中诞生的就是朝鲜人类学会。

在美军政统治时期内，跟日本学者断绝关系，为了独自研究民族文化朝鲜人类学会应运而生。从宋锡夏和孙晋泰的立场看，朝鲜人类学会是一些深入思考民族问题并指向广义人类学的学者们在朝鲜民俗学会解体的基础上创立的学会。因此，宋锡夏和孙晋泰成为“朝鲜人类学会”的核心力量也是因为有过去“朝鲜民俗学会”的基础。然而，他们谁也没有提及有关过去朝鲜民俗学会的事情。

1946年创立的朝鲜人类学会部分地继承了1932年创立的朝鲜民俗学会的学统。由于在民俗学的框架内不能展开民族和民族文化研究的宏伟蓝图，因此，宋锡夏和孙晋泰选择了包含民俗学的人类学。这个人类学框架是包含考古学、体质人类学和文化人类学的类似美国式四分法的结构。在这个类似于美式四分法的框架中，民俗学成为了文化人类学的一部分。从朝鲜民俗学会到朝鲜人类学会再到大韩人类学会的过程中，构成学会的核心势力及其各负责的部门领域足够说明上述趋势。

“日本的殖民统治刺激了韩国人对韩国民俗的关心，促进了文化民族主义（Cultural Nationalism）意识形态的产生，结果导致韩国的民俗学界往文化民族主义的方向发展。”（Janelli，1986：43）很多背景不同但对民族问题很感兴趣的人员聚在一起组建了朝鲜人类学会，也就是在此时文化民族主义的意志达到了最高峰。孙晋泰、宋锡夏和李克鲁同时也担任了朝鲜方言学会的委员，这就是体现当时学界氛围和人际关系的直接信号。宋锡夏和孙晋泰又共同参与了震檀学会。当时，学会研究发表会中的研究题目和《大韩人类学会报》第7号，以及在几乎同一时间发表的大韩人类学会的人类学专门学术志——《人类学研究》创刊号等杂志中，占满整个页面的几乎都是跟“民族”有关的人类学论文。作古之前的宋锡夏在国立民族博物馆担任馆长，同时在首尔大学文理专科学院人类学科讲授民俗学科目，当时他说过“民俗学应该包含在人类学范围之内”。可以说，宋锡夏由民俗学到人类学的未完成的旅行是文化民族主义实践的重要一环。

比较试图从人类学开始，到民俗学完结的日本学者柳田国男[1]和韩国的孙晋泰与宋锡夏，就会发现，韩国是从以当地研究为基础的民俗学开拓者改为人类学研究者。孙晋泰很早开始了人类学研究，其核心是文化民族主义的内容。可以说在反映“民族”概念时，韩国民俗学家孙晋泰和宋锡夏感到了民俗学的不足。

有必要比较1946年5月8日创立的朝鲜人类学会和1958年11月19日创立的韩国文化人类学会。韩相福在他议论韩国人类学史的文章中，韩相福对两个学会的评价如下：除了个别几人的朝鲜人类学会的大部分组成人员，与其说是人类学的专家还不说是当时学界的知名人士。”（韩相福，1988：61）韩国文化人类学会“不是以文化人类学为主而是以民俗学为主，……名不副实。”（韩相福，1988：82-63）其实，韩相福对两个学会做出了类似的评价，指出前者属于韩国人类学史的“前史”，而后者则不属于“前史”，但没能指出明确的理由。比较创立当时两个学会核心人物的研究成果和学界活动，就会发现韩相福的评价反而颠倒了事实。

比较两个学会创立初期的活动就会发现，很难证明早12年创立的朝鲜人类学会的成果在人类学方面不如韩国文化人类学会。韩国文化人类学会指向的反而是范围变小的民俗学，因此，如果考虑人类学的框架，就会看

[1] 1933年，金柏坪获得伯林大学生物学博士学位，后在美国当了医生。

到韩国文化人类学会退步的一面。

朝鲜人类学会的核心人物中，首任委员长李克鲁在德国留学时副修过人类学，听过图恩瓦尔德（Thurnwald）教授的讲义，在英国听了塞利格曼（Seligman）教授的讲义，也有在德国农村进行实地考察的经验。孙晋泰在1920年度日后，接触到有关人类学和民俗学的书籍，1926年在学术志上发表有关人类学的论文，此后持续地发表“土俗学”（Ethnographic）研究论文，并在朝鲜半岛、中国的东北和内蒙古等进行了实地考察。李克鲁越北后，孙晋泰担任了大韩人类学会委员长。

以民俗学家为名的宋锡夏在解放时期担任了震檀学会的委员长，同时加入了首尔大学文理专科学院的创建，在大学博物馆挂着“人类学科”的牌子并设置了相关的教学科目（是韩国最初的人类学科和教学科目），讲授人类学概论和人类学演习科目，设立国立民族博物馆后成为首任馆长。宋锡夏认为，为了实现民俗学的体系化，必须要把研究领域扩大到广义的人类学范围。郑一千和罗世振是日本体质人类学家今村丰的弟子，都是在京城帝国大学解剖学教室专攻过体质人类学的学者。

韩国文化人类学的创立成员都是民俗学家，但不是讲坛的民俗学家，而是在讲坛讲授国语或国文学等的在野派民俗学家。通过上述比较，可以得出一个明确的结论：韩国文化人类学会不是韩国最初的人类学会。因此，应该把朝鲜人类学会的创立包含在韩国人类学史的“本史”当中。对于在抗美援朝战争中遭到破坏的大韩人类学会，有必要进行更缜密的分析，应肯定其当时在朝鲜半岛上试图确立人类学的人的意志和信念。

第三节　“宋锡夏、孙晋泰”

本章节的题目是借用了秋叶发行的《朝鲜民俗志》（秋叶隆，1955：1）“序”当中的一句话。秋叶在其编纂的《朝鲜民俗志》的序文中写道：“青丘的学友宋锡夏、孙晋泰”。也许有人会说笔者太小题大做，但笔者想要表达的是对于在同一时代达到“朝鲜研究”最高峰的宋锡夏和孙晋泰，秋叶隆做出了怎样的评价，这句自然或偶然的表述到底意味着什么。

秋叶的表述“宋锡夏、孙晋泰”中宋锡夏的名字在前面。无论是从年龄还是从韩文字母的顺序，也无论是从两人的出版量还是从“东洋文库”中的先后辈关系，都应该把孙晋泰的名字放在前面才是合乎情理的，但秋叶把宋锡夏的名字摆在前面，这也许就体现了在他心目中宋锡夏的特殊地位。

解放后在新的学问氛围中，宋锡夏发生了认识上的变化。他虽然很难承认自己平生追求的民俗学在学术分类体系中属于最底层的事实，但却认为民俗学应该成为人类学的一个分类。[1]就是因为有了这种思想上的变化，才会在国立民族博物馆（Museum of Anthropology）内设置朝鲜山岳会和朝鲜人类学会事务所，才会在首尔大学讲授人类学科目。作为朝鲜山岳会的会长，他曾带领过汉拿山学术调查队（1946年2月16日—3月17日）——其下还设置了纪录片制作团队，制作了叫做《济州风俗记》的纪录片（石宙明，1949：101）。

在美军政统治时期内，最吸引知识界人士的主题是民族问题。朝鲜人类学会以“民族”为主题创立，参与成员的范围极其广泛，这就体现了当时学界知识人士对“民族”的强烈愿望。当然，发起学会的核心人物中也有受过专业人类学教育的人士，如体质人类学领域的郑一千、罗世振、李明馥等人和文化人类学领域的孙晋泰、李克鲁等人都是专业人士。宋锡夏是以自学的形式接触文化人类学的“本土学者”。

在殖民统治下兴起的文化民族主义倾向，在解放后的独立国家转变为对民族主义的追求。为了树立顺应民族主义的学问方向，宋锡夏试图用人类学奠定理解民族正统性的基础。1948年8月，未完成“使命”的宋锡夏去世，之后爆发的抗美援朝战争彻底“打击”了用人类学接近民族正统性和民族问题的学界知识人士的意志。

在日本殖民统治下创立的震檀学会（由韩国人创立的学会，主要研究国学），其主要成员担任京城大学法文学部（1946年秋天，改名为国

---

[1] 以下是近年来评价宋锡夏研究业绩的参考文献：韩阳明《石南宋锡夏的民俗研究和民俗学史的位相》，韩国民俗学，1996，28：65-83、张哲珠《从民俗学看宋锡夏评价的问题》，民俗学研究，1997，4：9-21、全京秀《宋锡夏，朝鲜民俗学会，国立民族博物馆，人类学科》，民俗学研究，1997，4：23-43、全申材《宋锡夏的戏剧传统论》，民俗学研究，1997，4：45-58。

立首尔大学文理专科学院）的教授（首尔大学50年史编纂委员会，1996：34）。但震檀学会的委员长宋锡夏为何没有担任文理专科学院的教授，理由是什么？当时的宋锡夏兼任震檀学会委员长、国立民族博物馆馆长和朝鲜山岳会会长，同时又参与了1946年5月8日创立的朝鲜人类学会的活动。1947年，宋锡夏因为病情恶化入院接受治疗，后于1948年8月5日作古。1949年5月出版的《出版大鉴》（第60页）中介绍说，宋锡夏是“朝鲜民俗学会”出版社的代表。在这样的状况下，宋锡夏有可能“顾不上”文理专科学院教授的职位，怕自己忙不过来。但也有可能是因为宋锡夏本人不具备担任教授的资格和条件。

宋锡夏在东京商大读书时中途放弃了学业。1946年12月，根据文教部的规定，教授级别分为教授、准教授、助教、专任讲师，级别最低的讲师也要求具备学士学位并且还要有四年以上的研修经历（首尔大学50年史编纂委员会，1996：34）。文教部的上述规定有可能成为宋锡夏担任教授的一大障碍，而对于宋锡夏本人来说具备这些形式上的“条件”并不显得那么重要。

1948年8月，因为宋锡夏的过世，首尔大学文理专科学院最终还是没能设置人类学科，韩国人类学再一次经历曲折坎坷。如果宋锡夏仍然在世并成立人类学科，跟大韩人类学会一起引导、带动韩国人类学的发展，就不会出现现在这种状况，我们也就不会目睹民俗学和人类学之间进行不必要的领域争夺，看着文化人类学、考古学、体质人类学三者之间毫无联系地各自独立发展而感到束手无策。虽然不是科班出身，但宋锡夏在朝鲜民俗学会、震檀学会、朝鲜山岳会中所发挥的带头作用，及其作为国立民族博物馆首任馆长说服美国军政厅设置博物馆的政治手腕等，这一切足以证明他为韩国人类学发展做出的巨大贡献，即为韩国人类学发展奠定了基础。历史中的假设真的是毫无意义的事吗?

那我们能否期望孙晋泰实现宋锡夏未完成的“使命”。与宋锡夏相比，孙晋泰受过专业的人类学教育，他的研究也一直指向人类学方向。但后学者对他的评价是，由于孙晋泰具有浓厚的政治倾向，因此，他对人类学的热情没能“跟得上”宋锡夏。人们对于学者有两种分类：一种是虽然自己没能留下诸多研究成果但为后学者创造了良好研究环境的学者，另一种是自己拥有出众的研究成果的学者。笔者认为，宋锡夏属于前者，而孙晋泰属于后者。

解放后，孙晋泰把更多的精力放在了韩国史的阐述上，便没能专注于韩国文化的研究。[1] 当震檀学会的成员们转为京城大学法文学部教授的时候，他已经是首尔大学的在职教授，在这种状况下，他不得不重视震檀学会在国家层面所面临的事业。这也就是赋予当时学者的时代使命。其国家的事业就是给国民展示“国史”，从中起到一种启蒙的作用。在这样的脉络中，孙晋泰发行了有关国史的四本书籍（《朝鲜民族史概论》，1948年；《我们民族走过的路》，1948年；《国史大要》，1949年；《国史讲话》，1950年）。

孙晋泰以“广义人类学研究”为背景，顺应了时代的要求，专注于“新民族主义朝鲜史的阐述”（《朝鲜民族文化的研究》自序：2），并在树立新民族主义史观后，试图把之前一贯使用的民俗学（Ethnography）改名为“民族文化学”。当时部分学界人士建议把“民俗学”改名为“民族学”，但他始终坚持改为“民族文化学”。他想要强调的是“民族文化学”中的“文化”概念，在他的学问研究中“文化”概念跟“民族”概念同等重要。这再一次证明，他的学问背景始终是指向以“文化”概念为基础的人类学。

孙晋泰提出的民族文化学是他曾指向的“狭义人类学”和历史学的结合。因此，可以认为，他就是从事历史人类学范畴工作的先驱者。可以明确指出的一点是，孙晋泰的学问研究经历了从“广义人类学”到“狭义人类学”的过程。但无论是“广义”还是“狭义”，他始终是在人类学领域活动的学者。孙晋泰把普遍的人类学适用于韩国特殊的时代背景，即把美军政统治时期内的民族问题跟人类学相结合，从中摸索 “本土化”的道路。孙晋泰所指的人类学“本土化”的方向就是“民族文化学”。可以说，他已经在摸索一种“本土人类学”的道路。

民俗指的是风俗和惯习，而研究民俗的科学就是民俗学。在贵族支配时代，贵族阶级认为只有贵族的高级文化才能称得上是“文化”，而传承

---

[1] 近年来，南根祐（1996年）发表了诸多有关孙晋泰的学史类的文章。

数万年的民间风俗不属于“文化”，并蔑称为风俗惯习或民俗土俗。现代民俗学证明，贵族的高级文化不是从天而降而是从民俗渐进发展的。……（省略）……民俗学以民族大众的衣食住、生活、政治、经济、社会、信仰、语言、工艺、娱乐、神话故事等全部生活作为研究领域。……（省略）……但至今为止，贵族主义历史学家把研究领域只限定在王室、贵族生活以及贵族文化。以后的民族文化研究必须要包含民族史，要把民族文化放在与贵族文化同等的地位，……（省略）……在过去的数千年时间，无论在何种政治背景下都一直坚守作为文化的民俗。……贵族文化体现的是贵族或有产阶级的利己主义、个人主义、非民族主义；民族文化则体现的是民族大众的生活和意识的血缘性、社会性、民族性。……民族文化，即民俗，与民族感情和民族意识有着密切的关系，而这种民族感情和民族意识又跟政治有着密不可分的联系。政治不能只靠理论。（孙晋泰，1947）

孙晋泰以政治视角接近民俗学的立场延伸到了1948年发行的《朝鲜民族史概论》。但在孙晋泰的诸多文章中，上述引用的文章最具政治色彩。孙晋泰在这篇文章中体现出明显的阶级意识，他明确地对比了民族大众和贵族、有产阶级，在此基础上确定民俗和民族问题，以及民俗学的研究范围。在美军政统治时期内曾跟孙晋泰有过“接触”的人都认为，“他会以政治为名”。这种评价充分反映了当时的氛围。很难说孙晋泰的政治信念和政治立场跟他在抗美援朝战争中的越北事件不无关系。

在太平洋战争和解放等的巨变下，孙晋泰没能像过去那样持续地取得研究成果。解放后，他在首尔大学任职教授，并兼任大学中央图书馆长、师范大学校长、文理专科学院校长、文教部编修局长、大学次官等职位。这种官僚生活占据了他大量的时间，使他更不能专注于学术研究。他的“人类学本土化”道路因抗美援朝战争而终止，之后至今为止，再也没有出现继承这一事业的后学者。

“孙晋泰从1920年到1927年，奠定了研究韩国文化的人类学、土俗学基础；1928—1936年，在前阶段的延长线上不断地深化、扩张；1936年到1950年，实现了从文化史、宗教学式到社会学式的方法论转变，从民俗学家转变为历史学家。”（朴振泰，1996：174）他的这种判断显得有点勉强。虽然孙晋泰在首尔大学文理专科学院国史学科担任了5年时间的教授，但实际上他作为历史学家进行的活动并不多。相比之前他取得的人类学、民俗学研究成果，在首尔大学任职期间他反而更是忙于行政上的事情，没能进行持续的学问研究。不能因为他是属于史学科或国史学科的教授，就认定他为史学家。

孙晋泰出版了四册有关国史的书籍，其中1948年出版的一册、1949年出版的和1950年出版的都是作为当时震檀学会活动的重要一环，是为了启蒙国民而发行的启蒙书而不是研究书籍（孙晋泰，1947a）。在此过程中，研究室的助教发挥了不可忽视的作用，因此，很难断定孙晋泰就是在良好的历史学基础上取得了有关国史学的研究成果。当然，在1948年发行的作品中，他站在历史的角度引入阶级概念，批评了以王族、贵族为中心进行的贵族文化研究，提出了以民族大众为中心的民族文化研究（孙晋泰，1947b）。因此，与其评价孙晋泰为历史学家，还不如评价其为广义的人类学家。在解放的环境下，社会上所有的一切都包围在民族问题的氛围中，在此时，具有政治立场和政治信念的孙晋泰便把历史范畴的工作以“民族史学的历史理论”（崔在锡，1985：179）作为出发点。

然而对于孙晋泰的这种方式出现了这么一段批判性的评价：“孙晋泰对民族概念的定义过分简单、生搬硬套，没能从历史、社会科学的角度分析民族的构成要素，他的新民族主义史观不能以社会科学的角度正确分析分裂的韩国历史，这就是他本身的缺点。”（金振钧，1997：166）但对于这段评价，笔者想给出一些解释。我们应该给予考虑的一点是，实际上孙晋泰只是拉开了民族史学的序幕，他的新民族主义史观只是处于启蒙阶段，它只是在没有经过彻底的资料分析和研究的情况下形成的产物，因此并不能主观地判定孙晋泰对民族概念的定义是过于简单的。事实上，孙晋泰继承了西村真次的学统，是具有历史视角的人类学家，是当今历史人类学领域的开拓者。

也有另外的学者评价过对人类学做出贡献的宋锡夏，而且他的评价是很值得后学者们关注的资料，这位学者就是与石南同时代作为，在《朝鲜民俗》中共著过研究论文的任皙宰。

他评价到：“宋锡夏在解放后创设了前所未有的民族博物馆，在京城大学新设人类学科。……（省略）……他的‘离开’似乎中断了民俗学活动的气脉。朝鲜民俗学会在有名无实的过程中逐渐地解体，《朝鲜民俗》也以第三号为终刊。从那时开始便再也找不到民族博物馆的足迹，人类学科也逐渐地消失了。……（省略）……作为民俗学家的宋锡夏好像更享受于收集资料的过程，他所留下的成果就能证明这一点。他没有编纂过真正的民俗志，虽然收集了很多资料，但最终没能升华到民族学乃至文化人类学领域。”（任晳宰，1960：6–7）这个评价跟在前面已引用过的金载元自传式的记录在很大一部分上是相吻合的，笔者也在其中发现了两个颇有意思的观点：

第一，“在京城大学新设人类学科”这句陈述指的是，在1946年8月22日国立首尔大学法制化前，解放后随着帝国主义的撤离由京城帝国大学转变为京城大学的这一时期，宋锡夏在京城大学内设置人类学科。这就是任晳宰的陈述表达的意思。事实上，解放后震檀学会的主要成员转为京城大学法文学部的教授，宋锡夏是当时震檀学会的委员长。由这样的关系得到“宋锡夏在京城大学新设人类学科”这一结论是很勉强的。其实，在国立首尔大学法制化后仍有很多人习惯性地使用“京城大学”这一名称。例如，1949年弘文书馆出版的《朝鲜史概说》中写着“京城大朝鲜史研究会编”。因此，任晳宰证言中的“京城大学人类学科”应理解为1946年8月创立国立首尔大学文理专科学院后，宋锡夏在文理专科学院社会科学部新设了人类学科。

第二，任晳宰不愿把宋锡夏评价为真正的民俗学家。对此笔者有不同的观点。谁才是真正的学者，笔者认为这样的评价具有相对性。因此，不能把宋锡夏单纯地评价为收集民俗资料的民俗收集家。他的学问活动是立足于文化民族主义的、指向民族和民族问题的一种学问运动。为此，他带头组织各种学术团体活动并制作大量的学术志，为学界的学问研究奠定基础、提供依据。学问的研究和发展有时需要起带头作用的领导类人物，笔者认为宋锡夏就是属于这种类型的学者。

比较孙晋泰和宋锡夏的文章就会发现，孙晋泰专注于通过比较分析的理论化的研究，而后者专注于事实的记录。宋锡夏能够彻底地坚持当地研究是因为受了秋叶的影响（秋叶，1929）“整晚在船上……淋着大雨，这对于刚出院的我（出院第一天）实在是种严峻的考验。”（宋锡夏，1947年）1948年夏天，宋锡夏的病情已很严重，但他拖着病弱的身体在黑山岛海信堂进行踏查，这再一次证明他是彻头彻尾的“当地作业者”（Fieldworker）。

宋锡夏是通过京城帝国大学教授秋叶接触到社会人类学学问领域的。日本社会学会第18次大会（1943年10月9—10日，在京城帝国大学法文学部礼堂举办）间接地体现了秋叶和宋锡夏在学问上的“亲密关系”。参加大会的人士是当时日本社会学界的“巨头”和在殖民地研究的学者，总共39人（19人发表论文）。其中包含秋叶隆、宋锡夏、铃木荣太郎、泉靖一等人，秋叶是此次大会的主导人物。除宋锡夏外，与会的朝鲜人有高凰京和申镇均（发表论文，明伦职业学校所属）。

这种因缘使得两人合著了《朝鲜假面图谱》（在战争中遗失），1932年又共同参与朝鲜民俗学会的创立。宋锡夏在首尔大学讲授的科目中有“假面的研究”，这应该就是跟秋叶的关系中产生的“遗产”。如果说秋叶继承了马林诺夫斯基的社会人类学，那么宋锡夏继承的学统也是从马林诺夫斯基开始的。

解放后宋锡夏的藏书中有许多当时的原书，这很有可能就是秋叶回国时寄托给宋锡夏的。对此，李杜铉有证言：“6·25战乱前曾在普成学校看过石南的藏书。当时，我的一位前辈在那里任教。他介绍那就是石南的藏书，其中有大量20年代在西洋发行的有关人类学的原书。”“石南藏书无论是从量上还是从质上都可跟黄义敦（号海园）的藏书相提并论，只不过石南的藏书是以民俗学和书志学为主收集的，……在战乱中丢失了一部分……黄某人滥用××中高校图书管理负责人的职位非法地复印了大量的图书馆藏书。”（李谦鲁，1987：73–77）“金元龙在6·25战乱中经过惠化洞环形交叉路时曾看到一个乞丐用奇怪的纸擦拭流血的膝盖。……那是从旧版上撕下来的纸。……那就是保管在普成中学校图书馆内的宋锡夏的藏书。民俗学、书志学领域的重要文献资料就这样消失在6·25战乱中。”（李兴雨，1996：239）

随着石南的离开，石南的藏书也跟着消失在战争的炮灰中，后学者也渐渐抹去有关石南的记忆，以至于后来对石南的评价也是歪曲事实的，这使得对人类学的认识也跟着经历曲折和坎坷。

最近开始出现对宋锡夏的研究成果做出较为正确分析的评价内容。“（宋锡夏）在首尔大学新设人类学科，试图实现民俗学的体系化，但因为高血压突然发作，于1948年8月5日去世，之后人类学科也跟着消失。石南曾任过诸多职位，其中有震檀学会委员长、韩国山岳会会长、韩美文化协会会长、首尔大学讲师、国立民族博物馆馆长等。……试图通过设置人类学科使在野的民俗学进入制度圈内的事实。”（朴振泰，1996：171）“光复后，以孙晋泰、宋锡夏为中心的新生民俗学界刚从冬眠中醒来，但又一次毁灭在6·25战乱中。1948年宋锡夏的离世使朝鲜民俗学会变得有名无实，学会志《朝鲜民俗》面临终刊。又加上孙晋泰的‘拉北’事件，似乎看到希望的民族文化史、文化人类学（历史民族学）、民俗学，面临了‘未开花就凋零’的残局。”（金宅圭，1994：38）

金宅圭的评价指出了重要的一点。他正确把握了大体的历史潮流，但具体的事实解析还需要一定的补充。做出正确判断的部分是：第一，6·25战乱彻底击中了学问的要害；第二，孙晋泰的“拉北”事件对当时学界产生了巨大影响。

具体事实的解析中存在误解的部分是：第一，“光复后，以孙晋泰、宋锡夏为中心的新生韩国民俗学界刚从冬眠中醒来”的判断是面向过去而得到的结论，不是立足于事实的评价。当时支配整个学界的思想是摆脱民俗学框架的广义人类学。因此，金宅圭的解释缺乏对当时学者立场变化的理解。解放后宋锡夏已经开始对人类学的深入研究，并在首尔大学新设了人类学科。朝鲜人类学会（后改名为大韩人类学会）代替了过去的朝鲜民俗学会，《人类学研究》代替了《朝鲜民俗》，学者的学问立场发生了重大变化。

第二，对孙晋泰立场的解释中使用“历史民族学”这一用语显得不恰当。历史民族学代表的是当时以奥地利维也纳为中心的一种独特的学派立场，而孙晋泰运用的方法论跟历史民族学不存在任何关系。只不过孙晋泰是试图用历史性的资料来接近社会人类学研究。从这个角度，可以把他的立场评价为“历史人类学”而不是“历史民族学”。

第四节　人类学科的始终：从“京城大学”到“国立首尔大学”

1945年8月15日，泉靖一从东北、华北地区进行踏查后回来的路上收到日本战败的消息，8月27日升任为助教。同年9月，接受京城帝国大学校长的委托回到日本当志愿服务者（服务于战后回国的日本人）。以上记录与以下记录比较，当时动荡不安的局势便可悉知一二。“8月16日，以大学内的朝鲜人职员为主成立‘京城大学自治委员会’，部分朝鲜学生也参与进来。要求山家校长转让学校经费的掌管权和文化遗产的保管权。17日，大学正门前飘扬着太极旗，京城帝国大学本部木牌上写着‘京城大学’的标语，医学部木牌上的‘帝国’两字被删除。”（京城帝国大学创立50周年纪念志编纂委员会，1974：483-484）根据美军政厅第15号法令（1945年10月16日），京城帝国大学改名为京城大学，1946年8月22日，根据第102号法令——“关于设立国立首尔大学的法令”，京城大学改名为国立首尔大学。

1945年8月16日，在震檀学会的聚会中宋锡夏被推选为委员长。震檀学会的主要任务是以重新发现“民族”为目的的国史整理和讲演。同年10月中旬，宋锡夏在京城大学讲授民俗学概论，11月8日成为国立民族博物馆的首任馆长。12月末，震檀学会的大部分成员由京城大学法文学部的教授担任。“1946年，成为首尔大学法文学部国学部门教授的震檀学会的核心人物有……李秉道、宋锡夏、李尚柏、赵允济、李松甯等人。”（金载元，1992：325）根据之后的记录，当初没有成为法文学部教授的宋锡夏从1946年第1学期到1947年，在首尔大学继续讲授过人类学概论。解放后，从京城帝国大学转变为京城大学再转变为首尔大学期间，在国史学科担任助教并曾帮过南仓的孙保基先生提供了以下证言：“当时左右翼存在严重的思想对立，我几乎住在学校的研究室。南仓和石南再加上道南三人研究在首尔大学设置人类学科的事情。宋锡夏讲授当时新设的民俗学概论和人类学概论。”

1946年以宋锡夏为中心展开了人类学研究，这段时期的历史资料甚少，而且现存的记录也很难分辨其真伪。“1948年在文理专科学院新设人类学科，遗憾的是直到1950年（因为抗美援朝战争）废除科目前，人类学科内一直没有专任教授也没有申请的学生。”（韩相福，1991：6）韩教授的这段陈述是根据当年发行的大学报纸上的新闻整理出来的，但现在已很难再找到当年的大学新闻报纸。我们完全相信大学报纸上登载的新闻会显得过分勉强。现在，在首尔大学内的任何官方文书或资料中，都找不到1948年文理专科学院新设人类学科的记录，也找不到1950年废除科目的记录。

解放后的混乱期内，那些所谓的官方机构都没能发挥正常的作用。在讨论1946年京城大学内是否有过正式的、官方的人类学科前，首先要理解在当时的社会状况下，到底怎样的记录才称得上是所谓的“正式的、官方的”资料。在混乱期内，几乎没有、而且也不可能存在官方的记录。但也并不能只是根据反映当时情况的零碎的记录来认定那就是事实，应该还原当时事件实际发生的过程，这才是创造式的学问研究。

赵允济、孙晋泰、宋锡夏三人探讨过在文理专科学院设置人类学科，由宋锡夏讲授人类学概论。宋锡夏为了设置人类学科倾注了浑身的力量。当时文理专科学院已具备设置人类学科的所有条件，大学内部已决定在其内设置人类学科。这应该就是韩相福教授看到的大学报纸上的新闻。之后由于宋锡夏的离世，再加上孙晋泰忙于行政上的事务（在政府担任要职，在大学任职等），人类学科的设置失去了领头人物。由此耽误了学科设置的最佳官方时机，之后又随着抗美援朝战争的爆发，这一切都成为再也回不来的泡沫。

笔者在这里引用了一些能够反映事实的历史资料：“解放后的首尔大学一直没有改编，仍然沿袭日本帝国主义时代的机构编制。那时候有法文学部……宋锡夏主张新设人类学科并且承认‘民俗学’成为‘人类学’的一个分类，在大学博物馆内贴了‘人类学科’的标语。我也曾在那里讲授过考古学。宋锡夏认为在那里能够很好地发挥他的专长，但我的讲义存在不足，宋锡夏的讲义更是满足不了学生的要求。因为，民俗学本身还没有确立其体系。宋锡夏在东京商大时中途放弃学业，之后在韩国民俗的研究中发挥了先驱者的作用，但因为病情的恶化（高血压）……不久后就没能继续在大学讲授民俗学，只是专注于国立民族博物馆的事情，并在6·25

战争后因病长辞于世。”（金载元，1992：95–96）如果正如金载元的记录，当时宋锡夏讲授的是民俗学课程，那么可以判断金载元陈述的时期就是解放初的1945年第2学期，而当时宋锡夏已在京城大学博物馆内工作。

1948年3月1日创刊的《首尔大学新闻》介绍了民俗参考品室。“我国的民俗参考品还在整理当中，有关爱斯基摩人的民俗品63件（哥本哈根国立民族博物馆赠送），有关几内亚的民俗品200件， 有关喇嘛教及萨满教的民俗品20件，有关赫哲族的民俗品15件，有关蒙古人的民俗品75件。”这些原本都是在以秋叶为中心建立的京城帝国大学陈列馆（1941年9月设立）中保管的民俗参考品，解放后由宋锡夏来管理。此博物馆一度成为宋锡夏的京城大学（或首尔大学）研究室。

对于宋锡夏和秋叶的关系还需要进一步地解释说明。可以明确的是两人之间的某种关系才会使宋锡夏能够自由地进出解放前的京城帝国大学陈列馆（1942年5月，秋叶被任命为此陈列馆的主任）。根据宋锡慧（宋锡夏的妹妹）的证实，秋叶也一度进出过宋锡夏的私宅。解放后，秋叶回国时把自己的藏书委托给宋锡夏[1]（村武精一，1977：180），而且宋锡夏又接管了秋叶管理的博物馆，这一切事实都能够间接地证明宋锡夏和秋叶之间的亲密关系。

京城大学或首尔大学毕业生的成绩单能够直接地体现出在大学里曾讲授过有关人类学科目的痕迹。笔者参考当时学生的听讲科目名称和对应的成绩单后得出以下结论：1945年设置的有关人类学的科目有“古代社会研究”“原始社会研究”“民俗学概论”“朝鲜古代文化”等，1946年除了上述4个科目，另外增设了“人类学概论”和“考古学概论”，1947年又另外增设了“人类学演习”和“假面的研究”，1948年接着增设“原始宗教及物活教”。还要特别指出的是，1948年在京城师范学校（首尔大学师

[1] 1945年11月，秋叶隆经过釜山、回到博多的当时，把“在京城帝国大学时收集到的大量藏书和资料委托给宋锡夏保管。1965年，东亚新报新闻社的记者向秋叶的弟子奎吾提出了有关返还秋叶老师的文献和资料的问题，但没有得到确切的答复。之后（秋叶隆）老师的文献和资料面临了怎样的命运呢？”（村武精一，1977：180）在此，笔者根据所收集到的资料，简单地说明村武提出的问题。全莹弼接管了宋锡夏大部分藏书并保管在普成高中图书馆内。经笔者确认，普成高中（搬到首尔）图书馆至今还保存印有宋锡夏图章的几本文献，但很多有名的书籍已消失得无影无踪。宋锡夏的很多藏书有可能消失在了韩国战争的炮灰下。

范大学的前身）讲授过“民谣的研究”和“人类地理学”。

根据证言，宋锡夏讲授了1945年的“民俗学概论”和之后设置的“人类学概论”，但找不到1948年学生的“人类学概论”听讲记录。可以说，从1948年到1950年的时间里，首尔大学内再也没有出现过讲授“人类学概论”的教师和听讲的学生。其最根本的原因应该就是宋锡夏的离开。

1947年，开设科目的种类和水准处于相对薄弱的状态，相比之下，同时设置“人类学概论”和“人类学演习”课程更加体现了当时学界对人类学的重视程度。同时也能够看出宋锡夏试图把人类学变成大学正规科目的努力。孙保基老师证实，孙晋泰老师因为在政府和大学担任要职，一直忙于行政上的事情，因此没能正常地讲授课程。“古代社会研究”和“原始社会研究”由李德成讲授，“朝鲜古代文化”由孙晋泰讲授，而“考古学概论”由金载元博士讲授。

题目为《国立首尔大学校文理专科学院教科内容》的活版印刷的小册子没有标示出确切发行日，但笔者认为肯定是在1946年后半年发行的。“1946—1947年不开设（伊语及伊文学，希腊语）”这一句在一定程度上体现了小册子的发行日期。同时也能看出其余的科目是从1946年开始设置的。

1946年，国立首尔大学设立。当时，文理专科学院分为三个部门：第一部是语学及文学，第二部是社会科学，第三部是自然科学。第一部有国语及国文学科、中国语及中国文学科、德语及德文学科、言语学科、罗甸语科、法语及法文学科、俄语及俄文学科（伊语及伊文学，希腊语）等。但实际上学生能够申请听讲的科目中没有罗甸语科、法语及法文学科、俄语及俄文学科，只有国语及国文学科、中国语及中国文学科、德语及德文学科、言语学科四个科目；第二部有史学科、社会学科、心理学科、人类学科、政治学科、宗教学科、哲学科、地理学科等。但实际上授课内容中没有包含地理学科；第三部有化学科、生物学科、数学科、地质学科、物理学科五个学科，并在实际上的授课内容中全部涉及。

即文理专科学院在理论上有3部门22学科（其中的两个予以保留），但实际上设置的学科有语文学部的4个学科，社会科学部的7个学科，自然科学部的5个学科。另一个特点是，除了语文学以外的所有有关人文社会的学科，都设置在社会科学部内。

属于社会科学部人类学科的教学内容如下（收录在小册子的11~13页）：

1-2（3）人类学绪论——人类学的四部门、考古学、人类地理学、人种学及……的概论、相互关系

11-12（3）亚细亚人类学概论

13（3）原始欧罗巴人种及文化

15-16（3）中国人种及文化

17-18（3）朝鲜民族及文化

53（3）人类地理学

55（3）朝鲜民族地理

56（3）博物馆及事业（讲义及三小时演习）

105（3）博物馆及现地材料的研究及使用?

106（3）发掘方法及材料（现地测量及记录、现地考古学材料保存）

107（3）中国及朝鲜陶器、制陶术的历史的发展

108（3）原始世界考古学、亚弗利加、亚细亚、大洋洲的史前时代

109（3）亚细亚人种及派生人种

110（3）亚细亚土俗学

111（3）亚细亚人种及文化

112（3）亚细亚地理

113（3）树木年代学——适用于考古学问题的年轮学

114（4）原始宗教

151（3）人类学方法

152-153（3）问题

154-155（3）演习

157（3）特别研究方法

对于教学科目前面两个种类的数字，小册子没有给予解释。但曾经使用过这个小册子的人在数字旁边标注了其含义。写在最前面的数字中基数代表所指的科目，在第一学期开设，偶数则意味着在第二学期开设。例如，“1-2”意味着所指的科目在第一学期、第二学期都会开设。按科目

区分年级，1–50之间的科目是针对一年级的学生，51–100之间的科目是针对二年级学生开设，101–150之间的科目是针对三年级学生，151–200之间的科目是针对四年级学生。括号内的数字则意味着每周安排的时数。

以上教学内容体现出六个特点：第一，在人类学的绪论中涉及“人类学四部门”应该是受了由博厄斯（Boas）的美国式人类学的影响；第二，教学内容反映了对博物馆的重视程度；第三，强调考古学部门；第四，“人种”部门指的是体质人类学；第五，在地域研究中集中研究亚细亚地域；第六，地理学部门的教学科目也在其中。

另外要指出的是，小册子提示的社会科学部的授课内容中，“社会人类学”科目每周安排了5小时的课时。这应该就是因为京城帝国大学时期秋叶隆教授曾运营过社会学教室的缘故。

1946年，国立首尔大学在美军政厅的管辖范围内，由美军将校任大学校长。大学的名称是“大学校”（University），单科“大学”（College）之下设置“学部”，其下再设置“学科”（Department）。这种大学机构设置的方式是在新的美国制度和旧的日本式制度的结合下产生的。在设置人类学科过程中，无论是在制度上还是内容上都受到了美国式人类学（人类学四部门）的影响。在把美国式的人类学运用于韩国现实的过程中，忽略了语言学（语言学科另设在语文学部内）的作用，只是强调博物馆和考古学部门。

其实，韩国人类学经历过把人类学使用于韩国现实的“本土化”过程。宋锡夏在大学博物馆内创设了“人类学科”，金馆长（国立博物馆馆长）在文理专科学院讲授过有关考古学和博物馆的内容。宋锡夏是当时国立民族博物馆的馆长（Museum of Anthropology）。人类学科的设置和小册子中教学科目的安排都是以宋锡夏为中心进行的，他是制定授课内容的核心人物。但值得一提的是，在授课内容中发现不了宋锡夏一直指向的“民俗”或“民俗学”的有关内容。可以看出，这时的宋锡夏已经发生了认识上的转变，承认“民俗学”属于“人类学”的一个分类。随着思想上的转变，1945年的民俗学概论在1946年“升级”为人类学概论。1945年秋天在京城大学开设的民俗学概论中的“民俗学”和1946年秋天在首尔大学新设的人类学概论中的“人类学”，这两个名称的差别到底意味着什么？

1947年7月20日首尔文理专科学院学生会发行的《大学新闻》介绍了“教授名及担当讲座”的内容。其中，宋锡夏负责的科目有“人类学概论”和“人类学演习”，金载元则负责“考古学概论”和“考古学演习”（崔慧月，1986年）。报纸中介绍的文理专科学院也分为三个部门。蜡纸印刷的油印印刷品“文理专科学院教职员一览表”（1947年）中找不到人类学科和宋锡夏的痕迹，由此认为此印刷品应该是在1947年后半年制定的。文理专科学院学生会印刷发行的小册子“文理专科学院教授、毕业生、学生会员名簿”（1948年6月末）中也找不到任何有关人类学科的内容。“首尔大学文理专科学院学生会 1948年《文理专科学院教授、毕业生、学生会员名簿》”（崔慧月，1986年）的教授名单中，金载元是作为“时讲”（时间讲师的缩略语）介绍的，但仍找不到宋锡夏的痕迹。因此，笔者认为这应该是在1948年8月后即宋锡夏作古后制定的文书。

1946年8月22日，美军政厅下达“关于设立国立首尔大学校的法令”（第102号法令）。同年6月19日，文教部发表“国立首尔综合大学案”，同月24日，大学教授团提出“综合大学案”的反对案。7月6日，文教部声明合并京城大学医学部和京城医专。7月25日，教育协会提出“综合大学案”的不正当性。首尔文理专科学院就是在这样的情境下产生的，并且是根据年102号法令制定的上述授课内容。此法令规定同年的9月10日至18日期间是学生报到的时间。1946年9月18日，学校正式开课。但因为民主主义民族战线发起的所谓“国大案”反对示威游行，在同年12月18日学校被迫下达“休校令”。1947年2月，随着“国大案”的修正案学校恢复正常，但同年6月发生的“拒绝考试事件”再一次燃烧了“国大案”波动事件。学校一开学就经历“国大案”波动、拒绝登记、拒绝考试等事件，可以说学校的行政几乎处于瘫痪状态。这就是指向制度化的人类学科没能正常发挥其作用的根本原因。

宋锡夏终究没能使人类学科的设置变得“书类化”。美军政统治时期内的国家和大学本身面临更多的问题。新设一门学科，对于大学本身来说，不是那么紧迫的事情。新设一门学科，也不是行政过程中的优先环节，这需要漫长的等待过程。但宋锡夏的病魔终究没能让他等到这一步。之后这一行政过程真正到了实施的时候，人类学科的设置却失去了“带头人物”。大学内的“人类学科”设置最终没能实现，逐渐地从人们的脑海中消失了。

宋锡夏倡导的人类学讲坛化的过程终究没能走上制度化的道路，因为战争，所有的一切都成为了历史的“牺牲品”，韩国人类学经历第二次曲折。1946年，由宋锡夏设立的人类学科在美军政统治时期内的行政混乱中随着“主人”的离开，也跟着离开了大学的制度圈。“人治”优于“法治”的惯性导致了首尔大学人类学科的“灭亡”。“京城大学法文学部人类学科”（1945年8月至1946年8月）到“首尔大学……人类学科”（1946年8月至1948年）的“存”与“否”的历史体现了上述惯性。虽然不能明确地指出“始”与“终”，但可以明确的是，解放后京城大学改名、改编为首尔大学的过程中“人类学科”是存在过的。然而专职教授和授课学生的存在问题又是在此之后要予以考虑的另一个问题。

第四章　韩国人类学的发展潮流

第一节　人类学思想的复兴

从宋锡夏去世到6·25动乱期间，朝鲜半岛一直面临着严重的思想混乱和南北分裂的局势。在这种严峻的势态下，学界试图介绍跟过去不同倾向的人类学。例如，介绍结合精神分析学和文化人类学的美国式的社会心理学（L，1950），用人类学领域的知识介绍美国文化社会学派（边世镇，1950年），以及用美国式人类学倾向介绍家族的起源的文章（李万甲，1950年）等。1947年前后，美国学者在首尔大学社会学科担任时间讲师，上述文章应该就是在这些美国人的影响下出现的。

但在战争的旋涡中，这种学界的氛围根本不能扩散。所有的一切都埋在战争的炮灰下，百年韩国人类学经历第二次曲折历史。就是因为经历如此大的曲折，才导致后来人试图复活人类学时几乎没有提及过去存在过的人类学和相关的思想。

跟国内的学界状况没有任何关系的崔正林（1949年，当时在美国留学）在密歇根大学（University of Michigan）[安阿伯(Ann Arbor)]攻读人类学科，在Mischa Titiv教授的指导下获得了人类学博士学位。根据婆家人的陈述和自己的回忆，崔正林完成了博士论文，论文以咸镜道村落和亲戚关系为主要内容。这篇论文是最初的韩国人类学博士学位论文，但对日后的韩国人类学发展几乎没有起任何作用。

6·25动乱后社会对人类学产生了严重的思想偏见。所谓的民族主义者被称为共产主义者，解放后的南北分裂和思想上的斗争等，都使人类学深深地埋在了地下。宣扬“民族”人类学这一学问的人被称为“赤色分子”，这使研究人类学的学者很难“抬起头”。担任朝鲜人类学会首任委员长的李克鲁越北后成为朝鲜的高官，再加上孙晋泰（大韩人类学会委员长）和金孝敬（国立民族博物馆馆长）的“拉北”事件，这一切都会让人怀疑“人类学”的学问性质。“越北”事件和“拉北”事件都沉重地打击了韩国人类学的发展。

宋锡夏去世后，国立民族博物馆曾一度成为左翼学派聚集的场所。思想对立的政治局势迫使学者们只能选择其中一边（左翼或右翼），这导致人类学在朝鲜半岛“扎根”前面临“空中分解”的残局。无论经历了怎样的过程，韩国现代史的历史潮流都很容易让人把“人类学”和“北”联系在一起。

1954年，曾担任过大韩人类学会事务委员的李皙洛在大邱出版了自己在1949年“第15次研究发表会”上发表过的文章原稿（李皙洛，1954年）。该文的主要内容已在“大韩人类学会会志”（第7号，1949年9月）中有所介绍。在文章中，李皙洛称自己是“大韩人类学会委员长”。这能看出，他曾企图复活大韩人类学会。

黄性模提倡“人类学的科学的救济”（1954年），发表了硕士论文Ruth Benedict（1955年）。他提倡“人理学”。他所指的人理学是把人类学或人种学视为自然科学的一部分，再和人文学的因素进行结合的学问。（柳叶，1954年）当时黄性模似乎还未从专业的角度接触过人类学学问体系。1956年，郑在觉发表了能充当史前人类学资料的有关文化的时评类文章。同年，安秉煜发表了立足于人类学文化概念的有关民族问题的文章。1956年，南州翻译宗教人类学家林肯·巴尼特（Lincoln Barnet）的论文，集中介绍了有关人类学仪礼研究和詹姆斯·弗雷泽的文章。1957年，李钟求翻译了玛格丽特（Margaret Mead）的论文《下半个世纪的竞赛》（*Race in the Next Half Century*）和巴西人类学家吉尔贝托·弗雷雷（Gilberto Freyre）的论文《社会挑战》（*Social Challenge*）（李钟求，1957a，1957b）。1958年，卢熙烨翻译了卡尔顿（Carleton S. Coon）的论文《什么是竞赛》（*What is Race*）（1957年10月发表，登在*Anlantic Monthly*上）。1959年，李效再部分翻译了克莱德·克拉克洪（Clyde Kluckhohn）的《男人的镜像》（*Mirror for Man*）。几乎可以说，以上是在20世纪50年代发表的有关人类学的全部文章，看得出当时对人类学的关心是何等地冷漠。

20世纪50年代后半期，人类学以李海英（首尔大学社会学科）为中心等待着重新复苏。在美国以文化人类学作为辅修的李海英在首尔大学的社会学科设置了人类学科目，试图重振人类学，这对当时的人类学就像是漆黑的大海中一盏明亮的灯塔。

但人类学的“再登场”终究没能再现美军政统治时期以“民族”概念为中心进行的人类学氛围。取而代之的是：①试图重振大韩人类学会的一人（李哲洛）的挣扎；②社会学家（李万甲、黄性模）发表的以美国式的人类学介绍为基础的论文；③1958年，李海英和安真模合编的《人类学概论》（翻译的美国式的概论书籍）；④以首尔大学医科大学解剖学教室为中心成立的“大韩体质人类学会”（1958年8月）；⑤自称民俗学家的几位学者成立了“大韩‘文化人类学’会”（1958年11月）；⑥“再登场”的人类学以“考古学”为牵引，以“考古人类学科”（1961年设立）的名称出现在首尔大学文理专科学院；⑦1968年10月，文教部下达文件，命令首尔大学将“考古人类学科”裁并为“考古学科”，但很快被撤回（韩相福，1991：7）。1975年，随着首尔大学编制改编，人类学科从考古学科分离出来成为社会科学大学所属学科；⑧1973年，岭南大学设置文化人类学科，从1980年年初开始有几所大学陆续设置人类学系列的学科（人类学科、文化人类学科、考古人类学科、民俗学科等）。

抗美援朝战争结束后复活的人类学指向的是“狭义的人类学”，而不是战争前的“广义的人类学”。出于各自的关心领域、教育背景、理解关系为基础“再登场”的人类学思想，只能以“狭义的人类学”代替过去的“广义人类学”。在大学的制度圈里登场的人类学，是以考古学作为牵引，以考古人类学科的名称出现的。因此，在韩国学界，考古学和人类学一直保持着“奇怪”的关系。这种关系既不是跟随欧洲式（考古学和人类学属于完全不同的领域，没有任何的关系）的路线，也不是盲从美国式（考古学属于人类学）的路线。

此时的整个学界在没有对学术系统进行深刻研究分析的情况下，擅自设定了学术方向和学科名称。如果对一次“变相”不进行及时的整理和挽救，它就会产生另一个“变相”和另一个“不规则”。出乎意料的是，在人类学科从考古学科分离出来成为独立学科的过程中，只有体质人类学在整个人类学科领域的上空飘扬。

解放后直到抗美援朝战争爆发前（1945—1950年），在首尔大学内存在过的人类学科和与人类学有关的学科完全停留在空白状态，1959年，人类学在偶然的机会中重新进入大学的制度圈。“1959年……从景武台出来的车上，在谈论考古学不振的问题时，文教次官晋县基说他想要在首尔大学内设置天文学科和考古学科。……这两个新的学科……在次年，顺利地设立。”（金载元，1992：339）这就是在首尔大学文理专科学院创设考古学的来龙去脉，但真正出现的学科名称是“考古人类学”。

1946—1947年，金载元曾应宋锡夏的邀请，举办过人类学科的考古学讲座。抗美援朝战争结束后，他作为国立博物馆馆长继续引领韩国考古学界，也跟主管部门的次官讨论过有关考古学科设置的问题。战争后经历的10年时间，完全颠倒了人类学和考古学的立场。

“1954年，文理专科学院校长东滨金庠基老师对将要去纽约大学留学的我说过‘即使是人类学，也要学好它’，这句话持久地留在我心里。……我特意每周花两小时去（纽约大学）学府听人类学讲义。”（金元龙，1985：198）三佛（金元龙的号）的这句陈述在一定程度上解释了“考古人类学科”的产生。从1945年到6·25动乱发生前，金庠基老师在文理专科学院担任讲师。就在那时，他应该看到了赵允济、孙晋泰、宋锡夏等人在文理专科学院设置人类学科的努力。金老师希望能够实现他们未完成的“使命”，出于这种心情才会对即将出国留学的金元龙说了那句话。

介绍首尔大学博物馆历史概况的记录中，写着博物馆的“首任馆长”（1947年10月24日至1953年9月30日）是金庠基老师。解放后，博物馆的总负责人是宋锡夏（金载元证实），但因为宋锡夏病情的恶化，从1947年夏天开始由金庠基接任博物馆馆长。在这里，要再一次明确的是，首尔大学博物馆的首任馆长是宋锡夏。[1] 有关首尔大学的其他记录中也找不到1947年后半年宋锡夏的影子。之后，在首尔大学文理专科学院创设考古学科的过程中，掺入了文理专科学院校长和教授的意见，就此产生了“考古

---

[1] 根据有关设置国立首尔大学校的法令，Harry D.Ansted任首任校长，在任期间是1946年8月22日至1947年10月25日。第二任校长是李春昊，上任时间是 1947年10月25日。金尚吉上任博物馆馆长的时间和第二任校长上任的时间是一致的，这是因为在当时军政厅政策的影响下，韩国人成为首尔大学的第二任校长。因此，学界有必要阐明金尚吉馆长的前任馆长。

人类学科”的名称。

当时，在社会学科以李海英为中心讲授的有关人类学科的讲座对学科设置产生了巨大的影响。当然，杂志《学风》（1950年发行）中有关人类学的文章也成为学科设置的刺激性因素，1952年下达的“教育法试行令”强调了人类学科目设置的必要性。[1]国家需要培养能教人类学科目的人才，这种政策性的刺激因素也不能排除在外。

但是凡事都需要带头人，这让我们回忆起背负重任的李相佰（1927年早稻田大学社会学科毕业）带领社会学蓬勃发展，[2]而另一方面，试图成为人类学“领头人物”的宋锡夏的离开，使得韩国人类学一直走着坎坷、不振的道路。直到1961年，遍体鳞伤的韩国人类学只能依靠历史学（考古学）和社会学进入大学的制度圈，为人类学的制度化重整旗鼓。

抗美援朝战争前后的时间和20世纪50年代期间，主要是在文理专科学院社会学科开设有关人类学的讲座。“不同于现在，当时的社会学科开设了诸多有关古代的科目，如古代社会研究、朝鲜古代史、原始社会（研究）、古代社会等，李德星教授负责讲授这些科目。”（首尔大学校社会学科五十年史刊行委员会，1996：52–53）李德星提出了“史观社会学”的用语和概念，并介绍了“民俗学”的方法，指明了“为人民大众提供新的思考方式和新的道路”。另外，他还提到了“土俗学（ethnology）和土俗志学（ethnography）”（李德星，1947：97–98）。

“（20世纪50年代后半期）这一时期出现了有关文化、价值等的社会人类学领域的论议，此部分的论议是依据李海英教授的意见来介绍的，而像戴维斯（K. Davis）、艾薇（M.Levy）、雷德菲尔德（R.Redfield）、林顿（R.Linton）、克罗伯（A. Kroeber）等人的论议只是有所提及。从这时开始便有所提及有关文化变动和文化延迟的论议。而体现落后社会文化特征的人类学家的论议也是这个时候讨论到的。”（首尔大学校社会学科50年

[1] 1952年4月颁布的教育法施行令第125条规定，大学教育的教科有人文科学系列、社会科学系列、自然科学系列，每个系列设置9~12个教学科目，其中唯一共同设置的科目就是“人类学”。—— 参看首尔大学校50年史编纂委员会，1996（上）：66–67。虽然施行令的条目明确规定了以上内容，但最终没能施行的原因有可能是因为在战后复原的过程中照搬了美国大学的教科过程。

[2] 在李相佰关于东南亚地域研究的文章中，有大量关于人类学的资料（李相佰，1962年）。

史刊行委员会，1996：68）

“（20世纪50年代）废除古代社会论系统的科目，取而代之的是文化人类学科目。古代社会论是1946年设置的科目，就此废除后，在之后的社会学科教学科目中再也找不到它的影子。从1954年开始设置的文化人类学（专题讲座）和原始社会等科目应该是在韩国最初实行的文化人类学讲义。1955年开设“原始人”，1956年、1957年开设“文化传承”“原始人”，1959年重新开设“民俗学”。开设的讲座都是关于人类学的科目，这说明社会学科为韩国人类学的确立奠定了基石。李海英教授负责文化人类学科目，边世民教授和尹英久教授讲授原始社会。特别注意的一点，李海英教授有关文化人类学的讲座培养了诸多对人类学感兴趣的学者，听过他国文化人类学科目的学生日后成为韩国人类学研究的先驱者。在社会学科专攻人类学，毕业后成为人类学教授的姜信杓、韩相福、李文雄都是在这一时期受过李海英教授影响的学者。韩相福被任命为首尔大学考古人类学科首任人类学专职教授，并在社会科学大学设置人类学科的过程中起了核心作用。由此看来，社会学科在韩国人类学发展史上发挥了不可缺少的作用。”（首尔大学校社会学科50年史刊行委员会，1996：75）

其中，“社会学科在确立韩国人类学的过程中奠定了基石。”笔者完全认同这一陈述。但“1954年社会学科开设文化人类学（特别讲座）……这应该是在韩国最初实行的文化人类学讲义”这句陈述不符合事实。

黄性模发表的两篇人类学论文（1954年的论文和1955年发表的社会学科硕士学位论文Ruth Benedict）是社会学科孕育的最初的人类学论文（不是整个人类学领域中的第一篇）。自留学德国时期开始，黄性模便失去了对人类学研究的兴趣，反而是留学美国的李海英试图重建（不是创设）人类学科目。在社会学科内，以李海英为中心进行的有关人类学的活动，对这些活动的准确评价再一次印证了战争中消失的首尔大学人类学科目。同时，社会学式的学术氛围影响了“再登场”的人类学倾向。

“1960—1969年社会学科大学院硕士学位授予者名单及论文主题”（首尔大学校社会学科50年史刊行委员会，1996：120）中，姜信杓发表的是《现代社会学的哲学背景——以实证主义为中心》（1964年），韩相福发表的是《韩国山间村落的研究》（1964年），李文雄发表的是《都市地域的形成及生态过程的研究》（1967年）。从具体的论文内容中发现，姜信杓的研究具有社会哲学倾向，而李文雄的论文是都市社会学的研究。唯独韩相福的论文是人类学领域的研究，这是黄性模发表硕士学位论文10年后出现的唯一一篇人类学论文。之后，姜信杓在美国夏威夷大学、李文雄在美国赖斯大学攻读人类学博士。

韩相福为了硕士学位论文在江原道地域的山间进行踏查时，李海英教授陪同他进行了当地研究，这对韩相福的人类学研究起了重大的作用。只停留在社会学科内的人类学在李海英教授的影响下，成为了韩相福的“人类学专攻”。

韩相福从1964年开始在首尔大学文理专科学院考古人类学科任时间讲师（考古人类学科第一届入学学生从大四开始授课），1967年成为考古人类学科的专职讲师，后来成为韩国最初的人类学专职教授。解放初宋锡夏“梦寐以求”的事情，再过20年后竟由韩相福来完成，但韩相福和宋锡夏之间不存在任何学问上的继承或联系关系。这对日后形成韩国人类学学问性质起了决定性的作用。宋锡夏追求的是包含民俗学、博物馆和考古学的“广义人类学”，而不知道是起源于社会学式的背景，还是因为受了英国式社会人类学的影响，韩相福指向的是社会科学式的人类学（对于这一部分笔者想用“狭义人类学”来定义）。

在奥地利维也纳大学以“蒙古的婚姻制度”为主题获得民俗学博士学位的李光奎，1967年被任命为首尔大学师范学院教育学科的专职教授。李光奎在学生时代（首尔大学校师范大学历史教育学科）进行的踏查过程中，受李斗铉老师（当时在东大学国语教育科自学研究民俗学）的影响后专攻民族学（文化人类学）。李光奎的出现使师范大学的文化人类学讲座变得活跃起来。

影响李光奎的李斗铉在首尔大学师范学院国语教育学科自学专攻民俗学，留下了诸多有关假面和戏剧的研究成果。任锡宰和张筹根都是首尔大学师范大学的组成人员，韩国文化人类学会的发起人当中起核心作用的人都是师范大学出身。由此看来，任锡宰之后形成的学风对韩国人类学界产生了重要的作用。李斗铉曾在东京大学讲授过韩国民俗学（一年的时间），期间他“刺激”日本人类学家再一次进行韩国研究。在东京跟泉靖一有过接触后，李斗铉把自己的学问立场转为人类学。

1965年，金基守发表的论文对赵志勋产生了极大影响。主导“国学研究会”的金基守以文化概念为中心介绍人类学，并称自己是“在韩国最初讲授人类学的人”。[1]这样，在人类学学问体系还未确立的情况下，形成了争取人类学这一学问“所有权”的滑稽氛围。

20世纪60年代后半期，首尔大学校师范大学校园内集中了对文化人类学的关心，这为之后韩国人类学的发展提供了相当重要的契机。1967年，李光奎被任命为教育学科专职人员，1968年李斗贤成为东京大学文化人类学科的特邀教授，1969年张筹根接任李斗铉成为特邀教授，二人的讲授对当时的日本和韩国国内学界都产生了巨大影响。在韩国人类学发展史上，1967年是具有特殊意义的一年。在这一年里，韩相福被任命为首尔大学校文理专科学院考古人类学科的人类学专职教授，李光奎被任命为师范大学教育学科的专职教授。这跟宋锡夏当时的情况（没能成为专职教授）形成了鲜明的对比。

其实，从1966年开始，韩相福和李光奎就在竞争首尔大学文理专科学院考古人类学科人类学专职教授的位置，但在重视“学术出身”的学界大环境中，两人之间的竞争最终以韩相福的胜利告终。1967年开始，便形成了以韩相福为中心的韩国人类学界的主流团体。韩相福和李光奎两人在学术上的竞争关系持续到1975年（在首尔大学校人类学科统合），中途经历了一波三折的艰难过程。笔者想在此声明，学史中这种学界构成的方式，对韩国文化脉络的形成造成了一定的影响。

第二节　朝鲜学界的动向：从“社会主义民俗学”到“主体思想民俗学”

曾任朝鲜人类学会首任委员长的李克鲁“越北”后成为朝鲜的高官，以官僚身份参与朝鲜国家建设事业后就再也找不到有关他学术活动方面的记录了。“越北的学者中……印贞植、白南云、都宥浩、李如星、韩兴

[1] 任东权老师证实，1954年他在国学大学讲授过民俗学，1956年金基守老师（专攻史学）在同校讲授了文化人类学科目。

洙、洪熹裕、高晶玉、洪起文等人都与民俗学有着直接或间接的联系。白南云作为社会经济史学家曾研究过亲族关系，身为科学院院长在树立民俗学发展方向中也起了带领性的作用；洪起文作为国语学家积累了很多考古学和民俗学领域的知识；韩兴洙在民俗学领域进行了理论化的研究；李如星作为美术史研究者参与了早期考古学及民俗学研究所。”（朱刚玄，1991：91–92）朝鲜彻底地继承了苏联式的学问倾向，把人类学细分为各个领域。

朝鲜按照苏联式的三分法，把人类学领域分为考古学、人类学（体质人类学）和民俗学。但朝鲜的民俗学发展得相对萎缩一些，因为苏联式民俗学的主要研究对象是领土内的各少数民族，在朝鲜却找不到相应的集体。虽然如此，朝鲜把苏联式的民俗学和自己国家传统的民俗学有机地结合在一起，形成了新的民俗学范围和领域。

朝鲜学界定义的主要概念如下：（参考社会科学出版社，1992年）“人类学：从生物学的角度出发在与社会存在特性的联系中研究的学问，研究人类的起源和进化、人种的起源和分布等问题。民俗学：研究人们的生活方式和生活风俗形成发展的客观规律。民俗博物馆：陈列并为大众展示能够直接体现人民的文化和风俗特征、起源和分布以及历史上相互关系的参考材料的机关。文化：①在历史发展过程中人类创造的物质和精神财富的总称。文化能够反映每个历史阶段的科学和技术、文化与艺术、道德与风俗等的发展水平。文化根据反映的社会生活领域的不同分为物质文化和精神文化。各国家的文化具有各自固有的民族特性，阶级社会文化具有阶级特征；②‘文化水平高’指的是《一般知识和技术性知识》水平的程度；③适应现代要求的文明的生活方式。”

根据平壤社会科学出版社出版的《哲学词典》（1985：241），“文化人类学：通过对文化现象的研究分析，以此来把握人类的资本主义人类学的变种。由英国的马林诺夫斯基、阿尔费雷德·拉德克利夫·布朗，美国的林顿、费尔南德斯·阿莫斯，法国的克洛德列维·斯特劳斯所提倡。提倡文化人类学的人把人类学大体分为自然性的体质人类学和社会性的文化人类学，认为后者综合了民族学、语言民族学、史前考古学、民俗学等学问领域。他们认为，可以通过对少数民族、原始人和‘未开化的人'的风俗、家族关系、信仰、道德、语言、心理特性等的研究分析，来了解人的本质和文化现象的构造和功能。文化人类学领域中出现过如文化移动论、机能主义、构造主义等非科学性和反动性的历史、社会学、哲学理论。从历史上看，文化人类学曾被帝国主义殖民统治者恶意利用，收集有利于殖民统治的资料并营造人种歧视和人种偏见的氛围。"（朱刚玄，1991：138–139再引用）

朝鲜的民俗学研究从彻底清理殖民地时代的民俗学开始着手。都宥浩在奥地利维也纳大学获得了考古学博士学位，并作为东京人类学会会员曾在《人类学杂志》发表过论文，随着解放加入了震檀学会。解放后，选择"越北"的都宥浩主导了朝鲜的考古学界和民俗学界。

从都宥浩的论文中，我们可以大体把握早期朝鲜民俗学界的发展倾向。"民俗文化遗产的继承、发展和考古学及民俗学研究所的当前课题"（《文化遗产》，1957年1号）中，"在我国，民俗学仍是比较陌生的学问领域。……殖民地时期，日本帝国主义统治者为了更彻底地进行殖民掠夺，调查过朝鲜的民俗。……从现在开始我们必须要重新树立朝鲜的民俗学。……（"光荣的朝鲜劳动党创建十五周年"，《文化遗产》，1960年6号，第3页）日本帝国主义试图通过民俗学研究来证明朝鲜人民的'民族劣等性'和作为殖民地民族的'命运'。他们以'民俗调查'的名义动员殖民地的官僚专门收集那些旧的惯习和迷信、有害的残余，并通过学者实现'体系化'的理论。……日本为了达成殖民统治的目的，一方面独占朝鲜的民俗资料收集和民俗学研究，另一方面还彻底地镇压知识人的民俗学研究志向。在日本帝国主义统治下，因为民族干部的缺乏及其反动性的性质，朝鲜的民俗学一直走着衰颓的路线。"（朱刚玄，1991：120–121，引用）

都宥浩设定的民俗学研究室的方向如下（揭示着朝鲜的民俗学方法论）："第一，让大众了解朝鲜历史的过程中，民俗学所要发挥的作用极大，因此，都宥浩主张研究室首先要充分掌握有关民俗学的基本知识，其次比较研究文献中记载的过去的民俗和现存的民俗；第二，作为正确的方法论，都宥浩提倡'马克思—列宁主义'方法论、'辩证唯物主义'方法论、'历史唯物主义'方法论；第三，主张调查过去的民俗，即调查研究萨满教。在苏联民俗学的例证中强调民俗调查的必要性，同时提出了农村新风俗的研究课题；第四，提出研究古典文学、歌舞、游戏等的必要性，并强调培养研究者的必要性；第五，提出跟考古学研究室合作并研究种族构成问题的必要性，主张设立人类学研究室；第六，主张创设作为研究机关的民俗博物馆，强调出版事业的扩张。”（朱刚玄，1991：126）

虽然都宥浩专攻的是考古学，但他在形成朝鲜民俗学根基的过程中做出了巨大的贡献。“作为韩国人，最初专攻考古学的应该就是都宥浩（1905—？）。都宥浩1905年出生在咸镜北道咸兴市，就读于首尔徽文高等普通学校，1924年毕业于京城高等商业学校，1929年3月毕业于中国燕京大学文学院。1930年留学欧洲，1931年10月进入德国法兰克福大学，1933年转到奥地利维也纳大学哲学部史学科。1935年获得考古学博士学位，之后进入东大学先史研究所研究考古学和民俗学直到1939年（4年）。1939年12月归国，1942年3月在日本民俗学家冈正雄（也是都宥浩在维也纳大学时的前辈）的介绍下，把维也纳大学教授Menghin的《石器时代的世界史》译为日文。1945年2月，暂时就职于故乡的兴南肥料工厂，解放后兼任咸兴市图书馆馆长和咸兴医科大学讲师，但因为苦难的生活选择了‘越南’。1946年4月，都宥浩在京城大学李康国（曾一起留学于德国）的介绍下加入共产党，并兼任人民党外交部长和科学家同盟委员长，同年9月美军政厅下达拘捕令，都宥浩一家不得不再一次选择‘越北’，之后成为金日成综合大学教授。……在《震檀学会会报》（第12册）中发表了有关介绍何塞普·海克尔的‘图腾主义论’的文章。这是介绍1939年在维也纳发行的《人类学杂志》上登载过的文章。”（李光麟，1990：105-108）

另外，“（都宥浩）1948年被任命为‘朝鲜物质文化遗物调查保存委员会’常务委员，1949年被任命为‘朝鲜历史编纂委员会’委员（原始史分科）。特别是从20世纪50年代中期到20世纪60年代前半期作为‘考古学及民俗学研究所’（科学院所属）所长，致力于重要遗址的发掘和报告书刊行活动。”（韩昌钧，1994：327）

都宥浩淋漓尽致地发挥自己的学问特长，提出了适合学问体系的民俗学方向和内容。但随着主体思想的介入，并随着“教示和指出”的方法成为重要的民俗学方法，朝鲜民俗学从“社会主义民俗学”改变为“主体思想民俗学”。这样的性质变化过程直接体现在有关朝鲜民俗学的书籍中。

而以下两个文献就揭示了这种性质变化过程的一面。1958年发表的全长石的文章中依然能够看出为了向着社会主义化发展所做的努力，全长石试图让都宥浩阐明的民俗学能得到具体实现。“民俗学的研究对象不只局限于直接性的物质文化，还包括精神文化。用唯物辩证法的方法论对社会生活中的所有变化发展实现理论上的体系化，主要从人民的文化和生活风俗以及制度层面解释历史发展的客观规律。……民俗学家的学术活动首先要确保自己在历史科学领域中的地位，同时要为社会主义民族文化建设提供实质性的理论依据。以生产力和在此基础上的变化发展为主要研究对象的民俗学，在改造人们思想意识（社会主义意识）的过程中同样也具有重要的地位。”（朱刚玄，1991：153-154再引用，全长石的文章）（《文化遗产》，1958年3号，第7页）

从20世纪60年代开始，朝鲜民俗学的目的渐渐地从社会主义化转变为以主体思想为中心的方法论。黄铁山在《讨论：关于朝鲜民俗学的目的、研究对象及其范围》中主张以下内容：“朝鲜民俗学的目的是什么？……朝鲜民俗学通过科学地阐明朝鲜人民生活风俗中健康的、优良的传统和高尚的道德风貌，来贡献于我国革命事业。朝鲜民俗学要积极地寻找、继承、发展我国人民所具有的优良风俗，同时要找出不良的、不道德的恶俗，并通过研究分析提出它们存在的理由和消灭的方法，创造社会主义化的新的生活方式和风俗习惯，教育人民使其成为爱乡土爱祖国的良民。……同时还要研究分析作为单一民族的我们民族的形成、发展过程。”（朱刚玄，1991：151再引用。黄铁山，1962年《文化遗产》第5号）黄铁山主张把社会主义方式适用于“我国人民”，这样的陈述体现了民俗学也开始引入主体思想的立场。朝鲜的民俗学从都宥浩主导的时代进入了黄铁山主导的时代，在此过程中伴随了政治上的肃清。民俗学的主体思想成为了极端学问的“政治道具”，“主体民俗学”注定不能成为一门真正的学问。

综合整理具有代表性的文章，大体就可把握朝鲜民俗学的范围和内容，且可发现跟苏联式民俗学存在的差别。把构成民俗学的主要内容按“分类”展示，通过对这种“分类”的时代前后比较，就会看到朝鲜民俗学变化发展的趋势。具有代表性的 “分类”有：前期的全长石的分类和民俗学研究室的分类，后期的金内昌与宣熙昌的分类、民俗学研究室的分类、宣熙昌的分类和李在吾的分类。前期和后期的分类在内容上有着明显的差别，这是由朝鲜民俗学的权力斗争和版图变化所引起的，而在这次权力斗争中取得胜利的是主体思想派。

全长石的分类为：“第一章 生产工具及生产风俗（1.生产工具；2.生产关系；3.关于手工业生产的风俗）；第二章 关于衣食住的风俗（1.住宅；2.衣服；3.食物）；第三章 家族关系及家庭风俗（1.家庭成员之间的关系；2.冠婚丧祭；3.产儿及育儿养育风俗）；第四章 关于社会生活的风俗（1.8·15解放前劳动者的社会价值及其根本性变革；2.解放后劳动者的新的社会主义社会生活的创造；3.民族节日；4.人民娱乐、口头创作；5.女性社会地位的变化）。”（朱刚玄，1991：159）民俗学研究室在“关于农业合作社的现地民俗资料收集要纲”中提示的分类有（朱刚玄，1991：503-571 再引用）：“第一章 农业合作社的经济（经济的一般性概观、劳动组织、作物栽培和果树园经营、农业生产工具、牧畜业及副业生产、手工业、交通运输及商业和流通、合作社的经营管理）；第二章 村落和物质文化（村落、社会性的公共建筑和住宅、服饰、食物）；第三章 家庭风俗（家族构成及家族管理、家族成员之间的相互关系、家族的文化水平及政治见解、结婚及婚姻仪式、产儿及儿童教育、葬礼及祭祀风俗、家族节日）；第四章 社会生活（8·15解放前农民的社会生活、8·15解放后农村发生的阶级关系变化、8·15解放前农民的政治生活、8·15解放后农民的政治生活、节日游戏、女性在社会生活中的变化）；第五章 文化生活（8·15解放前农民的文化生活、8·15解放后的文化生活）。”（民俗学研究室，1990：508-571。朱刚玄，1991年再引用）。至今还未出现根据这个“要纲”制定的民俗志。两者（全长石的分类和民俗学研究室的分类）的共同点是，都反映了都宥浩和当时民俗学研究室所指向的社会主义化倾向（在民俗学领域第一次提出生产工具、生产关系等的概念），并且致力于殖民地时代残余的“结束”（比较解放前和解放后有关农民生活的问题）。

后期出现的金内昌和宣熙昌的分类为："1.饮食风俗（日常饮食、特殊饮食、糖果类和饮料、饮食习惯和用餐礼仪）；2.穿着风俗（朝鲜服装——衣料/男式朝鲜服装/女式朝鲜服装，拖鞋和鞋子——拖鞋/鞋子/装饰品/衣着穿戴）；3.住宅生活风俗（盖房屋的风俗、房屋的基本类型和形态、房屋的利用和布置）；4.家庭生活风俗（家庭成员之间的相互关系——家庭的构成/丈夫和妻子间的相互关系/父母和子女间的相互关系/兄弟姐妹间的相互关系/祖父母和孙子女间的相互关系/公婆和儿媳间的相互关系，大姑子（或小姑子）和嫂子（或弟媳）间的相互关系/妯娌（或连襟）间的相互关系，亲戚——亲戚的构成和范围/亲戚间的相互称呼/亲戚间的相互关系，冠婚丧祭——为儿童的礼仪/婚礼/为年老父母的礼仪/丧礼和祭礼）；5.共同生活风俗（共同劳动的生活风俗——换工/牛犁地/互助组，日常性的共同生活风俗——乡土/契）；6.民间节日和行礼方式（民间节日——正月初一的民间节日活动/春季的民间节日活动/夏季的民间节日活动/秋季的民间节日活动/冬季的民间节日活动，行礼方式）；7.民俗游戏（民间竞技、民间比赛、民间歌舞、儿童游戏）。"（朱刚玄，1991：169-170）民俗学研究所的分类跟金内昌、宣熙昌的分类很相似，完全不同于过去民俗学研究所提出的分类内容。"正确理解人民的民族风俗，无论是在创建我国独一无二的文化情感生活的过程中，还是在提高民族荣誉感和自信心的过程中都具有重大的意义。要珍惜我们民族的良风美俗并树立与之相对应的社会主义生活方式，这也是在现阶段迫切需要解决的问题。……在多样的生活风俗和良风美俗中以李朝时期为主陈述了最基本的内容。内容为劳动生活风俗（农活、手工业劳动、养家畜、钓鱼），食衣住生活风俗（饮食风俗、穿着风俗、住宅风俗），文化生活风俗（民间节日和行礼方式、民俗游戏），家族生活风俗（家族成员之间的相互关系、冠婚丧祭、亲戚关系）"等（社会科学院民俗学研究室，1990：4-5）。

另一个后期的分类是宣熙昌提出的："以李朝时期为主，在过去朝鲜人民的生活风俗和良风美俗中陈述其中的一部分。'食'生活风俗（日常饮食、特殊饮食、糖果类和饮料、饮食生活习惯和用餐礼仪），穿着风俗

（朝鲜服装、拖鞋和鞋子、装饰品、穿着），住宅生活风俗（盖房屋的风俗、房屋的基本类型和形态、房屋的利用和布置），家庭生活风俗（家庭成员之间的相互关系、亲戚、冠婚丧祭），共同生活风俗（共同劳动生活风俗、日常性的共同生活风俗），民间节日和行礼方式（民间节日、行礼方式），民俗游戏（武术及体力锻炼游戏、智能比赛、民间歌舞、儿童游戏）。”（宣熙昌，1991：5）

最近又提出的另一个分类是：“第一章 朝鲜人民族生活风俗的形成和发展；第二章 物质生活风俗（生产活动、饮食生活风俗、穿着风俗、房屋风俗）；第三章 文化生活风俗（节日、民俗游戏）；第四章 家族生活风俗（是指研究家庭的家族构成和大小、家族成员间的相互关系、亲戚、婚姻风俗的朝鲜关系科目的其中一个分科。……生活风俗是指那些从历史上延续下来的、从传统中继承下来的，已经成为习惯的人们的生活规范。”（李在吾，1989：2）“包含社会主义内容的民族形式的风俗称为社会主义生活风俗。”（李在吾，1989：3）“民俗学要求以直接观察的方式和现地调查的方式为最基本、最重要的研究方法，再结合历史文献资料和遗址遗物等物质资料进行综合性的研究。”（李在吾，1989：3）“把我们党唯一的、永生不灭的主体思想作为指导方针是民俗学研究中最重要的也是最基本的环节。只有这样才能彻底地克服民俗学研究中的各种偏向，才能划清劳动阶级的界限，才能使民俗学更好地服务于朝鲜革命事业。”（李在吾，1989：4）李在吾的分类阐明了朝鲜民俗学的目的。

笔者把朝鲜的民俗学暂时分为以下两个阶段：第一阶段是战争后随着社会主义建设一起发展的民俗学。这一时期，朝鲜民俗学的构成在很大程度上受了苏联式学问倾向的影响，很多留学派学者积极翻译并介绍苏联的民俗学（对应西方世界的文化人类学）。这是传统民俗学知识的社会主义化时期。随着主体思想的登场和扩散，朝鲜民俗学进入第二阶段——民俗学的主体思想化时期。在这一时期，肃清了不少留学派学者（如在学问上跟都宥浩存在竞争关系并在竞争中处于“优势”地位的韩兴洙，因为在国际会议途中跟捷克斯洛伐克的女性学者在大东江边散步的缘故被误解为间谍，之后被肃清），进入新时代后，民俗学集中精力于主体思想化。换句话说，从“社会主义民俗学”到“主体思想民俗学”的转换是朝鲜民俗学史的一大特征。

社会主义化时期，在诸多研究者中最具代表性的学者是韩兴洙。韩兴洙出生于开成富裕的家庭，专攻原始史的他在确立朝鲜民俗学的过程中做出了不少贡献。“韩兴洙在震檀学报第三册（1935年7月刊）中发表了《朝鲜的巨石文化研究》，在震檀学报第四册（1936年4月刊）中发表了《朝鲜石器文化概说》。1936年经过波兰的华沙，留学于奥地利维也纳大学，因此可以说他对维也纳学派有一定的了解。解放当时韩兴洙在捷克斯洛伐克的布拉格大学，在都宥浩的介绍下直接从捷克斯洛伐克到朝鲜。”（李光麟，1990：110脚注12）“1950年2月13日，在‘朝鲜物质文化遗物调查保存委员会’的民俗学部举办的‘民间艺术座谈会’上，韩兴洙被选为委员长，金南天是民俗学部长，都宥浩是考古学部长，李如星是美术史部长，李士桢是秘书长，朴黄时是建筑史部长，沈太恩是总务部长。”（韩昌钧，1994：329）韩兴洙的主要研究论著如下：《思维与文化——在历史科学领域》（《批判》1935年24号）、《朝鲜的巨石文化研究》（《震檀学报》1935年3号）、《朝鲜原始社会论——结合对白南熏著的〈朝鲜社会经济史〉的批判》（《批判》1935年25号）、《朝鲜巨石文化概说》（《震檀学报》1936年4号）、《朝鲜文化研究的特殊性》（《批判》1936年30号）、《原始社会研究的概述》（《历史诸问题》第2集，1948年）、《关于民族文化遗产继承的问题》（《文化遗物》第1集，1949年）、《为朝鲜民俗学的树立》（《文化遗产》第2集，1950年）、《关于朝鲜原始史研究的考古学问题》（《历史问题》第15集）等。

其次是以下一些学者：

黄铁山：实际上，为后半期的朝鲜民俗学奠定基石的人就是黄铁山。在清津教员大学当教师时，黄铁山就已经在咸镜道地区进行过踏查，1947年在清津大学进行白头山踏查调查。在用“主体民俗学”展开民俗学方法论的过程中，黄铁山发挥了一定的作用。他的主要研究成果如下：《白头山登山沿路的遗址》（《文化遗产》1957年5号）、《考察狗皮衣》（《文化遗产》1957年5号）、《考察北布》（《文化遗产》1958年3号）、《咸镜北道富宁郡山间地区的木工业》（《文化遗产》1959年 1

号）、《考察过去咸镜北道的农业生产》（《文化遗产》1959年4号）、《咸镜北道北部山间村落——修士的文化与风俗》（科学院出版社，1960年）、《友谊在兆农业合作社农民的文化与风俗》（《文化遗产》1960年4号）、《关于乡土》（《文化遗产》1961年2号）、《芝峰李秀光为朝鲜民俗学领域留下的遗产》（《文化遗产》1961年4号）、《圣号李毅为朝鲜民俗学领域留下的遗产》（《文化遗产》1962年2号）、《资料：端午的由来和活动》（《文化遗产》1962年3号）、《18—19世纪我国的特色饮食》（《文化遗产》1962年5号）、《讨论：关于朝鲜民俗学的目的和对象范围》（《文化遗产》1962年5号）、《关于古朝鲜的种族》（《考古民俗》1963年1号）、《关于岁貊族（1），（2）》（《考古民俗》1964年2、3号）、《关于我国过去的几种耕作习惯》（《考古民俗》1964年4号）、《过去我国住宅的类型及其形成发展》（《考古民俗》1965年3号）等。

金日出：解放初在首尔活动，之后越北，整理了诸多早期朝鲜民俗学中的民间艺术。他的主要研究成果如下：《黄海道的假面游戏及其人民性》（《文化遗产》1957年1号）、《陈寿的三国志和高句丽传的资料性价值》（《历史科学》1955年3号）、《寻找凤山假面具的历史》（《文化遗产》1957年2号）、《关于山带杂剧的形成》（《文化遗产》1957年4号）、《为农村文化建设和民俗遗产的继承》（《文化遗产》1957年6号）、《关于我国的年中活动——正月初一的游戏》（《文化遗产》1958年1号）、《春季的农村风俗》（《文化遗产》1958年2号）、《为朝鲜民俗学的发展》（《文化遗产》1958年4号）、《怎样研究农村劳动者新的文化和风俗》（《文化遗产》1958年6号）、《关于农村劳动者新的文化和生活风俗》[1960年（推断）]。

全长石：跟黄铁山一起主导了朝鲜民俗学界的人物中的一个。其主要研究成果如下：《关于互助》（《文化遗产》1957年2号）、《北青地域的民俗》（《文化遗产》1957年4号）、《关于火药武器的朝鲜传输》（《文化遗产》1957年5号）、《为了使民俗学研究更加接近现实》（《文化遗产》1958年3号）、《朝鲜原始史研究中的几种问题》（《民俗学研究丛书》第2辑1959年）、《编纂乡土史过程中应怎样陈述与民俗学有关的领域》（《文化遗产》1959年2号）、《我国的婚姻风俗和母系制的遗俗》（《文化遗产》1960年1号）、《关于同姓同本不婚的研究》（《文化遗产》1961年1号）、《燕严朴趾源为朝鲜民俗留下的珍贵遗产》（《文化遗产》1961年5号）、《关于14—17世纪入赘婚姻的风俗》（《文化遗产》1962年1号）、《通过婚姻风俗了解的新罗家族》（《文化遗产》1962年4号）、《关于我国的婚礼仪式——以18—19世纪为中心》（《文化遗产》1962年5号）、《我国婚礼仪式的变迁》（《考古民俗》1963年1号）、《我国陶器工业的发展》（《考古民俗》1964年1号）、《资料：高丽户籍》（《考古民俗》1965年1号）、《资料："李朝实录"中的琉球民俗资料》（《考古民俗》1966年1号）、《称呼亲戚的由来和特性》（《考古民俗》1966年4号）等。

金信淑：1985年任平壤博物馆馆长，1948年留学苏联。其主要研究成果如下：《关于平安南道合作社农民的婚姻风俗》（《文化遗产》1957年5号）、《我国合作社农民的家族风俗》（1958年《朝鲜民俗学资料集》，极东问题研究所，1974年）、《资料：丹必绳游戏》（《考古民俗》1964年1号）。

文河妍：收集古典民谣，主要成果如下：《北青地域民谣的特点》（《文化遗产》1957年4号）、《关于我国古乐谱和乐谱文字》（《文化遗产》1959年6号）。

李忠木：研究农村住宅。其主要研究成果如下：《关于南七合作社住宅的民俗学考察》（《文化遗产》1959年1号）、《友谊在兆农业合作社村庄和住宅》（《文化遗产》1959年6号）、《我国农村住宅的类型及形态》（《文化遗产》1960年5号）、《对我国农村住宅发展的民俗学考察》（《文化遗产》1960年6号）、《过去我国农村住宅的各房利用及其设备》（《文化遗产》1961年1号）。

郑士静：研究农具，主要研究成果如下：《关于延白地区利用家畜的农具的民俗学考察》（《文化遗产》1959年2号）、《锄头的类型及其分布》（《文化遗产》1960年1号）、《耕种用的农具类型及其分布》（《文化遗产》1960年6号）、《我国原始农具类型及其分布》（《文化遗产》1961年3号）、《资料：木头家具工艺》（《考古民俗》1963年

3号）。

康石俊：主要研究成果如下：《双牛犁》（《文化遗产》1959年2号）、《关于新罗时期全国传说的考察》（《文化遗产》1961年3号）。

崔元喜：研究服饰生活，主要研究成果如下：《大榆洞矿山劳动者的几种文化和风俗》（《文化风俗》1960年5号）、《关于高句丽女式服装的研究》（《文化遗产》1962年2号）、《18—20世纪初朝鲜女式服饰（1）、（2）》（《文化遗产》1962年4，5号）、《资料：秋夕游戏》（《文化遗产》1962年5号）、《资料：我国三国及统一新罗时期的植物生产和染色》（《考古民俗》1963年1号）、《讲座：过去我国的民间节日活动》（《考古民俗》1965年3号）、《过去我国男子平常服饰》（《考古民俗》1966年2号）。

桂正熙：研究民俗竞技文献，主要研究成果如下：《过去我们人民运动娱乐的发展》（《考古民俗》1964年2号）、《过去我们人民的武术运动》（《考古民俗》1965年1号）、《资料：拳法和太极》（《考古民俗》1965年4号）。

朴应勇：研究流浪艺人集团，主要研究成果如下：《关于祠堂派形成的历史考察》（《考古民俗》1964年3号）、《祠堂派的活动类型》（《考古民俗》1964年4号）。

朴黄师：研究建筑史，主要研究成果如下：《为民族形式的现代建筑引入创造性的因素》（《文化遗产》1957年1号）、《钟城乡校的建筑样式》（《文化遗产》1957年4号）、《关于美川王坟墓（安岳3号坟）的建筑构造》（《考古民俗》1965年1号）、《关于我国城壁构造的技术资料》（《考古民俗》1966年2号）、《关于我国城门形式的资料》（《考古民俗》1966年4号）。

宣熙昌：主体思想化时期主要学者中的一位。从20世纪60年代到90年代一直致力于民俗学领域的研究，是至今为止“几乎唯一的、官方的”研究者和当今朝鲜民俗学界的中枢人物。其主要研究成果如下：《资料：关于青井里的民俗资料》（《考古民俗》1964年1号）、《资料：几种铜合金及其名字》（《考古民俗》1966年1号）、《高丽时期的风俗研究》（与赵大日共著，科学百科词典出版社，《考古民俗论文集》1979年7

集）、《高句丽人民的日常生活风俗》（《历史科学》1981年3号）、《关于封建社会各阶层（阶级）的服饰颜色》（《历史科学》1984年2号）、《三国时期的婚姻风俗》（《朝鲜考古研究》1986年1号）、《朝鲜民俗》（与金内昌合著，社会科学出版社，1986年）、《近期民俗学研究取得的主要成果》（《朝鲜考古研究》1987年2号）、《中世纪亲戚的构成及范围》（《朝鲜考古研究》1987年2号）。

赵大日：主要成果有：《我国过去共同劳动的类型及其特征》（《考古民俗论文集》1973年5集）、《高丽时期风俗的研究》（与宣熙昌合著，《考古民俗论文集》1979年7集）、《祖先传下来的良风美俗》（《历史科学》1981年4号）、《关于高句丽的工艺发展和工匠才能》（《朝鲜考古研究》1988年4号）、《朝鲜工艺史：古代—中世纪》（《朝鲜前史部分史1》1988年）、《高丽的金属工业发展和装饰技巧》（《朝鲜考古研究》1989年1号）、《关于装饰陶器的种类及其特性》（《历史科学》1989年1号）。

高正应：主要成果有：《革命的伟大领袖金日成同志有关社会主义家庭任务的思想》（社会科学出版社《考古民俗论文集》1972年4集）、《我国封建社会末期亲戚的范围及其相互关系》（《考古民俗论文集》1973年5集）。

张明信：主要成果有：《我国人民传统的饮食习惯和礼节》（《朝鲜考古研究》1986年2号）、《民间节日食物》（《朝鲜考古研究》1988年4号）、《中世纪前我国的民族饮食以及饮食习惯》（《考古民俗论文集》1988年11集）。

李在真：主要成果有：《我国西北山间地区住宅的变化发展》（《朝鲜考古研究》1986年3号）、《近代时期朝鲜服饰的变化发展》（《朝鲜考古研究》1987年4号）、《我国山间地区人民的衣食住生活风俗的变化发展——以昌盛为例》（《考古民俗论文集》1988年11集）。

千石根：1990年时朝鲜民俗学博物馆的准博士。主要成果有：《高句丽服饰的基本形态和日本古坟时期服饰的变迁》（《历史科学》1981年1号）、《高句丽服饰对我国中世纪服饰的发展产生的影响》（《历史科学》1982年2号）、《朝鲜饮食：熙州的生活文化百科1》（金福朝、郑顺华合著，勤劳团体出版社，1985年）、《关于安岳3号坟墓壁画的服饰》（《朝鲜考古研究》1986年3号）。

金内昌：主要成果有：《朝鲜民俗》（与宣熙昌合著，社会科学出版社，1986年）、《金刚山地区的优良风俗》（《朝鲜考古研究》1986年4号）、《祖先传来的良风美俗是我国人民珍贵的民俗遗产》（《朝鲜考古研究》1987年4号）、《两通房的由来和地域差异的研究》（《朝鲜考古研究》1989年3号）。

金浩燮：主要成果有：《关于中世纪篝火游戏的研究》（《历史科学》1984年4号）、《关西（平安道）地区的特色饮食》（《朝鲜考古研究》1987年3号）、《关于我国中世纪几种饮食生活工具的考察》（《朝鲜考古研究》1989年2号）、《湖西、湖南地域的特色饮食》（《朝鲜考古研究》1989年4号）。

李顺喜：主要成果有：《李朝时期女式服装的种类及形态》（《朝鲜考古研究》1988年4号）、《李朝时期女式头饰和装饰品》（《朝鲜考古研究》1990年2号）。

虽然朱刚玄已提出了详细的时代分类，但在现阶段对朝鲜学界的情况掌握得不是很充分的情况下，进行这种分类有可能会产生更多的误解或过失。掌握更多有关朝鲜学界的资料和更好地把握朝鲜学界的实况后，再进行时代分类就会减少不必要的误解。在此之前，有必要先了解对朝鲜民俗学构成产生深刻影响的苏联式的民俗学倾向。

朝鲜树立政府后，包括民俗学在内的所有有关文化的学问领域都受到了苏联式学问倾向的直接影响。有学者这样说道："'物质文化保存委员会'发行机关报《文化遗物》。此学术志登载的都是与考古学、民俗学、建筑史、美术史有关的论文，但仅出版了1号（1949年12月30日 发行）和2号（1950年4月30日）。……《文化遗物》……的使命是'①公开事业的内容和结果，使调查研究成果的发表变得容易，方便对民族文化的科学认知与普及；②正确介绍大量的苏联文化遗物保存调查事业以及与此相关的研究方法论或技术上的资料等，使研究成果更好地适用于我国的事业'……"（韩昌钧，1994：330）

《文化遗产》登载了民俗学研究室翻译的论文《苏联共产主义建设的

理论问题和苏联民俗学家面临的课题》（《苏维埃民俗学》1958年5号发表）。其内容中值得关注的是："民俗学研究在决定民族的发展历程、民族巩固化过程的方向、社会主义文化的民族形式的发展、人民经济的前景规划等问题时依然发挥必不可少的作用。……即民俗学面临的现实课题是研究与共产主义建设直接相关的理论问题。苏联民俗学最重要的理论问题是社会主义民族的发展问题，以及与此关联的民族巩固化问题，这也是苏联民俗学的首要问题。……另一个民俗学问题是——对进入共产主义路线的苏联人民的劳动阶级和农民的文化与风俗进行新的改造。……民俗学家的主要任务是研究文化与风俗的新形式的发展，阐明其中最先进、最积极的民俗特征，普及文化—风俗建设的积极性经验，从而为共产主义建设的实践斗争做出贡献。"（朱刚玄，1991：457-459 再引用原文的部分）朝鲜民俗学在社会主义化时期完全沿袭了苏联的方式，但在政治实践过程中沦为了巩固主体思想的政治工具，变质为主体思想民俗学。被称为"教示民俗学"或"政策民俗学"（金烈圭，1989年）是朝鲜民俗学站在起点时已经注定的命运。

从构成朝鲜民俗学的内容中也同样可以看到苏联的影子。"向共产主义转变的这一过渡时期，以社会主义的内容、民族的形式进行的苏联人民对文化的广泛研究在文化建设的实践中具有重要的意义。其中占重要地位的问题是，关于物质文化和民族形式发展的问题，苏联家族的发展，唯物主义世界观发展史上的宗教残余，清除日常生活中的残余等。"（《苏联民俗学》1958年，朱刚玄，1991：460-461再引用）S.R.托卡列夫写的《作为科学的民俗学的对象和方法》（黄铁山译，《苏联人民的民俗学》）中（朱刚玄，1991：469-474再引用）说道："对于民俗学的定义、对象以及所要解决的问题，至今还存在不少争论。很多外国学者所理解的民俗学的对象和范围极其狭隘。认为民俗学是以'原始人'为对象的科学，或认为是文化的基本形式的研究，或认为是探求现存的原始现象和残余的科学，或认为是欧洲人民的农民文化研究等。缩小民俗学对象、任务的这种倾向……反映了帝国主义的大强主义见解和部分的人种论见解。……"[托卡列夫（Tokarev），1991：469，朱刚玄再引用]把上述所有对象加起来就可大体上构成现阶段的人类学（特别是文化人类学）范畴。

“‘民俗学’（Etnografia）这一名称的真正含义（希腊语—— etno：人民，grafia：记载、记录）是记载并研究有关人民的一切的科学。无论是落后的人民还是最先进的人民都属于民俗学研究的领域。民俗学家不仅要研究人民生活中早期的或残余的形式，还要研究发展中的现代形式。……从原则上看，考古学和民俗学不存在任何界限。但考古学家研究的对象不是人民本身，而是研究通过发掘或其他方法取得的文化遗物，而民俗学家是直接研究人民本身及其创造的文化。资产阶级的科学把民俗学分为两种类型——一种是纯粹的记载型科学即‘民俗学（Etnografia）’，另一种是研究人民生活的客观规律并使其一般化的科学即‘理论民俗学（Etnology）’。但苏联的学者却彻底地否定这种分类。根据马克思、列宁主义的观点，不可能存在离开科学规律的纯粹的记载型科学。记载的过程必定要伴随分析、解释和一般化的过程。对于我们来说，‘民俗学’和‘理论民俗学’只是对同一科学的不同名称而已。在苏联的文献中统一使用前者，因为‘理论民俗学’的名称会让人觉得模棱两可。”[托卡列夫（Tokarev），1991：470，朱刚玄再引用]

“作为历史学一个领域的民俗学，不仅涉及社会科学领域，还与自然科学领域中的如地理学、人类学、考古学、语言学、艺术学（音乐学、造型艺术史、其他等）、宗教史、政治经济学、技术史等有着密切的关联。……总而言之，民俗学的任务就是研究与人民生活有关的所有方面。”[托卡列夫（Tokarev），1991：471，朱刚玄再引用]

“根据国家的专业化研究（关于澳大利亚、非洲、欧洲、中亚、其他人民的研究）和根据语言的专门化研究（关于斯拉夫族、日耳曼族、通古斯—满族、其他民族的研究）是最普遍的民俗学研究方法。也有根据问题的专业化研究，如研究经济和技术的历史、人民建筑、服饰、人民音乐、造型艺术、家族或社会生活的基础形式等。”[托卡列夫（Tokarev），1991：472，朱刚玄再引用]

“民俗学能够更加生动地体现民族的特性，而且是以直接的观察作为基本的研究方法，这便是民俗学区别于历史学的显著特点。最近民俗学把目光转向于产业化的、发展的国家的人们，对他们的一切进行研究。民俗学不仅运用传统的直接观察的方法，而且还综合运用社会学、心理学的方

法，最近还引入了分析现代社会人与人之间关系的方法。”（Bromley，1984：118–119）

苏维埃民俗学实行的民俗志研究过程是：①20世纪20年代到30年代把研究的重点放在文化和日常生活方面，目的是成为再建落后民族生活的实质性环节；②从40年代后半期，重点研究苏联民俗的现代文化和日常生活，这种研究倾向一直持续到60年代前期。另外还集中研究集产农场（Collective Farm）农民的生活；③60年代后期到70年代前期，随着“Ethnosocial”概念的出现，增加了对少数民族的关心，另外还把研究视角扩大到劳动者和都市领域；④70年代后期开始，出现了集中研究产业化国家的现代文化和日常生活的倾向（Bromley，1984：149–153）。

另一个重要的研究倾向是对他国文化和地域的研究。民俗学研究所（Institute of Ethnography）的S. P. Tolstov在长达20年的时间里（1966年完成，共13卷18册），编写的以《世界人民：人类学随笔》（*People of the World: Ethnographic Essays*），以及《国家和人民》（*Countries and Peoples*）为题目的20本民俗地理学（Ethnogeographical）研究成果体现了这种倾向。简而言之，苏联民俗学在一边进行文化和日常生活的研究，一边进行他国文化和地域研究。不知朝鲜对苏联的这种民俗学学问倾向做出了何种反映，但肯定的是，朝鲜一直停留在苏联实行的民俗学早期研究倾向上。

受苏联民俗学影响的具体证据就是各种论文的翻译事例。具有代表性的有：《1954年度苏联考古学和民俗学研究总结的科学分类》（A. L. Mongait）（《历史科学》1956年1号）、《苏联民俗学发展的总结和前景——1956年5月在列宁广场进行的民俗学会中发表的报告》（S. P. Tolstov）（《文化遗产》1957年2号）、《经济文化类型和历史民俗地域》（M. G. Levin，N. N. Cheboksarov）（《文化遗产》1957年3号）、《民俗学中现地调查事业的原则和方法》（G. S. Chitaya）（《文化遗产》1958年5号）、《苏联共产主义建设的理论问题和苏联民俗学家的任务》（民俗学研究室译）（《文化遗产》1959年1号）、《作为科学的民俗学的研究对象和方法》（S. A. Takarev、黄铁山译）（《文化遗产》1960年2号）、“关于苏联劳动阶级的民俗学研究范围和方法论问题》（V. M. Trupanskaya、崔元喜译）（《文化遗产》1961年2号（朱刚玄，1991：185–186））。

作为苏联学问基础的马克思主义也被毫无余地地介入了民俗学领域，从而诞生了马克思主义者民俗学。代表作是恩格斯的《家庭、私有财产和国家的起源》（*The Origin of the Family, Private Property and the State*）（Bromley，1976：55），但朝鲜的民俗学界却很少，可以说几乎没有提及过恩格斯的原著。因为没有试图理解“原始”的基础性理论，才使得朝鲜的民俗学发展缺乏理论上的支柱，最终沦为国家的政治工具，成为政策研究的一环。

“民俗学是研究所有民族（Peoples=Ethnoses）历史发展阶段的科学……苏联民俗学以现代人为主要研究对象，作为建设社会主义和共产主义事业的实质性环节，作为直接参与社会科学的一部分。换言之，民俗学不仅以研究过去为目的，而且还为人们现在和未来提供服务。”（Bromley，1976：64）以研究各民族历史发展阶段为基础性的目的，而且同时还具有贡献于各民族现在和未来生活的应用性的目的，这就是苏联民俗学存在的理由。

对比苏联民俗学指向的方向和至今为止实行的朝鲜民俗学的研究倾向，就可得出以下结论：第一，朝鲜民俗学的一大倾向就是完全忽略苏联民俗学鼻祖——恩格斯的理论；第二，苏联民俗学把日常生活研究作为主要的研究目的，相比之下，朝鲜民俗学致力于过去和历史的研究，从而理解历史的发展阶段。换言之，朝鲜民俗学已远离苏联民俗学的核心方法论，即日常生活研究，以及为此进行的直接观察的方法；第三，苏联民俗学研究世界各地居住的民族的日常生活，即以地域研究作为重要的研究方向，但在朝鲜完全找不到同样的轨迹。朝鲜民俗学只专注于研究自己民族的过去现象和良风美俗；第四，苏联民俗学渐渐地把研究视角扩大到现代生活中，即对产业社会现象所体现的都市化生活和工厂等进行直接的观察，但朝鲜的民俗学却完全忽视这一部分领域；第五，苏联民俗学一直在不断地发展变化，相比之下，朝鲜民俗学还停留在20世纪50年代苏联民俗学的早期阶段，完全隔离自己，体现出了一种“化石化”的倾向。“原来的制作工厂”生产着模型和内容都已经发生变化的产品，并且为生产更新的产品而不断地努力，但“转包工厂”却一直执着于制作跟过去一模一样的产品，从而发生了文化周边论现象。

朝鲜民俗学虽以苏联民俗学作为始祖，但之后形成的民俗学内容却跟苏联民俗学存在很大的差异。虽然朝鲜民俗学的发展不同于苏联民俗学，但也不存在对立的关系。原因是朝鲜民俗学存在三种忽略现象：第一，完全忽略现代的日常生活；第二，完全忽略世界其他地方的文化；第三，完全忽略除家族和亲戚以外的所有社会组织。而填充、弥补这三种空缺位置的就是“主体思想”。

只关心对政策有利的领域，用美化民俗来更好地服务于主体思想，朝鲜民俗学开始独立于苏联民俗学，成为主体思想民俗学。这样看来，朝鲜民俗学只能说是存在“民俗”而不能说是存在“民俗学”。主体民俗或政策民俗也是民俗，但不是民俗学。民俗学家和人类学家当前面临的课题，就是正确分析和研究朝鲜的主体民俗或政策民俗，如果研究主体政策中存在的民俗现象，那就是民俗学成果，就可称为“民俗学”。

根据以上论述，就可把握朝鲜指向的民俗学内容、方法论和目的。在朝鲜，民俗学指的是“研究历史上形成、发展的全体人民的民族生活风俗的学问”[1]——其中心内容是生活风俗，并细分了社会风俗的各个领域。“民族社会风俗具有三种性质：①跟社会主义的爱国主义有关；②跟民族的良风美俗有关；③强调我国式独一无二的社会主义”（朱刚玄，1994：31-32）。指向“民族形式的社会主义内容”是朝鲜民俗学的方法论，但没有具体地提出何为民族的形式，何为社会主义的内容。但为了实现方法论而实行的具体方法是，调出以“李氏朝代为基础”的历史文献，并且定“金日成的‘教示’和金正日的‘指摘’”为基础性的方向。朝鲜民俗学彻底地成为了主体民俗学。

---

[1] 1957年“考古学及民俗学研究所”开始出版名为《文化遗产》的学术志。该学术志对李秀光（黄铁山，1961年）、朴志远（全长石，1961年）、李宜（黄铁山，1962年）等人在民俗学领域留下的研究业绩进行学术性的评价，并从实学学者的研究业绩中找出朝鲜民俗学的起源。朝鲜的学者认为，实学学者的文章是民俗学领域的研究业绩，可以从以下方面理解他们的立场：瘙痒的脚背应该要抓，但是穿着的鞋也不能脱掉，所以只好装作抓痒的样子，勉为其难的做着。用这个作为引用的沿袭，主张从实学学者的文章中寻找韩国民俗学的渊源（例如，印权焕），而我们应该把这样的主张和对实学学者的研究业绩进行民俗学式的评价区分开来。从许筠开始便努力寻找韩国民俗学起源的这种情况，其实是进行着元祖竞争的韩国民俗学家的另一种现代版民俗现象。那么，为什么不从撰写三国遗事开始就主张韩国民俗学的起源呢？

朝鲜民俗学在实践过程中，完全地排除了李在吾提出的“直接观察的方法和现地调查的方法”，即“教示”和“指摘”的方法替代了观察和踏查的方法。朝鲜民俗学的最终目的，就是通过确立朝鲜政策的思想基础即“主体思想”，更好地服务于“朝鲜革命事业”。

认为封建社会的丧祭风俗是宗教迷信和祖先崇拜观念的朝鲜民俗学家，却把金日成和金正日的生日规定为民族最大的节日，这说明主体民俗学体现了极强的个人崇拜观念。“封建社会的丧祭风俗……蕴含灵魂不灭的宗教迷信观念和以儒家思想为基础的伪善的虚荣观念和祖先崇拜的观念。……如今，我们国家……丧祭仪式发生了社会主义方式的变化。……追悼死去的人……但已废除了那些旧的仪式和不必要的程序。……祭祀中的复杂仪式和程序逐渐地消失，但（死去的人的）家族和同志会在每年的祭日聚在一起回忆死去的人在生前为党和革命所做的贡献，并决心要完成死去的人未完成的使命。”（李在吾，1989：228–229）“如今，我国人民把每年的4月15日（伟大领袖金日成同志的诞生日）作为民族太阳升起的历史性的一天，同时也规定这天为民族最大的节日。以及把亲爱的领导者金正日同志诞生的2月16日定为产生主体向导性出现的一天，其意义重大。”（李在吾，1898：123）可见，主体民俗学具有极其严重的个人崇拜观念。根据研究者们的评论，朝鲜民俗学因为混淆了社会主义方式和“教示民俗、指摘民俗”，使得传统文化急速地遭到了破坏。

无论是后期的社会科学院民俗学研究室进行的研究还是宣熙昌、李在吾的研究，都是通过过去的遗产研究朝鲜的民俗。对现存民俗的研究也只是为了使人民更加地珍惜民族的良风美俗，从而建立与社会主义相匹配的生活方式。朝鲜民俗学的主流就是对过去民俗的研究和裁判，体现了一种“化石化”的倾向。随之出现的主体民俗学弥补了因“化石化”而产生的空缺。

金烈圭如此评价朝鲜的民俗现象说：“是假的民俗，他们的民俗是政策民俗。他们的民俗是根据党的指令和方针修改过的民俗，因此只能称为政策民俗。所谓政策民俗是指在政治性的政策要求下变质的民俗。政策民俗是自上而下的民俗、是强求的民俗。朝鲜的政策民俗中相当一部分是教示民俗。是根据金日成的现场教示……‘拆了重建’的民俗。……朝鲜的民俗是‘一人民俗’‘独裁民俗’。……政策民俗乃至教示、教条的民俗都是强有力的政治意识强压的结果。……民俗成为了共产主义民族主义的政治工具。”（金烈圭，1989：29-31）起源于教示、指摘方法论的主体民俗学是现阶段朝鲜的主流民俗现象。我们还没有全面掌握由朝鲜学者提供的直接观察和踏查产生的资料，在这样的情况下做出的评价可能过于草率。

因为，也有一部分资料是体现朝鲜实际生活的民俗志报告。例如，有关游戏的，就有击中游戏（拉弓射箭、弹指球、掷石游戏、石头打水漂）、利用风的游戏（放风筝、风车游戏）、坐雪橇游戏、手脚本领游戏（踢毽子、跳绳、跳方、踢球）、寻找游戏（捉迷藏、找人游戏）、利用力气和计谋的游戏（拔河游戏、摔跤）、智商游戏（象棋、掷骰游戏、围棋）、登高游戏（荡秋千、跳跳板），打游戏（抽陀螺、打棒儿、打球、打木球）、抓住游戏（摘西瓜）、猜中游戏（七巧板、打手掌、地名学习游戏、猜中花草名游戏）等35种游戏方式（韩，1994年）。当然，在解释这些游戏的过程中，也十分强调与“革命”的关联性。

金烈圭在评价“朝鲜民俗”的过程中指向的是理想化的民俗。他认为，民俗现象不应该与政策和教示有关联，也许这是在另一个方向进行的另一种意识形态的判断。其实，政策型的、教条型的现象本身就是一种民俗现象，而这一现象就是朝鲜民俗的独特现象。但从民俗学的学问角度考虑这个问题，笔者就会认为金烈圭的观点完全恰当。为了确保金烈圭观点的正确性，首先要正确区分民俗的角度和民俗学的角度。“教示民俗”或“政策民俗”本身是一种民俗现象，这是出于民俗的角度。而民俗学领域也可存在以“政策和教示”为中心和基础的现象，分析研究这一现象的理论结果就可构成与此相对应的“教示民俗学”或“政策民俗学”。

但朝鲜民俗学缺乏这一分析研究的过程，因此，如果可以区分民俗和民俗学的角度，那么随着进入主体思想化时期，朝鲜民俗学领域剩下的就只有与“教示和指摘”有关的民俗现象。处在超强硬武力政治背景下的朝鲜学者的处境就可想而知。因此，在现阶段，不应给出对朝鲜民俗学界的全面性评价，有待日后其他学者做出深刻的评论。

有关朝鲜民俗学的主要杂志有《文化遗产》（1957—1960年）、《考古民俗》（1963—1967年）、《朝鲜考古研究》（1986—1993年）、《考古民俗论文集》（1969—1988年）、《历史科学》（1955—1993年）等。而朱刚玄早已整理过这些资料[朱刚玄，1991：269-347。他整理的“朝鲜民俗学文献资料总目录” 和“朝鲜民俗学的关系年表（1945—1989年）”在理解朝鲜民俗学的过程中发挥了向导性的作用。[1]

在现阶段，笔者把朝鲜民俗学（这时的朝鲜民俗学是早期苏联式的民俗学，跟西方世界的文化人类学或民族学的范围几乎相同。但朝鲜一直回避西方帝国主义国家使用的“文化人类学”或“民族学”这一用语）分为两个时期：第一时期是社会主义化时期，第二时期是主体思想化时期。朱刚玄把朝鲜的民俗学家分为两类：一类是“前半期研究者”，另一类是“后半期研究者”。朱刚玄认为的“前半期”就是笔者提出的社会主义化时期，“后半期”指的就是主体思想化时期（朱刚玄，1991：92-114）笔者是根据朱刚玄所整理的资料再次整理出社会主义化时期和主体思想化时期的研究者。要对研究者的文献资料和有关学问进行综合性的评价后，才能确定这两个时期的区别。

都宥浩发表的《当民俗学研究所独立发展时要设置人类学研究室》中，他所指的人类学实际上就是体质人类学，这指出了跟文化人类学科完全不相关的领域。对此，朱刚玄给的解释是“因此，可以说朝鲜民俗学不是那么地排斥人类学”（ 朱刚玄，1991：139）。笔者认为，这种解释是一种误解。苏联和东欧使用的人类学不包含美国式的文化人类学，虽然使用相同的名称，但蕴含的意义不一定会相同。

朝鲜体质人类学的研究现状可作如下概括：“（朝鲜）人类学的必要性体现在‘阐明宗族的构成’，因此，在形质人类学领域取得了相当多的研究成果。研究有关人类起源的问题、韩国人形质的问题……如白继河的‘反对人类学中主张的人种主义’（《考古民俗》1965年1号），金勇南、白继河、张佑振等人进行的都是与此相关的研究。”（朱刚玄，1991：139-140）朝鲜体质人类学的发展明显优越于韩国，其缘由是朝鲜

[1] 研究朝鲜民俗学界倾向的代表人物是周强贤。根据他的研究成果，在本书中引用了他文章中的部分内容。笔者在此声明，在本书中谈论的有关朝鲜民俗学界现状的观点只代表笔者的立场，跟朱刚玄无关。

学界为了解释民族的起源问题跟考古学发掘并行了体质人类学研究。跟民俗学科毫不相关的朝鲜体质人类学的研究倾向是“共产圈”共有的学问倾向，同时也跟欧洲的倾向保持一致。但至于具体领域的形成过程，至今还没有总的轮廓。

朝鲜把苏联的“Eografia”译为民俗学，并且受苏联共产体制影响的东欧和其他社会主义国家都共同地把社会人类学领域和民俗志（民族志）一起统称为“Ethnography”。他们所指的民俗学不只是英文中的“Folklore”，而且在内容上更接近于“Ethnology”。无论从哪个角度出发，“Folklore”永远都是“Ethnography”或“Ethnology”的一个分支领域。但是，从学史上来看，苏联的“Eografia”指的是关于苏联内部少数民族的研究，而其他地域的研究是一种补充形式的研究。中国和越南的学界也以同样的脉络发展。在朝鲜，苏联式的“民俗学”研究成果相比考古学领域较少的原因，是内部没有相应的研究对象，即同一民族的朝鲜内部没有少数民族。

朝鲜学界对苏联的变化也同样采取置之不理的态度，这是朝鲜强有力的政治影响力产生的结果。20世纪80年代，苏联的民俗学、人类学学术倾向发生了翻天覆地的变化，但是在苏联影响下产生的朝鲜民俗学却没有发生这种变化，反而被主体思想切断了所有外部的学术变化倾向。“化石化”的朝鲜民俗学被包装成“主体民俗学”，忽视现在和未来，只对过去进行研究和分析，并把分析的结果与主体思想连在一起从而进行“化石化、主体化”的民俗学研究。

总而言之，朝鲜民俗学界经历了从社会主义民俗学到主体思想民俗学的转换，但在现阶段还不能对这种转换做出任何实质性的评价。不过可以明确指出的一点是，无论是早期的社会主义民俗学倾向，还是后期的主体思想民俗学倾向，民俗学作为统治人民的政策手段显然是为国家提供理论性的服务的。朝鲜社会的特殊性使“金日成的教示”和“金正日的指摘”成为民俗学的方法论。在这样的政治背景下做出的学问成果，是属于民俗学领域的成果，还是只是特殊社会的民俗现象，这一问题有待日后更深层次的探讨。

第三节　中国东朝鲜族的民俗学

对于那些在朝鲜半岛扎根居住的群体，我们可以在他们聚居的地方观察到不同类型的文化现象，同时可不断地积累有关的研究成果。笔者认为，海外居住的韩裔500万人当中的200万人居住在中国东北三省（辽宁省、吉林省、黑龙江省），对这一地区和在这里居住的朝鲜族（中国少数民族）的民俗学研究，也应纳入到广义的人类学研究范围中。这个集体毕竟具有跨境民族的特征，有关它的研究倾向大体上也是在中国民俗学的重要组成部分。因此，在分析朝鲜族民俗学学问倾向前，有必要先了解中国民俗学的概况。把朝鲜族民俗学的内容视为韩国人类学史的一部分，是因为研究在朝鲜半岛延长线上居住的人们是韩国人类学的重要内容，并且朝鲜族民俗学累积了大量的研究成果。

现阶段中国的民俗学和人类学并不存在明显的界限，而且中国的民俗学一直沿用苏联式民俗学的大体框架。有大量少数民族的苏联和中国有着类似的民俗学传统，而中国民俗学相当一部分承袭了作为社会主义人类学主流的苏联式民俗学。把朝鲜族民族学的内容纳入到韩国人类学史中不仅能体现它真正的价值，同时还能与朝鲜的民俗学发展倾向进行对照。

《中国民俗学》（乌丙安著）的目录中列举的主要研究内容有“经济的民俗（物质生产的民俗、交易运输的民俗、消费生活民俗传承——衣服、饮食、居住）、社会的民俗（家族、亲族的民俗、乡里社会的民俗、个人生活仪礼的习俗、婚姻的民俗传承）、信仰的民俗（信仰的原始形态、迷信的主要类别、岁时节日和信仰习俗）、游艺的民俗（游艺民俗的主要类别）”等。该书还把民俗学定义为“既是古代学又是现在学”（乌丙安，1992：18）。以“‘田野作业’及其采集方法”（乌丙安，1992：20）作为重要的民俗学方法论，民俗学的目的是“具备提供‘全国各族的《民俗志》和全国各地的《民俗志》’的科学条件，促进人民文化发展”（乌丙安，1992：25）。“民俗的内部属性分为三种：民族的区别、阶级的差异、全人类的共同性”（乌丙安，1992：29），“民俗的外部属性包括历史性、地方性、传承性、变异性”（乌丙安，1992：33-40）。

"田野作业"（Field Work）以探访和观察（江帆，1995：191–205）作为具体的方法。江帆引用并参考的文献几乎都是著名的西方人类学书籍，由此可以看出，中国民俗学的范畴几乎完整地指向了人类学的研究范畴。

以这种民族学的定义、方法和目标为基础，"朝鲜族民俗学是研究我们民族基层生活文化的生活事实、生活习惯，以及精神文化的独立的科学，它是历史科学同时又具有现在学和未来学的性质。我们的民俗学以人类学（文化人类学）、民族学、文学作为自己的旁系学科。我们的民俗学的最终目的在于，调查整理祖先留下的逐渐消失的文化遗产，以此来阐明我们民族过去和现在的生活实态和思想观念，在祖先留下的文化遗产的基础上寻找我们民族未来发展的方向，用良风美俗促进我们民族的现代文明建设。"（金正日、赵正日，1992：1–3）虽然自称是"指向现在和未来的学问"，但事实上以延边为中心进行的朝鲜族民俗学在内容上体现了极强的过去指向型倾向。

《朝鲜族民俗研究》第一册登载的论文有《〈男娶女嫁〉婚俗的历史性考察》（朴景辉）、《同姓不婚制度和风俗的历史性考察》（千修善）、《我眼中的半世纪民俗》（姜景）、《婚礼厅社中结婚酒席的类型》（赵静子）、《延边朝鲜族民歌》（金光哲）、《朝鲜族住宅改良的问题》（朴景辉）、《朝鲜民族饮食特征》（金正日、金燮）、《高句丽的火神崇拜》（崔喜秀）、《中国朝鲜族几种民间信仰的探求》（千修善）、《朝鲜语修辞的起源——从民俗信仰的角度》（金东勋）、《朝鲜民俗中对老虎的崇拜》（全申子）、《朝鲜民族的鸟文化》（崔喜秀）、《叙事巫歌论的〈神主本解释〉》（赵成日）、《车秉杰故事中出现的萨满教现象》（司天）、《我们民族的太阳崇拜思想——从神话的角度》（金永九）、《论中国朝鲜族传说的民族性》（朴昌慕）、《关于民间故事传承人》（李昌仁）、《中国朝鲜族神话故事的变异》（崔三龙）、《中国朝鲜族民间崇拜的初步考察》（金正勋）、《关于农乐游戏的考察》（金永元）、《关于延边朝鲜族民俗学会名誉会长金正日的介绍》（严民）等。

上述文章具有以下共同特征：第一，在以上20多篇文章中指向现在和未来的文章只有两三篇；第二，几乎所有的文章都使用"我们民族"的句子，体现了极端的自我民族中心的思想；第三，参考上述以及另外的几篇文献可以发现，主导朝鲜族民俗学界的主要学者有金正日、赵成日、朴景辉、千修善、崔喜秀等人。

以发扬良风美俗为目的的朝鲜族民俗学，与变化前的中国民俗学倾向和现阶段朝鲜的民俗学倾向几乎是同样的立足点。然而受西方著名人类学书籍的影响，最近的中国民俗学界发生了深刻的变化，但朝鲜族民俗学界却对这种变化趋势无动于衷，体现出了只在学界周边进行研究的民俗学立场。这就像朝鲜民俗学不能反映苏联民俗学的发展变化趋势并产生“文化周边现象”一样，坚持极端的自我民族立场的朝鲜族民俗学和朝鲜民俗学的立场几乎是大同小异的。

与韩国的人类学立场和在中国中心地带以汉族为中心展开的偏向人类学的民族学相比，朝鲜族民俗学和朝鲜民俗学范围极其狭窄，且有极端的自我民族中心主义倾向。但在中国中心地带发展的民俗学和韩国坚持的人类学迟早会影响延边和朝鲜的民俗学界。例如，乌丙安在《中国民俗学》中提到的“属于社会民俗领域的乡里社会的民俗”这一内容，是朝鲜和延边朝鲜族民俗学根本不感兴趣的领域。

把以上中国民俗学、苏联民俗学、朝鲜民俗学、延边朝鲜族民俗学与现阶段韩国的民俗学进行比较，就会发现，韩国的民俗学界几乎完全忽略了社会民俗的领域。韩国的民俗学界又为何会忽视社会组织领域的民俗呢？李光奎在《韩国民俗学概说》（李斗铉、张筹根、李光奎合著）中提及了社会民俗的领域，张哲秀也进行了相应的研究，除此之外，几乎所有的民俗学书籍都忽视了社会组织领域。这种现象出现的原因，是现阶段在韩国研究民俗学的学者们过分地把研究范围限定为狭义的民俗学（Folklore）。

从在各地发展的民俗学，尤其是在旧的社会主义圈产生的民俗学内容（因为共用汉字所以容易进行对照）中可以发现民俗学开始指向广义的人类学。朝鲜民俗学排斥“乡里社会的民俗”，而韩国民俗学忽视“家族亲戚的民俗”，两者在民俗学的框架内体现了共同的特点，即都指向狭义的民俗学。而且在此过程中，它们都在特定的条件下部分地缩小或完全地排斥社会民俗的领域。值得关注的是，向广义人类学发展的中国大陆的民俗学会对朝鲜、延边，以及韩国的民俗学界产生何种影响。

第四节　现阶段韩国人类学的国内倾向

为了了解现阶段韩国人类学的发展动向，笔者决定制作研究成果目录，资料收集过程如下。1995年年初，笔者向文化人类学会会员及主要研究者发送了请求，请他们把截止到1995年的研究成果目录发送给我。资料收集的过程花费了大概一年半的时间。笔者把邀请书发给韩国人类学家和部分专门研究韩国人类学的日本学者。因此，收集的研究成果目录主要是在韩国出版的书籍目录，也包含少数在国外出版的书籍目录。当然，其中还包含了在国外活动的韩国人类学家的成果目录。

诸多研究者寄过来的研究成果目录包含学术论文和那些称不上学术型的文章（如报纸新闻或在月刊上登载过的文章等），笔者在整理研究成果目录时排除了后者，并以论著出版物的收集为原则，排除了那些在学会或发表会发表过的文章，但对一些“界限”不明显的文章笔者尽量尊重学者的原意。

在个别研究者的协助下，笔者收集到了期待已久的资料。其中，在国外居住的韩国人类学家和外国人类学家的研究成果目录也占相当多数。从日本收集到的是已被日本学者整理过的资料，因此，笔者直接利用了那些资料。这次整理的资料分为两部分：一部分是以笔者收集的资料为中心的目录，另一部分是在日本早已整理过的目录。希望以后这两部分能够整合为一体。

当然，笔者会把两部分结合起来进行解释说明，因为把它们整合为一体是一件非常有必要的事情。也许有人会认为笔者的这种分类方式过分偏激（按国籍进行研究成果的分类），但笔者反而认为这种分类有可能会让读者更清晰地看到作为整体的韩国人类学史。

笔者把研究者个人的研究成果目录按项目进行分类，这种分类方式只是为了大概地展示研究者个人的研究倾向，而不是精确分类。希望后学者进行更准确的分类时，可以以此为基础，为韩国人类学史的确立奠定良好的根基。

基本的分类符号如下：A（考古学 Archaeology）、I（观念 Ideology）、O（组织 Organization）、T（技术 Technology）、E（教育人类学 Educational anthropology）、H（历史性研究 Historical approach）、S（理论性研究 Theoretical Approach）、P（体质人类学 Physical Anthropology）、M（博物馆学 Museology）、C（地域研究 Area Studies）、K（侨胞研究 Oversea Koreans）。考虑到I、O和T是构成文化模型的主要项目，因此也对它们设置了分类符号。

以上11个项目肯定会存在相互交叉的研究内容，在这样的情况下，大部分是体现了对主流倾向的尊重，但对于那些很难分清界限的研究成果笔者采用复数的形式标注。地域间的比较研究没有被纳入到地域研究的项目内，地域研究的项目只考虑了那些以当地作业为前提的研究。在教育人类学研究会和大韩体质人类学会的帮助下，笔者完成了教育人类学和体质人类学的研究成果目录。为了完善收集到的资料，笔者参考了《韩国文化人类学》（韩国文化人类学会发行）、《人类学论文集》（首尔大学人类学研究会发行）、《人类学研究》（岭南大学人类学研究会发行）（参考附录2）。

整理的论著总数为2 296例，分别为：A（14）、C（1）、E（90）、EC（1）、EK（1）、H（46）、HK（4）、I（920）、IC（44）、IK（13）、K（10）、M（17）、O（643）、OC（73）、OK（60）、P（26）、PK（1）、S（245）、T（85）、TC（2）。

包含I的项目一共有977个（42.6%），包含O的项目有776个（33.8%），包含S的项目有245个（10.7%），这足以体现韩国人类学研究的主要倾向。属于I的研究主要侧重于萨满教和宗教研究，属于O的大部分是家族和宗族的研究。可以说，对萨满教，以及家族和宗族的研究是韩国人类学研究的主要内容，但这只是韩国人类学早期的主流倾向，近年来研究在内容上发生了相当多的变化。相比之下，属于T的研究项目极少，只占总数的3.8%（87个），比起观念和组织部分、技术部分可以说是少得可怜，而这一部分的相当多数是由那些所谓的继承民俗学传统的研究者累积的成果（张哲秀， 1995年）。比较这一部分内容和以民俗学为名另外整理过的研究成果，将会有助于读者更好地理解笔者的上述观点。

在这里可以指出以下两个问题：第一，这反映了韩国人类学界的现状。造成上述结果的原因是人类学和民俗学没有进行任何交流，即“各走各的路”；第二，作为韩国人类学基础文化的三个组成部分——观念、组织、技术没能有机地结合在一起，导致技术部分很薄弱，这有可能成为韩国人类学理论化的一大绊脚石。产生这种后果有可能是研究者们的研究形态问题，因为技术部分的研究要求缜密地观察和记录（包括图形）对当地近距离的考察，但现阶段对于“研究”的普遍认识就是“主要在脑海中进行的活动”。当地作业是要经过踏查、思索、记录这三个步骤才能完成的，在没有这种先行工作的基础上进行的“嘴皮子功夫”这种谈论类的研究成果会有何种意义?

相反，在民俗学成果中相对薄弱的是组织部分，这再一次证明以文化概念为基础的人类学和民俗学研究终究应该合为一体。从宋锡夏、孙晋泰和秋叶隆发端的近代意义上的韩国人类学中，为何人类学和民俗学处于未分化的状态，这一点是值得我们思索的。前辈们认为，我们没有必要在“人类”和“民俗”后面加一个“学”字而把两者强制性区分开来。意思就是说，我们应该在不同的领域中，将贴着不同的“标签”而被引进的“人类学”和“民俗学”相融合，并反映到实际生活中，这也是人类学“本土化”的开始。

曾在东京帝国大学社会学教室以“社会学”为题目写过论文、在京城帝国大学开设社会学教室的秋叶隆的研究内容都是人类学和民俗学。对于秋叶，社会学、民俗学，以及人类学是完全可以通用的概念。在英国和东京帝国大学社会学教室受过社会人类学专业训练的秋叶跟宋锡夏一起参与了朝鲜民俗学会，这就是当时的学者对贴着不同标签的学问的态度和立场。宋锡夏受到了秋叶的影响，而孙晋泰受到了日本学界的影响，但宋锡夏和孙晋泰在研究上却都没有贴着“社会学”的标签，以此区别于日本的学界研究方向。这也许就是宋锡夏和孙晋泰在殖民地时代试图进行的人类学“本土化”的意志。

按地域分类，这些研究成果中大部分是以韩国作为主要研究对象，而以海外的不同文化作为研究对象的有121例（5.3%），以侨胞为研究对象的有89例（3.9%）。对他国文化和侨胞的研究近几年开始兴起，但大部分还是以韩国作为主要研究对象，这就是韩国人类学界现阶段的一大特征。传统意义上来说，人类学是从研究他国文化兴起的学问，但韩国人类学界却有着完全不同的一面。笔者认为，产生这种倾向是因为韩国没有具备像海外地域研究那样成熟的背景，而不是出于某种特殊的意志。近年来，年轻人类学者们以海外地域研究为中心的研究成果在不断增加，为韩国人类学界输入了新的血液，相信他们也会为在韩国学界树立人类学正统性做出巨大的贡献。

韩国人类学开创的独特领域中的其中一个就是对侨胞的研究。随着对在海外居住的侨胞文化的关心的增加，侨胞文化逐渐融合了韩国文化研究和海外地域研究。这种研究既与人类学中的“文化接变”和“种族性”等问题一脉相通，又能拓展人类学的实用性。期待将来能够累积更多这方面的成果，最终树立“侨胞人类学”（Anthropology of the Oversea Koreans）的学问领域。

“日本、中国延吉、苏联及美国四个地方的海外民俗是韩国民俗学延长线上极其重要的部分，因此，必须包含在研究课题的内容中，海外民俗学所面临的课题及研究范围是：①关于文化迁移及其变异；②与当地文化的接触问题；③海外的当地民俗对移民团体及其文化的影响；④海外侨胞世代间的民俗继承和断绝问题。”（金烈圭，1989：71）

如上所述，我们已经知道了侨胞人类学可能包含的领域，这是十分振奋人心的，而与此相关的研究也是非常有前景的。例如，朝鲜族在中国东北三省以延边为中心进行的活动，这种现象为形成互惠互利的研究氛围打下了基础。在此，“延边朝鲜族民俗学会”和“朝鲜族民俗研究所”在1991年共同创办的《朝鲜族民俗研究》是非常值得关注的。

把收集到的研究成果目录和主要的研究者按年度进行分类整理（见下表），就可大概地了解学界的发展历程和发展趋势。在这里，笔者所指的主要研究者是那些在一年内完成3篇以上论著的研究者，不排除和实际数字存在些许误差的可能性。主要研究者是按韩文字母表顺序排名的。要特别指出的是，这一次分类整理主要是为了大体反映韩国人类学界的普遍倾向，而不含有某些特殊的、深刻的意味。

研究成果表

年份	出版总数（篇）	主要研究者姓名	主要研究者总数（位）
1949—1965	18	金宅圭、李杜铉、张筹根、韩相福	4
1966	13	李杜铉、韩相福	2
1967	9	崔吉城、韩相福	2
1968	20	李光奎、李杜铉、崔吉城	3
1969	37	李光奎、张筹根、崔吉城、韩相福、勃兰特（Brandt）	5
1970	18	金宅圭、崔吉城	2
1971	33	李光奎、李杜铉、李钟哲、崔吉城	4
1972	29	李光奎、李杜铉、张筹根、崔吉城	4
1973	27	李光奎、李杜铉、金宅圭	3
1974	32	姜信杓、金宅圭、李光奎、张筹根	4
1975	43	金宅圭、李光奎、任敦姬和贾内尔（Janelli）	3
1976	39	姜信杓、李光奎、李杜铉、崔吉城、韩相福、勃兰特（Brandt）	6
1977	41	李光奎、李文雄、全京秀、崔吉城	4
1978	64	李光奎、李杜铉、李文雄、崔吉城、韩相福	5
1979	72	姜信杓、金宅圭、吕重哲、张哲秀、勃兰特（Brandt）	5
1980	66	姜信杓、金光彦、金宅圭、吕重哲、庾哲仁、李光奎、李杜铉、李文雄、张哲秀、崔吉城、韩相福	11
1981	57	金宅圭、朴恩京、李光奎、李杜铉、李文雄	5
1982	76	金宅圭、庾哲仁、李光奎、李杜铉、李钟哲、林在海、张筹根、全京秀、崔吉城、韩相福	10
1983	96	金光彦、金重洵、金春东、金宅圭、吕重哲、李光奎、李南植、林在海、张筹根、全京秀、崔吉城、崔协、韩相福、肯德尔（Kendall）	14
1984	88	姜信杓、金光彦、金宅圭、李光奎、李钟哲、林在海、全京秀、赵兴允、崔吉城	9
1985	78	金宅圭、李光奎、李文雄、任奉吉、林在海、张筹根、全京秀、赵兴允、崔吉城、韩相福	10
1986	120	姜信杓、金光彦、金宅圭、李光奎、李基旭、李文雄、李用淑、李钟哲、林在海、张筹根、全京秀、赵惠贞、赵兴允、崔吉城、韩相福	15

续表

年份	出版总数（篇）	主要研究者姓名	主要研究者总数（位）
1987	86	金宅圭、蘇正熙、李光奎、李文雄、李钟哲、林在海、张哲秀、全京秀、赵玉羅、赵兴允、崔吉城、韩相福、肯德尔	13
1988	108	姜信杓、金重洵、金宅圭、李光奎、李继泰、李用淑、李钟哲、林在海、全京秀、赵玉羅、赵兴允、崔吉城、肯德尔（Kendall）、索楞逊（Sorensen）	14
1989	132	金荣焕、金昌珉、裴永东、王韩锡、李光奎、李南植、李文雄、李用淑、李钟哲、林在海、张哲秀、全京秀、赵兴允、崔吉城、吉耶马（Guillemoz）、沃尔拉文（Walraven）	16
1990	114	姜信杓、金光彦、金永灿、金宅圭、文玉杓、李光奎、李钟哲、林在海、张哲秀、全京秀、赵玉羅、赵兴允、赵惠贞、韩相福	14
1991	115	姜信杓、金光彦、裴永东、庾哲仁、李光奎、李继泰、李用淑、林在海、张哲秀、全京秀、赵玉羅、赵荣焕、赵惠贞、赵兴允、韩相福	15
1992	155	金光彦、金成礼、文玉杓、朴正振、申仁哲、李光奎、李用淑、李钟哲、林在海、全京秀、郑胜模、赵强喜、赵兴允、崔吉城、崔协、韩相福、黄达基、吉耶马（Guillemoz）	18
1993	145	金光彦、金宅圭、庾哲仁、蘇正熙、李基旭、李用淑、李钟哲、林在海、全京秀、郑胜模、赵玉羅、赵荣焕、赵兴允、崔吉城、韩相福、沃尔拉文（Walraven）	16
1994	189	姜信杓、权杉文、金光彦、金阳洲、金振明、金昌珉、金宅圭、柳基善、文玉杓、朴晟鏞、裴永东、尹宅林、李用淑、李钟哲、任敦姬和贾内尔（Janelli）、林在海、张筹根、全京秀、郑炳浩、赵庆万、赵兴允、赵惠贞、崔吉城、崔协、韩敬九、咸韩熙、肯德尔（Kendall）	27
1995	158	姜得熙、金光彦、金成礼、金周姬、金重洵、金昌珉、金宅圭、柳郑雅、文玉杓、尹宅林、李文雄、李章燮、李廷德、李用淑、任敦姬和贾内尔（Janelli）、林在海、张哲秀、全京秀、赵荣焕、赵兴允、韩相福、咸韩熙	22

由于1965年前研究成果较少，所以笔者就把1949—1965年的数据组合

在一起。初创期的主要研究者有金宅圭、李杜铉、张筹根、韩相福，随后，崔吉城、李光奎等人陆续加入这一队伍。1971年李钟哲成为主要研究者中的一员，这意味着在国内受教育的新一代研究者开始出现在主要研究者的队列中。李钟哲是首尔大学考古人类学科（1961年设立）第二届毕业生，是受过专业人类学教育的学生。

到1979年为止，主要研究者有5名左右，直到1980年才开始慢慢突破10名。随着岭南大学设置文化人类学科（1972年）、首尔大学研究生院设置人类学专业（1973年），出现了两名入学的学生。1975年首尔大学设置了独立的人类学科。直到1979年，主要研究者只是在初创期的基础上发生些微的变化，只有姜信杓、任敦姬和贾内尔（任敦姬和罗杰·贾内尔的研究业绩几乎都是共同研究的结果，因此笔者以这样的方式标注）、李文雄、全京秀、吕重哲、张哲秀等人加入主要研究者的行列。另外，初创期作为比较活跃的主要研究学者长期在海外留学，因此，主要研究者行列的总数在数字上就没有变化。70年代后半期，在主要研究者总数限定的情况下，论著篇数却增加了不少，这一现象预示着新一代主要研究者群体的登场。这种现象既标志着所谓的“蚂蚁群体”的出现，又说明首尔大学研究生院人类学科培育出来的人类学专业硕士生开始展开活动。

海外留学归来的初创期的主要研究者再加上两位新一代主要研究者金光彦和庾哲仁，1980年的研究者总数开始突破10名，同时，研究领域也开始出现多样化的征兆，这一切促进了韩国人类学发展史上的本质的变化。随着研究者总数达到15名，再加上新加入的“蚂蚁群体”，1986年的论著总数终于突破100篇，成为韩国人类学界的一大事件。不难看出，80年代中期开始，世代交替的征兆开始显露出来。

1992年论著总数突破150篇，1994年主要研究者总数开始超过20名。“蚂蚁群体”的形成和活跃使主要研究者整体的数量增加。最近，主要研究者总数超过30名，论著总数突破200篇，这是学界发展的趋势。笔者在这里要明确指出的是，以上的结论是在没有进行本质的分析情况下做出的表面性的评价，读者可参考以下资料。

把过去50年时间内加入主要研究者阵营的61名学者的名单按韩文字母表가나다和英文字母表ABC顺序排序如下。

姜得熙、姜信杓、权杉文、金光彦、金成礼、金阳洲、金永灿（已故）、金荣焕、金重洵、金振明、金昌珉、金春东、李光奎、柳基善、柳郑雅、文玉杓、朴成荣、朴恩京、朴正振、裴永东、申仁哲、吕重哲、王韩锡、庾哲仁、尹宅林、李光奎、李基旭（已故）、李基泰、李南植、李杜铉、李文雄、李用淑、李章燮、李廷德、李钟哲、任敦姬和贾内尔（Janelli）、任凤吉、林在海、张筹根、张哲秀、全京秀、郑炳浩、郑胜模、赵强喜、赵庆万、赵玉羅、赵荣焕、赵惠贞、赵兴允、崔吉城、崔协、韩敬九、韩相福、咸韩熙、黄达基、勃兰特（Brandt）、吉耶马（Guilemoz）、肯德尔（Kendall）、索楞逊（Sorensen）、沃尔拉文（Walraven）。

发表最初的论著后，直到1995年，平均每年持续产出1篇以上论著的学者名单如下（括号中前面的数字表示学者发表最初论著的那一年，后面的数字表示笔者所收集到的该学者创下的研究成果目录总数）：姜信杓（1963，68）、权杉文（1994，4）、金光彦（1974，41）、金基淑（1992，4）、金阳洲（1986，9）、金荣焕（1989，10）、金周姬（1978，20）、金振明（1984，13）、金昌珉（1987，14）、金宅圭（1962，84）、柳基善（1990，8）、柳郑雅（1994，4）、文玉杓（1976，29）、朴晟镛（1987，15）、裴永东（1988，17）、程士郑（1992，5）、炤井戏（1987，12）、宋道永（1986，10）、申仁哲（1991，9）、吕重哲（1974，26）、庾哲仁（1978，26）、尹宅林（1992，10）、李光奎（1967，136）、李基旭（1984，15）、李继泰（1986，14）、李南植（1983，16）、李杜铉（1959，70）、李文雄（1966，50）、李用淑（1979，44）、李章燮（1984，16）、李廷德（1993，8）、李钟哲（1971，56）、李振英（1993，3）、贾内尔（Janelli）和任敦姬（1976，29）、林在海（1978，102）、张筹根（1960，49）、张哲秀（1974，47）、全京秀（1969，104）、赵庆万（1990，11）、赵玉羅（1976，25）、赵荣焕（1983，21）、赵惠貞（1979，30）、赵兴允（1980，65）、崔吉城（1967，129）、崔仁哲（1989，6）、崔协（1979，30）、诃顺（1991，4）、韩敬九（1992，12）、韩相福（1964，91）、咸韩熙（1990，10）、黄达基

（1988，13）、勃兰特（Brandt，1969，25）、吉耶马（Guilemoz，1973，23）、霍夫曼（Hoffman，1992，3）、肯德尔（Kendall，1997，30）、索楞逊（Sorensen，1981，18）、沃尔拉文（Walraven，1980，15）。

从上述资料可以看出个别研究者的活动状况，另外还新出现了一些较为有前途的研究者。当然，笔者收集到的资料在很多方面存在不足，尤其是新登场研究者名单中可能很多人的论著还没有包括进来。整理过程中，内容上完全一样或相似的论著以不同的形式重复出版，这一点一直困扰着笔者。但这一问题也只能在对论著的内容进行本质的分析后才能得到解决。不同的语言、不同的出版社、不同的出版时间都会将同样内容的稿子包装成完全不同的出版物。笔者的研究成果也面临着同样的问题。

只有对研究者的背景和研究成果进行本质上的、深层次的、批判性的评价分析，才能更好地整理韩国人类学史。对于个别研究者的成果分析只能在以后的过程中阶段性地完成。

明知人类学最显著的特征是追求学问的整体性，但实际的研究却体现制度性的分离主义。其理由可以从两个方面进行分析：第一，早期人类学尤其是结构功能主义学派的制度性研究严重影响了早期的研究者。研究一直难以摆脱制度性的框架，这就是韩国人类学的现实性问题；第二，研究者自身的学问背景不是起源于人类学这一学问，而是受到初创期研究者固有的、独特的背景的影响，即在缺乏体现人类学整体性的意图下，出现了个别研究者之间不必要的领域“区分”。“不必要”指的是那些阻碍人类学整体性的种种倾向，由此产生的研究成果出现了“排斥”整体性精神的倾向。

有关人类学概说的书有：1958年李海英、安正模两人合著的《人类学概论》，以及后来李光奎的《文化人类学》（1971年，1980年修订版《文化人类学概论》）、崔信德的《人类学》（1972年）、权彝九翻译的《现代文化人类学》和《形质人类学及先史考古学》（1981年）、李文雄翻译的《人类学概论》（1981年）、韩相福等合著的《文化人类学》（1982年）等。

然而，这些以著作形式出版的“概说书”不过是翻译或意译那些有关的外国文献。可以说，这些所谓的著作都只是停留在介绍外国文献的初级阶段，而不是在充分理解韩国人类学界的情况下得出的研究结果。没有人对已出版的有关人类学书籍进行过深层次的评价，也没有人对人类学用语的翻译做出深刻的讨论或反驳，这一切都能有力地证明上述结论。

现阶段，以人类学的研究作为专职的研究者目前所面临的课题就是，以我们学界多年来累积的成果为基础谈论人类学的问题意识，而不是一直停留在早期人类学的初级阶段。众所周知，“模仿”这一过程在追求学问的初期发挥着不可忽视的作用。研究成果的累积过程也同样会经历模仿的过程，但笔者认为模仿的人有必要明确指出模仿的这一事实。如果对于模仿的事实不做出明确的表态，那么无论是有意的还是无意的，都将成为学问上的“抄袭”事件。更让人担忧的事情是，如果是明摆着的“抄袭”，将会成为学问发展的巨大阻碍因素。不“抄袭”而是在模仿过程中累积自身的、独创的成果，这才是成熟的学问应该走的道路。

外国人类学书籍的翻译和模仿过程在韩国人类学史的发展进程中既有“功”，又有“过”。而最大的“功”莫过于把人类学这一门“陌生的”学问引入到国内学界，在过去20年的时间里，学者们共翻译了近百册有关人类学的书籍。这些翻译书籍的特征如下。

第一，1977年出版莱斯利·怀特写的《文化的概念》（专业人类学家李文雄译）后，由受过专业人类学教育的学者翻译的书籍量不到近百册书籍的十分之一。非专业人士对人类学专业术语的缺乏导致翻译用语的混用，最终难免使初学者或一般人士对人类学这一门学问产生意识上的混乱。

第二，大多数书籍不是为了介绍人类学这一学问，而是为了满足一般人士的好奇心而翻译出版的。如果说是为了介绍人类学这一门学问而引入那些外国书籍，那么，首先要翻译的是概论类、学术史类或方法论类书籍，再或者是人类学领域的古典书籍，而不是重点介绍有关“野蛮人”的生活实态或以“奇俗”为内容的人类学书籍。这种本末倒置的做法严重阻碍了韩国人对人类学的正确理解，而这些翻译书籍里出现的错误的翻译用语所带来的不良后果更是难以想象。

第三，如上所述，满足一般人士的好奇心是翻译外国书籍的目的所在，因此，那些畅销的书籍出现了“重译版本”。例如，众所周知的露丝·本尼迪克特的书籍。

第四，在现阶段国内人类学界中体质人类学领域并不受到重视，但这一领域中有关人类起源的书籍却被大量翻译出版，这一点是值得关注的。研究者人数几乎为零，这是体质人类学领域的现状，在这样的背景下却出现了相对多量的翻译书籍。这种现象是否意味着即将出现更多相关领域的研究者，还是只是为了满足一般人士的好奇心而出现的暂时性的局面?

试图通过翻译介绍人类学这一门学问的书籍如下：李文雄[《文化的概念》（1977年）、《人类学概论》（1981年）、《图像人类学的时代》（1992年）、《法人类学》（1992年）]，朴贤洙[《桑切斯家的孩子们：上下》（1978年）、《农民》（1978年）、《桑切斯家的灭亡》（1979年）、《人类的经济：上下》（1983年）]，权彝九[《现代文化人类学》（1981年）、《人类的进化阶段》（1982年）、《人类学的时代》（1983年）、《人类的起源》（1983年）、《努尔人》（1988年）、《形质人类学和考古学》（1990年）]，崔吉城[《日本的社会构造》（1978年）、《韩国的社会与宗教》（1982年）、《日本的宗教》（1989年）、《西伯利亚的萨满教》（1992年）]，全京秀[《文化与人性》（1984年）、《现代文化人类学》（1985年）、《通过礼仪》（1985年）、《观光与文化》（1987年）]，李光奎[《日本社会的性质》（1979年）、《文化人类学入门》（1979年）、《本尼迪克特》（1985年）]，金光彦[《起源》（1983年）、《中国东南部的种族组织》（1989年）]，文玉杓[《社会主义下的中国女性》（1988年）、《迟延的革命》（1988年）]，具本仁[《医疗人类学》（1994年）、《文化人类学理论的历史和展开》（1995年）]，金灿浩[《教育现场和阶级再生产》（1989年）、《微小的人类》（1995年）]。

这些翻译书籍在翻译用语上至今还未形成一个统一的样式。统一翻译过程中的专业术语成为学界面临的一大课题。在十余年前，韩国文化人类学会曾有过这方面的决议（在龙仁民俗村举行学会总会的时候），但因为种种原因最终没能实现。为了使初学者不再产生学问上的混乱，使专业人士的学术交流变得更圆满，笔者在此强烈建议学界能够再一次计划这方面的决议和实践活动。如果以学会的名义计划并促进“人类学辞典”的出版，就有可能一下子解决上述问题。

1958年，李海英和安正模两人合编的《人类学概论》出版，之后，也有其他专业或非专业人士试图出版有关人类学概说类的书籍。李海英是专攻人口学的史学家，并副攻过文化人类学，安正模是西洋史学家。崔信德、李光奎、崔仁鹤、韩相福、李文雄、金光彦（合著）、金周姬等人也出版过相关的著作。“本土化”的概说类书籍都同样体现了一个缺点，那就是从国外引进的人类学这一门学问在国内没有经过良好的“消化”过程，还未实现学问的“本土化”。笔者在这里所指的“本土化”的概说类书籍，不仅要在内容上体现韩国的历史文化，而且必须完全地消除那些翻译或“抄袭”国外文献的痕迹。当然，统一现存的概说类书籍的用语是当前学界面临的最大课题。

第五节　制度性的变化：学会与学科

学问的变化和发展不能只依靠学问内部的研究者的努力和成果的累积来达成。一门学问的发展也是需要“基础设施”的，它是学问发展的外部动因，即社会的认识和支持。在韩国社会现实中外部因素的作用起着很大的作用，这一点也同样反映在人类学的学问领域。

宋锡夏和首尔大学人类学科的关系，以及后来人类学科正式成为首尔大学的一门专业并任韩相福为专任教授，这一切都为韩国人类学的发展奠定了良好的基石。如果承认以上观点，就更有必要深究有关学问的制度性问题。可以从两个方面讨论这一问题：一方面是学者自发组成的学会及其进行的活动；另一方面是为了培养后学者而设立的教育学科以及学科内的活动。

有关学会的内容上文已经有所提及，笔者在此列举那些能呈现学界发展方向的、以学会为中心发生的重要事件。1958年11月创立的韩国文化人类学会体现了较强的狭义民俗学倾向，这是学界一致认同的观点。当然，当时的发起人也曾试图成立包含体质人类学领域的广义的人类学会，但实际上却没有余力往这方面发展。

韩国文化人类学会在成立后的十余年时间里，一直坚持举办月例发表会。从发表的文章内容可以看出，该学会也曾试图向广义的人类学靠拢，因为在发表会上发表的文章既有考古学家的论文，又有体质人类学领域的内容，但这些依旧没能摆脱民俗学内容的框架。

1968年，韩国文化人类学会创办了机关报《文化人类学》（《韩国文化人类学》，曾改换过名称），但在之后十余年的时间里，却主要专注于文化遗产管理局举办的全国民俗综合调查事业并发行《全国民俗综合调查报告书》。韩国文化人类学会负责全国民俗综合调查事业，这件事情再一次证明学会的主要成员是民俗学家，而学会的性质就自然而然地被定性为“民俗学”。直到20世纪70年代初期，学会的会员人数已超过200名。1968年，任东权创立了韩国民俗学会，但因为韩国文化人类学会一直在主导“全国民俗综合调查”这一大型项目，因此，即便成立了专门的民俗学会，韩国文化人类学会的会员人数依旧没有太大的变化，即主要的民俗学家仍没有退出韩国文化人类学会。民俗学会虽然与文化人类学会“分居”，但依旧没能正式“分家”，这就是证明当时学界背景的有力证据。

1978年，在韩国文化人类学会举办的全国大会上，会员之间针对学问性质问题发生了分歧，这一事件导致学会的会员人数迅速降至20名左右。笔者认为，人为地把“民俗学”排挤在“人类学”框架外的这一事件，成为韩国人类学健康发展的一大阻碍因素。实际上，两种学问之间的界限不是那么容易划分的，我们首先要认清两种学问领域的学者在过去二十多年时间里“同床共枕”的事实。

随着“全国民俗综合调查”大型项目的结束，大量韩国民俗学会会员退出了韩国文化人类学会。而在“全国民俗综合调查”第二阶段中，由韩国民俗学会的会员担任调查的主要人员，从而更加削弱了韩国文化人类学会的力量。肃清和退出的诸多事件给我们的教训就是，盲目追求专业的纯粹性有可能会造成丧失整体性的严重后果，也有可能会招致“自己孤立自己”的残局。

人为的“排挤”终究会招来“报复”，韩国文化人类学会变得更加软弱无力。20世纪80年代初期，韩国文化人类学会仅剩下十多名专业人类学人士在大学的中型讲堂给极少数学生讲授有关的知识，并在数年的时间里一直在龙仁民俗村（孟仁在总经理的情谊录）的一个寺庙里简单地举办全国大会。在此期间，学会曾试图把名称改为“韩国人类学会”，并在80年代中期为这一问题进行过投票表决，但最终以一票之差没能改成，因此，学会至今仍保留原来的名称，即“韩国文化人类学会”。

判断某些领域或团体是否具有“专业性”跟非专业人士的参与无关，也不是仅靠自称专家的学者通过宣言或“自卖自夸”的形式来体现。因此，仅靠大众社会中的少数精英是不能造就一门专业性的学问的。少数精英的支撑，再加上大众人士的支持，才能促进学界的良好发展。

笔者只是简单地罗列了现存的有关人类学科（包含其他相关名称的学科）的资料，并以此说明学科发展的现状。没有详细说明是因为有关组织能提供更具体的有关学科发展的材料，如有需要可以向它们询问。学科所属的大学名称按照韩国字母表包含的顺序整理如下。

江原大学人类学科（在韩敬九教授的帮助下整理）的现状如下：1986年3月，任凤吉被任命为江原大学社会学科教授，1988年人类学科新设后，任凤吉教授就任人类学科科长，共有33名新生。1989年新生人数增加至35名，同年6月金永焕教授上任。1990年8月，金成礼教授上任，同年10月，以学生为中心的学会志《人类高原》出版。1992年2月培养出19名第一届毕业生。同年，韩敬九教授上任。1993年3月黄益州教授上任。1994年2月江原大学人类学科获得优秀论文奖。1995年3月，美国宾州滑石大学的泽德（Soeder）教授赴任客座教授，同年4月人类学科举办“喜爱学术”活动，同年8月美国俄亥俄州威腾伯格大学人类学科的史蒂芬·R.史密斯（Stephen R. Smith）教授赴任富布莱特交换教授。1995年共有5名专任教授，而且只在本科阶段教学。

这5名专任教授的资历如下：任凤吉教授——毕业于首尔大学法语法文学科，在法国进行了有关洪族人的研究并取得博士学位；金永焕教授——毕业于西江大学生物学科，在美国罗格斯大学进行有关韩国亲戚的研究并取得博士学位；金成礼教授——首尔大学家政学院及东大学人类学科的硕士生，曾在美国华盛顿大学学习，在美国密歇根大学进行有关济州岛的研究并取得博士学位；韩敬九教授——毕业于首尔大学人类学科，在美国哈佛大学进行有关日本企业人的研究并取得博士学位；黄益州教授——毕业于首尔大学人类学科，在英国牛津大学进行有关爱尔兰的研究并取得博士学位。以上介绍的所有教授都倾向于社会人类学领域。

庆北大学考古人类学科（根据李德成教授提供的材料整理）的现状如下：1980年3月开设考古人类学科（考古学领域的尹勇振教授主导）。1982年3月刘明基教授上任（人类学领域）。1983年3月朴永哲教授（考古学领域）和李德成教授（人类学领域）上任。1984年2月培养出第一届毕业生，同年3月开设研究生课程。1984年李白圭教授（考古学领域）上任。1987年8月金春东教授（人类学领域）上任。1987年11月，以本科学生为中心的学会志《高丽》创刊。1993年2月李喜俊教授（考古学领域）上任。1995年6月举办第一届考古人类学科“邀请讲师演讲会”。他们自己整理的历史发展阶段如下：①萌芽期（1980—1983年）：这一时期考古学领域和人类学领域都各自确保了2名专任教授，可以说已经具备研究活动必要的人员构成和大体的框架；②发展期（1983年9月到1990年8月）：1984年培养出第一届本科毕业生，随之开设研究生课程，教育和研究进入深化阶段。1987年，研究生院的第一次发表硕士论文，并开始实地实习和扩招老师；③成熟期（1990年9月至今）：1991年考古学领域的朴永哲教授转任为釜山大学的专任教授。1993年东国大学（庆州）的李喜俊教授上任。根据教育部实行的有关本科制的教育改革方案，考古人类学科隶属于人文大学历史哲学部。

国立庆北大学的人类学专任教授有：刘明基教授（获得首尔大学考古人类学学士学位和人类学硕士学位，以及澳大利亚国立大学社会人口学硕士学位并在美国密歇根州立大学完成博士课程）、李德成教授（获得首尔大学考古人类学学士学位和人类学硕士学位，曾就读于美国西北大学并在岭南大学文化人类学科完成博士课程）、金春东教授（获得首尔大学东洋史学学士学位、国立庆北大学人类学硕士学位和博士学位）等人。

木浦大学考古人类学科（根据赵庆万教授提供的材料整理）现状如下：1982年9月崔成乐赴任史学科教授。1987年决定创设考古人类学科。1987年11月史学科的崔成乐教授被任命为考古人类学科开设准备委员，1988年2月崔教授被任命为考古人类学科开设责任教授。1988年3月选拔第一届新生（定员20名，减少人文学部内史学科和英文学科等4个学科的定员人数，即每个学科各减少5名定员，把四个学科减少的20名定员安排到考古人类学科）。1988年3月崔成乐教授（史前考古学，获得首尔大学学士、硕士、博士学位）被任命为考古人类学科专任教授。1990年赵庆万教授（文化生态学，获得首尔大学农科学院及东大学人类学硕士学位和博士学位）上任。1992年2月送出第一届毕业生。1992年9月尹炯淑教授（社会人类学，获得延世大学英文学科和美国密歇根州立大学人类学科博士学位）上任。1993年9月李永文教授（史前考古学，获得全南大学史学科和韩国教员大学教育学科博士学位）上任。1994年木浦大学研究生院把考古人类学专业设在史学科。史学科发挥着考古人类学科母体的作用，考古人类学科以考古学专业教授为中心开设，主要研究教育考古学、文化人类学和民俗学。

首尔大学人类学科（根据首尔大学人类学科发行的《人类学科30年白皮书》整理）的现状如下：1961年文理专科学院创设考古人类学科，金元龙（专攻考古学）赴任专任教授。1964年，辛代尔（Sinder）教授（美国长岛大学）作为交换教授访问考古人类学科。同年韩相福（人类学领域）被任命为时间讲师。1967年韩相福教授正式成为专任讲师。1966年创办《韩国考古》（以2号为终刊）。同年李光奎教授（从属于师范大学教育学科）开始在考古人类学科担任人类学领域的时间讲师。1967年文森特·勃兰特（Vincent Brandt，美国哈佛大学）赴任交换教授。1969年韩相福教授留学渡美（1972年回国）。1970年创办《考古人类学报》（以创刊号为终刊）。1973年研究生院新设人类学专业硕士课程。1974年查尔斯·戈德堡（Charles Goldberg，美国哥伦比亚大学博士生）开始授课。

1975年，根据首尔大学的综合化计划，人类学科独立设置于社会科学大学内。李光奎（副教授，获得首尔师大历史教育学科学士学位、维也纳大学民俗学科博士学位）和韩相福（助教，获得首尔大学社会学学士学位和硕士学位、密歇根州立大学人类学博士学位）任教授。1975年首尔大学创立人类学研究会，创办了《人类学论集》（以8号为终刊）。1976年第一次培养出两名人类学专业硕士生（朴富珍、吕重哲）。1976年Gay Kang（美国纽约州立大学，Buffalo）教授作为交换教授进行讲授，同年，准备“人类学周间”和宣传特别演讲和人类学相关电影的上映，1977年李文雄（获得首尔大学社会学科学士和硕士学位及赖斯大学人类学博士学位）

赴任专任教授。1979年凯斯林・韦斯特（美国蒙大拿大学）教授赴任交换教授。1980年金光彦（获得首尔大学德文科、考古人类学学士学位及牛津大学人类学博士学位）赴任教授。1981年利未・斯特劳斯教授前来访问并讲演。1981年卡尔伯特・舒斯基（美国南伊利诺伊大学）教授作为交换教授进行讲授。1982年全京秀教授（获得首尔大学考古人类学学士、硕士学位及明尼苏达州大学人类学博士学位）上任。1982年开设博士课程。1983年弗雷德・罗伯茨（美国密歇根州立大学）教授赴任交换教授。1984年创办《人类学报》（以本科生为主）。1985年创办《人类锔子》（《人类学报》改名而来）。1985年王韩锡教授（获得首尔大学国语教育、人类学学士学位，是加利福尼亚大学的人类学博士）上任。1986年阿瑟・沃尔夫教授（美国斯坦福大学）前来访问并讲演。1987年举办第一届人类学科专题研讨会（题为“你和我的人类学”。至今为止依然定期举办此研讨会）。1990年詹姆斯・华特森教授（美国哈佛大学）前来访问并讲演。1990年在社会科学大学内新设比较文化研究所。1994年吴明锡教授（获得首尔大学人类学科学士、硕士学位及澳大利亚莫纳什大学人类学博士学位）上任。

历史学系列的考古学成为首尔大学设置人类学科的母体。自从人类学科作为一门独立学科“分家”后，在人类学科内再也找不到考古学领域的讲座或研究。体质人类学领域的科目也只开设一两门，所以分离前后对于体质人类学的关注度也是一样的。因此，可以认为，社会文化人类学领域是首尔大学人类学科教育和研究的重点。

岭南大学文化人类学科（根据吕重哲教授提供的材料整理）的现状如下：1972年3月创设该学科。1976年开设研究生院硕士课程，1981年开设博士课程，负责创设的教授是金宅圭。1973年3月姜信杓教授和郑永和教授上任。1977年3月吕重哲教授上任，8月姜信杓教授转职到梨花女子大学。1978年3月社会学家吴命根、李兴卓教授上任，9月权彝九上任。1979年3月朴贤洙上任，9月姜仁求（考古学）教授上任。共有8名教授。1981年2月吴命根、李兴卓教授转职到新设的社会学科，1985年2月姜仁求教授转职到韩国精神文化研究院，因此，仅剩5名教授。1994年3月朴晟镛教授上任，8月金宅圭教授退休。1995年9月济州大学的李清圭（考古学）教授上任。1995年共有6名专任教授。在过去的20年时间里，曾在该学科担任短期讲师的外国学者有弗朗西斯卡·布雷（英国）、弗兰克·特德斯科（美国）、大卫·拜尔（加拿大艾伯塔大学人类学科，韩国名字是裴学顺）等人。1976年2月该学科培养出14名第一届毕业生，直到1995年9月（包括第20届毕业生）共培养出700名学士生、40名硕士生、1名博士生。在这些毕业生中，曾在国内外取得博士学位的学者有（直到1995年）朴晟镛（法国）、李章燮（德国）、申仁哲（法国）、崔中浩、李昌彦（岭南大学）、康智贤（美国，体质人类学）等人。

1980年2月，以现任、前任教授和研究生为中心创立了岭南大学文化人类学研究会，并发行第一集机关报——《人类学研究》（1980年2月），之后陆续发行学术杂志（共7册）。并以学科为单位与外部机关签订研究代理服务，在考古学家郑永和教授的主导下发行了两册学术调查报告书（《庆州市文化遗址指标调查报告书》《文化遗址指标调查报告书》）。

1994年7月，该校确立并促进“人类学科长短期发展计划（1994—2003年）”。研究生院的硕士、博士课程设置了考古学、民俗学、社会人类学三类专业，但却由考古学（郑永和、李清圭）、民俗学（金宅圭名誉教授）、社会人类学（吕重哲、朴贤洙、朴晟镛）外加体质人类学领域（权彝九）的专家构成了教授团队。因此，这四个学问领域都曾出过研究生院毕业生。在文化人类学的“头衔”下也曾有过专攻社会学的教授，“民俗学、考古学、社会人类学、体质人类学四个领域同居”是该学科的现状。比起其他领域，体质人类学领域的研究成果显得相对薄弱，但岭南大学的该学科是在国内有关人类学学科中唯一能够确保体质人类学专任教授的学科，并培育出体质人类学领域的研究生院毕业生。另一个独特现象是，岭南大学的文化人类学科作为社会学科的母体，发挥了极其重要的作用，虽然学科的名称是“文化人类”，但实质上教学科目和教学内容都是指向广义人类学的。

上述专任教授的经历如下：退休的金宅圭教授在青邱大学国文学科自学民俗学，在东京大学受过专业的人类学教育，是文学博士；郑永和毕业于首尔大学考古人类学科，在法国以旧石器考古学取得博士学位；权彝九毕业于首尔大学考古人类学科，在美国宾夕法尼亚大学获得体质人类学博士学位；吕重哲获得首尔大学考古人类学科学士和硕士学位，在英国伦敦大学的东方与非洲学院完成人类学博士学位；朴贤洙获得首尔大学考古人类学学士、硕士、博士学位；李清圭毕业于首尔大学考古学科，在首尔大学考古美术学科以济州岛考古学研究取得博士学位；朴晟镛取得岭南大学文化人类学学士、硕士学位，在法国攻读人类学博士。

全南大学人类学科（根据金庆学教授提供的材料整理）的现状如下：1980年3月，崔协教授赴任全南大学社会学科教授。1988年3月，任永珍赴任史学科教授。1991年10月，社会科学大学开设人类学科（本科学历，定员30名）。1992年3月，人类学科迎接第一届新生，同时社会学科的崔协（文化人类学，获得首尔大学考古人类学科学士学位、美国辛辛那提大学硕士学位，在肯塔基州立大学以美国农村研究取得人类学博士学位）教授和史学科的任永珍（考古学，取得首尔大学考古学学士、硕士、博士学位）教授转任为人类学科的专任教授。1995年1月，金庆学（取得全南大学教育学科学士学位、首尔大学人类学科硕士学位，在印度贾瓦哈拉尔·尼赫鲁大学获得人类学博士学位，研究印度农村）教授上任。美国俄亥俄大学人类学科的金明慧（获得首尔大学考古人类学科学士学位及美国德克萨斯州立大学人类学博士学位，研究墨西哥都市贫民）教授作为交换教授上任。1996年1月金明慧教授任全南大学人类学科的专任教授。以社会学科为“主”、以史学科为“副”，全南大学在两个“母体”学科的共同作用下产生了人类学科。

全北大学考古人类学科（根据李廷德教授提供的资料整理）的概况如下：以全北大学研究生院史学科的考古学专业为基础，1988年3月开设考古人类学专业本科课程。1988年3月，尹德香（早期铁器时代，佛教徒——考古学，毕业于首尔大学考古人类学科并取得考古学硕士学位）教授上任。1990年4月，咸韩姬（经济人类学、历史人类学，经西江大学史学科，在美国哥伦比亚大学获得人类学博士学位）教授上任，同年5月金振明（宗教人类学、女性人类学，获得梨花女子大学社会生活学和首尔大学人类学硕士、博士学位）教授上任。1993年9月，李廷德（文化与政治、文化理论、民族纠纷，经历首尔大学人类学科取得美国纽约私立大学博士学位）教授上任。1995年有1名考古学专业教授和3名文化人类学专业教授。在全北大学，史学科为考古人类学科的设置奠定了良好的基础，现在该学科只存在于本科课程。

汉阳大学文化人类学科（根据李熙秀教授提供的证言整理）的概况如下：1983年开设该学科的本科课程，1988年开设研究生院的硕士课程。1979年金秉模教授（考古学）赴任汉阳大学史学科的教授后，致力于促进文化人类学科的设立，开设文化人类学科的同时转任该学科的专任教授。金秉模教授是首尔大学考古人类学科的第一届毕业生，曾在英国牛津大学取得博士学位，1979年后在很长一段时间内连任汉阳大学博物馆馆长。姜信杓教授（社会人类学、朝鲜传统文化）曾在岭南大学、梨花女子大学和韩国精神文化研究院任在职教授，1983年转职到汉阳大学文化人类学科，1993年再一次转职到仁济大学（金海）人文社会科学研究所。姜教授在首尔大学社会学科取得学士、硕士学位，在夏威夷大学人类学科获得博士学位，学界对他的评价是“国内唯一专攻‘利未·施特劳斯’结构主义的学者”。1984年9月赵兴允（民族学、宗教人类学）教授上任。赵兴允教授毕业于延世大学史学科，在德国汉堡罗大学取得民族学博士学位，担任过汉阳大学民族学研究所长（1993—1995年）。1986年刘才远教授上任，1989年转职到韩国外国语大学语言学科。1990年3月裴基东教授上任，并兼任东亚考古学研究所所长。裴基东教授毕业于首尔大学考古学科，在加利福尼亚伯克莱大学人类学科获得考古学博士学位。1993年9月李熙秀作为文教部邀请的优秀教授上任，1995年3月被正式任命为副教授。李熙秀教授毕业于韩国外国语大学土耳其语专业，在土耳其国立以斯坦福大学获得历史学博士学位，担任过土耳其马尔马拉大学历史学科助教。1994年3月郑炳浩（社会人类学科）教授上任。郑炳浩教授毕业于韩国外国语大学政治外交学科，在美国伊利诺伊大学取得人类学科博士学位，历任日本甲南大学日本学研究所所长，对共同育儿运动表现过极大的兴趣。

大学内的人类学科设置仍缺乏制度性的后盾，早期的人类学界更能体现这一点。在如此恶劣的条件下，以自学形式专攻人类学的有关学者为学界的发展做出了不可忽视的作用。当然，他们所进行的研究与民俗学科有着密不可分的关系，但同时也留下了许多以文化人类学为中心的研究成果，并随着时间的流逝逐渐形成一种派系，这是显而易见的。韩国文化人类学会的发起人就是很好的例子。

李杜铉是韩国文化人类学会的发起人之一，同时又是韩国人类学界“清凉苑派”（原师范大学地区曾被称为清凉苑）的中心人物，他就是通过上述“渠道”成为了真正的人类学家。他的很多弟子试图通过强调这一点来证明继承韩国人类学学统的人是李杜铉而不是任皙宰（根据崔吉城1995年在日本一个学会发表的论文，这篇文章还未发行）。根据1958年创立韩国文化人类学会时张筹根、李杜铉和任皙宰的陈述，就可发现，任皙宰是因为有足够的资历才被邀请参加此学会的，张筹根承担了实质上的学会事务，而李杜铉却没有张筹根那么积极。

任皙宰、李杜铉、张筹根三人以首尔大学校师范大学为中心进行人类学研究，韩国人类学界在他们的影响下形成了一种派系。笔者称此派系为“清凉苑派”，其领头人物是任皙宰（在首尔师大教育学科讲授过心理学）。李杜铉在首尔师大的国语教育学科研究民俗学、戏剧、新剧史，张筹根主要研究神话与巫俗。毕业于国语教育学科的金光彦（国语教育学科毕业，是首尔大学校文理大学考古人类学科第二届毕业生，现任仁荷大学社会教育学科教授，留下了关于农具的研究成果）和崔吉城（毕业于国语教育学科，后在高丽大学取得硕士学位，在日本取得社会人类学博士学位，在启明大学和日本中部大学担任过人类学教授，现任广岛大学在职人类学教授）在李杜铉的指引下进入人类学领域。几乎以同样方式培育出的李杜铉的弟子还有张哲秀（毕业于国语教育学科，后取得考古人类学科学士、硕士学位，在德国蒂宾根大学完成博士学位，现任精神文化研究院教授）和王韩锡（毕业于国语教育学科，后获得考古人类学科学士学位，取得美国加利福尼亚大学人类学博士学位，现任首尔大学人类学科专任教授，专攻语言人类学）等人。

笔者认为应该更客观、更翔实地评价“清凉苑派”对韩国人类学界产生的影响和所做出的贡献。1965年日韩协定签订后，李杜铉在东京大学文化人类学科（1968—1969年）泉靖一的身边学习过人类学。20世纪70年代，李杜铉为东京大学出身的韩国研究者“引路”，引导他们能在韩国更好地进行研究。好像就在那时，李杜铉学到了很多有关人类学的知识。张筹根在东京大学取得博士学位，济州大学的玄容骏也同样获得东京大学的学位证书，金宅圭也曾在东京大学受过专业的人类学教育。“泉靖一人类学”在韩国再一次登场的过程中，李杜铉、张筹根、金宅圭三人发挥了中间桥梁的作用。

在此过程中，李杜铉一直致力于倾向人类学的学术之路。1975年首尔大学重新编制组织时，李杜铉曾应聘过人类学科专任教授。1975年由两名教授开启了首尔大学人类学科新的征程，实际上这个小团队差一点就由三个人组成。在首尔大学校人文大学所在的第7栋楼的第4层，我们依然还能找到社会科学大学搬移前的痕迹。李光奎教授使用过409号研究室，韩相福教授使用的研究室是相邻的410号。408号原本是社会福利学科教授的研究室，从1974年年末到1975年年初（首尔大学搬移校园的准备期间）被安排为李杜铉教授的临时研究室。当时，首尔大学校实施“综合化计划”，教授可以自主选择并转职到新成立的组织中，而李杜铉教授希望自己能转职到师范大学国语教育学科新设的社会科学大学人类学科。笔者在一次偶然的机会中看到了当时的设计图，设计图面上显示的信息是人类学科的教授定员为3名，而408号正是李杜铉教授的研究室。不知何种原因，1975年首尔大学校新设的人类学科却只有两名，而不是三名教授。

李杜铉一直努力实现自身学问的“人类学化”。他是韩国文化人类学会的发起人之一，是继任皙宰、梁在渊（宋锡夏的妹夫，历任中央大学教授）后历任韩国文化人类学会会长的人。他使李光奎走上人类学的学问道路，而他自己本身也一直希望能够成为人类学科的专任教授。作为人类学家的李杜铉对于学界产生了何种影响，并为学界做出了何等贡献，只有通过对其业绩进行评价后才能得出精确和客观的结论。如果从广义人类学的角度考虑，那么，他所进行的研究活动理应包含在人类学的学术领域。同理，张筹根的业绩也有待进行更深一步评价。

金宅圭以自学的方式把自己的学问领域从民俗学扩展到人类学。得到亚洲财团资助的研究费用后，金宅圭撰写了有关安东河回村的民俗志。在此过程中，他在虚心听取了社会学家的种种指教之后再通过自学悟出了撰写民俗志的方法。之后，他在东京自学人类学，又独自出版了之前撰写的有关安东河回村的民俗志。不仅如此，金宅圭还创立了岭南大学文化人类学科，为后学者的培养奠定了良好的基础。这也是金宅圭为韩国人类学界所做出的一大贡献。之后，他担任岭南大学博物馆馆长，也曾参与考古学发掘调查活动。直到20世纪60年代，金宅圭撰写的有关安东河回村的民俗志成为了当时学界独一无二的业绩，是外国学者研究韩国时必读的一本学术志。

第六节 外国学界的韩国研究

一、欧美

19世纪末，随着日本人对朝鲜半岛的殖民侵略，在韩国进行人类学、民族学研究的西洋人把历史的舞台让给了日本殖民统治者。19世纪末到20世纪初，日本人出版的作品数量急速增长，这就完全中断了西洋人在朝鲜半岛的人类学研究。这是因为在帝国主义国家的领域争夺中，日本人取得压倒性的优势吗？帝国主义之间的竞争关系和人类学这一门学问是以何种方式结合在一起的？也许这一段历史能够提供解释这一问题的有利线索，也能够再一次验证“有帝国主义的地方就一定会有人类学研究”这句话。

如上所述，20世纪前半期西洋人对韩国人类学的研究已被日本人取代，但在第二次世界大战中取得胜利的西方国家再一次登陆朝鲜半岛，而战败的日本人不得不选择离开。当然，再一次登场的西洋学者在朝鲜半岛进行的人类学研究跟过去古典式的研究方式相比（殖民主义和人类学的结合方式）存在很多差异，但即使如此，这一次留下的研究成果数量也甚少，因此，也不好做出某种意义上的评价。

“科尼利厄斯·奥斯古德是耶鲁大学教授，同时也是该校皮博迪博物馆馆长，他在江华岛传灯寺进行了为期三个月的社会学研究，首尔本馆至今还保管着他的有关民俗学的研究材料。”（国立博物馆馆报第3号，1947年12月，第18页）在耶鲁大学任人类学科教授的奥斯古德（1906—1985）在江华岛收集了有关民俗学的资料（为期三周）。当时，奥斯古德教授就住在传灯寺，并每天从后山的小路往返于船头浦。1984年秋天，笔者访问船头浦时了解到村庄的诸多老人都还记得奥斯古德教授，证实奥斯古德教授并没有住在船头浦，还为笔者指出当时奥斯古德教授所坐过的位置。

其实，从奥斯古德教授留下的著作中可以发现，他的调查研究是在抗美援朝战争爆发时期，需要有关韩国材料的情况下进行的，并在极短时间内完成。著作的后半部分几乎都是韩国历史的概要，相对来说真正通过当地研究撰写的民俗志内容却不是那么多，而其中的民俗志资料也只局限在有关农具的内容上（他本人一直对农具感兴趣并曾收集过各种农具）。笔者认为，他的著作在内容上缺乏应有的人类学价值。当时他在江华岛收集到的有关民族学的资料至今保存在耶鲁大学皮博迪自然史博物馆内。

任美军政厅行政将校（大尉）的Knez也对韩国人类学表现出极大的兴趣，美军政厅结束后Knez曾在耶鲁大学研究生院学习，中途又转学到锡拉丘兹大学，在该校人类学科取得了人类学博士学位[博士论文是有关“三政洞”（庆南金海）的内容]，后来在华盛顿特区的史密森尼研究所工作。Knez在史密森尼研究所工作时和赵昌秀（现在在史密森尼研究所亚洲人类学部工作）一起在大韩民国国会图书馆出版了韩国人类学的研究成果目录（1968年合著）。

Knez自述道：“从1945年11月到1946年7月，我是美军政厅教育局所属的艺术宗教科（后来改名为文化科）的总负责人。在此期间，得到兰登·沃纳教授（在东京GHQ）和戈登·鲍尔斯博士（跟石田英一郎一起重组东京大学文化人类学科的人）的许可后，和韩国国立博物馆的馆员一起展开最初的考古学发掘活动。那一次的发掘是一种‘救济发掘’。当时的国立博物馆馆长完全不具备这方面的经验，因此，只能让日本专家充当现场顾问。1910年，新国立人类学博物馆成立。博物馆的首任馆长是宋锡夏教授（Profo Sohng Suk Ha），语言学家金秀静也被任命为博物馆的专任职员。开馆前为了进行首届特殊展览会，我以民俗志资料的收集为目的访问济州岛。国立人类学博物馆成为了抗美援朝战争的牺牲品。1949年8月我被任命为美国大使馆（在首尔）的文化担当领事，同时兼任釜山的美国新闻处总负责人。1950年我转职到首尔工作，抗美援朝战争期间负责国立博物馆遗物的铁道运输工作。联合国军队赴北后，我被派遣到联合国军队管辖的东北部地区研究共产主义者对当地农村生活所产生的影响，但因为战争只能延期。离开韩国前为了收集更多的民族学材料，我穿梭在金海的三个村庄之间。但美国国务院的人事科很快制止了这样的研究并下令停止一切未授权的调查研究活动。之后从1959年到1978年，我在史密森尼研究所担任人类学学艺员。”（Knez，1984—1985年）

本内斯基（Bernetski）曾以神父的身份在西江大学社会学科讲授过人类学。他在圣路易斯大学以有关韩国种族的论文取得了人类学博士学位，但在国内居住期间却没有进行更多的学问研究活动。

作为外交官早已经历过首尔生活的勃兰特回国后在哈佛大学人类学科获得博士学位。20世纪60年代中期，勃兰特在忠清南道瑞山郡石浦进行当地研究，同时在首尔大学校文理专科学院考古人类学科任时间讲师。收集完撰写博士论文所需的资料后，勃兰特又进行了有关首尔城市周围棚户村的城市人类学研究，而当时的研究助手是权彝九和崔协两人。根据研究中收集到的部分资料，权彝九和崔协共同编撰并发行了有关棚户村的人类学研究报告。由西洋人撰写的有关韩国的民俗志中，勃兰特的博士论文（1969年）是第一个真正意义上的有关韩国农村的民俗志，因此也曾被译成韩文。之后，勃兰特跟首尔大学社会学科李万甲教授一起组织了韩国的地域开发（新农村运动）研究活动。

20世纪70年代初期，车基善（法国人，神父）在首尔大学社会学科取得硕士学位（指导教授是李万甲），他主要专注信仰民俗的研究。他在社会学科完成硕士学习，有可能是因为当时的首尔大学人类学科还未开设研究生院课程。另一位法国学者是吉勒莫博士，他在江原岛的河回村进行过研究并以此为基础发表了有关萨满教的论文。吉勒莫博士一直坚持有关韩国的人类学研究。现在，吉勒莫博士是法国极东研究院（属于高丽大学亚洲问题研究所）的首尔代表。

贾内尔（Janelli）教授为韩国人类学界创造的研究成果最多，他在本科阶段专修经营学，之后成为美军军官在首尔工作。他就是任敦姬教授的丈夫。贾内尔在宾夕法尼亚大学民俗学科获得博士学位，现任印第安纳大学民俗学科的在职教授。作为专业的韩国人类学研究者，贾内尔在美国大学也具有相当高的地位。与任敦姬教授合著的有关韩国祖宗祭祀的著作是研究韩国的基础书籍中的一本。最近，贾内尔教授又进行了有关韩国企业的人类学研究并出版了名为《走向资本主义》的书籍，这本书得到了人类学界乃至经营学界的关注。贾内尔教授夫妇在学术研究中扮演着“针与线”的角色。

1974年尹顺英博士（出生于平壤，3岁时移民到美国，1980年在密歇根大学以法国农村研究取得人类学博士学位）在首尔大学韩相福教授的研究室与韩教授会面后还在梨花女子大学教授过人类学，曾出版过有关医疗人类学的著作，并进行过有关济州岛的研究。在得到金成礼教授的帮助后，他的研究有了急速的发展。此外，尹博士参加联合国和世界保健机构的同时也在泰国曼谷工作过。[1]

曾在夏威夷大学任职过的Harvey（金英淑）博士在有关韩国萨满教的研究后出版了名为《6个韩国女人》（*Six Korean Women*）的著作，与李光奎教授合著过关于韩国宅号的论文，但英年早逝。另外还有在夏威夷大学获得博士学位的肯尼迪教授（博士论文是有关韩国“契”的研究）。在纽约州立大学（Buffalo）任职的Gay Kang博士也发表过有关韩国人类学（城市人类学领域）的论文。

在汉堡罗民族学博物馆任东洋学部长的布鲁诺教授（德国人）也进行过有关韩国萨满教的研究。布鲁诺教授在韩国收集了两年时间的资料，张哲秀读研究生院时曾做过他的助手。西奇博士一直跟梨花女子大学校的医

---

[1] “Look at Health Women’s Eyes” in Women in Science and Technology,United Nations Commmission on Science and Technology,Gender Working Group,IDRC,1995.

“A Family Health Approach to Gender, Health and Development”, Consultant’s Report, WHO/Geneva 1993.

“Water for Life”, UNCED Publication on Women and Childern First, Geneva,1993.

“Research Approaches in Community Participation for DHF” in the Dengue Newsletter,WHO/SEARO,New Delhi,1989.

“Concepts of Health Behavior Research”, WHO/SEARO Technical Paper no.13,New Delli,1987.

“Women’s Garden Groups in the Casamance, Senegal”,Assignment Children,UNICEF,Geneva,1983.

“A Legacy without Heirs:Korean Indigenous Medicine and Primary Health Care” in Soc.Sci.Med.Vol.17, No. 19, 1983.

“Children at Work:Children at Risk”,IKETSENG series,WHO,Geneva,1982.

A Score For Development(New Directions in Monitoring And Evaluation), Korea and Indonesia Case Studise,UNICEF,Bangkok,1981.

Korean Rural Health Culture(in Korean),Ewha Womans Unixersity,Seoul,Korea,1978.

“Development’s Orphans:the Asian and Pacific Children”,UNAPDI/UNICEF 1978.

科大学保持密切的联系，并长时间进行了有关医疗人类学的研究，在此过程中得到过姜得熙博士的帮助。数年前去世的金永基教授在全北大学社会学科取得了有关医疗社会学的研究成果。他也跟西奇博士一起进行过相关的研究。另外还需要关注的是沃尔拉文教授（在荷兰莱顿大学韩国学研究所任职）的研究成果。

美国政府派遣的“和平服务团”的部分人员日后成为了人类学家（施维默、沃伦，1993年）。从20世纪70年代初期到中半期在韩国驻留过的这一部分人对韩国人类学产生的影响也是不容忽视的。C.Goldberg在哥伦比亚大学读博时便去忠清南道进行过当地研究，他当时的助手是金光彦（现任首尔大学教授）。他在韩国文化人类学会举办的全国大会（1974年）上发表了题为《两班和人类学家》的论文，并引起了较大的反响。在日刊上看到这篇论文的村民感到十分愤怒，C.Goldberg也因此而遭殃。1974年秋天，C.Goldberg在首尔大学考古人类学科的研究生院讲授过现代人类学的历史概况，自从听了他的这一课程后，笔者开始对生态人类学产生了浓厚的兴趣，但是由于没有完成博士论文，所以并没有取得博士学位。P.Dredge以语言人类学取得哈佛大学的博士学位，G.Dix在加利福尼亚大学获得博士学位。虽然他们都分别拿到了博士学位，但也还是没能在人类学学术界站住脚。

现在在美国西雅图华盛顿大学杰克森国际研究所任职的C.索伦森也是持续完成人类学论著的学者中的一人。C.索伦森在对江原道山村的研究后出版了名为《山的那边还是山》的著作，他也曾担任过范德比尔特大学助教，至今仍在那里工作，最近开始对越南与韩国的比较研究表现出极大的兴趣。

科罗拉多大学的莎拉·纳尔逊教授（考古学家）持续发表了有关韩国考古学的研究论文。居住在美国俄勒冈州的李松来教授也是研究考古学领域的学者。在加拿大不列颠哥伦比亚大学任职的理查德·皮尔逊教授也早已取得过有关韩国考古学的成就。

研究韩国萨满教的学者中，对韩国人类学界产生最大影响的人无疑就是L.肯德尔博士。他在哥伦比亚大学人类学科取得博士学位后，在学校前辈C.Goldberg的指引下来到首尔。他是在韩国人类学领域内取得最多成就的西洋学者。如果想要了解韩国萨满教研究的基本方向和动态，就必须要事先读完肯德尔博士的著作。最近，肯德尔博士把研究对象的范围扩展到了越南。人类学家具有的最原始的、文化性的直觉，促使韩国研究者把研究视线逐步地转移到越南。

在加拿大勒瓦尔大学研究院任职的朴玉静曾研究过苏门答腊的米南卡包族。她在20世纪60年代跟着父母移民到巴西，后来定居于加拿大。她的丈夫是人类学家。

赴美国的韩国留学生中有部分人士主修人类学，比如，崔正林在密歇根大学取得了博士学位。李敦昌教授主要专注于文化与人性的研究，至今在美国乔治亚执教。约翰教授在阿拉斯加大学讲授北美印第语。在这些人中，研究成果最多的是金重洵老师。他长时间在田纳西大学任职，创设并引领了美国人类学会内部的韩国研究者集会。

此外，还有在德克萨斯大学获得硕士学位的（1968年）白凤轩老师。他是韩国外国语大学西班牙语学科初创期的毕业生，在美国留学时为了完成硕士论文（是有关居住在墨西哥的韩国移民者的研究内容）对墨西哥城市和尤卡坦半岛进行了当地研究。后来，白凤轩老师以朝鲜史研究取得哈佛大学的博士学位。

在日侨胞出身的索尼亚博士在英国约克大学政治学科取得硕士学位，在剑桥大学社会人类学科获得博士学位[博士论文题目为《日常生活中的语言和意识形态：在日本的朝鲜人的社会再生产》（*Language and Ideoogy in Everyday Life: Social Reproduction of North Koreans in Japan*），1994年]，曾任职于澳大利亚国立大学人类学科，现任职于美国大学，发表了有关在日侨胞的研究论文（跟日本的朝总联有关）。她一直不间断地进行对朝鲜以及跟朝总联有关的在日侨胞的研究，这些研究是值得我们关注的，因为它们可能会开启日本研究的新篇章。

从首尔大学哲学科（中途放弃）转学到英国剑桥大学并在那里取得博士学位的权献宜博士，现在在英国曼哈顿大学社会人类学科任助教。最近他也开始了对越南的研究活动。

可以看出，除金重洵老师以外的其他学者都没能跟韩国学界保持密切的联系，这是台湾截然相反的状况——在中国台湾，台湾大学出身的学者与北美其他外国大学出身的学者之间有着密切的联系。在韩国出现这种局面，可能是因为“该伸出手去迎接的”一方出于“惰性”没能发挥其作用。

不少研究韩国人类学的西洋学者跟韩国人结为了夫妻。当然，笔者也不敢说人类学家之间的异国婚姻跟他们的学问研究是否有着直接的因果关系，但可以肯定的是，他们至少从语言问题和韩国文献的解读上能得到帮助。通过了解过去10年在美国大学发表出来的有关韩国人类学博士论文的动向，可以整理出这一时期研究者的相关信息。

韩国人类学和近现代史之间有着密切的联系，近现代史是韩国人类学经历了曲折与失衡的历史，同时又促进了韩国人类学的发展。从20世纪80年代开始，留美的学生数量不断增加，80年代后期涌现出了大量的博士论文。其中，有外国研究者研究韩国的内容，也有年轻的韩国学者研究外国的内容，在美国那样的国家体制下也开始涌现出有关韩国人类学大量的研究成果。之所以这么重视博士学位论文，是因为它们能够客观地反映出学问发展的新动向。在此，笔者对相关的博士学位论文进行了简单的整理，顺序是按由现今到从前的逆时间顺序进行的（参考附录3）。

在此期间，在美国大学的人类学科以及相关学科中，通过的博士论文几乎都是由留学生或者由在美韩国侨胞撰写的，因此，出现了许多以在美韩国侨胞为主题的文章。分别有体质人类学、医疗人类学、护理人类学领域的论文，这一趋势也许就是在暗示韩国人类学新的发展方向。海外研究的事例包括有关美国、日本、智利（马普切族）和中国（朝鲜族）的研究。作为韩国学者，最初当地研究南美原住民社会生活的人是李桂贞，他也是留学生。值得关注的是，对人类学的关注领域已扩展到音乐人类学、萨满教、舞蹈、流行、企业经营等各个领域。以不同的地域研究、不同的研究主题创造出不同的研究成果是新进研究者的一大特色，而如何迎接这一新进集体是韩国学界面临的一大难题。从现在的留学生分布情况来看，这一问题必然会给今后的韩国人类学界带来重重压力。

单独整理在美国出现的博士论文目录是因为其数量最多，但也有必要整理在其他国家出现的论文目录。在整理美国方面的资料时笔者发现，韩国学界缺乏对“在世”研究成果和研究者的应有的关心。韩国人类学界几乎没有“关心”过1949年崔正林发表的博士学位论文（密歇根大学）

和1968年张贤钧发表的博士学位论文[（斯坦福大学，鹿儿岛县的文化生态的动态（*The Dynamiscs of Cultural Ecology of Suruki Hamlet Kagoshima Prefecture*），战后的日本（*Japan in the Postwar years*）]，这是韩国人类学界的一大弊病。崔正林早已离开了学术界，而张贤钧拿到博士学位证书后在美国的一所大学担任过助教（1970年到1975年曾担任加州大学戴维斯分校的人类学科助教），也曾在专业的学术志发表过文章[例如，Chang, Kenne H-K 1970，《日本西南部的隐居系统》（*The Inkyo System in Southwestern Japan*）等]。

同一时期留学于美国并熟知其学术足迹的韩国人类学家也很少提及张贤钧及其研究成果（1985年夏天，笔者跟随韩相福教授一起访问了张贤钧博士当地研究过的壹岐岛）。当然，笔者深信，这是因为诸多韩国人类学家还未找到评价他人成就的契机。

综上所述，韩国人类学界当前所面临的课题就是对“先行的研究”做出批判性（Review）评价。如果不经过这一过程，那么整个学界所需要的学问累积会成为空白，最终可能会使“学史”“学界”变得有名无实。

只有经过研究成果的不断累积才能完成一部完整的“学史”。同理，只有明确所有研究者的存在时才能构成一个完美的“学界”。不存在没有部分的整体。因此，对学界中每个人的研究成果都要进行深刻的评价。

收录韩国人类学研究成果的学术杂志值得关注的有以下几个：夏威夷大学韩国学研究发行的*Korean Studies*（年刊）登载的部分文章是跟人类学相关的——1977年发刊的第1号是杰尔拉德·肯尼迪和福利斯特·皮茨的论文，第3号（1979年）登载的是韦恩·帕特森（夏威夷韩国侨胞的语言）和鹤岛（中国朝鲜族）的论文，第9号（1985年）登载的是Dong Jae Lee（社会语言学，夏威夷韩国侨胞）的论文，第11号（1987年）登载的是李彩珍和朴韩式的论文，第13号（1989年）登载的是琳达·刘易斯（法人类学）的论文，第19号（1995年）登载的是黛安·霍夫曼的论文（性别文化）。

其中，琳达·刘易斯（威登堡大学人类学科）博士和黛安·霍夫曼（佛吉尼亚教育学科）博士的论文是韩国人类学界中的重要成就。另外，还要关注从1995年持续发表有关朝鲜半岛统一问题研究论文的理查德·格林克（乔治华盛顿大学人类学科）教授的各类研究成果。例如，1998年发表的单行本《韩国与其未来》（*Korea and Its Future*）。他们都对韩国人类学界做出了巨大的贡献。

从1991年开始，每年发表1册的英国韩国人论文研究所（Papers of the British Association for Korean Studies，BAKS）的编辑是任职于SOAS（伦敦）的基思·霍华德（音乐人类学家）。1991年出版的第1号和1994年发行的第5号（物质文化特辑）登载了比较有趣的人类学主题内容（主要是考古人类学领域的论文）。由East Rock研究所（位于美国纽黑文，研究所所长是全慧星博士）出版的韩国和朝鲜—美国研究通报（发行人是Hesung C.Koh，1984年创刊）不是专业的学术论文集，而是不同领域的专家对特定的主题发表各自见解的“简报”，最近还发表了少数人类学领域的论文。

俄罗斯方面，有Dzariligashinova（莫斯科人类学研究所教授）和Ionova（列宁广场民族学博物馆教授）等人发表的有关韩国的人类学著作，主要是以物质文化为内容的论文。

二、日本

19世纪末，东京帝国大学人类学教室派遣的鸟居龙藏开始在朝鲜半岛进行当地研究，随后日本学者开始取得大量有关韩国人类学的研究成果。他们的研究成果以直接或间接的方式被用于总督府的殖民统治。战败后，除了那些“抑留”人员外，多数日本学者随着“引扬”被迫回国。在这一点上，韩国表现出与中国台湾截然不同的态度——战争结束后中国台湾以“留用”的方式留住部分日本学者，而且日本学者也愿意留在中国台湾继续进行相关的研究和教育活动。

1945年后，日本学者只能根据殖民地时代收集到的资料撰写有关韩国的论文，而这一状况一直持续到1965年。1965年韩国与日本签订《韩日协定》，这使得日本学者重返韩国进行当地研究。“1965年秋天，东京大学文化人类学家泉靖一退休后与东北大学日本文化研究所的石田英一郎一起作为观光团的一员访问了韩国。”（松本诚一，1988：39）就在这一年，韩日协定签订。随着两国关系正常化，1965年访问韩国的第一位人类学家是泉靖一。第二次世界大战后，日本学者取得的有关韩国人类学的研究成果是从这时候开始逐渐累积起来的。泉靖一重塑了过去日本学者树立的有关韩国的学问基础。在这里，有必要对参与这一过程的韩日两国人士的事迹进行缜密、细致的研究。

“1968年7月至1969年4月，李杜铉任东京大学文化人类学科客座教授；1969年7月，东京大学邀请张筹根教授讲授韩国民俗学（为期一年）；1970—1971年，玄容骏留学于东京大学研究生院。当时，东京大学的研究生院学生、研究生、本科生中有末成道男、伊藤亚人、依田千百子、岛陆奥彦等人。泉靖一去世后，东京大学的中根千枝和大林太郎继承了他的学统并继续进行有关韩国的研究，同时他们跟韩国的文化人类学家一直保持着密切的联系，而且还带领掌握韩国语的新生代研究者进行相关的研究。”（松本诚一，1988：41）

“1972年2—4月，末成道男（圣心女子大学）在庆尚北道进行了数次有关亲族的研究调查。1972年3月至6月，伊藤亚人在韩国首尔学习韩国语，之后又继续在全罗南岛进行当地研究。战后，长时间在韩国进行当地研究的第一位日本学者是伊藤。1972年年末至1973年3月（大约100天），佐藤信行（当时的国际基督教大学）在济州岛进行了有关家族、亲族的调查研究。1973年，中根千枝编著了《韩国的家族与祭仪》，这是当时的重要研究成果。岛陆奥彦在多伦多大学留学（毕业于东京大学后）过程中（从1974年8月到1975年8月），在全罗南道进行了地域研究。1975年6月，完成实地调查的五十岚忠孝（当时的东京大学）回国。从1973年开始，由直江广治、樱井德太郎、竹田旦、龟山庆一等人组成的大塚民俗学会（东京教育大学日韩综合民俗调查团）和韩国民俗学会共同进行民俗调查。……之后樱田（巫俗）、竹田（家族、亲族惯行）、龟山（渔民信仰）发表了相关的研究论文。1972年7月到8月的两周时间内，青柳清孝（国际基督教大学）在全罗南道进行实地调查。1973—1974年，在日本学术振兴会的支援下，以野口隆（当时的广岛大学）为中心人物组织了‘有关韩国人移民的文化变容’研究活动。此次研究把庆尚南道陕川地区（曾移民到广岛的部分韩国人回国后主要居住的地方）作为主要调查对象，参与此次活动的韩国方面的学者有李杜铉、李光奎、金宅圭，日本方面的学者有八木佐市、平田顺治、小笠原真、丸山孝一、江岛修作、渡边猛、佐藤幸男、渡边正治等人。1974—1975年（共进行3次实地调查，花费2~3周时间），丸山（当时的广岛大学）和江岛（广岛修道大学）进行了实地调查研究。1976年10月，杉山晃一参加了东北大学日本文化研究组织的‘韩国遗址、农村调查旅行’活动，并访问了庆尚北道的农村地区。1979年10月，在岭南大学韩日文化研究所的邀请下（得到国际交流资金的支援）再一次访问韩国并进行了地域研究。从1977年开始，韩国方面的金大欢、朴炳浩、崔勇基、金宅圭和日本方面的江守五夫、宫良高弘等人，以‘日韩两国村落社会构造的比较研究’为课题在庆尚北道进行了共同调查。1978年，文部省亚洲帝国派遣的重松真由美（当时的明治大学）留学于首尔大学，并以京畿道的巫俗为主题进行了地域研究。在韩国四年多的时间内，重松真由美根据收集到的资料发表了诸多优秀的调查报告书。1977年，亚洲经济研究所的服部民夫（首尔派遣研究人员）开始在首尔大学经济研究所任职，之后又以哈佛大学燕京研究所的来访研究人员的身份进行了社会学、文化人类学领域的比较研究。1978年2月，他跟随丸山孝一在庆尚南道进行了调查研究，借那次机会学习了韩国语并进行了额外的文献调查，之后在广州近郊开展了有关堂祭的调查研究。朝仓敏夫（当时的明治大学）从1978年开始学习韩国语，从1979年开始在全罗南道都草岛着手调查。1980年10月，朝仓敏夫作为韩国政府邀请的学生留学于全南大学研究生院。”（松本诚一，1988：42–44）

以泉靖一为首陆续登场的日本方面的研究者有佐藤信行、末成道男、依田千百子、伊藤亚人、岛陆奥彦（都是泉靖一的学徒）等人，其中伊藤和岛成为了专业的韩国研究者。事实上，泉的个人研究成果算得上是开启了韩国人类学研究在日本的振兴之路。其后从不同渠道进入韩国研究领域的研究者有松本诚一（东洋大学社会学科出身，继承铃木荣太郎的学统）、重松真由美、朝仓敏夫等人。重松和朝仓（两人是日本国立民族学博物馆的教官）两人都是明治大学研究生院出身，都是蒲生正男的弟子，而蒲生是泉靖一的弟子。因此，可以说，重松和朝仓也同样是在泉靖一的影响下进入韩国研究领域的。

当日本人复兴对韩国的研究活动时，作为泉靖一的“搭档”一起开展研究的韩国方面的学者有李杜铉、张筹根、金宅圭等人。而李杜铉和张筹根两人曾亲自给伊藤和岛陆奥彦（成为韩国研究的中枢人物）授课。在所谓共同研究的名义下，曾帮助日本方面进行韩国研究的另一位学者是任东权老师及其周围人士。

20世纪70年代初期，“和平服务团”（来自美国，其中有大量人类学徒）刚登陆韩国时，伊藤亚人和岛陆奥彦为了韩国研究开始长期滞留在韩国。当时，伊藤亚人在东京大学文化人类学科担任助手，岛陆奥彦正在加拿大多伦多大学人类学科读博士。前者在全罗南道珍岛，后者在全罗南道罗州进行韩国研究。刘明基（现庆北大学教授）是后者进行当地研究时的助手。

在1965年前，即韩日两国邦交正常化前李杜铉教授已在东京访问过泉靖一。可以说，在政治状况还没有发生转变时，李杜铉已经点燃了学问交流的火花。在夏威夷召开的有关国际戏剧的学会中偶然遇到的石田英一郎建议李杜铉在回国的路上去访问在东京的泉靖一。从那时候开始，泉靖一和李杜铉就结下了因缘。其后，为了韩国研究访问韩国的日本学生都受到了李杜铉教授的指导。不难料想，在此过程中，李杜铉肯定花费了相当多的时间去自学人类学。

根据松本诚一整理的研究成果目录，笔者在此罗列了拥有持续成果的主要研究者的研究内容及其研究地域（松本诚一，1988：46–76）。

朝仓敏夫（ASAKURA，Toshio）：全罗南道、都草岛的饮食及韩国文化全般

出口晶子（DEGUCHI，Akiko）：渔船

江岛修作（EJIMA，Shusaku）：庆南陕川与亲族及祭祀

江守五夫（EMORI，Itsuo）：庆北与同族制

福留范昭（FUKUDOME，Noriaki）：济州岛和东海岸及祭祀

服部民夫（HATTORI，Tamio）：家族、亲族、产业、经营等

秀村研二（HIDEMURA，Kenji）：拟制亲族

桧垣巧（HIGAKI，Ko）：渔村和祭祀

平泽丰（HIRASAWA，Yutaka）：水产业

平田顺治（HIRATA，Junji）：渔村与社会民俗

伊藤亚人（ITO，Abito）：全南珍岛与韩国文化全般

泉靖一（IZUMI，Seiichi）：济州岛与巫俗

龟山庆一（KAMEYAMA，Keiichi）：渔捞民俗

川村凑（KAWAMURA，Minato）：巫术与传统艺能

熊谷治（KUMAGAI，Osamu）：洞祭与农耕仪礼

草野妙子（KUSANO，Taeko）：传统音乐

丸山孝一（MARUYAMA，Koichi）：全南巨文岛与儒教以及文化变容与移民及教育

益田庄三（MASUDA，Shozo）：渔村与地域振兴

松原孝俊（MATSUBARA，Takatoshi）：族谱

松前健（MATSUMAE，Takeshi）：神话

松本诚一（MATSUMOTO，Seiichi）：庆北东海岸与堂祭以及韩国文化全般

宫良高弘（MIYARA，Takashiro）：门中

本村汎（MOTOMURA，Hiroshi）：家族

中根千枝（NAKANE，Chie）：亲族与社会构造

西村美惠子（NISHIMURA，Mieko）：草坟

野村伸一（NOMURA，Shinichi）：假面具

大林太良（OBAYASHI，Taryo）：神话与古代史

酒井俊二（SAKAI，Shunji）：渔村与社会构造

坂元一光（SAKAMOTO，Ikko）：仪礼与基督教

樱井哲男（SAKURAI，Tetsuo）：济州岛与音乐人类学

樱井德太郎（SAKURAI，Tokutaro）：巫俗与比较民俗学

佐藤信行（SATO，Nobuyuki）：济州岛与安东及家族与祭祀

重松真由美（SHIGEMATSU，Mayumi）：京畿道与女性及巫俗

岛陆奥彦（SHIMA，Mutsuhiko）：全南罗州与亲族

祖父江孝男（SOFUE，Takao）：家族与民间信仰

末成道男（SUENARI，Michio）：庆北安东与渔村及社会组织与祭祀

杉山晃一（SUGIYAMA，Koichi）：庆北与农耕仪礼

铃木满男（SUZUKI，Koichi）：韩国文化全般

竹田旦（TAKEDA，Akira）：家族与比较民俗学

德井贤（TOKUI，Ken）：火田民

丰福阳一（TOYOFUKU，Yoichi）：渔村契

辻稜三（TSUJI，Ryozo）：饮食与地理学

八木佐市（YAGI，Saichi）：丧葬与村落

山中美由纪（YAMANAKA，Miyuki）：庆北安东与女性及婚姻

依田千百子（YODA，Chiyoko）：仪礼与巫俗及女性

“日韩邦交正常化（1965年）恢复了两国研究者之间的交流，20世纪70年代开始，年青一代的研究者重新发起了文化（社会）人类学的现地调查研究活动。跟之前以民俗学、宗教学为中心的研究有所不同的是，以农村为调查对象撰写了‘社会人类学的民族志’（跟以前的研究方式一样），并且还要在那些受都市化和产业化影响的农村进行长时间的现地调查。其调查的主要内容是，家、亲族（家庭、门中）、年龄、性别、相互扶助（契、变工等）、村落共同组织（洞契等）、生业、物质文化、宗教、信仰、仪礼等。”（伊藤亚人，1996：238）以下是伊藤亚人按主题整理的重要的研究者及其研究方向。

“亲族组织与家族研究：中根千枝的研究展望（1973年）、末成道男的台湾与中国本土的比较研究（1988年、1990年）、宫良高弘的冲绳的比较研究（1982年）。其研究的结论是门中跟日本的同族是不同的概念，但跟中国的宗族却有很大的共同点。这是一种超越了理念模型的关联，朝着组织的实态发展的研究倾向。血统原理的族谱认识与居住或继承财产等之间的关系（岛陆奥彦，1978年）、门中内部的分解与重组过程（伊藤，1983年、1987年）、祭祀与门中组织（末成，1975年、1985年）、根据族谱和现地材料进行的门中组织的非均衡的分解过程（伊藤，1983年；岛陆奥彦，1987年）、利用族谱分析的亲族与社会变动（岛陆奥彦，1990年、1994年）、通过户籍分析接近历史（岛陆奥彦，1989年、1992年）、与亲族组织化有关的历史认识的分析（伊藤，1990年、1991年）、门中与家的关系和近亲分析（岛陆奥彦，1976年；伊藤，1987年）、济州岛关于家的事例（佐藤，1973年）、养子和分家实态与日本的对比（岛陆奥彦，1980年）、与祖宗神和主妇地位相关的家的自律的一面（Ito，1983年）、两班社会男女性质与时代秩序（伊藤，1980年）、男女性质与内外社会警戒（丸山，1983年）、通过族谱婚姻关系分析的朝鲜两班氏族之间的连网

（服部，1980年）、地方门阀氏族之间的婚姻关系（山中，1982年）、与巫俗仪礼有关的女性的亲族关系（重松，1980年）、从城市移民关系看家族和亲戚实态（本田洋，1993年、1994年）。最近学界对家族与亲族的关心逐渐变淡。”（伊藤亚人，1996：239-240）

“地域社会研究：洞契的农渔村事例（松本，1981年、1984年；末成，1982年；丰福，1984年；岛，1990年）、自治组织与日本事例的比较（松本，1980年）、契与家庭以及门中的关系（伊藤，1977年）、在地域社会中的两班和平民的互补关系（伊藤，1980年）、两班的身份转移（末成，1987年）、儒教与性别的关系（片山隆裕，1985年、1990年；伊藤，1986年）、偏远城市居民的正统性和对历史的认识（丸山，1982年、1985年、1986年、1987年、1990年；伊藤，1990年）、海外移民的文化变貌与宗族性问题（江岛、丸山，1976年）、美国移民社会（丸山，1982年）、在日朝鲜人社会（丸山，1983年；原尻英树，1989年）、民族主义与民族正统性（铃木满男，1987年；丸山，1980年）。”（伊藤亚人，1996：240-241）

“宗教：韩日巫俗比较（樱井德太朗，1976年、1980年；依田千百子，1985年）、与巫俗相关的女性地位（重松，1980年）、巫俗与死灵（真锅祐子，1991年、1994年）、中国传统与本土信仰的结合以及医疗多元性（伊藤，1986年）、个人信仰与仪礼以及山神（依田，1975年）、祖灵与家神（Ito，1983年；依田，1990年）、渔民信仰（龟山，1977年；铃木，1991年）、农耕仪礼（依田，1966年；杉山，1981年）、年终活动（依田，1969年）、死后结婚（樱井，1980年；竹田，1987年、1990年）、灵魂观（樱井，1976年；真锅，1991年）、草坟（西村美惠子，1983年、1984年、1985年；依田，1980年、1985年）、道教的诵经士（伊藤，1994年）、基督教（坂元一光，1984年）、基督教与巫俗的关系（Fuchigami，1990年、1991年；秀村，1995年）、基督教与女性（秀村，1992年）、基督教教士和教徒组织（秀村，1995年）、新型宗教的再生运动（本田，1995年）。”（伊藤亚人，1996：241-242）

“表象、民俗、物质文化：神话与抄袭的比较民族学（大林，1973年、1984年）、假面剧（野村伸一，1982年、1984年、1985年）、民俗音乐（樱井哲男，1986年、1989年、1990年）、有关研究史与现地调查的日韩比较（秋叶隆，1954年；铃木，1973年、1974年、1982年、1987年；樱井，1976年、1980年）、祭祀与死后结婚比较（龟山，1977年、1986年）、船的比较研究（出口，1987年）、陶器的社会人类学（伊藤，1995年）、饮食文化的比较（石毛直道，1985年；森枝、朝仓，1988年；依田，1985年、1990年）。”（伊藤亚人，1996：242-244）

伊藤亚人把日本研究者的业绩分为亲族组织与家族、地域社会、宗族、表象与民俗及物质文化四个项目，但没有明确说明进行这种分类的动机及理由。众所周知，文化的三个方面是组织、观念及技术，可以看出伊藤的分类就是把这三个方面作为不同的分类项目，在此基础上又添加了第四个项目——交流研究。可以说，伊藤亚人早期的分类方式大体上追随了以文化概念为中心的美国式人类学的潮流，20世纪60年代后在此基础上又添加了共同体的研究方式。

日本学者和以他们为中心发行的单行本，以及报告书如下：秋叶隆（《朝鲜民俗志》，1954年）、江守五夫与崔龙基（《韩国两班同族制的研究》，1982年）、野口隆（《移民与社会变容》，1976年）、原尻英树（《在日朝鲜人的生活世界》，1989年）、服部民夫（《韩国的工业化》，1987年；《韩国：网络与政治文化》，1992年）、伊藤亚人（《对韩国的更多的了解》，1985年）、益田庄三（《日韩合同学术调查报告》，1984—1986年）、森枝卓士、朝仓敏夫（《食在韩国》，1986年）、野村伸一（《假面剧与放浪艺人：韩国的民俗艺能》，1985年）、大林太良（《东亚的王权神话：日本、朝鲜、琉球》，1984年）、樱井哲男（《声音的研究：韩国农村的音与音乐的民族志》，1989年）、杉山晃一、樱井哲男（《韩国社会的文化人类学》，1990年）、竹田旦（《木的雁：韩国的人与家》，1983年；《祖灵祭祀与死后结婚》，1990年）、依田千百子（《朝鲜民俗文化的研究》，1985年）、萩原秀三郎与崔仁鹤（《韩国的民俗》，1974年）、服部民夫与大道康则（《韩国的企业》，1985年）、平木实（《朝鲜社会文化史研究》，1987年）、泉靖一（《济州岛》，1966年）、川村湊与郑大均（《称为韩国的镜》，1986年）、川村湊（《我的釜山》，1986年）、伊藤亚人与大村盆男和梶村秀树及武田幸男（《朝鲜的事典》，1986年）、小林由理子（《韩国的家族》，1987年）、熊谷治（《东亚的民俗祭仪》，1984年）、草野妙子（《阿里郎的歌》，1984年）、铃木荣太郎（《朝鲜农村社会的研究：著作集V》，1973年）、中根千枝（《韩国农村的家族与祭仪》，1973年；《社会人类学：亚洲诸社会的考察》，1987年）、若松实（《韩国的冠婚葬祭》，1982年）、直江广治（《民间信仰的比较研究》，1987年）、朝仓敏夫（《日本的烤肉，韩国的刺身》，1995年）等。

持续刊行有关韩国研究成果的代表性定期刊物有《朝鲜学报》（朝鲜学会）、《朝鲜文化研究》（东京大学文学部文化研究实施）、《Korea评论》《韩》《韩国文化》（月刊）等，但这些刊物不是人类学领域专业的出版物。其中的《朝鲜学报》和《朝鲜文化研究》是值得关注的学术志。

日本学者以“韩国、朝鲜”的用语体现了他们对朝鲜半岛南北分裂的政治认识，但实际上几乎没有积累过有关朝鲜的学术论著。可以说，日本学者对朝鲜半岛的诸多问题做出了过分敏感的政治反映。

以下是日本学者整理的“韩国研究文献目录”（1966—1995年）（岛陆奥彦、朝仓敏夫，1998：ii–vii）（参考附录4）。

“过客会”是以韩国研究为主题举办的全国性学会，虽然学会的性质没有限定为人类学，但参加的人士几乎都是人类学家。该学会成立于1986年，为年轻的研究者提供了发表研究成果的平台，由此形成了新一代研究者群体。通过过客会的记录——在本田洋老师（现任此学会的监事）的帮助下得到的资料（参考附录5），可以了解最近日本人类学研究的活动状况。

1986年2月13日，为了成立该学会，相关人士第一次聚集。同年4月23日，举办了成立研究会的准备聚会（在东大剧场），并以“研究会”的名义发表了当时学界的研究内容，声明此研究会的目的就是举办“发表会”，它不具有学员排他性的性质，同时还为访问日本的韩国学者提供临时的发表平台。饶有兴趣的部分是，该研究会介绍了年青一代学者最近的研究内容。

1995年整理的过客会的研究目录表明，最后一次举办的是第62次发表会，但是笔者整理的结果却显示第67次发表会才是最后一次。在过去10年，一共举办了67次发表会并发表了68个主题，发表的研究者有67名。在这67次研究会中，有两次以“韩国研究的整理以及今后的课题”为主题进行过共同讨论。参加发表会的主要人员是日本研究者，另外有部分韩国留学生在此发表过已经写好的硕士论文。该学会在核心成员坚持不懈的努力下，平均每年举办6次乃至7次研究发表会。虽然也发表过历史学或精神医学等领域的论文，但过客会的主要研究内容仍是人类学。我们期待过客会在日本能够一如既往地发挥韩国研究核心作用。

1965年邦交正常化后，对韩国产生兴趣的日本学者开始学习韩语，并在此基础上，日本还通过多种渠道邀请韩国的专家学者讲学，在短时间内使自身掌握更多有关韩国的资料。经过这两个基础性的阶段后，日本学界开始往韩国派遣新一代学者，并通过个人努力在韩国文化领域积累了相当多的研究成果。不仅有社会人类学领域的研究，而且还进行过柳田国男式的民俗学研究，更令人敬佩的是，他们曾试图以东亚的全体视角去进行“统文化”式的分析研究。以“统文化”式的视角进行的研究有有关社会组织、渔村、岛屿等的研究。在此过程中，日本学者除了单独实施调查研究活动外，还动员了所谓的“共同调查”（跟韩国学者一起）方式。

日本学者实施现地调查最集中的地域就是全罗南道和庆尚北道两地。在庆尚北道主要是以班村的两班街为中心研究族谱与亲戚，而在全罗南道主要是在岛屿区域研究地缘组织交接和代表地域特征的巫俗。从20世纪80年代开始，日本学界的韩国研究已超越了之前根据当地研究撰写民俗志的阶段水平，逐渐地为韩国文化论提供理论上的典范。如今，日本的人类学家已不再只对韩国的传统文化感兴趣，逐渐地把研究视角转向产业化背景下的韩国社会，试图从多个角度对这一变化进行分析研究。历史人类学领域的研究成果也是值得期待的成果之一。

1945年，随着日本的战败，秋叶隆、泉靖一和铃木荣太郎等人不得不中断有关韩国的研究。如今，新一代学者通过自身的努力重新复活并继承了“先学者”未完成的使命。日本学界取得了令人刮目相看的韩国文化研究业绩，对韩国学者自身都无法涉足的领域做出了犀利的分析。研究韩国的早期日本学者分为两类：一类是总督府的受雇者或是为总督府服务的有关人员；另一类是以京城帝国大学为中心，在大学的制度圈里展开研究的人员。期待新一代的学者能够对这两类学者及其研究业绩做出更客观、更准确、更犀利的评价。

今后，韩国学界和日本学界要努力创造两国学者之间互助的研究氛围。已经具备有关日本文化人类学或民俗学的研究背景，并熟知韩国文化的韩国学者和已进行过有关韩国文化人类学或民俗学的研究，还对日本了如指掌的日本学者，应在对等的水准下比较分析韩国和日本的相关材料，也许这样的过程能为“亚洲人类学”更加接近世界水准奠定良好的基础。

第七节　人类学方法与研究的扩张

我们不能永远在固有的学术框架内寻找解释人类现象的方法，只有不断地变化与挑战现存秩序，才能促进学术的发展。相对来说，人类学这一门学问的认知度确实不像其他学问领域那么高，但从事人类学以外学问领域的研究者却在各自的学问研究中运用诸多人类学的方法，而且人类学的方法在人类学家坚持不懈的努力下逐渐扩散到其他领域。

人类学与其他学问领域之间的交流之所以这么活跃，是因为人类学这一门学问具有其他学问领域所不具有的包容力，同时又拒绝一成不变的学问分类方法，它追求的是学问总体性。学问的“三分体制”只是把学问分为人文科学、社会科学、自然科学三个领域，而人类学式的方法却一直穿梭在三种不同领域的学问之间，排斥、拒绝所谓的社会科学领域的方法论。

韩国学界也开始关注以经验主义为基础的人类学的“质”的研究方法，并且在某些领域已积累了相关的研究成果，如看护学、建筑学、教育学、音乐学等领域。人类学反对艺术和科学之间所谓的纯粹学问和应用学问之间划出不必要的界限。以下介绍的几种学问领域就是显示出这样的人类学学问倾向的。因此，如果在广义的人类学框架内，区分考古学和人类学或民俗学和人类学就会显得毫无意义。

一、解剖学的体质人类学

人类学这一门学问刚在法国兴起时确实是从比较解剖学领域开始的。那时，比较解剖学式的体质人类学具有相当浓厚的人种主义立场，那些研究人类起源的学者也必须要把考古学和体质人类学联系在一起进行研究。因此，可以说体质人类学从一生下来就成为人类学的“中介”，遗憾的是，韩国却因为种种理由一直没有受到应有的重视。

人类的生活即所谓的文化是以生物学式的背景为基础的，但因部分知识分子的误导，文化被误认为是独自存在的现象。他们认为，只有社会文化领域才需要人类学，而这大大歪曲了人类学的学问性质，并逐渐地使人类学的正统性走向危机。那些过分提倡细分学问领域的学者有可能“安于”狭义的人类学，但要知道，人类学这一门学问本身拒绝指向狭义的学问领域，这就是它的特质。为了更好地发展人类学，有必要对当前人类学这一门学问进行疏通整理。因此，笔者在这里为读者简单地介绍体质人类学领域的发展现状和至今累积的研究成果。当然，过去学界普遍从解剖学的角度研究体质人类学并一直把体质人类学视为解剖学的附属品，这一行为韩国人类学界要反省的。

众所周知，现阶段主要是由大韩体质人类学会引领韩国体质人类学的发展，而此学会是以解剖学为发展中心的，并且其组成人员的大部分人士都把体质人类学视为解剖学的一个环节。大韩体质人类学会（The Korean Association of Physical Anthropology）的现状如下——以天主教大学校医科大学金振教授（1995年担任过大韩体质人类学会总务职务）所提供的材料为基础。

1958年8月16日，大韩体质人类学会创立，直到1988年，它一直跟大韩解剖学会一起举办学术大会和总会，在《大韩解剖学会志》上刊登论文。从1989年开始，开始自行举办学术大会和总会，并创办《体质人类学会志》（连载2回，6月和12月发行），创刊号是在1988年6月发行的。1995年，大韩体质人类学会的会长由安义泰教授（顺天乡大学校医科大学解剖学教室）担任，总务由金振教授（天主教大学医科大学解剖学教室）担任，会员总数247名。此学会会规中明示的学会目的是“为体质人类学研究以及与此相关的人体解剖学研究做贡献”，而会员的资格规定为“专攻体质人类学、人体解剖学的知识人士或对此感兴趣的人士”。

笔者在本科阶段曾听过首尔大学文理专科学院考古人类学科举办的有关体质人类学（有时又称为形质人类学，在本书中统一称为体质人类学）的讲座，而负责讲授的就是首尔大学校医科大学解剖学教室的张信尧教授。以下是张信尧教授整理的韩国体质人类学研究倾向：“1867年，英国的戴维斯（T. B. Davis）证实大英博物馆的各民族头骨保管室目录中有韩国人头骨。1882年法国的A. Quartregages和E. T. Hamy介绍韩国的头骨。1883年德国的皮革丹诺夫（A. P. Bogdanow）在人类学会志报告6例韩国人头骨测量值。1888年体质人类学家小金井良精报告4例韩国人头骨测量值。1890年俄罗斯人Elisseiff报告10例韩国人体格测量值，同年俄罗斯人A.Tarenetzky发表萨哈林的虾夷人头骨测量值，其中包括2例韩国人头骨测量成绩报告。1895年，日本外科医生右田军太郎和大塚陆太郎测量并发表140人的肾脏、体重、四肢长度、胸部、呼吸胸围测量值，被其测量的大部分人是黄海道民和平安道民。1896年，E.T.Hamy在法国国立自然史博物馆会报中发表3例有关韩国人头骨的测量值。1899年，德国的R.Virchow（2例）、瓦尔代尔（1例）、Luschan（4例）等人发表了韩国男性头骨的测量值。1901年N.R.Kirilov发表了有关韩国人体质的论文，同年饭岛茂发表韩国三千多名男女的体格测量值。1902年，法国人E.Chantre和E.Bourdaret报告113名韩国人的体格测量值。1906年，德国人内科医生E.Balz是日本近代医学的贡献者，时任东京帝国大学医学部教授，在韩国旅行后，于德国自然科学会志中发表有关日韩两国国民体质比较的论文，同年小金井发表有关韩国人骨骼的论文。1914年，韩国人申浩燮发表我国人头骨的测量值。1907年，随着大韩医院（官立）的开设，新设了教育部。1908年体质人类学家久保武被任命为解剖学教授。1916年到1923年期间，久保武教授在京城医学专业学校任职，并留下了诸多有关韩国人体质的研究成果，可以说他就是韩国体质人类学的开拓人。1925年，上田常吉和今村丰继承久保武的学统，被任命为京城帝国大学医学部教授，韩国体质人类学迎来了繁荣期。

日本的旧帝国大学医学部解剖学教室原本最多只设置两个讲座，京城帝国大学却设置了3个，并且有庞大的研究费用，其原因在于它是移民民族（韩国人和东北的满族、蒙古族，以及汉族）的体质人类学研究中心。日本占据东南亚后，该中心又在泰国、缅甸、印度尼西亚等地取得了不少研究成果。解放初，韩国出身的解剖学教授只有5名，其中专攻体质人类学的教授也只有罗世镇和李明腹（两人出于同一教授门下）两人。直到1945年，有关韩国人的体质人类学论文总共有374篇，其中韩国学者编撰的论文占17.4%，日本学者编撰的论文占72.5%，其他外国人发表的论文占5.9%，但都是体质人类学领域开化期前发表的。光复后（1953年），最初在学术杂志刊登有关体质人类学领域论文的学者是张信尧。1960年至1976年期间发表的有关体质人类学论文总共有420余篇，而这些论文主要集中在1967年，1974年后专攻体质人类学的学者总数急速下降，而相关的论文总数也逐渐地开始减少。近年来，考古人类学科或家政大学服装专业开始出现对体质人类学感兴趣的学者，我们也只能依靠这些人继承韩国体质人类学的学问系统并创造出更好的业绩，在不久的将来会开辟出一片新的应用体质人类学研究领域。”（参考张信尧，1979年、1988年）

德国学者尤因·鲍尔茨（1849—1913）在东京居住时成为著名的日本研究者。作为日本皇室御医的尤因·鲍尔茨1876年后任职东京大学内科教授。我们可以在很多资料上找到有关鲍尔茨的足迹。他曾两次为了收集有关体质人类学的材料而登陆朝鲜半岛。第一次是“1899年6月，作为高宗皇帝的个人傭聘顾问”（金源模，1984：171；李元淳，1989：302-303）登陆朝鲜半岛。“根据Wunsch的记录，他在1902年9月访问过首尔……（1903年2月6日日记）。两个月后，鲍尔茨教授计划在回日本的路上经过北部地方时进行3—4周的人类学调查研究……在矿山滞留3天。我跟随教授进行人类学式的测量和摄像。……在旅行中对人种学和人类学产生了极大的兴趣。”（Wunsch，1976：95，110，117-118）

徐甲禄（当时的国立博物馆馆长）在1948年6月1日发表的名为《人类的起初》（《儿童科学新闻》第一号）的文章，也是有关人类学的内容（国立博物馆馆报第5号，1948年8月发行，第7页）。

大韩体质人类学会最近发行的《体质人类学会志》中登载的《韩国人的体格和成长发育》（1989年）、《都市女孩的身体测量》（1989年）、

《广州坟墓的人骨》（1904年）、《咸平坟墓的人骨》（1995年）等文章，有利于考古学研究领域。1994年，该学会志还登载过《中国新疆省的维吾尔人》和《有关泰国北部阿卡族和拉祜族的体质人类学论文》。《日韩青年层的身体发育比较研究》（1995年）等论文，这些文章为将来体质人类学在韩国的发展指明了方向。同时，以上研究成果还为我们展现了体质人类学与人类学的其他领域如文化人类学或考古学等结合的可能性，并且有望通过体质人类学的运用涉足更广泛的新的学问领域。

一直以来，韩国学界把体质人类学视为解剖学的副产物，这是不可否认的事实。张信尧的体质人类学史和大韩体质人类学会的研究活动也足以证明这一点。导致这一结果的原因有两点：一点是韩国人类学界内部在认识上对体质人类学抱有偏见；另一点是因为医科大学在教育和研究过程中极度忽视体质人类学领域。

只有协调发展文化人类学和体质人类学才能更好地促进人类学总体的健康发展。因此，现阶段以文化人类学为中心聚集的各类学会，要通过各种各样的方式跟大韩体质人类学会进行学问上的交流。庆幸的是，两种学会之间已经开始了一定的交流。文化人类学家不能忽视解剖学领域中的体质人类学研究，文化人类学家要时刻提醒自己去探求文化与生物学之间的关系，因为唯有这样才能真正为人类学做出贡献。从世界性的人类学发展潮流中可以发现，现阶段发展较为迅速的是医疗人类学和保健人类学领域，而这种研究倾向也早已在韩国的人类学界有所体现。在忽视体质人类学（生物人类学）的韩国学界氛围中发展的医疗和保健领域的人类学，再一次证明韩国人类学的“非正常化”发展道路。

1995年年末，不少人类学家开始呼吁振兴体质人类学，1996年初创立了生物人类学研究会（聚集了文化人类学家、考古学家、体质人类学家）。忠北大学考古美术史学科的朴善宙教授坚持不懈地出版有关古人类学领域中的体质人类学教材。不能再把体质人类学领域的研究视为解剖学领域的一环，这是人类学家的责任。受过人类学教育并获得体质人类学博士学位的学者有已故的权彝九（岭南大学校文化人类学科教授）、边珠娜（全北大学校看护学科教授）、朴顺英（首尔大学校人类学科讲师）、康知贤（岭南大学校文化人类学科讲师）、李刚喜（日本总合大学院大学博士后经历）等人。

二、教育人类学

在人类学的应用领域即应用人类学领域，美国人类学家开拓了教育人类学。美国教育学家和人类学家共同研究讨论多民族国家的教育问题，从此便产生了人类学的应用领域——教育人类学。而在韩国，教育人类学是在教育学扩张的过程中产生的。1967年，赴任首尔大学校师范大学教育学科专职教授的“李光奎教授开始用文化人类学的视角接近（教育学），之后由金泳灿教授发展并正式确立”（朴成益，1996：291）。目前，韩国教育人类学的大致倾向就是以受过教育学熏陶的新一代学者为中心，并且在研究教育学的过程中运用人类学的方法。

以下是以教育人类学研究会为中心收集整理的该领域的研究活动概况——首尔大学校师范大学教育学科赵勇焕教授为笔者提供了相关的材料。

1989年8月11日，以首尔大学研究生院教育学硕士、博士学位的学生为中心（在金英灿教授的主导下），在京畿道德积岛举办研讨会后开设“教育人类学教室”。直到1994年7月共举办60次聚会（包括研讨会、论文发表会、月例发表会等聚会），同年7月9日创立“教育人类学研究会”。此研究会继承了“教育人类学教室”的传统，并把参与的范围从教育学扩展到文化人类学、现象学、解释学等领域。直到1996年7月21日，共举办20次月例发表会、3次集谈会及3次研讨会。1995年3月1日，《教育人类学消息》创刊。此消息志每年发行4次并发送到约300人的手中。现在共有50名会员。

在教育人类学的名义下的成果几乎都跟“文化叙述”（Description of Culture）息息相关。文化叙述是研究过程中使用的一种方法，但它更偏重于对研究过程的强调，这体现出了它在方法论层面维护其独特性的努力。但现代人类学的发展潮流向我们展示，文化已不再只是作为被叙述的对象而存在，它同时也是被研究者解释的对象。

这一领域的早期研究者把“Ethnography”译为“文化记述志”，因此，在早期研究阶段出现的论著几乎都被命名为“文化记述志研究”。

之后，学界又认为“记述”和“志”具有同样的含义，所以又改称为“文化记述”。专攻教育人类学的已故的金英灿教授在20世纪70年代中半期为韩国学界引入了教育人类学。在此过程中，笔者相信金英灿教授肯定也为“Ethnography”的韩文翻译而苦恼过。因为，当时韩国文化人类学界把“Ethnography”翻译成“民族志”，而在那些有关教育人类学的文献中常常使用的却是“学校民族志”（School Ethnography）。显然，韩语中不存在“学校民族志”这一说法。考虑到这一点，金英灿教授引用了詹姆斯·斯普拉德利撰写的方法论书中出现的“文化叙述”（Ethnography的原始定义）一词。在这里，金英灿教授使用“叙述”是想要强调人类学的方法需要缜密的记录过程，其目的不在于为教育人类学给出学术性的定义。因此，后学者也不必过分纠结单词的使用。

如果固守单词的字面含义，那么笔者认为“叙述”更优于“记述”。因为，“技术”（Technology）的韩文与“记述”的韩文是同音同形的，而在韩国被翻译为“技术”情况更常见。这不禁让人担忧混用的可能性，而实际上也曾发生过相关的学问事件。例如，援用“Ethnography”的看护学领域最初发行的研究书书名为《看护与韩国文化：文化技术志的接近》（1992年发行，崔荣熙、姜信杓、高诚晞、赵明玉合著，寿文社）。在编辑过程中竟出现了如此严重的失误，当作者认知事实后很快印刷新的封面分发，但原版早已在市面流传。对于种种不必要的误会在四处发生的这种现象，作为人类学徒的一员笔者感到惭愧不已。如今，在教育人类学领域已开始把“Ethnography”翻译为“文化记述”，而在发展较慢的文化看护学领域仍然使用“文化记述志”这一用语。

三、文化看护学

“1886年，韩国开始引入西方国家的制度性看护。……1986年梨花100周年研讨会上开始谈论韩国的看护学，……1989年……为了在韩国文化中寻找看护的根基，组建了以文化为研究课题的人类学科学术性研究团体。”（崔荣熙，1992年）当百年看护学史遇上韩国文化时必然会产生文化看护学，这就是看护学界元老级人物对文化看护学作出的定义。韦恩州立大学（Wayne State University）的看护人类学家雷宁格（M.M.Leininger）

的研究推进了文化看护学这一新领域的发展。

1991年和1992年，梨花女子大学看护学研究所发行《看护学的确立和韩国传统文化》丛书，大韩看护学会会长崔荣熙也开始积极探索看护学和人类学相结合的研究方向。在这样的脉络中，从1995年到现在共出现了十余篇博士学位论文。看护学界已把“看护”视为社会文化领域内的一种现象，并开始积极地向其中融入相关的人类学知识。例如，对于“死亡”的问题，人类学界已具有相当多的研究成果但却缺乏相关的实践，而直面死亡的看护学界的经验会给人类学界怎样的影响？人类学家一直把死亡仅仅视为一种“仪式”，使这些人类学家再一次考虑死亡的现象是今后看护人类学所要实现的重要课题。

四、考古学界的人类学式考古学

韩国的考古学领域是早先由日本学者开辟的。无论是朝鲜总督府的博物馆还是地方的博物馆，都活跃地展开了考古学的挖掘活动，在殖民地背景下产生并发展的韩国考古学已基本被定性为复原古代史的历史学的辅助学问。在没有确立考古学学问立场的条件下，以及在不具备任何理论背景的前提下，最初的韩国考古学成为了殖民统治的重要一环。可以说，最初的韩国考古学的首要目的就是满足殖民统治的政策性需要。因此，考古学在韩国真正作为一门学问而发展是解放后的事情。1915年成立官制的总督府博物馆，1931年9月12日以日本古董收藏家为中心成立了釜山考古会（20名会员），他们还以“朝鲜陶瓷器概说”为主题举办过展览会。当然，对于殖民地时代京城帝国大学考古学团队进行的有关考古学领域的研究，也要进行客观的、学术性的评价。

都宥浩、金载元等在欧洲留学的韩国留学生开辟了韩国考古学领域，但他们的研究活动也很难克服殖民地时代所带来的不利的学术立场。随着解放，金载元在接管总督府的博物馆后创立了国立博物馆，而此博物馆在韩国考古学界发挥了核心作用。1961年，在首尔大学文理专科学院新设了考古人类学科，而在此学科任职的金源龙教授把考古学发展为一门正规的学问。但在殖民地时代，韩国考古学早已被定性为历史学的辅助学问，这使韩国考古学成为以“文物”为中心的学问。20世纪80年代后，韩国开始出现在美国大学人类学科专攻考古学并获得人类学博士学位的考古学家，学界有必要关注这一群体在今后的研究活动。

传统人类学领域的考古学不只是追求对文物做出历史性的评价，同时还要解释该文物所包含的文化背景，如今美国方面的韩国留学生开始涉足这一领域。在传统人类学学术氛围中成长的新一代考古学家会以怎样的形式在韩国考古学界站住脚，这一问题至今还是未知数。韩国考古学是在历史学的传统背景下产生并发展的，因此，人类学领域内传统意义的考古学却被称为“新的考古学”，而那些坚守“旧”考古学传统的考古学家至今还未对“新考古学”表现出积极的态度。这或许是新一代的年轻学者在看老一代考古学家的“脸色”。无论如何，考古学的人类学倾向是值得关注的学问领域，笔者在这里建议读者应根据考古学领域的评论和陈述了解全面的考古学界状况。[1]

五、音乐人类学

“Ethnomusicology”这一用语和概念早已出现在人类学领域内。对音乐学和人类学结合产生兴趣的相关领域的研究者，开创了在艺术人类学领域占较大比重的音乐人类学。研究者的个人倾向或周边人群的氛围以及传统文化的特征，都会对音乐人类学的发展产生不同程度的影响。其实，韩国已具备了音乐人类学发展的良好基础，但因为缺乏普遍意识最近才开始“流行”这一学问领域。要知道，大部分受过专业人类学教育的学者缺乏对音乐学技术性方面的充分理解，而这一点使他们更难接近相关领域。

在人类学或民俗学领域内早已出现了有关“民谣”的研究，但其中的大部分只是陈述或解释口述的音乐内容，而不具有专业的音乐学内容，可以说是缺乏音乐内容的民谣研究。过去的民谣研究主要是记录、分类并分析口述的音乐内容，而如今的音乐人类学试图包含音乐性和音乐学技术性的研究内容。20世纪70年代的诸多民谣研究者中，具备音乐学技术的研究者只有李宝英一人。

1977年，首尔大学音乐学院附设的东洋音乐研究所创办《民族音

---

[1] 可参考的文献有李宪载的《韩国考古学文献目录》（1995年）。

乐》。该论文集的英文名称是“Asian Music（亚洲音乐）”，该研究所的英文标志是“Asian Music Research Institute（亚洲音乐研究所）”。韩万荣翻译的*The Traditional Music of Japan*（岸边成雄著）以“日本传统音乐”为题目，就登在该论文集里。韩万荣在开头中写道：“此民族音乐（Ethnomusicology）志会持续介绍东洋各国的传统音乐”。论文集题目的“民族音乐”指的就是“Asian Music（亚洲音乐）”，而韩万荣把民族音乐理解成“Ethnomusicology”。可以说，韩国对“Ethnomusicology”的初步认识是从1977年开始的。从第3集开始，该论文集把名称改为《民族音乐学》。韩万荣把布鲁诺·内特的文章译成韩文登在第3集（“何为民族音乐学”，第101–115页），但该论文集的英文标记却没有译成韩文。

对于“Ethnomusicology”的翻译用语音乐人类学界议论纷纷。李江淑给出了三种翻译作为参考，即种族音乐学、民族音乐学、音乐人类学（李江淑，1982：6–7），而最终种族音乐学被采用。但之后又出现了民俗音乐学的用语，可见学界还是没有统一其用语。1986年，李惠求在《韩国音乐史学和民俗音乐学的方法和课题》（登在《民族音乐学》第8集）的论文中，明确地把“Ethnomusicology”翻译为“民俗音乐学”。韩万荣在《韩国民俗音乐学的课题》（登在《民族音乐学》第8集）的文章中，也同样把“Ethnomusicology”译成“民俗音乐学”。权五圣在《韩国民俗音乐学的研究方法》的文章中，也把“Ethnomusicology”翻译成“民俗音乐学”，但同时又一起使用了“民族音乐学”和“音乐人类学”（Anthropology of Music）。

1987年，申大澈翻译了蒂莫西·瑞斯的文章（*Toward the Remodeling of Ethnomusicology*），连同对此文的评论一并刊登在《民族音乐学》第9集。译文的题目是《为了民族音乐学的再模型化》。1995年，李荣式翻译了海伦·迈尔斯的文章（*Ethnomusicology*），并以“民族音乐学”为题刊登在《民族音乐学》第15集。他还亲切地指出，他所指的“民族音乐学”跟20世纪90年代后在韩国音乐界盛行的“民族音乐论”不存在任何联系，并且为此添加了注释。但他并没有解释韩国学界为何把前缀“ethno-”翻译成“民族”这一实质性问题，最终也只是站在被动的立场接受了这个事实。

韩国学界把前缀“ethno-”直接翻译为“民族”，而这样的翻译却存在诸多问题。西洋人使用的“ethno-”这个单词前缀在概念上更接近于“种族”，在这样的脉络中，李江淑把“Ethnomusicology”翻译成“种族音乐学”。而李惠求和韩万荣是考虑到韩国学界的脉络，最终决定译成“民俗音乐学”。另外，在《民族音乐学》第18集中（1996年发行），蔡娴静在《音乐人类学（Anthropology of Music）的最近研究动向》的文章中写道：“不应该把音乐看成是单纯的出声现象，要把它视为与文化有着密切联系的存在物，并在文化的背景下对它进行研究，笔者在此文中使用的是‘音乐人类学’的名称。”

六、其他领域的人类学研究

虽然各个领域都显露出对于人类学的关注，但最终取得成果的还是较少。笔者在这里想着重介绍运用人类学的学问方法和概念的其他领域的重要成果，尤其要关注的是社会学的崔在锡、宗教学的黄善明、建筑学的李熙凤等人的成果，人类学家要懂得从中汲取精华。

众所周知，社会学家复兴了解放后的韩国人类学思想。受殖民地时代京城帝国大学授课内容的影响，解放后的首尔大学文理专科学院社会学科依然还保留着社会人类学科目，但随着社会学科对新的美国式社会学的引进，过去的社会人类学教学科目便消失得无影无踪。

解放后的社会学家不仅复兴了人类学思想，而且其中的部分人士还为人类学领域做出了不可磨灭的贡献。专攻人口学、副攻文化人类学的李海英教授为人类学的复兴做出了最大的贡献，而且作为社会学家李教授还留下了有关露丝·本尼迪克特的论文。继续保持社会学家“本分”的同时，还在人类学领域留下了相关成果的人是崔在锡教授。最初寻找有关人类学文献的人也是崔教授，而在韩国社会学史中介绍的崔教授的相关论文对笔者也同样产生了较大的作用。作为社会学家，崔教授一直不断地“刺激”人类学学问研究，而且还在“家族与亲戚以及宗教与人性”等领域中积极运用人类学方法，留了下杰出的、无可取代的研究成果（崔在锡，1976：21-25）。崔教授翻译了约翰·贝蒂的《他文化》（*Other Culture*），并以“社会人类学”为题在一志社出版。在高丽大学社会学科讲授人类学的同时，1969—1970年，崔教授又在首尔大学校文理专科学院考古人类学科讲授有关人类学科目。在高丽大学社会学科以人类学的方法训练研究生，这也是他功绩中的一部分。

根据当地研究收集资料是崔教授不同于其他社会学家的一点。早在20世纪60年代，崔教授曾访问过冲绳岛并撰写了有关冲绳岛亲戚的论文，20世纪80年代在济州岛进行了有关济州岛亲戚的当地研究。他的有关韩国家族的独一无二的研究成果，大大地刺激韩国人类学的方向，而且他从社会科学家的视角去分析的历史文献材料会为历史人类学领域的发展奠定良好的基础。

在宗教学领域早已（20世纪30年代）援用人类学方法和概念并留下相关研究成果的学者就是笔者在前面提到过的金孝敬。金孝敬后，在同样的领域取得有关人类学研究成果的人是黄善明（明知大学教授）。他曾在首尔大学宗教学科发表过有关人类学的宗教学博士学位论文。

在建筑学领域取得有关人类学研究成果的人是中央大学的李熙凤教授，他偶尔会在韩国文化人类学会发表相关的论文。他在首尔大学工科学院建筑工学科获得学士学位，而后在撰写硕士论文时对人类学研究（特别是列维·斯特劳斯的结构主义）表现出极大的兴趣，在宾夕法尼亚州大学撰写的建筑学博士论文中，李熙凤直接运用了当地研究和斯普拉德利类的人类学研究倾向。他也曾翻译过有关斯普拉德利的当地研究方法的书籍，最近他的研究室开始撰写以人类学方法拟定的硕士学位论文。

第五章　韩国人类学的反思与展望

第一节　有关既往以来“学史”类的意见

在过去20年里，学界也曾发表过几次有关学史类的文章。知识人士以集体或个体的形式在“回顾历史与展望前景”的名义下进行过相关的整理工作。这一类文章也许会使笔者的整理工作变得更容易些，但同时又在某些方面起到了一种妨碍作用。换句话说，花费大量时间和精力收集相关资料并站在学问的立场上撰写的所谓“学史类”的文章有助于笔者的整理工作，而那些有着特殊立场并有意地“隐瞒”某些部分的文章却使笔者的工作变得难上加难。不代表任何特定的立场且不具有任何特定的意图，对于收集到的资料和事实不进行任何意义上的“修改”，这是每个整理“学史”的人所应坚持的基本态度。只有经过这样的过程后，学者才能站在各自特殊的立场进行学史的整理工作。

1974年，韩国文化人类学会的机关报《韩国文化人类学》集中介绍了在“韩国文化人类学的反省和向往”的研讨会上发表过的有关学史类的文章。其中，针对“反省”而撰写的几篇主要文章的中心思想如下，“没能得到社会的关注、没能成为学问世界的主流势力，是颇为遗憾的现实”（任晳宰，1974：196）、“反省：‘韩国文化’的对象化和‘韩国人类学’的概念体系化到底达到了哪种程度”（姜信杓，1974：191）、“还未达到谈论欧美理论的本土化和韩国化的阶段”（韩相福，1974：213）等。

对于产生这种结果的原因和过程，任晳宰（历任韩国文化人类学会会长20年）并没有做出深刻的检讨，也没有给出任何意见。当时，学界中较为新进的学者如姜信杓和韩相福也没有对学史进行自我批判式的反省和检讨，因此，所给出的也只是较“安逸”的“反省与指点”。如果想要做出对学界真正有意义的“反省与指点”，那么就必须充分、具体地掌握过去所发生的事件。几十年前“指出”过的对象和“反省”过的内容一直“延续”到现在。换句话说，对所要评价和反省的对象在没有进行深刻检讨的情况下做出了与此相关的“评价与展望以及反省与向往”（1974年），而我们的学界至今还依然反复进行这样的恶性循环。

撰写“学史类”文章的学者中最具代表性的是韩相福。他曾对韩国文化人类学会和首尔大学人类学科的历史发表过自己的见解。这两篇文章在内容上存在很多相似的部分。韩相福把整个学史分为两大时期：一部分是“前史（1958年以前）”，另一部分是“30年史（1958年至今）”。但同时又把后者细分为三个时期：①1958—1967年；②1968—1977年；③1978年至今（韩相福，1988年）。

“有关韩国文化最初的人类学研究……实学学者的著述等……不能看做人类学研究。不能因为文章的题目中含有‘人类学’或‘民族学’等用语就简单地认为是人类学研究的成果。……众所周知，人类学研究是从日本学者秋叶隆先生开始的。……（省略）……‘（秋叶隆）采用的是进化式的社会学方法论，是因为他认为马林诺夫斯基和布朗所采用的方法……不能直接适用于朝鲜半岛，因此引用了近代社会学尤其是农村社会学领域的方法论。’之后继承秋叶学统（社会人类学研究）的学者只有泉靖一一人，另外，至今也未发现哪一位韩国学者继承了秋叶隆的学统。”（韩相福，1980：59）

整理韩国人类学史“前史”时，韩相福给出了能够纳入“人类学研究”范围的三种情况：第一，不能把实学学者的著述视为人类学式的研究。笔者也认同这一点。因为我们现在所指的人类学这一门学问是爱德华·泰勒后所开始的人类学（如果实学学者所研究的是“新”的人类学领域，那么就更不能视为人类学式的研究）；第二，不能因为题目中含有“人类学”或“民族学”用语就认定是人类学式的研究。对于这一点笔者也表示赞同。另外，他还指出“重要的是所运用的研究方法、理论和内容要体现一种‘人类学’式的研究”，但没有明确解释他所指的“人类学式研究”的具体涵义及范畴。说明这一部分内容时，韩相福还特别强调了殖民地时代的日本学者——秋叶隆的研究成果；第三，韩相福指出自己提出的“人类学式的研究”范畴跟秋叶隆提出的“社会人类学式的研究”范畴几乎一致。在某种情况下，“社会人类学式的研究”领域可以跟“人类学式的研究”领域保持一致，但前者毕竟属于后者，是后者的所属领域，而这也是学界大部分人士所认同的观点。有的领域还“警告”那些混淆社会人类学和人类学的学问倾向。

笔者以为，可以把后两者的内容统一来看。韩相福把“人类学式的研究”领域仅限定在“社会人类学式的研究”范畴中。对于这一点，笔者有不同的观点。确实，韩国人类学研究的主流是具有社会人类学研究倾向的，但不能因为学界处于这样的状态而把人类学研究的自身范畴限定在社会人类学研究领域内。秋叶隆所指的社会人类学是英国式的社会人类学，这跟在法国、德国、奥地利等欧洲大陆盛行的民族学和人类学是完全不同的立场，也不同于美国式的四分法（语言人类学、文化人类学、体质人类学、考古学—史前人类学）。对于在没有“特殊理由”的情况下，把社会人类学领域和人类学领域视为同等领域的这种观点应进行进一步的思考。

在韩国这样的特殊社会背景下讨论人类学的学史时，有必要重点考虑韩国的实际状况。如果题目中不含“人类学”用语的文章，但其研究内容属于近代意义上的人类学研究范畴，那么就应该把它视为人类学式的研究。因为，对于人类学的定义至今还存在诸多分歧，而且在韩国以民俗学为名发表的研究内容跟人类学的研究内容在很多方面都大同小异。一个国家、一个地区或一个民族从了解一门学问到接受再到自行研究是需要很长一段时间的，而在学问研究的初期必定会经历“混乱”阶段。留给人类学后学者的任务就是整理学界面临的“混乱”局面。

如果只注重内容而把人类学研究极端地限定在社会人类学框架内，那么，我们是不是应该还要怀疑韩国文化人类学会（1958年创立，引领韩国人类学）的性质。因为，就如韩相福所说：“韩国文化人类学会在创立之初存在名不副实的现象……直到20世纪70年代初，会员的绝大多数来自国语国文学科，他们都是对民俗学感兴趣的知识人士……40次的月历研究发表会中发表的相关内容最多的领域有国语、国文学、历史、国乐、巫俗、民间信仰、旅游见闻等民俗领域。”（韩相福，1988：63-64）任东权在整理“韩国民俗学史”时也曾说过同样的话。

每个学者在整理“学史”时首先应该做的事情就是确定人类学的研究范畴。笔者认为，此过程存在两种方向：一种是包含的逻辑；另一种是排斥的逻辑。韩相福和任东权两人立足于排斥的逻辑，而笔者却想站在包含的立场上考虑同样的问题。有关名称的思考固然重要，但我们的学界应该还要学会对学问世界的现象进行分析，就是说要超越只注重表面问题的阶段水平。文化人类学和民俗学之间的差异其实就是相互排斥的立场和互相包含的立场之间的差异，而这些立场又可以内观（emic）和外观（etic）的概念相结合。人可以把黑猩猩和熊放在同一范畴加以区分，而鱼也可能把人和黑猩猩与熊放在一个范畴来区分，因为大致上来看都属于哺乳类。

金光彦的立场与韩相福的立场有相类似的地方，他也赞成“排斥的逻辑”。“崔南善、李能和、孙晋泰、宋锡夏……等人只对民俗资料进行‘百科辞典式的说明’或‘标本采集式的整理’，而没能在现代人类学的社会脉络中进行文化式的解释。因此，他们的贡献在于历史国学的研究领域，而不属于现代意义的人类学研究，在整理‘学史’时应把他们排除在所要评价的对象范围之外。”（金光彦，1987：55）但金光彦并没有具体指出何为“现代人类学社会脉络中的文化解释”或“现代意义上的人类学”。笔者不能认同他把崔南善、李能和、孙晋泰、宋锡夏的研究视为“对民俗资料进行百科辞典式的说明或标本采集式的整理”的主张。

是否能在同一个范畴中讨论这四个人的研究?崔南善和李能和确实是依靠文献进行研究，其中特别要指出的是崔南善在文献研究过程中介绍了不少人类学理论，并指出了其应用领域。金光彦把崔南善、李能和与孙晋泰、宋锡夏视为了同一级别的人物。笔者怀疑他是否对孙晋泰留下的“人类学”“土俗学”式的研究，以及以当地研究为基础的宋锡夏的民俗学研究进行过深入的了解。学界人士应慎重地评价先学及其所留下的研究成果。

站在“包含的立场”上整理“学史”的学者中，最具代表性的是李光奎。李光奎“第一时期是从1920年到1932年（原稿中写的是1935年，笔者认为这是印刷时出的差错），崔南善和李能和的研究业绩属于这一时期。……第二时期的起点是朝鲜民俗学会的创立（孙晋泰和宋锡夏共同创立）时期。在这一时期，孙晋泰的当地研究成果让人‘刮目相看’。……第三时期是从1945年至1970年，这一时期被称为民俗学时期。就在这一时期，人类学科新设，韩国文化人类学会创立，进行了比较集中的全国民俗综合调查活动。”（Lee，1986：117-119）但对于1970年后的学界，李光奎没有给出任何评价。

选择“排斥的逻辑”还是“包含的逻辑”，会直接影响评论者的立场和评价内容以及结论。这种立场的选择不是对与错的问题，是在解释说明各种学问现象时的各种可能性和观点差异的问题。我们是没有资格谈论人类学学问性质的“对与错”的。

以下是笔者对“人类学研究”内容的立场和几种意见：①能够证明人类学研究正式“启动”的转折点是学会的创立。因此，名称中包含“人类学”的学会及其活动内容都应被看做人类学式的研究；②文章题目中含有“人类学”用语或相关领域用语（如“民族学”）时，首先应把它视为人类学式的研究，在此基础上再对其内容进行更深层次的检讨；③把现阶段所有类型的人类学的视角都看做人类学的研究范围。因此，不能局限在“社会人类学研究”领域，而应把“人类学”的学问范围扩展到所有属于人类学四分法的领域；④有关韩国的人类学研究都属于人类学式的研究范畴。那些虽然题目中没有“人类学”用语，但被刊登在人类学学术志上的文章也同样应被视为人类学式的研究；⑤韩国学者对外国的或是从理论的层面上展开的人类学论议都属于韩国人类学范畴。这是因为，人类学一直以来都在强调“他国文化”的研究，而且近年来学界也在不断地积累这方面的研究成果；⑥积极地容纳外国学者取得的有关韩国的人类学研究成果；⑦充分考虑韩国的实际。

原则上，考古学的研究应被视为人类学式的研究，但考古学在韩国一直被认为是历史学系列的学问，因此，不能把韩国的考古学直接看作人类学式研究的一个领域。对于民俗学的研究笔者也持有同样的立场。换言之，虽然学界普遍认为“人类学的研究”应包含考古学和民俗学的研究成果，但考虑到现阶段韩国学界的实际状况，这一问题还有待日后学者的进一步思考。上述七种条件不可避免地存在相互交叉、重复的部分。

谈论上述内容时还面临另一个问题，就是到底怎样判断一位学者是否属于真正的人类学家？我们把撰写人类学相关的论文以及讲授人类学相关的课程的学者都称为人类学家，但如果那只是“一次性”的工作，即没有持续地取得研究成果，没有持续地讲授人类学课程，把这样的人称为人类学家会不会显得勉强？人类学的研究工作可以是“一次性”的，但人类学家必须具有“持续性”的特征，因此，不能把进行人类学研究的所有学者都称为人类学家。

在整理学史的过程中，韩相福在其区分的“前史”（1958年前）内容中写道：“作为韩国人类学家……在密歇根大学专攻人类学并在1949年获得博士学位的人是崔正林。”（韩相福，1988：60）韩相福在整理“1958—1967年”期间的研究倾向时，给出了“几位社会文化人类学家”的名单，有Eugene Knez和尹英九博士、威廉·比尔纳茨基和理查德·豪厄尔等人（韩相福，1988：64–65）。其中也同样存在虽然有了“人类学研究”成果，但因为“持续性”因素的缺乏而不能称为“人类学家”的情况。史密斯尼在评价职员的过程中，也曾犹豫过是否要把Knez博士评价为人类学家（麦格拉梅里1979年）。可以看出，研究成果的“持续性”问题是判断一位学者是否属于人类学家的一个重要的衡量标准。从事相同领域或相关领域的学者对其的评价也是一个重要的判断标准。

对同一领域的学者最初实施评价的人是金光彦。他一直在持续地进行整理“学史”的工作，因此，他对同一领域的学者所做出的种种评价更加引人注目。他使用了“第一代人类学家”的表述，并在其中提到了三位人类学家的名字，认为“代表级人物金宅圭”是基本论者，姜信杓是结构论者，而韩相福是专注于“传统的延续与变动”的学者（金光彦，1995：77–79）。可以看出，金光彦积极地介绍、评价了金宅圭、姜信杓、韩相福等人及其研究成果。但笔者发现，他在整理学史时却“抛弃了”本不应排除在外的学者及其伟大的研究成果。换句话说，金光彦在评价与介绍的工作中一直持有消极的立场和方向。

最令人匪夷所思的是李光奎的名字被排除在金光彦的分类外。众所周知，李光奎留下了相当多的成果，金光彦所提到的任何一个人的论著数量都不能跟李光奎相提并论，然而金光彦却不认为李光奎是“第一代人类学家”。金宅圭并没有受过专业的人类学教育，他是在国文学领域自学人类学后创设了文化人类学科的，是在人类学领域留下诸多研究成果的人类学家。李光奎、姜信杓、韩相福三人获得了人类学（或是民族学）博士学位，但在之前三人却都专攻于人类学以外的其他学问领域。其中，最先获得博士学位的学者是李光奎，而他的博士论文是有关蒙古婚姻的民族学领域的论文。这应该是韩国人类学史上的一件大事，因为他是最初以民族学获得博士学位的韩国学者。因此，笔者认为，金光彦在“第一代人类学家”中排斥李光奎的主张是错误的，如果他仍坚守他的这一主张，那么应给出更充分的理由加以说明。

笔者在金光彦的文章（整理学史类的文章）中发现了另一个较为严重的问题，那就是金光彦对韩国人类学界所持有的悲观的态度。对于一个现象，首先要进行批判性的分析后才有可能进一步产生乐观的或悲观的观点。金光彦的文章缺乏具体的批判性的分析内容，因此，在此基础上产生的立场是“观”的问题而不是“判”的结论。

间隔8年发表的有关学史“评价”的文章中，金光彦指出：“随着时间的推移，韩国人类学界在不断地退步。”这种指责性的评价内容直接体现了金光彦对韩国人类学界的悲观态度。

“20世纪60年代后半期以来，学界最主要的研究倾向是有关韩国传统文化的民族学研究。……在社会科学领域受过专业训练的学者开始把目光转向韩国传统的社会制度和文化的研究中。对这一领域的研究实际上就是韩国人类学的主要研究活动。……他们的研究主要采取人类学式的当地研究方法和撰写民族志的方法，‘在国外受过训练的、新进的人类学博士归国后积极地活用新的人类学理论和方法，充分利用韩国的历史材料并以文化人类学的视角集中研究韩国人和韩国文化。’（韩相福，1980b：67）这证明学界已经进入了该阶段。”（金光彦，1987：57-58）以韩相福的文章为基础的金光彦的评价体现了积极、乐观的展望未来的态度。但金光彦把韩相福的“检讨”阶段评价为检讨过程的“证明”阶段。换言之，金光彦夸张解释或过分强调了韩相福的见解。

紧接着发表的文章中，韩相福写道：“展望韩国文化人类学更好的未来，今后要努力提升理论化和方法论的水平，并且还要对我国文化和他国文化进行比较研究。”（韩相福，1988：73-74）。在此后出现的金光彦的评价文章带有明显的谴责态度："有关'文化'的……（省略）……韩国文化的研究水平还未正式达到立足于理论或批判性视角的阶段。"（金光彦，1995：80）1987年发表的金光彦的文章感觉是对1980年韩相福的文章内容进行了强化，而后1995年发表的金光彦的文章也像是对1988年韩相福的文章在内容上的强化。笔者还不确定金光彦在文章中使用"正式"这一单词到底指何种水平或阶段，但可以明确指出的是在过去的20余年里，韩国人类学家立足于人类学界通用的文化理论累积了相当数量的研究成果。韩国文化人类学会在学会创立30周年时发行了集合会员研究论文的"单行本"，另外个别研究者也留下了不少成就。尤其是韩国人类学界在1988年到1995年期间累积了相当数量的论著（参考附录2）。

虽然韩国人类学的理论化水平还未完完全全地夯实，但从上述分析中可发现，韩国人类学界已经进入了立足于"文化"理论的研究阶段。因此，笔者认为在没有进行内容分析的情况下做出的金光彦的"还没有正式开始立足于韩国文化的研究"的评价内容显得过分含糊，不能称得上是真正的学术型评价。

如果说笔者对金光彦的两篇文章给出了前后不一致的评价，那是因为金光彦在不同的时间撰写的两篇"学史"评价型文章有不吻合的内容。换言之，金光彦的主张缺乏一致性。

对自己所属的学界进行成果评价的时候，少数专家之间会出现相互冲突、相互矛盾的见解，有时个人的立场也会产生巨大的转变。导致这种现象的原因有三种：第一，学界还未在人类学这一门学问达成一种"恰当的协议"；第二，整理"学史"的大部分学者没有明确的立场；第三，虽然韩国人类学存在不同的分类方式，但却没有一位学者明确指出如此分类的理由等核心问题。总而言之，这样的学界背景很难避免上述状况的发生。

对于学界存在的这三种问题，笔者也很难表明明确的立场，只是在认知这些问题的情况下，尽可能地在部分领域表明笔者的学问立场。要注意的一点就是，个人在进行"学史"整理工作时要慎重考虑切实性和一贯性的问题。

第二节 在韩国何为人类学：从分离到统合

在笔者写书的此刻，朝鲜半岛仍处于分裂状态。人类学的学问传统开始之后因为政治上的问题导致了朝鲜半岛的分裂。正因为政治上的分裂导致了人类学学问的“分离”，即现在的南北人类学界以不同的形态、不同的题目和不同的程度进行各自的人类学研究。在没有对具体的内容进行深入分析之前，仅靠表面的现象判断人类学的发展潮流会显得过分牵强。如前所说，我们的学界存在各式各样的“排斥逻辑”，而排斥诸种“排斥的逻辑”正是笔者想要表明的立场。对于在内容上能够包含的部分尽可能的适用“包含的逻辑”，并且还要在那些因为政治问题而相互排斥的领域中寻找能够包含的部分内容。笔者认为，“包含的逻辑”比“排斥的逻辑”更有说服力。学界人士也应采取“统合”的方法而不是“分离”的方法。

1958年秋天，张筹根和李杜铉曾找到罗世镇（首尔医科研究生院长）并提出共同创立人类学会的想法。张筹根和李杜铉证实他们的建议遭到罗老师的拒绝，但张信尧（罗世镇的门徒）却说自己没有那样的记忆，也没听罗老师讲过与此相关的话题。有可能对于罗世镇来说张筹根和李杜铉的建议是件无关宏旨的事情。两人访问罗世镇的时候，是大韩体质人类学会成立（1958年8月）后或处于创立的准备阶段的时期，这使罗世镇更没有心思考虑张筹根和李杜铉建议的文化人类学会。罗世镇的师傅今村丰较注重当地研究，曾跟秋叶隆、泉靖一等人进行过当地研究，并收集了大量的人骨，是名副其实的体质人类学家。相比而言，罗世镇属于比较“安逸”的体质人类学家，反而医科大学的解剖学家更能体现他的身份。

在这样的背景下，韩国的体质人类学至今仍附属于解剖学界，还没能跟文化人类学相联系。对于解剖学界来说，这可能是无足轻重的问题，但对于整个人类学界可以说是举足轻重的重大问题。与韩国学界状况相反的是，在朝鲜，与考古学有关的体质人类学领域的活动显得非常活跃。以“人类学”为名的朝鲜的体质人类学继承了欧洲的人类学传统。

韩国的体质人类学会会员主要专注于有关现代人的解剖学研究工作，

而朝鲜的体质人类学家主要专注于有关古代人人骨的研究。在朝鲜“主体思想”人类学代替了以民俗学为名进行的人类学研究，而韩国的民俗学家团体虽然致力于人类学研究，但却一直背离文化人类学团体。政界强调“分离”，而学界的“分离”工作似乎变得更加积极。“四分五裂”正是朝鲜半岛人类学界的现状，我们的学界应该为广义的人类学而奋斗，要实现人类学的“统合”而不是“分离”。

贴着民俗学的标签进行的人类学研究也同样存在分离的现象。结果又是土崩瓦解的局面。学术研究的目的何在?

“1934年，宋锡夏把民俗学设立为独立科学，60年之后的今天，民俗学仍在为独立科学的地位而努力。”（张哲秀，1995：32）1934年宋锡夏在《学灯》4（9）中发表了名为《何为民俗学》的文章，因此张哲秀认为1934年就是民俗学以独立科学正式建立的一年。但是从这种逻辑出发，1933年和1932年也完全可以被认为是正式建立年份。1932年，以宋锡夏、孙晋泰、郑寅燮、秋叶隆、今村鞆为中心创立了朝鲜民俗学会，1933年朝鲜民俗学会发表了机关报《朝鲜民俗》的创刊号。因此，笔者认为张哲秀的上述主张不太符合事实。

“朝鲜民俗学界普遍认为，在1927年有关民俗学的研究论著开始出现在学界。1927年发表的文章有：李能和的《朝鲜巫俗考》（杂志《启明》第19号）、崔南善的《萨满教劄记》（杂志《启明》第19号）、孙晋泰的《朝鲜的说话》（《新民》第29-34号）和《温突文化传播考》（《朝鲜及朝鲜民族》第1号）。”（梁永厚，1981：136）金宅圭也持有同样的见解。“1927年5月，出版《启明》杂志第19号。此杂志登载了崔南善的《萨满教劄记》和李能和的《朝鲜巫俗考》。笔者认为《启明》第19号的出版是韩国民俗学正式确立的标志。”（金宅圭，1994：35）1926年，秋叶隆在京城帝国大学开始为人所知，同年宋锡夏也开始发表了有关人类学或土俗学的论文。因此，笔者认为金宅圭的1927年说和张哲秀的1934年说都让人难以接受。

以上提及的几位学者都在犯学问“具体性”的错误。有特殊意义的个别年度或特定杂志的出现和学问体系真正确立的时机是完全不同的问题，因为其中会存在个人观点、目的、本质等因素的介入问题，因此每位学者在做出结论之前首先应该进行深刻的理论分析。

“朝鲜民俗学在1894年的甲午更张到1919年（三一独立运动前后）的新文化运动之间确立了其学问体系。在此期间，史学家、宗教学家、语文学家进行了历史和文献式的民俗研究。”（梁永厚，1981：136）笔者反而觉得这种笼统式的判断更具说服力。如果太执着于具体的历史事件或事实，那么有可能会错过整体。

朝鲜民俗学会的创立可以称得上是正式确立韩国民俗学学问体系的标志。分析学会成员的研究方向，就会发现当时的“民俗学”不是狭义的民俗学。宋锡夏和郑寅燮指的民俗学是“Folklore”，而孙晋泰和秋叶隆所指的是人类学（Anthropology）或土俗学（Ethnography）或社会人类学（Social Anthropology）。学会名称的建立在很大程度上受了宋锡夏的影响，因为宋锡夏就是创立学会的核心人物。换言之，虽然学会的名称中含有“民俗学”的用语，但他所指的民俗学不是现代英韩词典中的“folklore”式的民俗学。因此，现阶段的狭义民俗学应该从属于广义人类学，只有承认这一前提才能理解学界发展的整体脉络，才不会犯各种学问上的错误。

以下引用的三篇文章是笔者从学界元老级人物的回忆录中摘取的部分内容。这些文章中的诸多高见不禁让人思考韩国人类学的发展状况。

“1958年11月，任晳宰、金东旭、李杜铉、张筹根、金廷鹤、康允浩、金基守、任东权等人创立了韩国文化人类学会。西欧的民俗学界已经开始慢慢的“接近”人类学，而韩国的民俗学早晚也要进入比较学的阶段并且会不断地扩大研究的领域，出于这样的认识才决定用‘文化人类学会’的名称。……因为韩国民俗学界缺乏相应的理论和资料，所以至今还未实现向人类学的飞跃。”（任东权，1964：241-242）

“解放之后，主要是由国文学出身的学者进行民俗志的整理工作，他们试图以国文学、历史学的研究方法接近民俗学。近年来，年青一代的人类学学者开始慢慢地融入民俗学界，并积极地运用人类学的研究方法。虽然仍存在‘民俗学与文化人类学是完全不同的独立科学’的主张，但是民俗学、民族学、文化人类学包括社会人类学都是研究民族和文化的人类学系列的学问。”（李杜铉、张筹根、李光奎，1991：19）

“研究民族与文化（或是人类与社会）的民俗学是人类学系列的科

学，它既是‘过去科学’同时也是‘现代科学’，民俗研究需要更加注重至今仍使用的历史学方法和随着现代社会的变动而采取的社会学方法。”（李杜铉、张筹根、李光奎，1991：7）李杜铉、张筹根、李光奎指出了民俗学的学问性质以及它的发展方向，任东权的文章则阐述了韩国文化人类学会创立当时的现实状况。那些刚入门的初学者只有铭记长时间致力于民俗学或人类学的学界元老级人物的忠告，才能确保正确的学问立场。

李杜铉、张筹根、李光奎三人对民俗学的学问立场和宋锡夏（早期韩国民俗学的先锋）病逝之前所采取的学问立场是相通的。李杜铉、张筹根、李光奎三人都没有受过专业的民俗学或人类学教育，国文学科出身的李杜铉和张筹根以自学的形式研究民俗学并从事相关的教育工作，而历史学科出身的李光奎在民族学和文化人类学领域进行相关的研究和教育工作，李光奎也曾发表过民俗学方面的研究论著。但没有一个人在著作中提及1948年病逝前的宋锡夏最后对民俗学的态度，也没有人指出自己在代表宋锡夏的立场。或许没有一个人察觉到宋锡夏最终变更的立场。

无论如何，上述的三个人却异口同声的主张“民俗学是人类学系列的科学”。民俗学研究的终点站终究是人类学，这是先学们共同的学问立场，也是我们学界今后的发展方向。展望研究韩国民族和文化的韩国民俗学能够实现新的飞跃。

朝鲜如何确立“民俗学”的概念。在社会主义制度圈通用苏联式的民俗学即“Ethnography”（东欧也有类似的倾向），确立社会主义国家的朝鲜受了苏联式民俗学的影响。朝鲜引进苏联的Ethnography之后对此进行了“主体化”，1964年朝鲜民俗学界曾试图重新确立“朝鲜民俗学”（可以把主体化理解为本土化的一个过程）。朝鲜的民俗学不是狭义的Folklore（类似于宋锡夏早期的观点），而是在社会主义制度圈内普遍接受的人类学式的Ethnography（类似于孙晋泰所理解的“土俗学”和广义人类学）。1989年出版的《朝鲜民俗学》（“金日成综合大学用”教材，李在吾著）目录也体现了典型的苏联式的Ethnography（除了主体思想化问题之外的内容）。张哲秀在1995年发表的文章中谈论朝鲜的民俗学和中国朝鲜族的民俗学（第76-84页），要知道这里的民俗学不是指Folklore，而是更接近Ethnography。

张哲秀则认为“韩国民俗学的研究结果”是在按地区出版的《韩国民俗综合调查报告书（1969—1981年）》（共11册）、《韩国民族文化大观》（高丽大学民族文化研究所刊行（共6册，1980年出版）、按不同领域出版的《韩国民俗综合调查报告书（1982—1994年）》（共13册）中发表的重要文章。张哲秀认为这些论著体现了“应在‘民族文化的背景’下讨论民俗”的倾向，并指明民俗学具有民族文化科学的学问性质。

张哲秀主张“朝鲜和韩国的民俗学都是‘民族文化科学’的一部分”。（张哲秀，1995：112）笔者也认同张哲秀的主张，在此想特别指出孙晋泰的立场。对于同样的内容，孙晋泰早已使用了“民族文化学”的用语。张哲秀在孙晋泰使用的“民族文化学”的“学”字之前加了一个“科”字，最终称之为“民族文化科学”。孙晋泰的民族文化学是他所指向的广义人类学在本土化的过程中形成的一种现象。无论是殖民地时代产生的学问成果，还是解放之后的学界对学问方向性问题所体现的意志，还是分裂之后的南北韩学界各自积累的研究成果，只有人类学这一门学问框架才能接受、容纳研究成果的内容。

1921年，孙晋泰成为西村真次的学徒，1926年孙晋泰开始独自发表人类学研究的大纲（大纲的部分内容反映孙晋泰自身的研究倾向发生了较大的变化）。他在大纲中表现的立场变化为人类学界提供了一个重要的研究方向。

如果张哲秀主张自己所说的“民族文化科学”不是人类学系列的科学而是属于民俗学领域的科学，那么他的这一主张要么会被学界所孤立，要么学界就会认为他对“民族”或“文化”等的概念存在大大的误解。如果考虑现代人类学发展进程中的民族和种族性等的问题，那么他的民俗学只能所属于广义的人类学。此外，受到李杜铉、张筹根、李光奎等人影响的张哲秀的研究倾向也同样徘徊在相同的领域。

日本的韩国人类学专家也提出过相似的问题。接收很多日本民俗学的相关书籍并实施共同研究活动的韩国民俗学界为什么忽视日本民俗学研究的重要领域（“社会民俗”）呢？会不会是顾虑到如果研究社会组织就会超出民俗学的研究范围，从而进入人类学领域。学界应该马上停止贴着不同的“标签”（“人类学”或“民俗学”）而进行的幼稚的领域争夺战争。历史再一次证明，这是无济于事的领域斗争。学界应该充分分享广义的观点和主张，并学会共有现存的历史材料。杯水车薪的领域斗争导致学界的各个领域过分强调自身“标签”的使用，因此即使在谈论同一个话题，都会贴着不同的“标签”。将来此类“标签”会以怎样的形式相互协调，或许只有时间才能给出答案。无论贴着怎样的“标签”，只要谈论的是同样的或类似的内容就应该形成相互间的交流。只有这样才能减少不必要的能量消耗，才能为后学者创造良好的学术平台。

“现阶段的韩国研究者要时刻铭记秋叶隆的综合民俗学和社会组织研究的人类学研究倾向。”（伊藤亚人，1988：218）贴着民俗学的“标签”登场的研究成果，挂着社会人类学（或是人类学）的“牌子”进行的研究活动，这就是韩国人类学界的现状。没有任何的交流，各自朝着不同的方向发展的韩国学界应该虚心听取伊藤的上述忠告。

在韩国确立人类学的过程中面临的重大课题是，对现存的研究成果进行本质的、批判性的内容分析。无论是个别学者留下的研究论著，还是政府机关或各种团体发表过的文章，对于这些我们的学界还未进行体系的整理工作。例如，韩国文化人类学会在文化公报部文化遗产管理局的资助下实施了全国民俗综合调查并出版了全南篇（1969年）、全北篇（1971年）、庆南篇（1972年）、庆北篇（1974年）、济州篇（1974年）、忠南篇（1975年）、忠北篇（1976年）、江原篇（1977年）、京畿篇（1978年）、黄海·平南北篇（1980年）、首尔篇（1979年）、咸南北篇（1981年）等报告书。之后文化遗产管理局按主题分类后续出版了《韩国民俗综合调查报告书》。另外，韩国精神文化研究院语文研究室出版了《韩国口述文化大计》82册（1980—1988年）和该书的2册附录（1989年）。韩国人类学的研究成果中具有代表性的重要资料有，温阳民俗博物馆发行的学术研究丛书、国立民俗博物馆的研究报告书以及材料集、韩国精神文化研究院发行的《乡村民俗志》（庆北篇1992年、庆南篇1994年）、1988年金光彦的《韩国的居住民俗誌》（民音社）、1991年姜永焕的《韩国居住文化的历史》（集文堂）、1992年姜永焕的《家庭的社会史》（熊津出版社）、1969年金光彦的《韩国的农具》（文化遗产管理局）、1983—1994年京畿大学博物馆的《韩国的农耕文化》（1–4，京畿大学出版社）、

1986年金光彦的《韩国农具考》（韩国农村经济研究院）等。

韩国文化人类学会和人类学的关联团体出版的研究论著，以及有关民俗的论文集有：《韩国民俗学》（韩国民俗学会）、《比较民俗学》（比较民俗学会）、《历史民俗学》（历史民俗学会）、《民俗学研究》（国立民俗博物馆）、《民俗学》（安东大学民俗学科）等。考古学界也在进行类似的研究。

要系统的分析解放后产生的论著和殖民地时代的日本人留下的研究成果。我们需要用具体的历史证据来证明“日本人哪一部分的研究成果对当时的殖民统治产生了影响”。只有经过这样的过程，才能真正从殖民地时代的阴影中摆脱出来。殖民地时代的人类学家或有人类学研究成果的学者留下了相当多的历史资料供我们参考。整理殖民地时代留下的研究成果成为现阶段人类学者面临的重大课题。

“传闻当时的村山智顺是警察总长，但还不确定是否属实。”（梁永厚，1981：142）金泰坤提出过更离谱的评论，如村山智顺“多年担任大邱警察部长”（金泰坤，1971年）。这是错误的见解。做出这样的评论有可能是因为混淆了村山智顺和今村鞆的经历，也有可能是因为在没有了解村山智顺的研究内容的情况下，就直接把他评价为跟今村鞆相同的“谍者的官吏”（梁永厚，1981：142）。村山智顺曾在警察人员的帮助下收集过资料，有可能是因为这样的原因才使部分人士对他做出如此 “荒唐”的评论（朝仓敏夫，1997年）。

深刻分析日本帝国主义时代产生的各种研究论文和资料并且对相关的论文和学者做出正确的评价，这是韩国学界必须要完成的任务。根据结果来看，是可以评价出谁的研究是“间谍性的”，谁的研究是“学者性的”。而同一个人的多种多样的研究活动也可能存在“学者—间谍”兼具的情况。

在宏观的殖民主义和人类学的联系关系中，我们有必要正确区分“学者的”研究和“谍者的”研究。一个人的研究业绩在某种方面具有“学者的”性质，而在另一种方面却具有“谍者的”性质。殖民地时代的很多研究成果同时具有这两种倾向，只不过根据不同的状况有时偏向于“学者的”研究，有时又偏向于“谍者的”研究。具体偏向于哪一边？偏向了多少？只有明确这两种问题之后才能做出批判性的评价。众所周知，“学—谍”兼备是殖民主义人类学最典型的特征，但是弄清具体在哪些方面、以何种程度兼备了“学”与“谍”是留给后学者的课题。

分析日本帝国主义时代由日本人取得的研究成果时要明确自身的立场和态度。“以秋叶隆和赤松依据社会人类学和宗教人类学方法而进行的巫俗研究和民俗事例为中心，以及用历史民族学的方法研究韩国古代文化的三品彰英和村山，这一系列的收集资料以及其体系化等研究成果似乎仍有‘余音’。”（金宅圭，1994：37）这不只是“似乎”仍有“余音”的简单的问题。对于日本人的研究成果，无论它是出于何种原因和目的，只要有学术上的成果，韩国学界就应该保持积极的态度。当然，如果是相反的情况，即对学问研究没有任何的帮助，反而影响韩国学界健康的发展，那么就应该坚决果断地“抛弃”。如果我们的学界一直采取“犹豫不决”的态度，在学术问题上没有明确的立场，那么被支配者的自卑情结会一直持续下去。客观分析、承认事实、批判过失是解除以错误的方式扎根在人们脑海中的历史记忆的最有效的方法。积极承认，坦然面对殖民主义时代给后人留下的影响并对其影响进行客观、准确的评价分析，这是学界在树立韩国人类学的过程中首先要完成的重要课题。

解放之后进行的所谓的“民俗学研究”或人类学研究中出现的一些问题揭示了整个韩国学界所具有的弊病。最让人担忧的是，有些学者明明是在抄袭日本的研究论著和书籍却装作若无其事。因为日韩两国之间还未形成较体系化的合作与竞争关系，韩国学界的一部分人士试图利用这样的状况逃脱抄袭的“嫌疑”。引用别人的文章和句子并明确标注其出处，这样的行为在一门学问的最初发展阶段是可以被理解的，但要知道只知道“照搬”的学界会严重妨碍创造性学问的累积，而这对整个韩国学界的健康发展是非常不利的。

20世纪70年代初可以说是韩国人类学发展的初期阶段。在国内方面，岭南大学新设了文化人类学科（1972年），首尔大学研究生院设置了专攻人类学的硕士过程（1973年）。在国内外交流方面，美国大学的在读博士生为了实行当地研究开始长期居住在韩国；日本的新进人类学家也开始在韩国进行当地研究。“清凉苑派”最先开辟了跟日本学者的来往关系，

“文理学院派”在美国年轻学者的当地研究过程中起到了跟国内联系的作用。总的来说，20世纪70年代初期大概就是为了研究而进行的基础设施（制度与人）构建阶段。

在韩国人类学的发展历程中，兼具教育和研究条件的时期有两次。一次是殖民地时代在京城帝国大学社会学教室中以秋叶隆为中心的社会人类学传统时期；另一次是1960年，在首尔大学校文理专科学院复苏的人类学传统时期。前者体现了与殖民主义结合的人类学。从学问的研究和介绍状况区分韩国人类学的发展时期，具有代表性的有：殖民地时代总督府的雇佣制（村山智顺等），从朝鲜民俗学会（1932年设立，以宋锡夏和孙晋泰为中心）到朝鲜人类学的创立（1946年创立，1948年改名为大韩人类学会），另外还有1958年创立的韩国文化人类学等。

无论是学校（教育和研究的中心）还是学会（研究和介绍的中心），两者的发展历程呈现了一个共同点，那就是两者都受到殖民支配和战争的严重打击，学问的发展出现了断绝的现象。当然也存在有必要断绝的部分，但殖民战争是残酷的，它不会选择性地只断绝该断绝的部分，不应该被断绝的部分也被埋在战争的炮灰下。人类学这一门学问在朝鲜半岛这块土地上不得不经历曲折。如果想要从过去的历史中彻底摆脱出来并展望全新的未来，那么就必须要彻底理解、掌握过去的历史（History）并以此为基础分析社会记忆（Social Memory）。所谓的社会记忆是指过去的历史与现阶段的学问领域相关的那部分记忆。过去的历史不只是存在于过去，反而成了作用于现在的核心力量，就是因为有相应的社会记忆。整理韩国人类学的历史及其相对应的社会记忆，正是整理韩国人类学史的过程。仅有经过这样的过程才有希望探讨学界的未来。

第三节 概要和结束语

1. 概要

高义骏在1896年发表的有关《事物变迁的人类学方法》的论文中全面地提出了文化的问题，这是在东亚最初介绍爱德华·泰勒（Edward Tylor）的论文。当时的日本人类学界正以坪井正五郎为中心研究欧洲的刑事人类学和比较解剖学，另外还以坪井正五郎的弟子——鸟居龙藏为中心展开考古学和体质人类学为中心的材料收集活动。尤其是，跟日本帝国主义军队的膨胀主义表现出同一轨道的鸟居龙藏的人类学式的“实地调查”在当时的日本人类学界起着核心的作用。不难看出，以文化概念为中心的高义骏的人类学立场和试图把人类学和人种主义·殖民主义相结合的坪井正五郎和鸟居龙藏的人类学立场是相对立的。高义骏始终坚持文化的概念，在他的文章中根本找不到当时以东京人类学会为中心展开的日本人类学的痕迹，我们应该怎样理解高义骏的人类学立场？可以肯定的一点是两者在看待人类学时存在立场上的差别。

以东京人类学会为中心展开的帝国主义式的日本人类学无情地践踏了以文化概念为中心的高义骏的“韩国人类学”萌芽。1920年，在西村真次的努力下，日本人类学和文化概念的开始真正结合。正当文化概念在日本人类学界站住脚时，出现了在这样的学术氛围中接受教育的宋锡夏和孙晋泰。他们两个人的登场对韩国人类学的发展意义极大。当时，他们已经具有文化民族主义的问题意识，这一点再一次证明在殖民地被支配的状况下，文化的问题是认识的中心问题。

作为总督府的官僚或受雇者担任“民俗调查”的今村鞆和村山智顺，以及1926年随着京城帝国大学的设立登场的秋叶隆和日本帝国主义败战之前赴任京城帝国大学大陆资源科学研究所助理教授的泉靖一等人进行的研究活动终究都是以日本学界侵略式的民族学为根源的。20世纪40年代，侵略式的民族学使日本人类学界发生质变，文化概念逐渐消失，同时期以宋锡夏和孙晋泰为中心的朝鲜民俗学会也被掩埋在战争的炮灰下，这一切都是殖民权力支配的结果。日本的人类学界再一次对文化概念表现出兴趣是在战后的和平时期。综上所述，可以间接地证明人类学的文化概念和帝国主义或侵略战争是截然相反的立场。

1946年创立之后，在抗美援朝战争的旋涡中蒸发的朝鲜人类学会揭示的是人类学——没有分离体质和文化的人类学。研究发表会和会志的内容也是包含体质人类学和文化人类学的广义人类学。当时，整个韩国学界还未形成类别的体系化，如果回顾在那样的背景下追求人类学的“朝鲜人类学会”和当时整个社会对人类学这一门学问的了解程度，那么会更加深刻地认识到像现在这样的“各玩各的”的学界状态对人类学的发展是极其不利的。

1946年，以宋锡夏（解放定局当时，他在震檀学会任委员长、在朝鲜山岳会任会长，是学界的领头人物）为中心在首尔大学文理专科学院社会科学部创设了人类学科，而宋锡夏提倡的是包含考古学、博物馆学和民俗学的广义人类学。当时体质人类学科早已出现在医科大学解剖学教室的教学科目内容中，因此宋锡夏的广义人类学中没有明确地指出体质人类学的名称。宋锡夏在承认那样的现状之后，把民俗学、考古学、博物馆学作为自己所倡导的人类学范围。他曾明确指出健康成长的民俗学最后会转换为人类学，并且在1945年11月设立了国立民族博物馆（英文名称是Museum of Anthropology）。弗莱德·伊根（Fred Eggan）在整理民族学和社会人类学百年史时特别强调了学问“专业化”的问题，他指出专业化是一个重要的关口，是一门学问的关键。（Eggan，1968：211）宋锡夏就是试图通过多样的组织体系实现人类学的专业化（Professionalization）的。通过讲座、大学的学科、国立的博物馆，宋锡夏想要在这土地上实现人类学的专业化，但终究没能实现，以失败告终。随着宋锡夏的离世和战争的爆发，人类学会、人类学博物馆和人类学科都销声匿迹。

1958年韩国文化人类学会创立当时，创立学会的核心人物都表现出把体质人类学纳入人类学的意志，但因为体质人类学这一边的回避最终没能走到一起。韩国文化人类学会是以专攻民俗学的学者为中心创立的，并且他们试图跟体质人类学一起构成人类学会，综合这两个特征就能得到以下两个结论。

第一，不能把韩国文化人类学会的创立目的单纯地解释为民俗学家之间的名称竞争。解放之后，宋锡夏提倡的是从民俗学扩展到人类学。同样地，1958年，邀请任晳宰担任会长的民俗学中心青年学者团体（以首尔大学校师范大学为中心）也考虑过人类学。第二，韩国文化人类学会在创立过程中所体现的统合的意志仍处于未完成的阶段。韩国文化人类学会在创立初期就已下定决心实现与体质人类学领域的结合，而这种意志至今未变。第二个结论能够有力地证明，韩国文化人类学会的创立会员并没有把视角锁定在狭义的民俗学框架内，但学会后期的一些活动却还是没能摆脱忽视社会人类学领域的民俗学范围。

1961年首尔大学校文理专科学院内出现了考古人类学科，以金元龙（专攻过历史学系列的东洋史）为中心调整的学科编制使人类学教学科目出现在考古学科内。这跟1946年出现在首尔大学的人类学科（以宋锡夏为中心构成的学科）的状况是截然相反的，即人类学和考古学的立场完全被颠倒了。

1975年，首尔大学内的人类学科彻底地从考古学科分离出来，成为一门独立的学科。当然这种过程是学科发展的必然趋势。但这种分离并不完全是从学问的角度深思熟虑的结果，更多的是人为因素作用的结果。韩国的文化氛围就是人为的因素总是优先于制度性的因素。其实人类学的学问本身并没有问题，问题就在于人治的学界氛围。

1961年创设之后直至现在，无论是首尔大学的考古人类学科还是考古美术史学科、人类学科，都没有"照顾"好体质人类学领域，最多也就是安排一两个教学科目。结果造成毕业之后进入学界的学者在专业领域出现了严重不均衡的现象。从1961年到1997年，毕业于首尔大学校考古人类学科、人类学科、考古学科、考古美术史学科的本科毕业生（包含1991年入学的学生人数）一共有726名（考古人类学科126名，考古学科以及考古美术史学科233名，人类学科367名），毕业生当中进入学界的共有137名（考古人类学44名，考古学以及考古美术史学科79名，人类学科14名）。大部分人士都是进入考古学、人类学或美术史领域，专攻体质人类学领域的人士却仅有3名（1999年考古人类学科毕业生1名，人类学科毕业生1名，考古美术史学科毕业生1名）。另外还有两三名从别的学问系统出发专攻体质人类学的人士。

整个韩国学界中，已经有数百名专门从事人类学和考古学的研究人士，而专门研究体质人类学并在大学或研究机关落脚的学者却只有两三名，更让人担忧的是这两三名学者也不能完完全全的体现他们的专业性，在恶劣的学术环境中孤军奋战。或许有很多人会理直气壮地找出各种各样的解释，并把这样的学界现状归咎于韩国的制度性问题，但笔者认为制度并不是导致这种现状的本质性问题。对于学界极其严重的学问不均衡状态，我们必须要感到危机意识并要及时地采取有效措施，否则韩国人类学会走进无法回头的道路。

曾有人指出，因为首尔大学内的医科大学解剖学教室早已开始了体质人类学领域的研究，因此考古人类学科或人类学科就没必要再去“照顾”体质人类学领域。但是，现阶段解剖学教室已经不具有专门研究体质人类学的学者。只不过跟大韩体质人类学会有关联的比较解剖学者们以体质人类学作为“门牌”，延续极其狭义的、作为解剖学一个分支的体质人类学领域。殖民地时代京城帝国大学的今村丰（医学部体质人类学教室）和秋叶隆（法文学部社会学教室）在帝国主义的殖民统治政策下实现了体质人类学和社会人类学相结合的研究，显然现在的韩国人类学界体现相当落后的一面。

身体和心灵的和谐才能构成一个完整的人。因此如果想要研究一个完整的人，就应该要实现体质人类学（研究人的身体）和文化人类学（研究人的心灵）的统合，不应该相互排斥和分裂。须要时刻铭记“统合是人类学下期的要旨”（Ingold，1994：xv），之后再考虑实体的现实条件、实际状况以及周边的环境等特殊性问题，即专业化的实现。先追求普遍性，再考虑特殊性，这才是准确的顺序。

过去的40年，韩国的人类学研究其实就只限定在文化人类学领域。把体质人类学领域视为医科大学解剖学教室的解剖学的一个分支，这种“未开化”的状态与国际体质人类学的问题意识和方向比起来简直是天壤之别。其实文化人类学领域也同样出现过类似的现象。与民俗学科之间的“饭碗”争夺战，以及相互排斥和相互轻蔑的现象都使文化人类学在正统性的建立过程中浪费了不少时间。

贴着“人类学”和“民俗学”名牌的组织试图在“民族文化”或韩国学的领域中确保自身的正统性，但都遇上了政治分裂的绊脚石。解放之后进行的“左”和“右”的思想斗争中，与人类学或民俗学有关联的部分人士被卷入了北“关联”（Connection）事件（具体的历史事件有，1946年创立的朝鲜人类学会的首任会长李克鲁的越北；第二代会长孙晋泰的拉北；任国立民族博物馆馆长的金孝敬的拉北等），“红色恐惧症”（Red complex）笼罩了整个社会，它使学界变得格外沉默，我们的历史就是在这样的氛围中形成的。而这样的历史是我们研究学问的最基本的现实构图，我们不能忽略它。

20世纪80年代初在国立大学出现的几个人类学系列的学科都反映了当时政权的文化政策立场。没有把文化作为目的，而是把它作为一种手段反映政策意志，并且把这样的目的作为在大学内设置学科的主要标准。当然，这对整个学界、对整个韩国文化都是不幸的，结果导致文化成为了只为政策而存在的意识形态。没有文化政策、只有政策文化，彻底颠倒了目的和手段的关系。但是把文化视为政策手段的这种意志也逐渐地被收入、经济成长等理论排斥在外，如果不及时地用有效的措施停止此状况，会使得整个韩国社会进入无文化的悲惨世界。

近年来，以经济利益为目的的政府政策对地域研究的支援比以前变得积极，也确实得到了有关人类学的成果。但事实上，因为学界中早已存在的霸权主义现象，使政治学、经济学和社会学“吞噬”了其大部分的成果，而在整个过程中人类学只是充当“伴郎”的作用。地域研究本身就出自于政治经济领域的霸权主义构想，因此，这样的研究倾向也只能适应学界的霸权结构，这也许是现阶段人类学的瓶颈。

2. 课题和前景

笔者以“韩国人类学百年”为主题整理材料时想过诸多问题，但又想到回顾百年史的最终目的在于展望更好的未来，因此笔者想在这里指出人类学徒所应具有的有关学问方向的问题意识。从宏观和微观的角度指出课题和前景。

韩国人类学界几乎没有深刻研究过世界人类学界的进化论、传播论、功能主义、结构主义等重要理论。当然，最大的理由应该就是学界缺乏绝对的专业人士。希望有朝气的年青一代的专业人士的新登场能够解决这个问题，但新进研究者的登场也可能会带有一些不利的问题。其实，有些领域早已出现了这样的问题。

因为没有按顺序整理过在人类学史上出现的诸多问题，缺乏相关的经验教训，这样有可能会出现把所有的一切“异种交配”的现象（部分领域已经出现了“异种交配”现象的征兆）。植物或动物之间的异种交配是有明确界限的，结果也是非常明显的，可以就是可以、不可以就是不可以。但精神世界的异种交配的结果却不像植物和动物世界那么明显，它的“交配”本身具有模棱两可的特征，似乎可以又似乎不可以。没有明确方向的前提下进行的精神世界的各种异种交配很容易会产生混合主义（Syncretism）。属于第三世界混乱学问的标本。与其用没有脉络的方法一五一十地去说只是装饰的话，不如首先理解、掌握基础性的概念更为急切。

面对“无境界”的冲击和假象现实，未来人类学的准备状况如何？无境界的一个典型例子是现阶段正在进行的“方际人类学”（Inter-Local Anthropology）即过去只作为地区或周边地域被长期搁置的地方已经不再只是从属于中心地域的附属地，而是通过中心和周边地区互惠的关系实现了新的价值。这给周边地区赋予了新的意义，也必然地消除了长期存在的两者之间的明确界限。如果两边境合在一起，那么边境就不再是边境了。从这样的意义出发，“方际问题”便可成为新人类学的希望。这样看来，柳田式的“一国民俗学”是在帝国主义时代的日本出现的学问上的变异现象。

韩国人类学界存在的一大问题就是“不存在批判”的现象。“韩国人类学界的一大特点就是没有批判，对他人‘领域’不轻易干涉的‘谦虚’的态度和适当的不关心、冷淡相结合，这样的氛围支配着整个韩国人类学界。这样的学界是不能培养自力发展的学术力量的。”（金光彦，1995：88）韩国的人类学界同样地在经历整个韩国学界中普遍的、顽固性的问题。1995年金光彦再一次指出了姜信杓和韩相福在1974年早已提出过的问题。重要的是从看待这种现象的视角和立场以及看待这种现象所导致的问题出发并付诸实践，实现强有力的批判氛围。问题就在于只是进行没有实践的、只说不做的行动。最近《韩国文化人类学》中开始出现一系列批判性的文章，批判性的制度似乎在逐渐地形成，希望我们的学界能继续保持这样的精神。

作为具体提出的研究方向需受到瞩目的部分，以下文为例来说明。主要是地域研究和侨胞研究以及民族社会的研究等。以“人类学地域研究的地域及年代分布”和“在外韩国人研究的地域及年代分布”为中心编纂的文章（文玉杓，1997年）可给后学者提供良好的参考材料。研究“民族社会的文化均质性和现代韩国的血缘原理”（伊藤亚人，1995：12）是韩国人类学界今后要完成的重要课题。

从学问的方向和成分以及落脚点等宏观的角度提出的论点如下。

过去的50年，韩国人类学界实现的成果和表现出的局限性非常明显。最难克服的局限是在人类学界内发生的摆脱有机联系的关系。虽然挂着体质人类学的招牌且进行相应的研究活动，但是跟文化人类学“部族”几乎没有学术上的交流。虽然民俗学“部族”和文化人类学“部族”的研究内容是相似的，但是相互间的交流也是甚少。考古学“部族”和其他部族的联系和交流程度也几乎为零。换句话说，构成韩国人类学的文化人类学“部族”、体质人类学“部族”、民俗学“部族”、考古学“部族”之间不存在任何的联系关系，它们相互轻视或排斥对方的存在。都是同样地把韩国文化和韩国人作为研究对象，但为何相互不沟通，对彼此如此的冷漠，不交流彼此的研究成果呢？

它们全部都在扮演“井底之蛙”。在这样的学界氛围中又出现了诸多独立的“小部族”，民族学、教育人类学都是在这样的环境中“诞生”的。出现很多小团体也许是个好现象，但前提是首先要实现有机联系的统合整体。我们的学界至今还未达到学问的统合，在这样的前提下发展各种各样的“小部族”，有可能会导致学界的混乱。当然有人会用“韩国式”的用语伪装这种现状的本质，但要明白这样的伪装犹如独裁时代用韩国式的民主主义歪曲民主主义本质的行为。

有段时期，世界人类学界的传统被称为APE[Anthropology（人类学），Prehistory（史前史），Ethnology（民族学）]。现阶段，新时代、面向未来的人类学传统正向APPLE[Anthropology（人类学），Prehistory（史前史），Primatology（类人猿学），Linguistics（语言学），Ethnology（民族学）]发展。哈佛大学的考古学及民族学毕博迪博物馆（Peabody Museum of Archeology and Ethnology）在一年的时间内以1866年到1966年的美国考古学（American Archaeology）、旧大陆先史学（Old World Prehistory）、生物人类学（Biological Anthropology）、民族学及社会人类学（Ethnology and Social Anthropology）、人类学式的语言学（Anthropological Linguistics）等五个领域作为讲授的主题准备了研讨会。（Brew，1968年）30年前毕博迪

博物馆开展的有关上述五个领域的大学正规课程的研讨会，就不难发现它也是APPLE的范围。这样的倾向跟笔者一直以来所倡导的广义人类学是一脉相通的，在这样的脉络中民俗学和考古学理所应当地同人类学构成有机的联盟体，并体现整体的正统性。这就是韩国人类学界未来的发展方向。

现阶段，在大学的人类学科（包含文化人类学科和考古人类学）、教养学部或是在相关学科研究人类学内容的专业人士对后学者的影响是不可忽视的。就像小鸭刚孵化时看见第一眼的东西就认为是妈妈，即便不是也认为是一样的这种同类现象。

他国文化研究的极其缺乏是学界中存在的第一个问题。虽然学界仍有一些专注于地域研究的学者，但是对整个韩国研究的影响是微乎其微的。第二个问题是，学界有严重的社会文化人类学一边倒的研究倾向，而这样的倾向导致体质人类学和生物人类学等领域几乎排除在人类学的总体框架外。以人类学的名义进行的研究，如教育人类学、体质人类学、建筑学和护理学等领域的研究倾向跟所谓的以社会文化人类学为中心的研究方向是截然相反的，可以说明现阶段人类学中心势力的力量还很薄弱而且没有所应具备的包容性。

对于这样的评论，学界有可能会主张“这是实现人类学本土化的我们独有的方式”。开辟很多种道路的前提下，对于种种道路进行一系列实验过程之后以“自生”的状态出现的方式称为“我们独有的方式”。我们要时刻警惕某一个人或少数团体会带着“我们独有的方式”的假面出现的可能性。这样的方式反而不利于人类学的本土化和本土人类学。

学问能够最真实地反映现实。就像水往低处流，韩国所有的学问领域起初几乎都是从国外引进过来的，而这一现象在人类学领域格外明显。西方的人类学随着知识体系的传播进入国内，人类学家也就扮演着纯粹的“报价商”这一角色。在这样的过程中韩国的人类学家也曾进行过一系列的对外活动，但仅仅是把有关韩国资料传给几乎不了解韩国实情的外国学界。他们（笔者在内）的对外活动给外国学界提供了韩国资料，而笔者在内的对内活动主要是翻译并引进产于国外的外国理论。如此，人类学家发挥了典型的、纯粹的“中间人”作用。而在这样的过程中最终要实现的是人类学的本土化。

国内学界还没有消化好从外国学界引进的变化多端的理论，在这样的状况下又出现了新的理论。这导致我们的学界一直处于恶性循环的状态，剩下的只有绚烂的用词。虽然，这样的现象不只出现在人类学界，但是基层人数薄弱的人类学界似乎已经过了能被容忍的“度”。韩国学界是20世纪60年代开始正式引进国外的人类学理论，但当时的外国人类学理论已经经历了百年的历史，数不胜数的人类学理论一下子涌进韩国学界，导致国内的人类学界一直处于消化不良的状态。

在发展韩国人类学的过程中首先要考虑的是资料累积的问题。通过人类学了解韩国文化的倾向，为在韩国研究人类学这一门学问的人士赋予了立场的正当性。这样的倾向早已以“本土人类学”的名称出现在国外的人类学界。韩国的人类学界还没有完全“厘清”解放之前由日本人收集并整理的资料，这是最紧要的问题。首先要了解日本人为了实行殖民统治而动员的人类学知识及这样的知识体系对本国产生的结果，其次要在此基础上做出全面的检查和反省，只有经历这两个过程才能顺利地实现韩国人类学的本土化。

研究作为国学的人类学，必须要并行当地研究和历史研究。而孙晋泰所提倡的人类学就可以作为一个指南针。即只有这样才有可能承认以文化概念为背景的韩国文化研究的特殊性。过去40年，韩国的人类学始终偏重于社会科学的发展并以此来确保自身的正统性。可以说韩国的人类学家把人类学的学问性质定为“科学”的一部分，并进行社会科学一边倒的研究，忽视人类学各领域的协调发展最终会酿成“瘸子”人类学。

人类学的开始如果从主题方面看就是文化的概念，如果从地区方面来看就是指他国文化。在这样的背景下从国外引进的人类学理论在国内产生的问题是显而易见的。可以说国内的人类学研究是以别人掌握的资料为研究背景、而且在国内直接运用他国的人类学理论。在这样的过程中得失是并存的。即有利的一面就是看到了比较的对象，但是作为国学的人类学却没能像其他属于国学领域的学问（语言学、史学、文学）那样得到世间的认可。而这一点是在韩国体现人类学正统性的一大障碍。

属于国学领域的人类学本应该成为主流，但是笔者认为韩国的人类学一直都只是停留在边缘位置，地位很低没有得到该有的重视。这样的评价可能有过于自我贬低的嫌疑。而对于“人类学这一门学问应该要研究他国文化”的主张，有些学者可能会反驳“我们不是因为不知道而不做”。过去的40年，韩国的人类学家确实没有研究他国文化的现实条件。

以文化概念为基础把人类学作为国学的一个领域而确立正统性的趋向和作为社会科学的一个领域得到认可的趋势交叉在一起成为了过去40年间的韩国人类学。韩国的人类学发展至今为止始终强调社会科学的一面跟韩国社会的变化过程是一脉相通的。在整理韩国人类学的变迁过程中始终不能忘记的一点是，随着世间学问性质的变化，人类学也会跟着发生翻天覆地的变化。年轻的人类学徒撰写的有关城市化和产业化的硕士论文体现了社会科学的研究倾向。在过去的20年，从首尔大学和岭南大学硕士论文的研究倾向可以看出，城市人类学和产业人类学的道路已经开启。

日本在1884年组织人类学会之后，循序渐进地走上了欧洲和美国的人类学的发展道路。引进进化论和传播论之后，20世纪20年代和30年代又引入了英国的社会人类学。相比之下，韩国的高义骏在1896年发表爱德华·泰勒式的“人类学方法”论文之后因为经历殖民统治使韩国的学界经历第一次曲折。1920—1930年，引入的传播论以不好的方向消化、利用（典型的事例就是崔南善的“不咸文化论”）。以文化民主主义倾向为基础，在美军政统治时期内好不容易落脚的人类学（朝鲜人类学的创立和首尔大学人类学科的设置，以及人类学博物馆的设立和运营）因为抗美援朝战争的爆发遭遇第二次的曲折。1958年韩国文化人类学的创立和1961年首尔大学考古人类学科的设立重新开启了韩国人类学的大门。但是这两个事件也没能让人类学具有该有的学问特征，前者虽然挂着人类学的招牌但是研究的是民俗学的内容，后者使人类学成为考古学的一个领域。从某种意义上讲，这样的过程也是失衡的历史的一部分。

1995年，韩国人类学界有30名左右的主要研究者并发表了200篇左右的研究论著。20世纪80年代中半期之后，研究者的人数急速膨胀，出现了很多“以人类学作为饭碗”的专业人士（学校以及研究所的人员），这几乎填补了所有的需要人类学人才的工作岗位，导致之后出现的年青一代的人类学家反而找不到能够进行持续的、安定的研究的工作岗位。这是韩国人类学界最残酷、严峻的现实状况。

现阶段在专业的人类学组织从事人类学研究的人士，如从事教育事业的人士、成为主要研究者的人士、以翻译为主贡献于学界的人士以及制定概论书给初学者指引人类学道路的人士等，首先要竭力完成的最大的课题就是给后学者安排安定的工作岗位并且营造该有的研究氛围。研究者不应该只是安于属于个别团体的分派，而应该集中全部力量激活地域研究、主题研究和教育事业。

为了激活教育和研究，我们有必要跟国外的专业人士进行持续的、有计划的联系。把国内取得的有关人类学的成果翻译为必要的文字并利用诸如“因特网”等设施向外界宣传。另外一个重要的课题，就是与在海外活动的韩国人类学的有关学者进行持续的、较有体系的联系工作。这个问题不只是研究和合作所需的资金问题，完全可以利用现有的人脉和联网解决的问题。经历人类学相关领域的学问带动断绝引起的曲折和失衡的历史之后，现阶段有必要考虑学问的社会贡献问题。

笔者在这里首先想要指出的是，学界潮流和大众知识泛滥的韩国，所谓文化人类学的领域自身所具有的几种问题和当面的课题。并以此为基础整理以韩国文化人类学会为中心的韩国的人类学史，以及战后经历各种历史事件的韩国人类学的受难史。相对来说，人类学界中批判性的文章较多，而且学界的相当部分都因殖民化和南北分裂显现出歪曲的模样，人类学界也不例外。

学界潮流中存在的另一个现象是专业化和综合化没有形成均衡的局面，有的领域体现出“过专业化”的现象，而有的领域却被相互排挤的现象给支配着。以局限的资源为前提进行的学问共同体内的霸权主义结构和政治性的排挤手段造成的学界现状可以说是反学问式的学界潮流的标本。现存所有学问领域间的构造也同样影响着每个学问自身领域间的构造。可以说现存的学问领域之间的霸权主义结构酿成了人类学领域内的失衡和偏重现象。

出现这种现象的理由却格外简单。是资源的限定分布及接近这种分布的权力属性引发的学界的支配和剥削的关系。源于权力的学问结构自身就被权力所支配，最终形成恶性循环。

为了正确指出问题的本质，实现学问自身的内强，我们有必要打破现存的学界秩序。从组织角度出发的学界和从观念角度出发的学问都需要大胆的改革。最终要解决的重要的课题就是怎样认知和解释所谓的人类学的现象，这样做是接近人类学的现象所体现的文化的一个方法。考虑有关人类学的文化及其文化的变动是人类学家特有的权力和义务。人类学的民俗志或知识社会学式的人类学只有和我们的现实生活相结合，才能称得上真正的人类学研究。

自称专业知识人士的利己主义和觉得唯独自己才能完成的偏激主张是酿成官僚主义并隔离学界和大众的原因之一。大学或学会等组织可以称得上是社会上较大型的构成要素，但是，这样的组织也只注重组织的特殊性、只懂得展开组织特有的理论，从而违背社会全体的知识累积过程，最终造成人类学自身和社会的要求，以及大众的理解相脱节。结果，专业知识人团体有时候已经无法承受大众知识的泛滥，最终学界有可能会被大众所回避。以下提出在人类学领域内有可能造成上诉状况的两个原因，这是学界自省的机会也是未来发展人类学的前提。

第一，文明概念和混淆的文化概念的势态还缺乏相应的说服力，大众没能正确理解人类学文化概念的作用。作为蒙昧和野蛮的反义词的“文明”和反映生活过程及脉络的“文化”存在混淆的现象，这种现象由以19世纪的社会进化论为基础的“进步”概念造成的。文化概念具有镜子的作用，而人类学家为了寻找不一样的镜子涉猎了世界上各种各样的生活方式。我们需要以文化概念的大众化为使命的人类学家，并且要强烈地对抗那些只用嘴巴研究人们生活质量的进步论式的理论。人类学家在学界的官僚主义结构中被视为“异流”或“二流”甚至被看做“学界的装饰物”，我们有必要深思这样的现状并尽快提出相应的对策。

第二，“对付”从西方涌进来的洪水般的理论的方法就是用“关键词”“标题”等方式模仿西方的理论，就像介绍“流行产品”一样。对于以文化研究为名出现的社会科学式的文书没有进行最基础性的分析，忽略了该文书出现的原始性的条件，只是盲目地追求、抄袭别人的理论成果。自称人类学家的人士把更多的重点放在幼稚的斗嘴游戏中，而且写出的东西都只停留在“宣传单”式的层面上。在这样的氛围中取得的成绩与本来就喜欢忽略研究背景的社会学家或言论学家或政治学家的成绩没有太多区别。与此相反，在西方学界反而是人类学界取得的成果带动并引导“宣传”的。韩国的人类学界是在没有付出自身努力的前提下摘取别人的果实来实现自身的价值，结果没能经历累积的过程，在学界被看做“二流”。

虽然学问是没有国界的，但学者之间却存在明显的国界而且在各个国家内的生活方式和生活条件都有着显著的差别。人类学知识的普遍性和社会对人类学家的普遍认可是西方社会的现状。与此相反，韩国还没有树立正确的文化概念而且社会对至今为止人类学家取得的成果没有给出普遍的认可。

制作拌饭的时候，随着组成拌饭的要素的不断增加，拌饭的量也会跟着变多，但最终的味道却是杂乱无章的。组成要素的适当的搭配是拌饭的特征，不是随便放入乱七八糟的东西就能够做出好吃的拌饭。做拌饭之前首先要考虑的是拌饭所需的基本要素，之后再考虑放入为了达到特定味道的几种调料型的要素。对于味道给出明确的提示并做出相应的解释说明，这样的过程就是展开理论的过程，但是我们面临的问题就是，在对过程没有给出提示说明的前提下，强制性地让大众接受“这就是拌饭”的结果。

从现在开始要重新研究在西方国家诞生的人类学的成长过程。应该首先了解西方国家的发展历史及人类学的变化过程，不应该只是摘取这些并不熟悉的国家取得的研究成果。不太了解他们的研究成果的时候，该模仿的部分要彻底地模仿，并以积极的态度对待过失，这是事前预防混乱并节省经费的方案。没有经验累积的过程只懂得追求“流行产品”最终会导致只有头部变大、手脚几乎不能成长的后果。

韩国的人类学界没有正确处理从西方引进的进化论和传播论，也没有深刻地理解功能论，而且之后登场的结构论、生态论、象征论、历史论等理论都没有找到正确的位置，一直盘旋在韩国学界的上空。这样的问题人类学在韩国的本土化变得越来越有难度。随着从国外涌进的理论数量的增多，国内学界的消化能力却在变弱。这是韩国人类学面临的一大障碍。

人类学家设定问题的错误方向有可能是引起韩国人类学危机意识的最重要的原因。自然选择的现象也同样发生在学界（李道远，1997：49），考虑到这一点，对于在学问选择（Academic Selection）的过程中发挥媒介作用的学者们的问题意识，我们既有期待又有谴责。也许出现问题是短时间内吸收大量的理论而造成的必然结果，但是现在已经是时候好好思量这一过程所带来的后遗症了。

小鸭子刚从蛋中孵化出来时，会把第一眼看到的对象当成母亲，无论那是鸡还是猫还是鸭子，只要在出生的第一时间在旁边的，小鸭子都会认为那就是它的母亲。这样的想法就是普遍被认可的思考方式的一种。特定的观念或是特定的人的立场有可能在后学者的培养过程中发挥母体的作用。因此，在特定的观念或特定个人的立场发挥母体作用之前，我们首先要考虑最根本、最原始的问题。否则，后学者在接触学问的普遍性之前，会被局限于某一特殊的立场，并错认为那是学问的母体，这会对后日学问潮流起到决定性的作用。所以在引导后学者做学问时，我们要尽量避免其用小鸭子的思考方式考虑问题。

3. 对未来韩国人类学的建议

预测未来的最佳方法就是对过去做出正确的诊断。韩国学界的基础是非常薄弱的，一直以来的学术活动都受到了很多限制，而这种情况一直持续到了现在。考虑到这样的状况，研究过去以把握未来的工作就显得尤为重要。而这样的工作也是解决人类学在韩国不受重视、人类学本土化受到阻碍等问题的根本方法。

雪上加霜的是，学界的知识人士在讨论这一问题时，总喜欢站在“现在”的角度把“现在”和历史的某一特定时间联系在一起，并围绕这一特定时期谈论该学问领域的中心人物和事件。而这样的讨论是确立学问正当性的一大障碍。例如，最近以韩国文化人类学会为中心的知识人士对所谓的“第一代”人类学家的成果做出了评价，评价中所使用的修饰词是否恰当，笔者持有怀疑的态度。笔者认为，在没有深入了解人类学这一学问的发展历程的前提下，这种以“现在”为中心进行的哗众取宠的时代划分是很不恰当的，这样的划分必须是以严谨的讨论为前提的。

韩国人类学的研究是从什么时候开始的？这一问题的答案具有相对性和可变性。笔者想暂且把韩国人类学的范畴概括为在韩国领土上进行的，与韩国有关的，以及韩国出身的学者所进行的人类学研究活动。人类学的学问领域内并不是韩国人类学或日本人类学各自独立存在，以此为前提，只有对“人类学”在韩国这一空间以及相关的时间范围内所取得的一切的可能的成果进行整理，才能找到更全面的韩国人类学的范畴。

讨论韩国人类学的范畴时，笔者指的是广义的人类学，而不是限定在社会人类学或类人猿学等领域内的狭义的人类学。人为的区分“自然”和“人文”的界线并以此为根据划分的学问领域的行为已经得不到知识层面的认可；类人猿学专家和社会人类学专家一起讨论人类关系的具体例子到处可见。上诉的现象足以说明广义的人类学比狭义的人类学更具有未来指向性并在确保人类学正统性的过程中发挥更加积极的作用。

有些人会误认为如果扩大人类学的领域，会对人类学正统性的确立造成不利的影响，因此要缩小人类学的研究范围。对于这样的观点，笔者想给出一些劝言。对学问正统性的讨论和学问自身危机意识的体现是同出一辙的。人类学的学问危机“不是起因于人类学的多样性，而是源于从事人类学研究的（个人）人类学家设定的错误的目的。”（Flew，1967年；全京秀，1994：54）因此，把属于人类学本质特征的多样性看做实现其正统性的一大危机是自相矛盾的想法。由此可以推断，把责任推卸给多样性的人类学危机论只能是外部强加的，或者是由人类学家个人的错误的目的引起的。

确保人类学正统性的过程中，发现问题最多的是比较社会学和比较解剖学。尤其是那些把人类学视为比较社会学的传统领域并试图把人类学领域收敛为社会人类学的行为，这正是造成人类学危机的元凶。缩小人类学的范畴有可能会使人类学正统性的确立变得更加容易，但同时也是回避人类学多样性的表现。可以明确指出的是，这样的传统出自拉德克里夫·布朗（Radcliffe Brown），他最先指出人类学就是比较社会学。如果按照他的观点解释，那么人类学就是以社会学为框架并在此基础上添加比较的观点，它属于社会学的一个分支。以拉德克里夫·布朗为首的英国的社会人类学曾经有过把社会学和社会人类学视为同一领域的传统，而英国学界的一部分仍持续着这样的氛围。

当然也不能忽视之后英国人类学发生的变化。最近曼彻斯特大学的英戈尔德（Ingold）把人类学分为三个领域，他在人本（Humanity）领域内大幅度收纳了体质人类学领域，在文化（Culture）领域内收纳了文化人类学领域，在社会生活（Social Life）领域内收纳了社会人类学领域中涉及制度层面的部分。（Ingold，1994年）值得关注的是在英国发行的《人类学百科全书》采纳了他的这种分类方式。

现在看来，文化人类学和社会人类学之间的界线已经完全被打破。人类学的研究倾向从制度向意义的转变是打破两者之间界线的契机。之后出现的模棱两可的用语就是所谓的社会文化人类学。从学史的视角看，这样的用语只不过是一时的。研究人类时文化人类学和体质人类学之间的界线也只能变得模糊不清。领域间的界线变得越来越模糊，将有利于人类学体现总体性的精神，这也再一次强调人类学就是面向未来的学问。

比较的观点只是众多人类学方法论（例如，应该并列考虑本质研究、当地研究和比较研究）当中的一个。片面地从方法论的视角考虑问题，把人类学看做社会学或解剖学的一个分支或“二中队”是错误的想法，而这样的分类方式对社会学或解剖学也未必是件好事。教育学、美学、政治学、言论学或社会学早已利用人类学开发的“民俗志”（Ethnography）方法研究问题，期待人类学将会以独特的立场和研究方式贡献于其他学问领域。笔者认为，我们不应该回避人类学多样性的本质特征，更不应该试图缩小人类学的范畴，而应该最大限度地维持人类学的多样性，而且唯独这样才能确保人类学的正统性。因此韩国的人类学始终要指向广义的方向。

用韩国学和地域研究来确立、强化人类学正统性的想法是因为混淆了目的和手段。我们要让人类学本身扎根在朝鲜半岛上，所以一定要将这一目的与在此过程中运用的手段加以区分。从现在开始，要对人类学的本质进行深刻的讨论并给出改进的意见。否则即便是几十年或者几百年之后，霸权主义支配的韩国学界人类学都将无法确立其正统性。

在展望未来人类学的过程中值得赞许的一个行为是，现在学界的一部分人正在发起对自然和人文二分法的强烈批判和抵制。人类本来就不能被分为自然人和人文人，因此人类学家必须要强烈反对通过不正常的渠道落户的自然·人文二分法的认知结构，并认识到以此为前提提出的制度的不合理性。因为以体质和文化作为构架支撑起的人类学具备了很好的材料去抵制上诉的二分法。即将来临的千禧年对于人类学来说是值得期待的一年。

体质人类学研究的是自然领域，而文化人类学研究的是所谓的人文领域，因此，两者的统合是证明自然·人文二分法的思考方式有误的最有力的论据。在强势进行的学界学问版图重组的当下，所谓学府制的霸权主义在实现人类学学术的整体性的过程中是很刺眼的。对抗霸权主义的方法应该从根源中寻找。

从现在开始要使不均衡的体质人类学和文化人类学的研究和教育达到均衡的状态，同时也要把研究的过程和结果及时地展现给学界和大众。要想回归真正意义的人类学，就要消灭自然和人文二分法，这也是确立人类学正统性的重要一环。

如果因为状况复杂而导致难以理解问题本质，那么就应该回到发生这种状况之前的最单纯的阶段去考虑同样的问题。如此，就会发觉问题其实并不复杂。人类学家应该回到人类学领域。体质人类学家不应该只是安于解剖学领域，应该回到体质人类学领域。文化人类学家不应该只是安于比较社会学领域，应该回到文化人类学领域。身心为一体，体质人类学和文化人类学应该要比肩回归人类学领域。体质和文化相脱离是导致韩国人类学漂浮不定的元凶，同时也是确立韩国人类学正统性的绊脚石。

体质人类学和文化人类学是共同进化（Coevolution）的。两者不能相脱离，并且组成两者的事实或事件不能各自在密封的空间内独立进行的。通过分离身心而展开的人类学才是确立人类学正统性的危机根源。在人类学的大前提下兼备体质人类学和文化人类学教育和研究的美国人类学界在近年来开始试图“拆散”两者，让他们各走各的路。但这样的倾向只是占小部分，是因为人或组织主观上的问题而发生的，而并不是学问本身存在问题。

换句话说，人们以错误的目的促进人类学的行为导致了上述现象的发生。起初从整体出发，之后因为各种人际关系出现了分离的现象，这是美国人类学界特殊的立场。但体现这种倾向的只是极其少数的部分，而不是多数。

韩国的人类学界没必要把美国人类学界的这种特殊立场视为唯一的标准。从理论上看，人类学的最终目的就是通过身心的结合了解人类，因此笔者认为只有通过两者的共同进化过程才能实现面向未来的人类学研究。

有必要为韩国人类学的研究目的和过程设定广义的框架。

韩国文化人类学会迎接40岁生日的今天，为了实现韩国人类学的本土化而提出的最重要的问题就是体现人类学总体性的精神。在韩国体现人类学总体性精神的具体实践就是实现体质人类学和文化人类学的统合。笔者期待能尽快实现该学会在成立之初未实现的目标。希望当韩国文化人类学会迎接知天命的时候，能毫无顾忌的畅谈人类学的本土化问题。

统合体质人类学和文化人类学的观点根本不是新的尝试。1946年到1950年期间，朝鲜人类学会早已试图走向相同的道路。但战争和分裂的历史中断了学史的健康发展，而且再一次的尝试因为部分人的不理解又遭到切断。立足于实事求是的学问研究过程就是科学，而我们正需要这样的过程。因为被视为历史的碎片而被丢弃、因为被看做“例外”而被抛弃、因为影响心情而被排挤在外，如果反复这样的过程，那么韩国学界最终会失去学问研究的基础。

学界要反省，就要重新回到被丢弃的事件发生的历史时期。已经到了推到韩国人类学界内部存在的壁垒的时候。广义的人类学在学界站住脚之后，我们才有资格讨论其所属领域的特殊性以及人类学的本土化、韩国化问题。先考虑最根本、最基本的问题，之后再顾及其特殊性的问题。忽略前者，只懂得追求特殊性将会让学问的未来发展走入不可挽回的僵局。

笔者在本书的本论部分提及有关韩国人类学界“第一代”的称呼问题。人类学家自称是研究以族谱为中心的亲戚关系和系谱的专家。如果站在这种立场看问题，那么在韩国人类学界可以称得上“第一代”的对象到底是谁？在此，笔者不想把韩国人类学的源头推移至1896年（高义骏的成果）。因为现阶段学界还没有充分掌握可以证明高义骏研究成果的历史资料，要在累积更多的资料之后再对他做出评价也不晚。日本帝国主义时期日本人以侵略和膨胀为目的进行了有关韩国的人类学研究，对此也只能暂时保留，因为没有充分的资料。

日本人的研究成果开始逐渐增多时登场的韩国人是宋锡夏和孙晋泰。在此笔者想要强调当时两人所取得的成就。而且在现阶段，笔者认为当时以他们为中心取得的成果就是之后的韩国人类学发展的原始基础，并且认为韩国人类学界“第一代”的称呼是属于他们的。对先学者的成果无论是无意还是有意，都不应该再用无视、漠视、沉默甚至鄙视的态度对待。

总而言之，在目前这个阶段，宋锡夏和孙晋泰两人应该被评价为“第一代”韩国人类学家，需要对他们的成就进行更深层次的分析和整理（对于高义骏、李克鲁等人，以及他们的成就，我们只能等待挖掘更多的材料）。由他们开辟的韩国人类学被日后曲折和失衡的历史“断绝”。对于这一点我们不能否认，因为有充分的历史材料可以证明其真实性。可以说，人类学的族谱是经历了“断绝”的过程之后又重新开始的。阐明被“断绝”的理由、分析有关的问题并重新整理韩国人类学的族谱是留给后学者的重要课题。而这也是克服殖民化和南北分裂问题的必不可少过程。

如果无视这样的过程，并且对在那之后登场的学者使用“第一代”韩国人类学家的称呼，那么就是在无视祖先的存在和他们取得的成果。在其他学界如果发生“断绝”的现象，那么就会采用“过继”的方法使该学界的族谱变得更加完善。现在开始要从国文学、历史学或社会学的族谱中寻找宋锡夏和孙晋泰之后登场的学者的足迹和成果，以此来连接韩国人类学的整体脉络。

可以用移民的状况举例说明学界的错误行为。移民到美国的韩国侨胞中有些人可以被称为第一代移民，但是还有一部分人不属于这一群体。对于那些模棱两可情况，比如，小的时候跟着父母移民到美国的这一群人，我们一般采用“1.5代移民”的用词，而不会认为他们属于第一代。如果把这种移民的逻辑直接适用于韩国人类学界的族谱中，并从学问上的成长过程和成果考虑问题，那么，就可以把任晳宰、梁在渊、李斗铉、张筹根、金宅圭、李光奎、韩相福、姜信杓等人看做是韩国人类学界的第一代。即强调人类学转籍的观点和强调韩国人类学开始的观点，这两点种观点是存在差异的。如果把评价的侧重点放在前者，那么就可以把前面提及的8人视为“转籍第一代”。就是因为硬要在这几个人身上使用“第一代”的用语才会出现如此拙劣的辩解，而只有在非常特殊的情况才会出现这种辩解的方式。

但是，如果从韩国人类学的胎动、始发以及萌芽的角度考虑问题，那么对上述几个人使用“第一代”的用语就显得十分不恰当。如果在他们身上使用“第一代”的用语，那么对于在他们之前取得成果的人我们又要新编所谓“0顺序”的尴尬用语。而为后日考虑，我们有必要保留“0顺序”的用词。否则，会被世人指责为歪曲、编造历史的罪人，要不就是被评价为愚昧的学者。要避免以现在为中心考虑并解决问题的思考方式，在整理历史时要采取更合理的方式。

为了世代间的和谐而进行的自吹自擂或者看对方眼色的讨好行为是让人毛骨悚然的。而这种讨好献媚在筵席上是必要的。韩国文化人类学会40年的历史显然是告诫了这些筵席和学术上的混乱情况的。这样的混乱使节拍变得不自然，而这种不自然的节拍又造就了荒唐舞蹈的舞者。

人类学是全面研究人及其文化的学科。研究它有助于解决社会上的许多问题，如农民工问题、老年人问题、就业、旅游文化、城市规划等问题，尽量实现社会公平。有助于消除人群（种族、民族）的误解，促进不同人群之间的理解与沟通。

附录

附录1 关于19世纪末欧美的韩国人类学研究

Ma Touan-Lin. 1876. *Ethnographie des Peuples étrangers à la Chine*. Tom. I orient aux:(Corée, Japon, Formosa. Iles de I'Ocean Pacifique Fou-Sang) Paris. x-591p.

Keane A. H. 1882. "Ethnology of Corea", *Nature* 26: 344. London(Living Age 154: 628. Boston).

Watters, T. 1885. "Corean Customs and Notions", *Folk-Lore* 6: 82. London.

Rosny, Leon de. 1886. Les Coréens, aperçu Ethnographique et Historique. Nancy. p.144

Schmeltz, J. D. E. 1890. *Die Sammlung aus Korea in ethnographischen Reichmuseum*. Leiden.

Rockhill, W. W. 1891. "Notes on Some of the Laws, Customs and Superstitions of Korea", *American Anthropologist*. p.10.

Saunderson, H. S. 1895. "Notes on Corea and its People", *Journal of Anthropological Institute* 24:299. London.

Hamy. E. T. 1896. *Documents sur l'anthropologie de la Corée*.

Landis, E. B. 1896. "Rites of Mourning and Burial", *Journal of Anthropoligical Institute* 25:340.London.

Smith, A. T. 1897. "Nursery Rhymes of Korean Children", *Journal of American Folk-Lore* 10:181.

Landis, E. B. 1898. "Capping Ceremony of Korea", *Journal of Anthropological Institute* 27: 525ff. London.

Hough, W. 1898. "Clan Congregation in Korea", *American Anthropologist* 1: 150.

Gale, J.S. 1900. "Korean Beliefs", Folk-Lore 11:325. London.

Landis, E. B.(M.D.) 1896. Some Korean Proverbs. *Kor. Rep.,* pp.312-316, 396-403.

———. Folktales of Korean Children. *Journ. Buddh. Text Soc.,* V, P. IV,pp.1-6.

———. Korean Folktales, *China Rev.* X X II,pp.693-697.

———. Korean Folktale. *Journ. of Americ. Folk-lore* X.pp.282-292.

———. Rhymes of Korean Children. *Journ. of Americ. Folk-lore* XI, pp.203-209.

Varat, Charles. 1891. *Le Bouddha coréen.* Bull. Soc. d'ethnogr. pp.73f.1891.

———. 1888-1889. Explorateur chargé de missions ethnographiques par le Ministre de l'instruction publique Voyage en Corée. *Le tour du Monde,* 1892 년 5 월 7 일 , 14 일 , 21 일 , 28 일 ; 6 월 4 일 .

Hough, W. 1893. The Bernadon, Allen and Jouy Korean Collections in the U.S. National Museum. Smithsonian Institution, U.S. Nat. Mus., Washington: pp.429-488, tab. 2-32.

Beschreibung von an das Ethnogr. 1886. Reichsmuseum geschenkten Gegenständen aus Corea. *Nederlandsche Staatscourant* No.51.

Manufacture of Paper by the Natives of Corea. *Journ. Anthr. Inst. of Great Britain.* X X III,p.91f.

Allen, H. N, Dr. 1896. Some Korean Customs. *Kor. Rep.,* pp.163-165, 383-386.

Arnous, H. G. Charakter und Moral der Koreaner. *Globus* LXVII, pp.373 -376.

———, Die Frauen und das Eheleben in Korea. *Globus* LXVI, pp.156-160.

———, Spiele und Feste der Koreaner. *Globus* LXVI, pp. 239-241.

Preobrazenskij. P. I. Koreja *Medic. Pribavl. kb Morsk. Sborn.* 1889.7.

Caesar Tai Poram Nal. 1896. A Korean Public Holiday. *Kor. Rep.*, pp.159-162.

Carpenter, Frank G. 1889 년 2 월 . The Koreans at home. *Cosmopolitan* pp.381-396.

Chastang, M. L. 1896. Les Coréens. *Revue Scientifiq*, pp.552-559.

———, Les Coréens. *Revue rose*, 제 4 총서 . 제Ⅵ권 ,pp.494-499.

Coste, Eugène. 1886. Une Fète en Corée. *Miss. Cath.* XVIII, pp.449-452, 461-464, 474-477,

Costumi della Corea. *Arch.* p.10. stud.d trad pop., XIV. pp.105-107,1895.

Courant, Maurice. La complainte mimée et le ballet en Corée. *Journ. asiatique*, 제Ⅸ시리즈 , 제Ⅹ권 , pp.74-76.

Edkins,Rev. J. 1887. A Law in Corea. *Chinese Rec.* XVIII, pp.22-25,

Hamy, M. E. T. 1896. Documents sur l'anthropologie de la Corée. *Extrait du Bulletin du Muséum d'listoire naturelle*, No.4.

Hulbert, Rev. H.B. 1896. *The Geomancer.* Kor. Rep., pp.387-391.

Jones, Margaret Bengel. 1895. The Korean Bride. *Kor. Rep.,* pp.49-55.

Jones, Rev. Geo. Heber. 1896. The Status of Woman in Korea. *Kor. Rep.,* pp.223-229.

Jones, Margaret Bengel. 1897. The Korean Inn. *Kor. Rep*, pp.249-253.

L. Rules for Choosing a Name. 1896. *Kor. Rep.,* pp.54-58.

Landis, E.B.(M.D). 1898. Geomancy in Korea. *Kor. Rep.,* pp.41-46.

McGill,Dr.W.B. 1898. The Korean Ballet. *Kor. Rep.*, pp.92-94.

Moore, S. F. 1898. The Butchers of Korea. *Kor. Rep.*, pp.127-132.

Rosny, J. H. Les moeurs de la Corée. *Rev. bleue*, LII,2, pp.47-52.

Zizn' na korejskom'b poluostrovb. Kolos'ja, No.7, pp.306-312.1885.

Kb etnologii Korei. *Morskoj Sbornikb*, No. 36. 1882.

Materialy dlja opisanija Korei. I. Učreždenija i obyčai Korejcevb. *Izv. I.P. Geogr. Obšč,* 제Ⅱ권 , 제 I 부 . 싼끄뜨 뻬떼르부르크 . 1866.

Tugarin, Mironb. 1886. *O mbstnychb Korejcachb.* No.19.Vladivostokb.

附录2 著作目录基本数据(1946—1995年),按作者分类

분류 기호	도서명, 논문명	논문게재지	저자	발행 연도
O	The Practice and Politics of History: A South Korean Tenant Farmers Movement		Abelmann	1990
I	Three Modes in Traditional Korean Culture	한국문화인류학 16집	B.Eyde	1984
K	Perceptions of Organizational Socialization Strategies, High and Low Context Communication, and Uncertainty Reduction in American and Korean Schools		Bailey	1994
O	Varieties of Korean Lineage Structure	Saint Louis U. 박사논문	Biernatzki	1967
I	Some Ways of Looking at Village Values	Studies in the Developmental Aspects of Korea	Brandt	1969
I	Mass Migration and Urbanization in Contemporary Korea	Asia,Winter	Brandt	1971
O	Seoul Slums and the Rural Migrant	한국 전통과 변천	Brandt	1973
O	Skiing Cross Culturally	Current Anthropology, March	Brandt	1974
O	Socio-Cultural Aspects of Political Participation in Rural Korea	Journal of Korean Studies, Vol.2, No.1	Brandt	1975
O	The New Community Movement: Planned and Unplanned Change in South Korea	Journal of Asian and African Studies, Spring	Brandt	1976
O	People, Family and Society	Studies on Korea: A Scholar's Guide pp.249-273	Brandt	1976
O	Rural Development and the New Community Movement in South Korea	Korean Studies Forum No.1, Winter	Brandt	1976
O	Community Development in Korea		Brandt	1977

O	Case Studies of Small and Medium Enterpreneurship	Government, Business, Enterpreneurship in Economic Development	Brandt	1978
O	Local Government and Rural Development	Studies in the Modernization of the Republic of Korea	Brandt	1978
O	Rural Development in South Korea	Asian Affairs Vol.6, No.3 pp.148-164	Brandt	1979
O	Planning from the Bottom Up: Community Based Rural Development in South Korea		Brandt	1979
O	The Agricultural Sector in Contemporary South Korea	Asian Affairs, Vol.7, No.3, pp.182-194	Brandt	1979
O	Community Development in the Republic of Korea	Community Development pp.49-136	Brandt	1981
I	Value and Attitude Change and the Saemaul Movement	Toward a New Community pp.483-507	Brandt	1981
O	Change and Continuity in Korea: A Critique of American Perspectives	A Century of U.S.-Korean Relations	Brandt	1982
O	South Korean Society in Transition		Brandt	1983
O	North Korea: Anthropological Speculation	Korea and World Affairs vol.7, No.4, pp. 617-628	Brandt	1983
O	Stratification Integration and Challenges to Authority in South Korea	Korea Past, Present and Future	Brandt	1985
O	Aspirations and Constraints: Social Development in South Korea by the year 2000	The Journal of Asiatic Studies Vol.28, No.2, pp.95-110	Brandt	1985
O	Korean Society	Korea Briefing	Brandt	1990
O	Changing Community, Changing Values, Changing Anthropologist		Brandt	1995
O	A Structural Study of Solidarity in Uihang Ni	하바드대 박사논문	Brandt V.	1969
O	A Korean Village: Between Farm and Sea		Brandt*	1969
OC	The Dynamics of Cultural Ecology of Suruki Hamlet, Kagoshima. Prefecture, Japan in the Postwar Years	Stanford 대학 박사논문	Chang H-K	1968

OC	The Inkyo System in Southwestern Japan: Its Functional Utility in the Household Setting	Ethnology 9(4):342-357	Chang H-K	1990
I	Ethnicity and Personality:Variations in Personality as a Function of Cultural Differences in Social Disirability		Chatterjee	1994
O	Seoul's Organization Men: The Ethnography of a Businessmen's Association	일리노이대 (어나바) 박사논문	Christie D.	1972
S	현지조사와 지역 선정	한국문화인류학 7집	Dredge	1975
O	Friends and Enemies	한국문화인류학 16집	F.Roberts	1984
O	양반·상놈과 인류학자	한국문화인류학 6집	Goldberg	1974
S	현지조사에 있어서 몇가지 문제점	한국문화인류학 7집	Goldberg	1975
I	The Religion Spirit of the Korean People	Korea Journal 13-5,pp. 12-18	Guillemoz	1973
I	삼신할머니	한국문화인류학 7집	Guillemoz	1975
I	La Vie et les Croyances d'un Village de Pecheurs-Agriculteurs Coréens	thèse de doctorat	Guillemoz	1979
I	Chamanesses et Chamanes Coréens	L'Ethnographie 87-88,pp.175-187	Guillemoz	1982
I	Gestes Coréens	Geste et Image 3,pp.37-50	Guillemoz	1983
I	Enquetes sur le Mariage Dans la Province du Kyongsang du Nord, Corée	Études Frnaco-Coréennesb,pp.61-69	Guillemoz	1984
I	Les Aristocrats, les Moines, les Femmes	Cahiers de Littérature Oracle 16,pp.121-130	Guillemoz	1984
I	Les Croyances Populaires en Corée	Mythes et Croyances du Monde Entier,Tome 4. pp.413-418	Guillemoz	1985
I	La Derniere Rencontre, Un Rituel Chamanique Coréen Pour une Jeune Fille Morte	Transe, Chamanisme, Possession pp.69-80	Guillemoz	1986
I	Divination et Chamanisme: I' Utilisation des Sapeques par une Chamane	Culture Coréenne 15,pp.26-32	Guillemoz	1987

I	Recits Autobibliographiquesd'une Chamane Coréenne	Annuaire de l'École Pratique des Hautes Études pp.90-92	Guillemoz	1988
S	Korean Studies in Western Europe and the Institution Involved	Korea Journal 29-2,pp. 15-36	Guillemoz	1989
I	Une Jeune Chamane de Seoul	Cahiers d'Études Coréennes 5,pp.111-124	Guillemoz	1989
I	La Descente d'un Chamane Coréen	Annuaire de l'École Pratique des Hautes Étude pp.103-017	Guillemoz	1989
I	Le Kut de Sejon	Annuaire de l'École Pratique des Hautes Études	Guillemoz	1992
S	Manuscrits et Articles Oublies d' Akiba Takashi	Cahiers d'Extrême-Asie 6,pp.115-149	Guillemoz	1992
I	Seoul,the Widow,and the Mudang	Diogene 158,pp.115-127	Guillemoz	1992
I	Seul,la Viuda y la Mudang, las Transformacionesde un Chamanismo Urbano	Diogene 158,pp.110-122	Guillemoz	1992
I	En Chamanisme Coréen,Kut Pour le Mort? Pour les Vivants?	Bulletin de l'École Française d'Extrême-Orient 79 pp.317-357	Guillemoz	1992
I	The Naerim Kut of Mister Kim	Shamans and Cultures pp.27-32	Guillemoz	1993
I	Le Chant de Songju	Annuaire de l'École Pratique des Hautes Études pp.103-105	Guillemoz	1993
I	Les Oracles d'Une Petite Seance Chamanique Coréenne	Cahiers de Littérature Oracle 35,pp.13-40	Guillemoz	1994
I	Les Algues,les anciens,les dieux: la vie et la religion d'un village	Leopard d'or,318 p.,bibl.,gloss.,indes,12 fig.,30tabl.,18pl	Guillemoz*	1983
I	Six Korean Women: The Socialization of Shamans		Harvey	1979
I	Teknonymy and Geononymy in Korean Kinship Terminology(공)	Ethnology 12(1):31-46	Harvey, K.	1973
O	The Multidimensional Nature of Yi Social Stratification	한국문화인류학 14집	Hesung Koh	1982

IK	Changing Faces,Changing Places: The New Koreans in Japan	Japan Quarterly 39(4): 479-489	Hoffman	1992
I	Culture,Self and Uri:Anti-Americanism in Contemporary South Korea	Journal of Northeast Asian Studies 12(2):3-20	Hoffman	1993
I	Blurred Genders: The Cultural Construction of Male and Female in South Korea	Korean Studies 19:112-138	Hoffman*	1995
I	Linguistic Choice as Index to Social Change	하바드대 박사논문	Howell R.	1967
O	Political Economy of Meaning in South Korea(Health Care System)		Jim Kim	1993
I	Caught Between Ancestors and Spirits: A Korean Mansin's Healing Kut	한국문화인류학 9집	Kendall	1977
I	Wood Imps, Ghosts, and Other Noxious Influences: The Ideology of Affliction	Journal of Korean Studies 3:113-145	Kendall	1981
I	Korean Women: View from the Inner Room(편)		Kendall	1983
I	Traditional Korean Women: A Reconsideration	Korean Women View from the Inner Room pp.5-21	Kendall	1983
I	Korean Ancestors: From the Women's Side	Korean Women: View from the Inner Room 1:97-112	Kendall	1983
I	A Kut for the Chon Family	Traditional Thoughts and Practices in Korea pp.141-170	Kendall	1983
I	Giving Rise to Dancing Spirits Mugam in Korean Shaman Ritual	Dance as Cultural Heritage v.l,pp.224-232	Kendall	1983
I	Wives,Lesser Wives,and Ghosts: Supernatural Conflict in a Korean Village	Asian Folklore Studies v.43.n.3:214-225	Kendall	1984
I	Dreaming up Solutions:The Interpretation of Dreams in Korean Shamanism	이두현박사화갑기념논문집pp.516-530	Kendall	1984
I	Shamans,Housewives,and other Restless Spirits:Woman in Korean Ritual Life		Kendall	1985

I	Ritual Silks and Kowtow Money: the Bride as Daughter-in-Law in Korean Wedding	Ethnology v.24,n.4:253-267	Kendall	1985
I	Korean Shamanism: Women's Rites and a Chinese Comparison	Religion and Family in East Asia pp.57-73	Kendall	1986
S	미국 박물관의 인류학 교육	한국문화인류학 19집	Kendall	1987
I	Religion and Ritual in Korean Society(편)		Kendall	1987
I	Cold Wombs in Balmy Honolulu: A Korean Illness Gategory in Translation	Social Science and Medicine v.25,n.4:367-376	Kendall	1987
I	Supernatural Investments: Women and Shamans in Contemporary Korea	Wild Asters pp.35-44	Kendall	1987
I	Let the Gods Eat Rice Cake: Women's Rites in a Korean Village	Religion and Ritual in Korean Society pp.118-138	Kendall	1987
I	The Life and Hard Times of a Korean Shaman: of Tales and the Telling of Tales		Kendall	1988
I	Healing Thyself: a Korean Shaman's Afflictions	Social Science and Medicine v.27,n.5:445-450	Kendall	1988
I	Young Laufer on the Amur	Crossroads of Continents: Cultures of Siberia and Alaska	Kendall	1988
I	A Noisy and Bothersome New Custom:Delivering a Gift Box to a Korean Bride	Journal of Ritual Studies v.3,N.2: 185-202	Kendall	1989
I	Old Ghosts and Ungrateful Children: A Korean Shaman's Story	Women as Healers: Cross Cultural Perspective pp.138-156	Kendall	1989
I	The Shaman's Life as a Charter of Legitimacy	Traditional Cultures of the Pacific Societies pp. 277-291	Kendall	1990
I	Of Gods and Men: Performance, Possession,and Flirtation in Korean Shaman Ritual	Cahiers d'Extrême-Asie 6:45-63	Kendall	1991

I	Changing Gender Relations: The Korean Case	Guide to Asian Case Studies in the Social Science pp.168-186	Kendall	1992
I	Chini's Ambiguous Initiation	Shamans and Culture	Kendall	1993
I	The Mansin and her Clients	Gender in Cross-Cultural Perspective	Kendall	1993
I	Religion and Modern States of East and Southeast Asia		Kendall	1994
I	Introduction	Contested Visions of Community in Asia pp. 1-16	Kendall	1994
I	A Rite of Modernization and its Post-Modern Discontents		Kendall	1994
O	The Korean Fiscal Kye(Rotating Credit Association)	하와이대 박사논문	Kennedy G.	1973
I	The Relationship Between Shamanic Ritual and the Korean Masked Dance-Drama:The Journey Motif to Chaos/Darkness/Void		Kim Ki-Ja	1988
O	Sam Jong Dong: a South Korean Village	시라큐스대 박사논문	Knez	1959
S	A Selected and Annotated Bibliog raphy of Korean Anthropology(공)		Knez	1968
T	Some Implication of Material Culture in Contemporary Korean Village	한국문화인류학 5집	Knez	1972
I	The Acquisition of Bi-Musicality: A Journal of Studies in Traditonal Korean Music(Ethnomusiology)		Kramer	1994
E	Cultural Differences in the Daily Manifestation of Adolescent Depression: A Comparative Study of American and Korean High School Senior		Lee, Meery	1994
O	Age Stratified System in Korea	한국문화인류학 15집	M.Suenari	1983

I	A Sociolinguistic Description of Attitudes to and Usage of English by Adult Korean Employees of Major Korean Corporation in Seoul		Mctague	1990
T	The Koreans and Their Culture		Osgood	1950
I	Materialien zur Koreanischen Volkskunde I	Schamanistische Götterbilder im Hamburgischen Museum Bd.7	Prunner	1977
I	Materialien zur Koreanischen Volkskunde l	Schamanistische Götterbiler im Hamburgischen Museum Bd.8	Prunner	1978
I	Materialien zur Koreanischen Volkskunde Ⅱ	Schamanistische Schriftamulette im Hamburgischen Museum Bd.9	Prunner	1979
I	Materialien zur Koreanischen Volkskunde Ⅲ	Schamanistische Schriftamulette im Hamburgischen Museum Bd.10	Prunner	1980
I	Koreas Neue Riligionen-Zwei Vorträge Bd.17	Mitteilungen aus dem Hamburgischen Museum fur Völkerkunde	Prunner	1977
P	A Study of Traditional Healing Techniques and Illness Behaviour in an Rural Korean Township	인류학논집 3:75-109	Sich	1977
P	A Study on Childbearing Behaviour of Rural Korean Women and their Families	Transaction of the Royal Asiatic Society Vol LIV:27-57	Sich	1979
P	NEANG:Begegnung mit einer Volkskrankheit in der modernen frauenarztlichen Sprechstunde in Korea	Curare 2:87-94	Sich	1979
P	Ein Beitragzur Volksmedizin und zum Schamanismus in Korea	Curare 3:209-216	Sich	1980
P	Traditional Concepts and Customs on Pregnancy,Birth and Post Partum Period	Soc.Sci.& Med.15B: 65-69	Sich	1981

P	Naeng:A Korean Folk Illness,its Ethnography and its Epidemiology	Diesfeld, H.j., S:129-147	Sich	1982
P	Medizin als kulturelles System,Einführung	Ethnomedizinische Gesichtspunkte für die Medizinische:53-58	Sich	1984
P	Childbearing in Korea	Soc.Scie.&Med.27,5: 497-504	Sich	1988
O	Women,Religion,and Power:A Comparative Study of Korean Shamans and Women Minority		Soon-hwa, S.	1991
O	Marketing and Social Structure among the Peasantry of the Yontso Region	Journal of Korean Studies 3:83-112	Sorensen	1981
I	Women,Men;Inside, Outside: The Division of Labor in Rural Central Korea	Korean Women: View from the Inner Room pp.63-79	Sorensen	1983
I	New Books on Korean Religion	Korean Culture 4:16-20	Sorensen	1983
O	농가에서의 분업과 여성의 권력: 강원도 영서지방을 중심으로	현상과 인식 8:119-136	Sorensen	1984
O	Farm Labor and Family Cycle in Traditional Korea and Japan	Journal of Anthropological Research 40:306-323	Sorensen	1984
I	Migration, the Family and the Care of the Aged in Rural Korea	Journal of Cross-Cultural Gerontology 1:139-161	Sorensen	1986
I	Over the Mountains are Mountains: Korean Peasant Households		Sorensen	1988
I	The Myth of Princess Pari and the Self-image of Korean Women	Anthropos 83:403-19	Sorensen	1988
I	Women and the problem of Filial Piety in Traditional China and Korea	Korean Studies, Its Tasks and Perspectives 2:833-53	Sorensen	1988
I	Introduction:Ritual and Modernization in Contemporary Korea	Journal of Ritual Studies 3/2:155-65	Sorensen	1989
I	Modernization and Filial Piety in Rural Korea	The World and I,January,pp.640-51	Sorensen	1990
O	Land Tenure and Class Relations in Colonial Korea	Journal of Korean Studies 7:35-54	Sorensen	1990

S	Instruments and Consequences of Japanese Imperialism	Journal of Japanese Studies 17:490-504	Sorensen	1991
O	Asian Families: Domestic Group Formation	Asia's Cultural Mosaic pp.89-117	Sorensen	1993
O	Ancestors and In-Laws: Kinship Beyond the Family	Asia's Cultural Mosaic pp.11-151	Sorensen	1993
I	Education and Success in Contemporary South Korea	Comparative Education Review 38:10-35(February)	Sorensen	1994
I	Folk Religion and Political Commitment in South Korea in the Eighties	Render unto Ceasar: The Religious Sphere in World Politics	Sorensen	1995
O	Household,Family,and Economy in a Korean Mountain Village	Dissertation	Sorensen *	1981
O	Yogong: The Factory Girl		Spencer R.	1988
O	Tradition und Moderne in einem Koreanischen Dorf	비엔나대 박사논문	Sperl B.	1972
O	Contested from within and without: Squatters,the State,the Minjung Movement and the Limits of Resistance in a Seoul Shanty Town Target		Thomas	1993
I	The Social Significance of Sorcery and Sorcery Accusations in Korea	Asiatische Studien/ Études Asiatiques 34-2, pp.69-90	Walraven	1980
I	Korean Shamanism-Review Article	Numen 30-2, pp.240-264	Walraven	1983
I	Muga: The Songs of Korean Shamanism		Walraven	1985
I	Pollution Beliefs in Traditional Korean Thought	Korea Journal 28-9, pp. 16-23	Walraven	1988
I	Symbolic Expressions of Family Cohesion in Korean Tradition	Korea Journal 29-3, pp. 4-11	Walraven	1989
I	The Root of Evil-as explained in Korean Shaman Songs	Cahiers d'Études Coréennes 5,pp.351-369	Walraven	1989
I	Koreaans sjamanisme en het Verschijnsel van de Bezetenheid in de Antropologische Theorie	Hulp of Hindernis: het spanningsveld tussen model en werkelijkheid pp.173-196	Walraven	1989

I	Confucians and Shamans	Cahiers d'Extrême-Asie 9,pp.21-44	Walraven	1991-92
I	The Deity of the Seventh Day-and Other Narrative Muga from Cheju Island	Bruno Lewin zu Ehren: Festschrift aus Anlass seines 65.Geburtstages, Band Ⅲ,pp.309-328	Walraven	1992
I	Stirring Sounds: Music in Korean Shaman Rituals	Oideion: The Performing Arts World-Wide pp.37-53	Walraven	1993
I	Confucians and Restless Spirits	Conflict and Accomodation in Early Modern East Asia: Essays in Honour of Erik Zürcher,pp.71-93	Walraven	1993
I	Our Shamanistic Past: The Korean Government, Shamans and Shamanism	Copenhagen Papers in East and Southeast Asian Studies, 8.93,pp. 5-25	Walraven	1993
I	Songs of the Shaman: the Ritual Chants of the Korean Mudang, (revised ed.of Muga: The Songs of Korean Shamanism).		Walraven	1994
I	The Confucianization of Korea as a Civilizing Process	The Universal and Particular Natures of Confucianism pp.535-556	Walraven	1994
I	Shamans and Popular Religion Around 1900	Religions in Traditional Korea pp.107-130	Walraven	1995
I	삼신의 유래와 기능(강화 사례를 중심으로)	세란 Vol.21	강득희	1980
I	부정에 대한 인식과 의료행태에 관한 연구	한국문화인류학 15집	강득희	1983
O	일부 도시 영세민의 사회적 조직망과 의료행위에 대한 연구	대한보건협회지 10	강득희	1984
I	Mrs.Sang Hee Kim-A Great Korean Shaman, with an Introduction by D.Sich	Curare 5	강득희	1986
O	임씨 가족 3대의 삶	여성·가족·사회	강득희	1991
I	생물학적 성차와 불평등	여성과 한국사회	강득희	1993

E	일제하 서울주민의 유아교육에 대한 인류학적 접근	서울학연구 2호	강득희	1994
I	가족주기와 의례	가족과 한국사회	강득희	1995
I	Pregnancy and Child Birth as Rite of Passage in the Korean Family	Gebaren-Ethnomedizinische Perspektiven und neue Wege	강득희	1995
E	유아기 사회화 과정에 대한 연구-일제하 서울지역의 사례를 중심으로	박사논문	강득희	1995
S	현대사회학의 철학적 배경:논리적 실증주의를 중심으로	사회학 석사학위논문	강신표	1963
I	World View of Paleolithic Hunter in Siberia	아세아연구 14(2): 173-179	강신표	1971
I	Toward a New Understanding of the Culture of East Asians: Chinese,Korean,Japanese	The Unconcious in Culture	강신표	1974
I	A Model of Oriental Ruler in Oriental Dualism	한국학논총 pp.549-562	강신표	1974
I	내정자(함평군 마을)의 변화하는 종교생활	문리대학보 2:37-57	강신표	1974
I	동아세아에 있어서 한국문화	한국문화인류학 6: 191-194	강신표	1974
O	냉정자마을의 가족생활:사회인류학적 연구	영대문화 7:74-83	강신표	1974
I	Fatalism in Korea	Korea Journal 15:14-16	강신표	1975
I	급변하는 사회에서 한국문화의 전통성 : 생활관 분야	한국문화인류학 7집	강신표	1975
O	가족 및 친족생활	한국민속 종합보고서-충청북도편 7:43-69	강신표	1976
I	공주군 하신마을의 종교생활	문리대학보 7:21-50	강신표	1976
I	Collapse of Traditional Culture and Confusion in Mass Culture: Experience Koreans	Korea Journal 16(9): 55-59	강신표	1976
I	동아세아문화의 인지구조	문리대학보 8:431-451	강신표	1977
I	The East Asian Culture and its Transformation in the West		강신표	1978
I	고도산업사회문화가 한국 청소년에게 미치는 영향	소비경제체제가 한국청소년 사상 형성에 미치는 영향	강신표	1978

I	조선조 전통문화에 있어서의 Leadership:어론	한국문화인류학 제10집	강신표	1978
I	단산사회와 한국 이주민 : 하와이 한인생활의 인류학적 연구		강신표	1979
O	하회마을 조사보고서(공)		강신표	1979
O	양동마을 조사보고서(공)		강신표	1979
I	한국의 젊은이,그들은 누구인가 : 한국청소년실태조사서(공)		강신표	1979
S	인류학과 인접과학		강신표	1979
I	경봉선시의 문법에 나타난 조선 전통문화의 문법	제1회 한국학 국제학술 회의 논문집	강신표	1979
I	동양에서 본 서양문화	동서양의 비교연구	강신표	1979
O	부락생활	한국민속 종합조사보고서-서울편 10:41-52	강신표	1979
I	한국인의 전통적 생활양식의 구조에 관한 시론:공동작업보고	한국사회와 문화 제3집	강신표	1980
I	한국인의 생활의식, 일과 훈욕	한국민속대관 제2집 pp.55-85	강신표	1980
I	Humanism in the Traditional Korean Culture	Custom and Manners in Korea pp.67-74	강신표	1980
I	한국전통문화의 구조적 원리	한국사회론, 한국사회과학연구소 편	강신표	1980
I	한국전통문화에 나타난 대대적 인지구조	금향문화 창간호 pp.46-66	강신표	1981
S	레비 스트로스의 인류학과 한국학(편)		강신표	1983
I	한미 두 문화간의 교류	한국과 미국-과거, 현재,미래	강신표	1983
S	한국 사회학의 반성		강신표	1984
I	한국문화 연구(편)		강신표	1984
I	전통적 생활양식의 구조:현대한국사회 속의 조선전통문화	농원김홍배박사고희 기념논문집 pp.275-293	강신표	1984
S	레비-스트로스와의 대화:사회과학은 존재하지 않는다	예술과 비평 가을호 pp.8-33	강신표	1984

I	한국 사회와 문화에 대한 이론과 방법에 있어서 인류학적 탐색	한국사회 전통과변화: 이만갑교수화갑기념 논문집	강신표	1984
I	분단사회와 한국문화의 이해	한국현대사회사의 재구성	강신표	1985
I	한국사회의 변화와 제문제		강신표	1986
I	근대화와 전통문화	한국사회의 변화와 제문제 pp.55-86	강신표	1986
O	한국문화촉매자 실태조사연구	예술과 비평 봄호 pp.55-86	강신표	1986
S	민속학과 사회학	한국 민속학의 문제와 방법	강신표	1986
I	민족사적으로 본 서울올림픽의 의의	계간경향 겨울호	강신표	1986
I	한국지성인의 고민에 대한 사례연구-김용옥의 기철학에 대한 이 철학적 이해	현대사회 23 가을호 pp.68-75	강신표	1986
I	한국민속과 문화적 전통	전통문화 11:68-75	강신표	1986
I	가족주의적 문화전통	전통문화 10월호 pp.40-45	강신표	1986
S	A Buddhist Approach in Anthropology Understanding of Margaret Mead	Asian Peoples and Their Cultures and Change	강신표	1986
H	한국사연구에 있어서 문화론-민족역사학과 역사인류학	한국문화인류학 18: 3-16	강신표	1986
O	The Olympics and Cultural Change(편)		강신표	1987
I	조선전통문화의 연극의례성:'성은이 망극하옵니다'에 대한 문화인류학적 고찰	삼불김원룡교수정년퇴임기념논촌 Ⅱ -미술사학, 역사학, 인류/민속학	강신표	1987
I	Korean Culture,Seoul Olympics, and World Order	Korea and World Affair 12(2):347-362	강신표	1988
I	조국선진화에 있어서 아시안 게임과 올림픽의 역할: 문화와 홍보를중심으로	인간과 경험 1:191-252	강신표	1988
I	한국사회의 고부갈등연구를 위한 이로적 시론	인간과 경험 1:119-141	강신표	1988
I	한국사회의 대대적 문화문법	제5회 국제학술회의 논문집 pp.658-676	강신표	1988

I	축제에 대한 사회인류학적 고찰	놀이문화와 축제 pp. 171-182	강신표	1988
I	Uri-Nara:Nationalism,the Seoul Olympics,and Contemporary Anthropology	Toward One World Beyond All Barriers 1: 117-159	강신표	1989
I	Toward One World Beyond all Barriers: The Seoul Olympiad Conference(공)		강신표	1990
I	안산지역 토박이 생활문화와 그 변천과정		강신표	1990
I	서울올림픽, 섬화봉송, 그 민족지적 고찰	동계 성병희박사 회갑기념 민속학 농촌 pp.503-525	강신표	1990
I	Seoul Toward the World: Conversations of Anthropologists on Seoul Olympics	인간과 경험 2:197-244	강신표	1990
IC	My Observation of the Greenery Exposition,Osaka,Japan	화노만국종합연구회보고서:pp.252-259	강신표	1991
S	한국 : 문화	한국민족문화대백과사전23권 pp.932-952	강신표	1991
I	The Seoul Olympic Games and Dae-Dae Cultural Grammar	Sport: The Third Millennium pp.49-63	강신표	1991
I	서울올림픽 개막식과 TV	인간과 경험 1:5-62	강신표	1991
S	간호와 한국문화:문화기술지적 접근(공)		강신표	1992
I	Inter-Culture Message of Seoul Olympic Games	International Olympic Academy, 33rd Session pp.146-164	강신표	1993
I	동아세아 역사세계와 소분지 우주	문화의 지평선:인류학의도전 pp.116-135	강신표	1994
I	김해지역의 사회문화적 변동	인문사회과학논총 1(1):357-360	강신표	1994
S	한국사회과학에서의 사회문화적 정체정 : 문화인류학의 연구	사회과학연구소논문집7:175-181	강신표	1994
T	민족과학적 방법을 원용한 전통 주거문화의 연구-동해안지역 전통민가를 대상으로	한국문화인류학 21집	강영환	1989
I	부산지방의 '별신굿'고	한국문화인류학 3집	강용권	1970

I	급변하는 사회에서 한국문화의 전통성:연희 분야	한국문화인류학 7집	강용권	1975
P	Polytherapeutic Approaches to the Control of Hypoglycemia in Non-insulin Dependent Diabetics in Korea		강지현	1995
O	동해 연안 촌락의 자치관행	민속연구 4:131-169 (안동대 민속학연구소)	권삼문	1994
O	동해 연안 촌락의 질서와 자치	민속학연구 2:25-36 (안동대 민속학과)	권삼문	1994
T	직고개등의 생업기술	민속학연구 2:285-293 (안동대 민속학과)	권삼문	1994
T	동해 연안 촌락의 돌미역 생산관 행	울진문화 10:41-57	권삼문	1995
T	어업기술의 역사	한국민속사입문 pp. 679-684	권삼문	1996
IC	NIHONJINRON:How Real is the Myth?	Annual Studies, vol.37	권숙인	1988
IC	Politics of Furusato in Aizu, Japan: Local Identity and Metro-politan Discourses	Ph.D.Dissertation	권숙인#	1994
I	Cultural Identity Through Music: A Socio-Aesthetic Analysis of Contemporary Music in South Korea		권오향	1992
P	The Effects of Rural to Urban Migration upon the Growth of Korean Children	페실베이니아대 인류학과 박사논문	권이구	1978
I	언어와 문화	인류학연구 1 pp.1-11	권이구	1980
P	환경이 발육 및 체질적 특징에 미치는 영향*	인류학연구 2 pp.20-35	권이구	1982
P	도시화와 발육 및 체질적 특성	한국인과 한국문화 pp.10-24	권이구	1982
O	전통적 생활양식의 생태학적 측면	전통적 생활양식의 연구(하) pp.1-40	권이구	1984
P	한냉한 환경에서의 인류의 적응	인류학연구 4집 pp.1-17	권이구	1986
P	한국 구석기시대 인류화석에 대한 형질인류학적 일고찰*	한국고고학 19집 pp. 105-127	권이구	1986
P	도시환경에 대한 형태학적 적응상의 성적 차이게 대한 일고찰	삼불김원룡교수정년퇴임기념논총 II pp.764-775	권이구	1987

M	인류학 연구와 자연사 박물관의 역할	한국의 자연 연구와 국립 자연사 박물관의 역할 pp.47-59	권이구	1990
O	경산의 전통문화와 마을 생활양식	영남대학교 박물관 학술 조사보고 제11책	권이구	1991
I	미국문화가 한국문화에 끼친 영향	허선도선생정년기념한 국사학논총 pp.1172-1187	권이구	1992
T	경산의 경제와 의생활	영남대박물관 학술 조사보고 제13책	권이구	1993
O	청도의 전통문화와 마을 생활양식	영남대박물관 학술 조사보고 제14책	권이구	1994
P	현대형질인류학의 동향과 과제	영남고고학	권이구	1995
A	A Regional Analysis of the Kaya Politics in Korea: Chronology, Economy, and Sociopolitical Interactions in Systemic Perspective		권학수	1991
I	조상숭배의 유교적 근거와 의미	한국문화인류학 18집	금장태	1986
S	인류학과 인접과학: 사회학	한국문화인류학 11집	김경동	1979
OC	인도 농촌 사회에 대한 소고: 인도 촌락 연구를 중심으로	비교문화연구 창간호 pp.265-286	김경학	1993
OC	Socio-Political Dominance and Segmentation: An Ethnography of Group Dynamics	Jawaharal Nehru Univ. 박사논문	김경학	1993
O	힌두자즈마니의 체계에 관한 소고	한국문화인류학 제24집 pp.265-300	김경학#	1992
O	한국농촌에 있어서 노동력동원의 형태분석	한국문화인류학 6집	김광억	1974
S	사회와 사회인류학자	한국문화인류학 12집	김광억	1980
IC	The Taruko and Their Belief System	D.Phil.Thesis	김광억	1980
OK	중국대륙의 한인사회	사회과학과 정책연구 4	김광억	1982
I	한국인의 정치적 행위의 특징	한국문화인류학 15집	김광억	1983
O	북중국 농촌의 친족조직에 관한 몇가지 고찰	진단학보 56	김광억	1983

I	전통생활의 정치적 측면	전통생활 양식의 연구 (하)	김광억	1983
O	Policies and Studies on Minorities in China: An Overview	Sino-Soviet Affairs vol. 7,no.1:33-58	김광억	1983
S	현대 영·불 사회인류학의 역사 인식	한국문화인류학 16집	김광억	1984
L	농민의 전통성과 합리성	새마을운동 이론체계 정립 연구총서 1	김광억	1984
OK	중국의 한인사회와 문화	재외한인의 사회와 문화 :35-76	김광억	1984
H	국가형성에 관한 인류학적 이론과 한국고대사	한국문화인류학 17집	김광억	1985
I	조상숭배와 사회조직의 원리:한국과 중국의 비교	한국문화인류학 18집	김광억	1986
I	신식민주의와 제삼세계의 문화갈등	이데올로기와 사회변동:73-114	김광억	1986
I	현대배경하적 종교화례의	인류학여 민속연구	김광억	1986
S	한국인류학의 평가와 전망	현상과 인식 11	김광억	1987
O	촌락사회의 성격과 정치구조	김원룡교수정년퇴임기념논총 II	김광억	1987
O	촌락사회의 변화와 정치구조의 성격	향토안동 창간호: 219-258	김광억	1988
I	정치적 담론기제로서의 민중문화 운동:사회극으로서의 마당근	한국문화인류학 21집	김광억	1989
S	Traditional Cultures of the Pacific Societies: Continuity and Change (편)		김광억	1990
I	Shamanism in Contemporary Cultural Context in Korea	Journal of Asian Studies	김광억	1990
IC	Matzu Cult and Ethnic Historical Consciousness: Hakka People in Taiwan	Studies on Matzu	김광억	1990
IC	Popular Cult and Social Organization in North China	Studies on Modern China	김광억	1990
I	저항문화와 무속의례	한국문화인류학 23집	김광억	1991
I	Making Histories: Ancestor Worship in Contemporary Korea	Studies on East Asian Societies and Cultures	김광억	1991
I	Socio-Cultural Implication of the Recent Invention of Tradition in Korea	Papers of the British Association for Korean Studies 1:7-28	김광억	1991

IC	상징성적 사회건설: 태도객가 촌적 마조조	해내외학인 논마조	김광억	1992
S	중국의 친족제도와 종족조직:인류학과 역사학의 접합을 위한 서론	한국친족제도 연구	김광억	1992
I	Socio-Cultural Implication of Resurgence of Tradition in Korea	Journal of British Association of Korean Studies Vol.1	김광억	1992
IC	현대 중국의 민속부활과 사회주의 정신문명화 운동	비교문화연구 1:199-227	김광억	1993
OK	중국 동북지방 조선족의 현황과 역할	중국연구 1:116-133	김광억	1993
I	당대한국 조선숭배열적 사회정치의식	동아사회연구:130-149	김광억	1993
I	Realigion Life of Urban Middle-Class in Contemporary Korea	Korea Journal:5-33	김광억	1993
I	문화적 존재로서의 인간	과학사상 11:6-25	김광억	1994
I	시민사회와 문화이해의 교육	교육개혁을 위한 다학문적 접근	김광억	1994
S	Chinese Studies Overseas	Asia Journal 1:37-70	김광억	1994
I	Rituals of Resistance: The Manipulation of Shamanism in Contemporary Korea	Asian Visions of Authority	김광억	1994
O	Agenda for Cultural Cooperation	사회과학과 정책연구 16	김광억	1994
I	단식과 몸의 정치학	한국문화인류학 28집	김광억	1995
S	한국인류학의 반성과 과제:개인적인 그리고 자성적인 평가	현상과 인식 19:75-102	김광억	1995
I	한국문화의 국제화	국제화에 대한 사회과학적 이해:15-56	김광억	1995
I	문호장굿	한국문화인류학 2집	김광언	1969
T	경북지방의 고가옥	한국문화인류학 3집	김광언	1970
T	강원도 산간 가옥 4동	한국문화인류학 5집	김광언	1972
T	전북지방의 가옥 6. 부안지역	한국문화인류학 9집	김광언	1977
T	전남지방의 가옥 3. 도서지역	한국문화인류학 10집	김광언	1978
T	전북지방의 가옥 8. 남원지역	한국문화인류학 11집	김광언	1979

T	경남지방의 가옥 1. 남해지역	한국문화인류학 12집	김광언	1980
T	경기 서해도서의 주거생활(하)	한국문화인류학 17집	김광언	1985
T	한국의 쟁기연구 1	한국문화인류학 21집	김광언	1989
I	한국민속극에 나타난 에디푸스 갈등	한국문화인류학 1집	김광일	1968
I	한국신화의 정신분석학적 연구	한국문화인류학 2집	김광일	1969
I	한국 민간 정신의학 2:굿과 정신치료	한국문화인류학 5집	김광일	1972
I	무녀이례의 정신역동학적 연구	한국문화인류학 6집	김광일	1973
I	The Relationship of Select Cultural Norms and Select Demographics in the Decision:The Influence of Cultural Norms and Demographics on Korean		김기강	1994
I	친족용어체계에 관한 성분분석적연구	인류학연구 제4집	김기봉	1986
S	민족학입문에 한 단면과 인류학의제문제	민족문화연구 제2호 pp.173-183	김기수	1966
IC	인도 서벵갈의 포토아쟈티에서의 종교적 작위:스트래티지로서의 다르마	쓰쿠바대학박사학위논문	김기숙	1992
IC	두 개의 물, jal과 pani	민족학연구 57(2) (일본민족학회)	김기숙	1992
IC	인도 벵갈 지방의 포도아 문화의 양의성 재고	族 21	김기숙	1993
O	표백예능집단의 정주와 집단유지	남아시아연구 7	김기숙	1995
I	경북상주지역의 부락제 연구	한국문화인류학 7집	김기탁	1975
P	영장류의 사회적 행태에 관한 인류학적 연구	인류학연구 제3집	김대곤	1986
T	일본 기마민족 정복설과 복식의 상관성	한국문화인류학 7집	김동욱	1975
O	Education,Sex and Development: Comparative Studies in Four Mexican Cities	CIBOLA	김명혜	1981
O	The Informal Sector in the City of Oaxaca,Mexico	석사논문	김명혜	1982
O	Late-Industrialization and Women's Work in Urban South Korea	City and Society 6(2)	김명혜	1992

O	Late-Industrialization and Gender Relations in Urban South Korea	Women in International Development 1:19-21	김명혜	1993
I	Transformation of Family Ideology in Urban South Korea	Ethnology 32(1):69-85	김명혜	1993
O	Gender,Class,and Family in Late Industrializing South Korea	Asian Journal of Women's Studies 1:58-86	김명혜	1995
O	지역개발에 있어서 문화와 경제의관계	한국문화인류학 28	김명혜	1995
I	군대와 종교:한국과 미국의 경우	한국문화인류학 16집	김성경	1984
O	Capitalism,Patriarchy and Autonomy: Women Factory Workers in the Korean Economic Miracle		김성경	1990
S	레비-스트로스의 구조주의 방법론	한국문화인류학 6집	김성국	1974
I	한국농촌의 전통의례문화와 그변화의 수용-경기도 양주군 수동면내수리의 사례	석사논문	김성례	1978
I	신들림 체험과 은총에의 추구	한국문화인류학 제16집	김성례	1984
I	제주심방의 처병의례:예비적 분석	제주도연구 제1집	김성례	1984
I	Chronicle of Violence, Ritual of Morning: Cheju Shamanism in Korea *	박사논문	김성례	1989
I	The Lamentation of the Dead:The Historical Imagery of Violence Cheju Shamanism	The Journal of Ritual Studies 3/2:251-285	김성례	1989
I	무속전통의 담론 분석-해체와 전망*	한국문화인류학 22집 pp.211-243	김성례	1990
I	한국무속에 나타난 여성체험:구술생애사의 서사분석*	한국여성학 7집 pp.7-40	김성례	1991
I	제주무속:폭력의 역사적담론	종교신학연구 4집 pp.9-28	김성례	1992
I	여성의 자기진술의 양식과 문체의 발견을 위하여*	여자로 말하기, 몸으로 글쓰기 pp.115-138	김성례	1992
I	Dances of Toch'aebi and Songs of Exorcism in Cheju Shamanism	Diogenes, No.158,pp. 57-68	김성례	1992

S	탈식민시대의 문화이해-비교방법과 관련해서*	비교문화연구 창간호 pp.79-111	김성례	1993
I	한국무속의 인격이해:제주굿을 통해 본 인격의 개념과 구조	사목192호 pp.65-90	김성례	1995
IC	시베리아 소수유목민의 민족자결운동과 문화부흥*	지역연구 4(1) pp.217-277	김성례	1995
IC	시베리아·극동 소수유목민의 전통문화 와 현대적 변화	러시아 연구 2(1) pp. 177-214	김성례	1995
I	Reading a Korean Shaman's Initiation Dream and Life History	Korea's Minjung Move-ment: The Origin and Development	김성례	1995
O	Community Solidarity in Rural Korea under Industrialization	박사학위논문	김성철	1991
I	종자 명제,지역 명제, 직위 명제: 보조 친족 명칭과 개인의 인식법	한국문화인류학 27집	김성철	1995
I	Teaching for Cultural Proficiency in Korean Language Courses	Korean Language in America Vol.1	김성철	1995
IK	The Religious Factor in the Adaptation of Korean Immigrant 'ILSE' Women to Life in Korea		김애라	1991
IC	The Marriage of Diety:Hachiman-san in the Shimanto Riverside Society	민족학연구 제54권 3호 pp.323-330	김양주	1989
IC	신도·신사·마츠리-인류학적 관점에서본 일본 종교문화의 한 양상	구원이란 무엇인가 pp.389-420	김양주	1993
IC	Ritual Dynamics and Modern Japanese Society:Matsuri in the Shimanto Community	동경대학 대학원 종합문화연구과 제출 박사학위논문	김양주	1994
OC	일본의 '어린이극장'운동-코오치현 나카무라시의 일본의 지역사회 문 화운동	함께 크는 우리 아이 pp.268-297	김양주	1994
IC	강과 바다, 그리고 신들의 결혼-일본 시만토강 유역사회의 하치만 상축제와 지역성	민속학연구 창간호 pp.7-34	김양주	1994
I	일본인식론 시도, 그 하나-마녀로서의 일본 혹은 마녀사냥으로서의 반일	교육연구 3호 pp.59-75	김양주	1994
O	향토축제 활성화를 위한 모형개발 연구	연구보고서 93-10	김양주	1994

IC	인류학적 관점에서 본 일본의 종교문화-신도·신사·마츠리를 중심으로	한국민족학회 편, 문화론 하나 pp.263-286	김양주	1995
IC	A Study of Dozokushin in the Wakasa District,Japan	동경대학 대학원 사회학연구과 제출 석사학위논문	김양주	1986
S	인류학과 인접과학 : 문학	한국문화인류학 11집	김열규	1979
O	A Study on Traditional Healing Techniques and Illness Behavior in Rural Korea	인류학논집 제3집	김영기	1977
T	제주,대정,정의 주현성 석상	한국문화인류학 5집	김영돈	1972
I	제주도의 노동요	한국문화인류학 8집	김영돈	1976
O	한국의 농촌개발사업에 대한 주민참여연구:충남 서산군의 한 마을을 중심으로	인류학논집 제8집	김영란	1985
E	An Anthropological Model for Teacher Role	서울대학교 교육대학원논문집	김영찬	1973
E	문화과정과 교육(공)		김영찬	1974
E	문화 기술적 방법의 적절성	한국문화인류학 7집	김영찬	1975
E	개발도상 농촌 지역사회에 있어서의 학교교육의 역할에 관한 연구	사대논총 제13집: 83-103	김영찬	1976
E	학교와 지역사회		김영찬	1979
S	인류학과 인접과학: 교육학	한국문화인류학 11집	김영찬	1979
E	생활·문화·교육		김영찬	1980
E	교육인류학논고		김영찬	1984
E	한국인의 학동기 사회화과정 연구	한국정신문화연구원 연구농촌 85-10	김영찬	1985
E	문화와 사고 : 인류학적 관점		김영찬	1989
E	교육연구방법으로서의 문화기술법	서울대학교 교육연구소연구보고 90-5	김영찬	1990
E	소년원 교육에 대한 참여관찰 연구: 직원의 직무와 원생의 생활을 중심 으로	한국형사정책연구원 연 구보고서	김영찬	1990
E	고등학생의 생활과 문화(1): 문화기술 연구	한국정신문화연구원 연구농촌 90-9	김영찬	1990
E	중등학교 교직 현실과 교원 의식에 관한 연구	서울대학교 교육연구소연구보고 90-1	김영찬	1990

E	교육인류학의 성격과 과제	서울대학교 교육연구소연구보고 94-1	김영찬	1994
E	공업계 고등학교 수업과 그 의미에 관한 문화기술적 연구	박사논문	김용호	1992
O	안동지방 사회계층화에 있어 씨족집단의 역할	한국문화인류학 21집	김용환	1989
O	A Study of Korean Lineage Organization from a Regional Perspective	State Univ, of New Jersey 박사논문	김용환	1989
O	한국출계집단의 분파기적 분석	한국문화인류학 23집	김용환	1991
O	한중 씨족집단의 경제적 비교	중국학보 32집	김용환	1992
O	소양강 다목적댐의 인류생태학적 평가(공)	사회과학연구 33집	김용환	1993
I	열람실 하위문화의 인지인류학적 연구	한국문화인류학 25집	김용환	1994
O	강제이주민의 재적응전략:횡성댐 수몰지역의 사례분석	사회과학연구34집	김용환	1994
T	전통문화의 보존과 민속마을	비교민속학 12집	김용환	1995
T	현대 생식기술의 인류학적 고찰	가족법연구	김용환	1995
O	전통 한국의 결합가족의 구조 분석	한국문화인류학 21집	김용환#	1989
O	청과물 도매시장 중매인의 경제행위	인류학논집 제7집	김우영	1984
O	농촌사회의 문화변동과 정치적 갈 등에 관한 연구-지도자의 역할을 중심으로	한국문화인류학 21집	김유동	1989
O	한국도시빈민의 성격에 대한 일 연구	인류학연구논집 Vol.7 pp.55-105	김은실	1984
O	낙태에 관한 사회적 논의와 여성의 삶	형사정책연구 제2권 제2호 pp.383-403	김은실	1991
I	The Making of the Modern Female Gender	Ph.D Dissertation	김은실	1993
I	민족담론과 여성:문화,권력,주체에 관한 비판적 읽기를 위하여	한국여성학 제10집 pp.18-52	김은실	1994
I	Female Gender Subjectivity Constructed by Son-Birth:Need For Feminism?	Asian Journal of Woman's Studies Vol.1 pp.33-57	김은실	1995
K	Korean Ethnicity and Adaptation in the United States		김은영	1992

O	부부역할 분리가 가족 외에 사회관계에 미치는 영향*	Social Networks 8:119-147	김은희	1986
O	양반에서 중산층으로:한국의 가족, 공동체,성역할의 변동*	박사학위 논문	김은희	1993
O	일·가족 그리고 성역할의 의미-한국의 산업화와 신중산층의 가촉 이념*	한국사회사연구회논문집 제39집 pp.81-120	김은희	1993
O	핵가족화와 위계관계 변형의 문화 적 분석	한국문화인류학 제25집pp.183-222	김은희	1994
O	도시중산층의 핵가족-문화적 접근	한국문화인류학 제27집	김은희	1995
O	부부역할의 분리가 가족내적 그리고 가족외적인 관계에 미치는 영향	석사학위논문	김은희#	1984
I	난생신화의 분포권	한국문화인류학 4집	김재붕	1971
S	인류학과 인접과학:고고학	한국문화인류학 11집	김정배	1979
A	한국문화의 기원:고고학	한국문화인류학 2집	김정학	1969
O	부계 원시농경 사회에서의 여성 종속의 구조화	한국문화인류학 22집	김정희	1990
O	사회적 교환론의 관점에서 본 사병간의 거래행위 : A중대의 사례연구	인류학논집 제8집	김종호	1985
I	감정언어에 반영된 인간관계에서의 정서적 차이돌:한국과 일본의 비교	인류학논집 14 pp.59-95	김주희	1978
O	P'umasi:Patterns of Interpersonal Relationship in a Korean Village	Northwestern U. 박사논문	김주희	1981
O	품앗이와 정	한국인과 한국문화, pp.126-142	김주희	1982
O	한국전통사회에 있어서의 이차집단의 성격:그 연속 및 변화	한국문화인류학 15집,pp.29-41	김주희	1983
O	한국 동족부락:통제비교	연구논문집 21집, pp.191-206	김주희	1985
I	준거집단과 의식의 혼계	중산층여성과 문화지체 pp.63-103	김주희	1985
OC	인도의 친족과 카스트:하나의 가설	한국문화인류학 17집, pp.7-27	김주희	1987
O	친족과 신분제:심리인류학적 접근	한국문화인류학 20집, pp,249-272	김주희	1988
O	품앗이와 정의 인간관계*		김주희	1988

S	친족발달의 요인분석:중국과 일본 의 경우	두산김택규박사회갑기념문화인류학논총 pp.125-136	김주희	1989
I	비행청소년의 부모관 인식에 관한일 연구	대한가정학회지 27(4),pp.123-137	김주희	1989
O	농경기계화와 가족:산기마을의 사 례	생활문화연구 4	김주희	1990
O	한국농촌여성의 경제적 역할 변화 에 대한 사례연구	대한가정학회지 29(3) pp.247-261	김주희	1991
I	전생애 단계에 따른 외로움과 사회적 관계망과의 관계연구	생활문화연구 7,pp. 119-135	김주희	1993
I	외로움에 대한 이론적 고찰	생활문화연구 8, pp.233-253	김주희	1994
OK	재일한인의 친족생활:사례연구를 통하여	재외한인연구 4, pp.85-108	김주희	1994
OK	재일한인의 민족교육실태	학생생활연구 18, pp.1-14	김주희	1995
O	도시 저소득층 가족의 친족 문제	도시저소득층의 가족문제, pp.131-150	김주희	1995
S	가족의 기원	가족학 pp.65-84	김주희	1995
S	문화인류학의 이해		김주희	1995
O	감귤재배에 따른 농촌의 경제적 변화:제주도 위미리의 사례	인류학논집 제7집	김준희	1984
I	Changing Patterns of Korean Names and Acculturation	Working Papers in Sociology and Anthropology 3:24-31	김중순	1969
O	Community Factors in Productiviity of Pulpwood Harvesting Operations	American Pulpwood Association Harvesting Research Project	김중순	1971
O	Yon'jul-hon or Chain String Form of Marriage Arrangement in Korea	Journal of Marriage and Family 36:575-579	김중순	1974
O	Choctaw Indians and Their Migratory Patterns in West Tennessee	Journal of Humanities 3:53-60	김중순	1976
OC	An Asian Anthropologist in the South		김중순	1977
S	Teaching Anthropology in the Regional Schools	Tennessee Anthropologist 3:1-5	김중순	1978

IC	On Anthropological Studies in the American South	Current Anthropology 19:186-187	김중순	1978
OK	Adaptive Mode of Korean Immigrants in a Southern City	Urban Anthropology in Tennessee pp.1-11	김중순	1979
O	American Character and Its Impact on American Foreign Policy	Korean Political Science Association 4:351-360	김중순	1981
S	American Foreign Policy and Its Cultural Inference	Anthropological Diplomacy:Issues and Principles pp.47-58	김중순	1983
S	Ethnohilism and Its Dysfunctional Impacts to the Non-Western Cultures	Oughtopia 8:153-166	김중순	1983
S	Role of Asian Americans in Academic, Intellectual, and Scholarly Circles	Asian American Assembly for Policy Research 2:33-45	김중순	1983
S	Can An Anthropologist Go Home Again?	American Anthropologist 89:943-946	김중순	1987
O	Faithful Endurance: An Ethnography of Korean Family Dispersal		김중순	1988
I	An Anthropological Perspective on Filial Piety vs.Social Security	Between Kinship and the State pp.125-135	김중순	1988
O	The Olympic Games as a Force of Cultural Exchange and Change	The Olympics and Cultural Exchange pp.191-206	김중순	1988
I	Attribute of Asexuality in Korean Kinship and Sundered Koreans	Journal of Comparative Family Studies 20:309-325	김중순	1989
S	Role of Native Anthropologists' Reconsidered: Illusion vs. Reality of Marginality	Current Anthropology 31:196-201	김중순	1990
O	The Culture of Korean Industry: An Ethnography of Poongsan Co.		김중순	1993
I	Internationalization of Culture and the Korean Reality	현상과 인식 18:19-39	김중순	1994
I	Creation of New Culture Amid Preservation of Unique Traditions	Korea Forces 2: 119-122	김중순	1994
OC	Japanese Industry in the American South		김중순	1995

OC	Choctaw Demographic Survey	Mississippi Band of Choctaw Indians	김중순	1995
OC	Asian Adaptation in the American South	Anthropological Issues in Cultural Diversity	김중순	1995
I	성과 속의 생활을 통해 본 남·녀 세계의 구분	인류학논집 7집	김진명	1984
I	여성들의 전통적 의례생활에 반영된 성차별 이데올로기에 관한 역구	아세아여성연구 27집	김진명	1988
I	언어의미체계의 분석을 통해 본 대학생 저항문화	현상과 인식12권 2호	김진명	1988
S	중국의 친족조직의 제양상과 조상숭배에 대한 고찰	동아문화연구 17집	김진명	1989
I	가부장제 이데올로기의 성립과정에 대한 일고찰	한국문화인류학 21집	김진명	1990
I	가부장적 담론을 통해 본 전통적 여성의 세계	한국문화인류학 22집	김진명	1990
I	의례 및 일상생활을 통해 본 가부장적 담론과 권력-호남 삼리마을을 중심으로	서울대 박사논문	김진명	1992
I	굴레 속의 한국여성-향촌사회의 여성인류학		김진명	1993
I	호남의 의례생활에 대한 일고	한국문화인류학 25집	김진명	1994
I	생애사를 통해본 남·녀 세계의 구분	전북대논문집 38집	김진명	1994
I	전통적 담론과 여성억압	한국문화인류학 26집	김진명	1994
I	가부장적 담론과 여성억압	아세아연구 33집	김진명	1994
I	Patriarchal Discourses and Female Oppression	Asian Woman Vol.1	김진명	1995
I	An Exploration of “Roles” in Naerim Kut		김진숙	1994
O	결혼 그 닫힘과 열림	또 하나의 문화 7호	김찬호	1990
O	한국사회의 문화 변동과 사회운동의 새로운 방향	다시 출발하는 학생운동	김찬호	1993
S	사회를 본다 사람이 보인다		김찬호	1994
I	사회변동과 동제의 사회적 의미: 경남 명지리의 사례	석사학위 논문	김창민	1987

O	외연열도의 인류학적 조사보고	외연열도 종합학술조사	김창민	1988
O	안마군도의 인류학적 조사보고	안마군도 종합학술조사	김창민	1989
O	동제수행의 규범적 규칙과 실제적 규칙*	한국문화인류학 21집	김창민	1989
I	제주도의 역사와 당제	한국문화인류학 22:281-300	김창민	1989
O	범주로서의 친족:제주도의 궨당	한국문화인류학 24:95-115	김창민	1990
O	월평마을		김창민	1992
O	환금작물경제에 대한 일상적 형태의 농민저항: 제주도의 넉동배기	제주도연구 10	김창민	1993
I	환금작물에 대한 제주농민의 문화적 저항	박사학위논문	김창민	1994
T	신세대의 PC통신 사용방식*	LG전자 커뮤니카토피아연구소 연구보고서	김창민	1994
O	생산자와 소비자의 Interaction 전망	LG전자 커뮤니카토피아연구소 연구보고서	김창민	1994
I	문화의 지배와 지배의 문화화: 한라문화제의 사례	문화과학 7집	김창민	1995
I	환금작물과 제주농민문화*		김창민	1995
T	PC통신을 통해서 본 정보격차의 원인과 해소방안	LG전자 커뮤니카토피아연구소 연구보고서	김창민	1995
O	대농의 지주화 과정을 통해서 본 현행소작제의 성격	한국문화인류학 15집	김춘동	1983
O	이농이 소농의 재생산구조에 미친영향: 전라북도 정읍군 이평면 도계1리의 사례	인류학논집 제6집	김춘동	1983
S	농민에 관한 인류학적 논의의 재검토	인문과학 제4집	김춘동	1989
O	농촌사회의 지배구조 확립과정에 관한 일 연구	인문과학 제5집	김춘동	1989

O	농촌사회의 헤게모니 과정에 관한일 연구	한국자본주의와 농촌사회	김춘동	1991
O	한국 농촌의 사회경제적 변동과 정치적 과정	박사학위논문	김춘동	1993
O	시설농업지역의 정치적 과정	한국문화인류학 27집	김춘동	1995
O	농촌사회의 변동과 정치적 과정		김춘동	1995
I	한국 무신의 계통	한국문화인류학 3집	김태곤	1970
S	한국민속학의 성격과 과제	청구대학 논문집 6: 17-38	김택규	1962
O	동족부락의 생활구조연구*		김택규	1963
I	경북지방의 연중행사	청구대학 논문집 9: 321-344	김택규	1966
I	한국인의 농신신앙에 대하여	동양문화 10:21-44	김택규	1969
O	한국부락관습사*	한국문화사대계 4	김택규	1970
I	한국동해안의 영등신앙	조선연구연보 13	김택규	1970
I	낙동강 상류지방의 사회와 문화	동양문화 53:161-181	김택규	1973
I	고가의 가락과 사설에 대하여	감사화교수회갑기념 논문집 pp.219-256	김택규	1973
I	하회 별신굿놀이 조사보고		김택규	1973
I	민간의료 및 금기	한국민속종합조사보고서경북편pp.25-385	김택규	1974
I	세시풍속 및 놀이	한국민속종합조사보고서경북편 pp.564-596	김택규	1974
I	정과정의 발전	국문학 30:69-80	김택규	1974
O	한국의 동족공동체*	강좌가족 6:56-74	김택규	1974
I	신라 및 고대일본의 신불습합에 대하여*	한국고대문화교섭사연구pp.221-282	김택규	1974
A	황남동 고분 발굴조사보고		김택규	1975
I	안동 놋다리 밟기 연구	신라가야문화 9	김택규	1975
I	한국의 혈연관습에 대한 일고찰*	동양문화 16:119-165	김택규	1975
I	내곡리의 사회적 심리적 연구	이민과 문화변용 pp.27-64	김택규	1976
T	안압지 출토 민구의 민속학적 고찰	안압지발굴 조사보고 pp.391-419	김택규	1977
A	구암동 고분 발굴조사보고		김택규	1978
O	전통적 마을사회의 해체와 재적용	신라가야문화 9-10:1-31	김택규	1978

O	씨족부락의 구조연구*		김택규	1979
O	취락구조 개선방향 정립에 관한 연구	영남대학교 논문집 14:145-212	김택규	1979
I	새마을운동의 전통성 연구	새마을연구 1:7-46	김택규	1979
O	부락구성과 새마을운동	새마울연구 1:47-64	김택규	1979
I	한국민속문예론		김택규	1980
O	마을생활	한국민속대관 1:375-426	김택규	1980
O	사회조사편	충주댐 수몰지역지표 조사보고서 pp.77-136	김택규	1980
H	신라 상대의 왕위계승 양식과 기제에 관한 관견*	한국 고대문화와 인접 문화의 관계	김택규	1981
T	경상북도 고전건축 편	문화재 지표조사보고 2:185-302	김택규	1981
O	한일양국의 이른바 <동족부락>에관한 비교시고*	한일관계연구소기요 10-11 pp.3-104	김택규	1981
T	궁장 권우갑 조사보고	지방인간문화재	김택규	1981
I	차산농약 금오동 조사보고	지방인간문화재 pp.133-156	김택규	1981
I	예천통명농요 이상효 조사보고	지방인간문화재 pp.117-132	김택규	1981
O	한국 양반 동족제의 연구(공)		김택규	1982
I	금기와 부정	영대문화 pp.88-100	김택규	1982
S	한국기층문화론시고*	인류학연구 2:1-19	김택규	1982
O	충주댐 수몰지구 사회민속조사보고	충주댐 수몰지구 문화유 적발굴 조사약보고서 pp.645-666	김택규	1982
I	충주댐 수몰지구 동제실태조사약보고	충주댐 수몰지구 문화유 적발굴 조사약보고서 pp.667-708	김택규	1982
I	서악삼존불과 선도산신모	신라민속의 신연구신라문화제학술발표회 논문집4:307-318	김택규	1983
I	한민족의 농경세시	일본문화연구소연구보고pp.315-322	김택규	1983
O	촌락생활	경상북도사 상pp.692-755	김택규	1983

O	민속지	경상북도사 하 pp.1271-1439	김택규	1983
I	신라상대의 토착신앙과 종교습합*	신라종교의 신연구,신라문화제학술발표논문집5:199-222	김택규	1984
H	삼국유사의 사회·민족지적 가치	한국 사회와 사상 pp.1-57	김택규	1984
I	충주댐 수몰지구의 동제의 실태	충주댐 수몰지구 문화유적발굴조사종합보고 민속건축분야: 1-35	김택규	1984
O	충주댐 수몰지역 촌락주민의 이주와 적응	충주댐 수몰지구 문화유적발굴종합 조사보고민 속건축 분야:36-113	김택규	1984
I	한국농경세시의 연구*		김택규	1985
I	소제와 졸토	삼상차남박사회수기념논문집 역사편 pp.219-233	김택규	1985
I	동해 문화권 탐방기	일본해문화 12:23-79	김택규	1985
S	한국민속학을 위한 한 제언	월산임동권박사송수기념논문집 pp.479-490	김택규	1986
I	문화의 무치	통치구조의 문명학 pp.209-250	김택규	1986
T	한민족의 식문화		김택규	1986
I	촌락사회분야조사	임하댐 수몰지역 문화재지표조사 보고서 pp.555-684	김택규	1986
S	일본민속학의 형성과 그 성격	한국 민속학의 과제와 방법	김택규	1986
I	조선시대의 통치문화	한국문화인류학 18: 17-39	김택규	1986
I	민속예술-대구직할시역 민속예술 조사보고		김택규	1987
H	신라의 신궁*	신라사회의 신연구, 신라문화제학술발표 논문집8:307-323	김택규	1987

S	향토사연구의 방향과 과제	한국학논집 12:367-387	김택규	1987
S	삼국유사의 민속체계*	삼국유사의 종합적 검증 pp.583-615	김택규	1987
O	합천댐 수몰지		김택규	1988
I	대구의 예악		김택규	1988
I	어촌생활의 주기-통영군 산양면 혼리의 생업력과 제의력	한일합동학술조사보고pp.292-314	김택규	1988
I	한국농경세시의 이원성	한국문화인류학 20집 pp.107-151	김택규	1988
S	한국에 있어서 민족학의 방향	인간과 경험 1:7-19	김택규	1988
I	명남민속의 복합성-잡곡문화와 수도문화의 이원성	한국학논총 16:193-204	김택규	1989
O	수몰민생활의 문화인류학적 연구	인문연구 12집 1호 pp. 161-208	김택규	1989
O	동아세아 제지역의 족체계*	조선학보 134:1-46	김택규	1990
H	조선시대 향촌 서당의 기능		김택규	1990
O	조선후기사회 농민의 일과 여가	민속연구 1:7-20	김택규	1990
O	김육민속지		김택규	1991
I	사회·민속·언어-사회와 제도·민속문화	운문댐 수몰지역 지표조사 보고서 pp.341-527	김택규	1992
I	조선후기 농촌 연중행사의 구조	안정기사회pp.67-81	김택규	1992
S	한·일 문화비교론-닮은 뿌리 다른 문화*		김택규	1993
I	예속과 민속의 변용에 관하여-동해안 일농촌의 민족제의의 양반화 현상	비교민속학 제10집 pp.77-123	김택규	1993
I	조선후기의 농경의례와 세시	정신문화연구 제16권 제4호 pp.81-105	김택규	1993
H	삼국사회와 한문화 복합	한국학논집 제20집 pp.9-20	김택규	1993
I	세시구조와 한문화 복합*		김택규	1993
O	동해안어촌 민속지		김택규	1994
S	굽은 소나무 두뫼나 지켜야지		김택규	1994
H	영남의 향약		김택규	1994

H	낙동강우역사연구		김택규	1995
H	화랑문화의 신연구		김택규	1995
I	자인단오굿	한국지역축제문화의 재조명 pp.131-153	김택규	1995
I	Labor, Politics, and the Women Subject in Contemporary Korea		김현미	1995
K	Health and Illness Beliefs and Practices of Korean Americans		김현옥	1998
T	전국민속종합조사의 회고와 전망:의·식·주·분야	한국문화인류학 10집	김홍식	1978
E	수업체제 설계에 기초한 교실수업 과정의 혁신방안 탐색	박사논문	김희배	1991
E	학부모문화 연구:부산 지역 중산층의 교육열	박사논문	김희복	1992
K	Korean Minority Nationality in China: A Case Study of China's Minority Nationalities Policy		남정휴	1989
K	Returned Korean Immigrant Children's Persceptions About Their Educational Environments in Korea		노성은	1988
S	인류학과 인접과학:정치학	한국문화인류학 11집	노재봉	1979
O	재한화교의 사단조직에 관한 연구:서울 지역을 중심으로	인류학논집 제8집	담건평	1985
O	코뮤니터 연구에의 전망	한국문화인류학 7집	도육오언	1975
O	한국농촌구조 연구노우트	한국문화인류학 15집	도육오언	1983
S	남창 손진태의 '토속학/민속학'의 성격 및 연구방법론에 대한 고찰	서울대 석사학위논문	류기선	1990
O	일산 사람들의 삶과 문학	일산신도시 개발지역 학 술조사보고서 2	류기선	1992
T	민속분야 조사보고	서울외곽 순환고속도로(노원-퇴계원) 문화유적지표조사 보고서	류기선	1993
TC	몽골의 유목생활과 방목기술	한몽공동학술연구 2	류기선	1993
T	조선 사복시 살곶이 목장	박물관휘보 5	류기선	1994
H	아차산의 역사와 문화유산		류기선	1994
H	17-18세기 한국 말털색 분류체계의 재구성	한몽공동학술연구 3	류기선	1994

S	1930년대 민속학 연구의 한 단면	민속학연구 제2호	류기선	1995
E	농업계 고등학교 교육 현실에 관한 문화기술적 연구:학생의 생활과 취업의 의미	박사논문	류재정	1992
IC	La 'traditionalite' dans la société moderne: Les fête en Basse-Provence	EHESS 박사학위논문	류정아	1994
IC	현대 사회에 존재하는 '전통성'의 의미: 남프랑스의 한 마을에서 전통축제연구	한국문화인류학 28집	류정아	1995
OC	프랑스 남부 프로방스지방의 결사체와 수레축제	민족과 문화3집	류정아	1995
OC	프랑스 지방문화행사의 성격과 조직	문화정책논총 제7집	류정아	1995
O	한국 소도시의 가족구성과 형태	인류학논집 제2집	문옥표	1976
OC	Outcaste Relations in Four Japanese Villages: A Comparative Study	석사논문	문옥표	1979
OC	경제구조의 혁신과 사회조직: 일본 농촌에서의 관광사업과 '이에'를 중심으로	한국문화인류학 15집	문옥표	1983
OC	Economic Development and Social Change in a Japanese Village	박사논문	문옥표	1984
OC	Is the <Ie>Disappearing in Rural Japan?	Interpreting Japanese Society pp.185-197	문옥표	1986
S	영국의 인류학 교육	한국문화인류학 19집	문옥표	1987
O	일본인의 친족관계-친속의 개념적 범주 및 기능	삼불 김원룡박사 정년퇴임기념논문집 제2집 pp.776-786	문옥표	1987
OC	From Paddy Field to Ski Slope: The Revitalization of Tradition in Japan		문옥표	1989
O	농촌의 경제발전과 여성의 지위-일본과 한국의 비교	민족학연구 54권 3호 pp.239-256	문옥표	1989
O	여성의 경제활동 참여에 관한 한일간의 비교	한국문화인류학 22집	문옥표	1990
I	일제식민지 문화정책-동화주의의 허구	한국의 사회와 문화 14집 pp.1-25	문옥표	1990
O	Urban Middle Class Wives in Contemporary Korea: Their Roles, Responsibility	Korea Journal 30:30-43	문옥표	1990

OC	후기 산업사회의 농촌의 위상: 1980년대 일본 농촌부흥운동의 의미	농촌사회 창간호 pp. 211-251	문옥표	1991
OC	일본의 경제발전과 여성노동의 변화	일본연구논총 7:114-134	문옥표	1991
OC	농촌가족의 변화와 여성의 역할: 일본 군마현 단읍촌의 두 마을 사례를 중심으로	한국문화인류학 24집	문옥표	1992
O	도시중산층의 생활문화(공)		문옥표	1992
I	Confucianism and Gender Segregation in Japan and Korea	Ideology and Practice in Modern Japan pp. 196-209	문옥표	1992
O	21세기 생활양식과 여성의 위상	21세기의 세계와 한국 pp.484-505	문옥표	1992
O	지역개발운동과 지역주민조직	지역연구 2:145-166	문옥표	1993
O	농촌가족과 농촌여성:한국 농촌가족의 변화와 여성의 위치	한국의 사회와 문화 제21집 pp.281-310	문옥표	1993
OC	일본의 농촌사회:관광산업과 문화변동		문옥표	1994
S	한국 인류학의 지역연구 동향	한국의 사회와 문화 제22집 pp.251-298	문옥표	1994
O	산업발전과 환경오염	사회과학연구 10:137-226	문옥표	1994
O	일본의 사회교육과 여성의 사회참여	한국문화인류학 28집	문옥표	1995
OC	일본의 위기대응 체제와 행위에 관한 연구-한신대진재 사례를 중심으로		문옥표	1995
OC	지방자치와 지역문화의 활성화	정신문화연구 59:93-109	문옥표	1995
S	인류학·현대문화분석·한국학-이론적·방법론적 연계의 가능성	한국의 사회와 문화 제23집 pp.49-84	문옥표	1995
OK	해외 이주노동의 실태-도일 한국인 이주노동자들의 사례조사연구	한국의 사회와 문화 제24집 pp.243-290	문옥표	1995
O	종량제의 도입과 쓰레기 감량행동의 변화	사회과학연구 11집	문옥표	1995

O	A Comparative Study of Management Styles within United States Based Korean Subsidiaries		문장호	1994
O	무허가정착지 주민의 경제행위에 관한 일고찰	인류학논집 제3집	박계영	1977
OK	Born Again: What Does It Mean to Korean-Americans in New-York City?	Journal of Ritual Studies 3:289-303	박계영	1989
OK	Impact of New Productive Activities on the Organizaton of Domestic Life	Frontiers of Asian American Studies pp.140-150	박계영	1989
K	The Korean American Dream: Ideology and Small Business in Queens,New York		박계영	1990
OK	Conception of Ethnicities by Koreans: The Workplace Encounters.	Asian Americans:Comparative and Global Perspectives:179-90	박계영	1991
OK	The Placing of Korean Culture in Multi-Ethnic America	세계 속의 한민족 pp. 181-211	박계영	1993
S	Public Ethnographer. In Pursuit of Intercessory Ethnography	Anthropology UCLA 20:1-26	박계영	1993
OK	The Korean-Black Conflict and the State	The New Asian Immigrants in L.A. and Global Restruction	박계영	1994
O	The Re-Invention of Affirmative Action	Urban Anthropology 24:59-92	박계영	1995
I	대전시 주변부락의 민속신앙 연구	한국문화인류학 6집	박계홍	1973
I	충남도내 주변부락의 민속생활 조사 보고	한국문화인류학 7집	박계홍	1975
I	당제의 제일에 대하여	한국문화인류학 17집	박계홍	1985
O	한국농촌가족의 역할구조	인류학논집 1집	박부진	1975
O	한국농촌가족의 고부관계	한국문화인류학 13집	박부진	1981
O	한국가족에서의 고부갈등	한국가족의 문제	박부진	1982
O	상속에 있어서의 여성의 권리와 실제	한국문화인류학 19집	박부진	1987
O	현대호적자료를 통한 한국가족연구	한국학보 51집	박부진	1988

O	변화하는 가족연구에서의 상징론적 접근방법	가족학논집 2집	박부진	1990
O	공간이용을 통해 본 가족관계의 변화	한국문화인류학 24집	박부진	1992
O	한국농촌가족의 문화적 의미와 가족관계의 변화에 관한 연구	서울대학교 박사학위논문	박부진	1994
O	전환기 한국농촌사회의 가족유형	한국문화인류학 26집	박부진	1994
OC	Professional Women's Work,Family and Kinship:A Case Study Conducted TV Station	Harvard Univ. 박사논문	박상미	1994
OK	A Logitudinal Study of Growth, Maturation and Functional Performance	State Univ. of New York at Buffalo 박사논문	박선영	1995
OK	Cross-Cultural Gift-Giving Behaviour: Collectivistic vs. Individualistic Culture		박성연	1993
O	L'échange et les Relation Socials Dans une Communauté Villageoise en Corée	D.E.A	박성용	1987
OC	지중해 연안 한 소도시의 공간 변화-Port-la-Nouvelle의 사례	두산김택규박사화갑기념논문집 pp.227-239	박성용	1989
O	Éxchange Economique et Relations Sociales dans 2 Communité Villageoise de Corée	Thesis p.409	박성용	1990
O	촌락사회의 기술체계와 사회체계	인류학연구 5집 pp.1-8	박성용	1990
O	경산의 전통문화와 마을생활양식		박성용	1991
O	농업생산,교환,그리고 사회적 공간*	한국문화인류학 23집 pp.63-84	박성용	1992
O	각성촌락사회의 경제교환과 친소관계	충청문화연구 제3집 pp.215-232	박성용	1992
S	프랑스 인류학과 아날학파의 동향인류학의 역사학화와 역사학의인류학화	사회과학연구 제2집 pp.85-100	박성용	1993
O	금강개발과 사회·문화변동	금강의 역사와 문화 pp.429-472	박성용	1993

O	Étude Comparative de Deux Communités Villageoises:Échange Economique Rapports	Revue de Corée vol.26, pp.59-90	박성용	1994
O	촌락사회의 사회적 공간과 그 조직원리-종동의 통혼권 분석	인류학연구 제8집 pp. 91-98	박성용	1994
M	민속박물관 연구원의 역할과 전문교육	민속박물관의 세계 pp.81-99	박성용	1994
O	청도의 전통문화와 마을생활양식		박성용	1994
O	대구지역 촌락사회의 도시화	대구시사 제4권 pp. 555-601	박성용	1995
O	통혼권의 공간적 의미-청도 신촌의 사례	한국문화인류학 28집	박성용	1995
H	Reactions of Korean Women Who Adopted Western-Style Dress in the Acculturation Period of 1945-1962: An Oral History		박순애	1988
IC	태국,인도네시아 및 한국 화교의 Ethnic Identity	한국문화인류학 제11집 pp.145-162	박은경	1979
O	한국 화교 및 화교 이동에 관한 연구	논총 제37집 pp.211-2532	박은경	1980
O	한국 화교사회의 역사	진단학보 제52호 pp.97-128	박은경	1981
IC	화교의 정착과 이동:한국의 경우	이화여자대학교 박사논문	박은경	1981
IC	화교의 종족 정체성과 이동의 관계	현상과 인식 제6권 제4호 pp.180-216	박은경	1982
O	한국 화교의 종족성		박은경	1986
S	종족성 이론의 분석	한국문화인류학 제19집 pp.59-92	박은경	1987
OC	Ethnic Network Among Chinese Small Business in Korea During the Colonial Period	Journal of Social Science and Humanities No, 67, pp.67-89	박은경	1989
I	중국음식의 역사적 의미	한국문화인류학 pp.95-116	박은경	1994
O	각설이의 기원과 성격	한국문화인류학 11집	박전열	1979

O	도시화에 따른 대도시 근교 씨족 집단의 사회,경제적 변화연구	석사학위논문	박정진	1980
I	상징-의례에 대한 이기철학적 고찰	한민족 제1집 pp.200-238	박정진	1989
S	BSTD모델에 대한 상징인류학적 조명	두산김택규박사 화갑기념 문화인류학 논총pp.241-254	박정진	1989
I	무당시대의 문화무당		박정진	1990
I	사람이 되고자 하는 신들		박정진	1990
S	한국문화와 예술인류학		박정진	1992
I	잃어버린 산맥을 찾아서		박정진	1992
I	천지인 사상으로 본 서울올림픽		박정진	1992
S	아직도 사대주의에		박정진	1994
O	재인의 계보연구-한국기층문화론을 중심으로	비교민속학 제11집 최인학박사화갑 기념논문집 pp. 245-381	박정진	1994
I	한국 농민의 사회적 성격에 관한 연구-한 농촌부락의 현지조사를 통하여	인류학논집 제2집	박종열	1976
O	소도시의 생성과 구조	인류학논집 제2집	박현수	1976
S	인류학과 문화연구	미술과 생활	박현수	1978
O	조선총독부 중추원의 사회·문화 조사활동	한국문화인류학 12집	박현수	1980
O	일제의 침략을 위한 사회문화 조사활동	한국사연구 30	박현수	1980
O	일제에 의한 촌락조사활동	인류학연구 제2집	박현수	1982
S	인류학의 제3세계연구와 제3세계의 인류학연구	인문연구 7-1	박현수	1985
O	식민지도시에 있어서 일본인사회의 성립:1900년 무렵 아산과 대전의 경우	인류학연구 제5집	박현수	1990
S	일제의 조선조사에 관한 연구	서울대 박사학위논문	박현수	1993
S	일제의 조선 문화연구	민속학연구 2	박현수	1995
O	제주도 '민속마을'의 관광현상에 대한 연구-관광체계에 따른 인류학적 접근분석	한국문화인류학 21집	박현숙	1989
O	농촌수리관행에 관한 연구	인류학연구 제3집	배병주	1986
T	조선시대의 관모		배영동	1988

A	안동김씨분묘발굴조사보고서		배영동	1989
I	금줄의 의미와 기능	비교민속학 제5집	배영동	1989
T	논매기의 기술과 농경문화적 의미	두산김택규박사화갑 기념문화인류학논총	배영동	1989
S	현지조사와 민속지장성의 방법	민속학연구 제1집	배영동	1989
T	기술과 공동체의식의 변화에 따른 수답재배관행의 변화	충청문화연구 제1집	배영동	1989
T	소의 이용과 그 농업기술사적 의의	한국민속과 문화연구	배영동	1990
H	1302년 아미타불부장문화 조사연구		배영동	1991
O	예천의 우시장		배영동	1991
T	소의 사육과 농가경제적 효용성	민속연구 제1집	배영동	1991
T	조선시대 지석의 조사연구		배영동	1992
T	조선시대 지석의 성격과 변천	조선시대 지석의 조사연구	배영동	1992
T	호미의 변천과 농경문화	민족문화 제6집	배영동	1993
T	한국향촌민속지(1) 경상북도편(생업과 의식주분야)		배영동	1994
S	한국민속학의 이해(농업분야)		배영동	1994
T	농업기술의 연구	한국민속연구사	배영동	1994
M	민속자료의 관리 이용을 위한 전산화	민속박물관의 세계	배영동	1994
A	Lolang and the Interaction Sphere in Korean Prehistory		배형일	1989
O	협업농민의 경제행위에 관한 고찰	인류학논집 제8집	백귀순	1985
K	The Koreans in Mexico:1905-1911	석사논문	백봉현	1968
P	School Health Activities of Primary Health Personnel in Chonnam Area	J.of School Health 7(6): 57-65	변주나	1978
P	A Study of Primacy Health Practitioners in Chonbuk Area	J.of Chonbuk University Medical school 11(1):12-22	변주나	1987

P	Hwa-byung(Anger-Illness): the 1993 L.A.Riots in Korean-American Victims	박사학위논문	변주나	1994
P	Psychoneuroimmunological impact on Korean-Americans	Commuity in Crisis pp. 149-180	변주나	1994
PK	The Politicoeconomic Conspiracy of the 1992 L.A. Riots and Hwa-byung	Studies of Koreans Abroad No.4	변주나	1995
P	The Early Humans in Korean Peninsula		변주나	1995
I	경무고	한국문화인류학 1집	서대석	1968
OC	뉴욕 시의 무거주자 문제에 관한 소고:뉴욕 시 브롱스구의 한 무료숙식소를 중심으로	한국문화인류학 26집	서영민	1994
S	Ethnologie in "Doppelten" Verstehen: zur Grundlegungeiner Ethnologischen Hermen	박사논문	서시정	1992
S	독·오 역사인류학의 탈근대학 모색:'전파주의'에서 '민족사학'으로	민족과 문화 1(5): 139-145	서시정	1993
I	민족사 자료를 통해 본 피지 원주민의 영혼관	한국문화인류학 25집	서시정	1993
S	카니발리즘은 또 하나의 '오리엔탈 리즘'인가?	한국문화인류학 26집	서시정	1994
H	민족사학과 탈근대적 역사인식	민족학연구 I:321-346	서시정	1995
O	정기시장의 교환관행과 양상	향토문화 2집	성태규	1984
O	분단으로 인한 가족구조의 이질화와 문제점	영대문화	성태규	1988
O	사제분석을 위한 시론	충청문화 제1집	성태규	1990
O	경산의 전통문화와 마을생활양식		성태규	1991
T	경산의 경제와 의생활		성태규	1991
O	한국인의 협동체계와 두레	동아대 경영학 연구소	성태규	1994
O	청도의 전통문화와 마을생활양식		성태규	1994
M	영남대학교 박물관의 박물관 대학강좌	고문화 45집	성태규	1995
O	농업노동형태의 변화-경산군 협석리를 중심으로	영남대 박사논문	성태규	1995

O	Korean Women in Politics: a Story of the Dynamics of Gender Role Change	Ph.D.Dissertation	소정희	1987
O	Women and Politics in Korean Society	Korea Journal 27:35-38	소정희	1987
O	Korean Women in Politics(1945-1985): A Study of the Dymanics of Gender Role Change		소정희	1987
O	한국 여성정치인 성장배경과 의회진출 과정에 관한 연구	여성학논집 7:137-156	소정희	1990
O	The Chosen Women in Korean Politics		소정희	1991
I	Skirts,Trousers,or Hanbok?: The Politics of Image Making among Korean Women	Women's Studies International Forum 15:375-384	소정희	1992
O	Family Dynamics and Women's Professional Success	Families: East and West Vol.1 pp.117-122	소정희	1992
O	Compartmentalized Gender Schema: A Model of Changing Male-Female Relations	Korea Journal 33:34-48	소정희	1993
O	Women in Korean Politics		소정희	1993
O	Fathers and Dauthters: Paternal Influence among Korean Women in Politics	Journal of the Society for Psychological Anthropology	소정희	1993
O	Sexual Equality, Male Superiority, and Korean Women in Politics	Sex Roles 28:73-90	소정희	1993
O	Women in Korean Politics	Transactions 69:71-77	소정희	1994
S	인류학과 인접과학 : 철학	한국문화인류학 11집	소홍렬	1979
O	대학가 노래운동의 가능성과 한계	노래운동론 pp.101-129	송도영	1986
O	문화운동에서의 공동체 논의	노래 3집pp.216-246	송도영	1988
IC	Le Fait Migratoire d'Extrême-Sud Tunizien	프랑스 사회과학연구원박사 준비과정 학위논문	송도영	1990
IC	Refondation de la Cite	EHESS 박사학위논문	송도영	1993

OC	북아프리카의 사회변화와 문화적 정체의식의 갈등-한 농촌공동체의 민족지적 사례	지역연구 제2권 제3호 pp.255-294	송도영	1993
I	영토 재편성 과정 속의 문화적 주체범주-민족주의의 사례	동방학지 86집 pp.211-241	송도영	1994
O	공간 점유형태와 혈연집단의 재편성	한국문화인류학 제26호 pp.203-237	송도영	1994
S	문화의 상대성-서로 다른 문화를 어떻게 볼 것인가	문화론 1	송도영	1995
IC	유목민에서 도시민으로-북아프리카 이민취업과 문화정체성 위기	지역연구총서 7,356p	송도영	1995
O	학생운동집단에의 참여과정에 관한 연구	서울대 인류학과 석사논문	송도영#	1986
S	음악학과 민족음악학의 역사적 개관	한국문화인류학 12집	송방송	1980
I	불교와 조상숭배	한국문화인류학 18집	송석구	1986
O	Kinship and Lineage in Korean Village Society	인디아나대 박사논문	송선희	1982
I	심청설화의 무속적 전승에 관한 일고	한국문화인류학 4집	신동익	1971
O	한국의 출계와 혼인결연체계	인류학연구 6집 pp.42-49	신인철	1991
O	Le Systeme Coréen De Parenté: De L'Indifférenciation à la Patrilinéarite	École Des HautesÉtudes En Sciences Socials 박사논문	신인철	1991
O	한국의 사회구조 : 미분화 사회에서부계사회로 *		신인철	1992
O	한국의 혼인체계	한국문화인류학 제23집 pp.85-116	신인철	1992
S	친족인류학의 두 가지 이론	인간과 경험 제4집 pp. 349-376	신인철	1992
H	신라와 유럽의 왕위계승의 원리*	한국문화인류학 제25집 pp.240-272	신인철	1994
S	프랑스의 향토사 연구	향토연구 pp.51-57	신인철	1994
S	친족조직론	문화론 pp.85-113	신인철	1995

H	고구려의 건국과 왕위계승*	한국문화인류학 제28집	신인철	1995
S	최근 대만인류학계의 동향	한국문화인류학 3집	심우준	1970
K	A Cross-Cultural Study of Housing Adjustment Among Korean, Mexican, and American Households		양세화	1991
S	인류학과 인접과학 : 법학	한국문화인류학 11집	양승두	1979
I	Folklore and Cultural Politics in Korea: Intangible Cultural Properties and Living National Treasures		양종성	1994
O	농가 가계구조를 통해서 본 농민 분화에 관한 일 연구:신무리의 사례	인류학논집 제7집	양희왕	1984
O	동족집단의 재기능	한국문화인류학 6: 109-130	여중철	1974
O	제1장 사회	한국민속종합조사 보고서경상북도 편 pp.72-112	여중철	1974
O	동족부락의 통혼권에 관한 연구	인류학 논집 1집 pp.91-117	여중철	1975
O	제 1편 사회	한국민속종합조사보고서충청남도편 pp.35-95	여중철	1975
O	한국농촌의 가족주기와 가족유형	문화인류학 9집 pp.25-37	여중철	1977
I	전통문화와 외래문화	영대문화 10:211-218	여중철	1977
O	한국농촌의 지역적 통혼권	신라가야문화 제10집 pp.191-120	여중철	1978
O	전국민속종합조사의 회고와 전망 : 사회분야	한국문화인류학 10집	여중철	1978
O	한국산간부락에서의 분가와 재산상속	한국학보 15집 pp.108-137	여중철	1979
O	부락구성과 새마을운동-동족부락과 각성부락의 비교연구	새마을연구 창간호 pp.47-64	여중철	1979
O	양동마을 조사보고서	경상북도 232pp.	여중철	1979
I	기자속에 대한 인류학적 고찰	여성문제연구 8집 pp. 203-222	여중철	1979
O	제사분할상속에 대한 일고	인류학연구 1집 pp.21-54	여중철	1980

O	취락구조와 신분구조	한국의 사회와 문화 2집 pp.95-151	여중철	1980
I	한국근대사회의 민속변화	한국사학 3:327-353	여중철	1980
O	농촌취락구조개선방향 정립을 위한 연구	영대논문집 14:145-211	여중철	1981
O	어촌의 협동체계연구	민족문화논총 2, 3:333-364	여중철	1982
O	한국농촌아동의 초기사회화과정	인문연구 3호:273-299	여중철	1983
O	한국인의 초기사회화과정 연구	한국정신문화연구원 연구논총 83-1	여중철	1983
O	농촌취락구조개선사업과 농촌사회의 변화	새마을운동연구논총 8:593-609	여중철	1983
O	한국인의 학동기사회화과정 연구	정문연 연구논총 85-10	여중철	1985
O	농촌청소년 결혼문제의 한 연구-대학생과 비대학생의 비교	새마을 지역개발연구 7:1-23	여중철	1986
O	양좌동연구		여중철	1990
I	명절제사의 현대적 의의	인류학연구 6집:50-62	여중철	1991
I	한국문화와 한국인의 의식-문화인류학적 측면의 접근	한국문화의 진단:247-306	여중철	1994
O	청소년의 사회과정과 비교연구-한·영 농촌청소년을 중심으로	인문연구 16-1:359-418	여중철	1994
E	Emerging Patterns of Generativity and Integrity among Korean Immigrant Elderly Implications for Korean Church Education		오경석	1994
S	인류학과 인접과학 : 생물학	한국문화인류학 11집	오계칠	1979
O	농업기계화에 따른 농민경제의 변화:평택평야의 한마을에 대한 사례연구	인류학논집 제6집	오명석	1983
O	Other Malay Peasants: The Making of Rubber Smallholders in Johor, Malaysia	Ph.D.Thesis	오명석	1993
OC	말레이 농촌사회의 성격과 역사적기원: 죠호르의 고무재배 농민을 중심으로	동남아시아 연구 제2호, pp.85-109	오명석	1994

I	Honorific Speech Behavior in a Rural Korean Village: Structure and Use *	Ph.D.Dissertation	왕한석	1984
I	국어청자존대어 체계의 기술을 위한 방법론적 검토	어학연구 22(3):351-373	왕한석	1986
I	한국 친족용어의 내적 구조*	한국문화인류학 20: 199-224	왕한석	1988
I	'아언각비'의 한국친족용어의 논의에 대하여	제효이용주박사회갑기념 논문집 pp.369-386	왕한석	1989
I	택호와 종자명 호칭*	외민이두현교수정년퇴임기념논문집 pp.24-47	왕한석	1989
I	On Ervin-Tripp's Model of 'sociolinguistic Rules'	두산김택규박사화갑기념문화인류학논총 pp.655-666	왕한석	1989
I	Toward a Description of the Organization of Korean Speech Levels	International Journal of the Sociology of Language 82:25-39	왕한석	1990
I	북한의 친족용어	국어학 20 : 168-202	왕한석	1990
I	한국 친족용어의 분포범위	한국의 사회와 역사:최재석교수 정년퇴임기념논총 pp.163-185	왕한석	1991
I	한국,친족호칭체계의 의미 기술 *	한국문화인류학 24: 139-193	왕한석	1992
I	영해지역의 언어문화에 대한 일보고	국어학연구:남천박갑수선생화갑기념논문집 pp.587-615	왕한석	1994
I	한국 친족호칭의 변화 양상	민족문학의 양상과 논리: 양하정상박박사화갑기념논총 pp.167-192	왕한석	1995
I	Sociolinguistic Rules of Korean Honorifics	인류학논집 5:91-118	왕한석#	1979
I	불교사찰의 삼성각과 삼신신앙에 대하여	한국문화인류학 6집	유동식	1973
I	급변하는 사회에서 한국문화의 전통성:신앙분야	한국문화인류학 7집	유동식	1975

I	한국인의 성격과 현대문화	한국문화인류학 15집	유동식	1983
I	기독교와 조상숭배	한국문화인류학 18집	유동식	1986
O	동족집단의 구조에 관한 연구	인류학논집 3집	유명기	1977
O	문중의 형성과정에 대한 고찰	한국문화인류학 9집	유명기	1977
O	아프리카 제국의 노동력 수급		유명기	1978
O	일본의 대중남미 이민현황과 정책		유명기	1978
O	일본의 대아프리카 상품수출과 정책		유명기	1980
O	Rural-Urban Differences in Fertility in Korea		유명기	1982
O	한국농촌주민의 발전과 변화형태	경북대학 인문논총 10집	유명기	1985
S	출계론의 전개와 동향	사회문화논총 제9집	유명기	1990
O	가사노동에 대한 인류학적 접근	여성문제연구 제19집	유명기	1991
S	문화상대주의와 반상대주의	비교문화연구 제1집	유명기	1993
S	문화유물론의 가능성과 한계	인문과학 제10집	유명기	1994
O	외국인노동자 차별의 구조	녹색평론 제21호	유명기	1995
O	재한 외국인 노동자의 문화적 적응에 관한 연구	한국문화인류학 제27집	유명기	1995
O	Late Industrialization in the New Global Division of Labor : the Case of the Korean Auto Industry		유명옥	1994
O	결혼부조를 통해서 본 한국농촌사회의 인간관계*	전국 대학생 학술연구 발표논문집 3:9-27	유철인	1978
O	충북육우개발협회의 축산 및 부락개발사업 평가분석	연구보고서	유철인	1979
O	현지조사에서의 연구자와 면접원과 농민*	한국문화인류학 12:115-142	유철인	1980
O	영농후계자 육성방안	연구보고서 11	유철인	1980
I	농촌청소년의 영농의지와 사회심리적 특성	농촌경제 3(4):50-53	유철인	1980
I	참여관찰을 통해서 본 농촌주민의삶의 질	농촌경제 3(1):96-104	유철인	1980
O	농촌가족구조의 가족유형론적 분석	농촌경제 4(2): 103-116	유철인	1981

O	Becoming a Farmer in Korea: The Background, Values, and Occupational Expectation	Journal of Rural Development 5:147-156	유철인	1982
O	한국농촌주민의 삶의 질	연구총서 8	유철인	1982
S	The Notion of Participant Observation in Peer Group Research*	한국문화인류학 14: 135-149	유철인	1982
O	사회지표조사를 통한 남강농업종합개발사업 평가	연구보고서	유철인	1982
O	Economic and Ecological Processes in Rural Korea: A Macro-Level Analysis	Journal of Rural Development 6:59-75	유철인	1983
O	농촌인구이동에 관한 사회학적 연구	연구보고서 62	유철인	1983
I	일상생활과 도서성:제주도 문화에 대한 인지인류학적 접근*	제주도연구 1:119-144	유철인	1984
O	한국사회에서의 도서와 육지간의 접합에 관한 연구:제주도의 경우	논문집 23:327-361	유철인	1986
I	제주사람들의 문화적 정체감:주변사회에 있어서의 적응방식*	탐라문화 5:71-93	유철인	1986
I	해석인류학과 생애사:제주사람들의 삶을 표현하기 위한 이론과 방법의 모색*	제주도연구 7:105-117	유철인	1990
I	생애사와 신세타령 : 자료와 텍스트의 문제	한국문화인류학 22: 301-308	유철인	1990
O	제주근해 유인도 학술조사 보고서:주민들의 삶	제주유인도 학술조사 pp.271-384	유철인	1991
IK	Storytelling among Korean Immigrants: Reality, Experience, and Expression*	Korea Journal 31(2):93-100	유철인	1991
I	Tradition and Cultural Indentity in Cheju Island, Korea	탐라문화 11:191-205	유철인	1991
O	제주사회의 변화(1946-1991년): 국가사회와 지역문화의 역동적 관계	제주도 91:52-57	유철인	1991
I	제주사람들의 사회와 섬에 대한 관념: 인구이동과 제주사회	제주도연구 9:37-47	유철인	1992
IK	Life Histories of Two Korean Women Who Marry American Gls*	미국일리노이대 박사학위논문	유철인	1993

IK	America in the Lives of 'Western Princesses'	미국학논집 24:125-137	유철인	1993
O	마을	제주도지 2:1253-1271	유철인	1993
I	식생활과 조상숭배	한국문화인류학 18집	윤서석	1986
S	Korean Rural Health Culture		윤순영	1978
S	Development's Orphans: the Asian and Pacific Children		윤순영	1978
O	A Score for Development(New Directions in Monitoring and Evaluation)	Korea and Indonesia Case Studies	윤순영	1981
S	Children at Work: Children at Risk	IKETSENG Series	윤순영	1982
S	Women's Garden Groups in the Casamance, Senegal	Assignment Children	윤순영	1983
S	A Legacy without Heirs: Koreans Indigenous Medicine and Primary Health Care	Soc.Sci.Med Vol.17, No.19	윤순영	1983
S	Concepts of Health Behavior Research	WHO/SEARO technical paper no.13	윤순영	1987
O	Research Approaches in Community Participation for DHF	Dengue Newsletter	윤순영	1989
S	A Family Health Approach to Gender, Health and Development	consultant's report	윤순영	1993
S	Water for Life	UNCED Publication on Women and Children First	윤순영	1993
S	Look at Health Through Women's Eyes	Women in Science and Technology	윤순영	1995
O	Kinship and Mate Selection in Korea	오하이오주립대 박사논문	윤엘리 (최)	1962
O	An Ethnographic Study about San-hujori The Phenomenon of Korean Hospital Care		윤은광	1993
I	Koreans' Stories About Themselves: Hermit Pond Village in South Korea*	Ph.D.Dissertation	윤택림	1992
I	Politics of Memory in the Ethnographic History of a 'Red' Village in Korea	Korea Journal 32(4)	윤택림	1992

I	기억에서 역사로:구술사의 이론적·방법론적 쟁점들에 대한 고찰*	한국문화인류학 25집	윤택림	1994
O	사회운동의 주체에 대하여: 밑으로부터의 역사쓰기	내가 살고 싶은 세상	윤택림	1994
I	민족주의 담론과 여성:여성주의 역사학에 대한 시론	한국여성학 10집	윤택림	1994
I	Historicity of Muga as Text or as Performance	Korea Journal 34(3)	윤택림	1994
O	지방문화의 제창출과 문화적 주체	주민자치, 삶의 정치	윤택림	1995
O	일제하 신여성과 가부장제 : 근대성과 여성성에 대한 식민담론의 재조명	광복50주년 기념 논문집8호 여성	윤택림	1995
I	탈식민 역사쓰기: 비공식 역사와 다중적 주체	한국문화인류학 27집	윤택림	1995
I	지방·여성·역사: 여성주의적 시각에서 본 지방사 연구	한국 여성학 11집	윤택림	1995
O	Kinship, Gender and Personhood in a Korean Village	Michigan State Univ. 박사논문	윤형숙	1989
S	Feminism에서 본 친족 연구	한국문화인류학 22집	윤형숙	1990
O	호남지역의 여성연구	한국문화인류학 25집	윤형숙	1993
S	인류학과 인접과학 : 지리학	한국문화인류학 11집	이찬	1979
S	인류학과 인접과학 : 음악학	한국문화인류학 11집	이강숙	1979
O	몽고족의 혼인고	역사교육 10:386-415	이광규	1967
O	모계사회에 과한 제연구	한국문화인류학 1:1-12	이광규	1968
O	Matriarchal Phenomena in Ancient Korea	Ethnology: 68-70	이광규	1968
I	초도의 초분	민족문화연구 3:67-95	이광규	1969
O	한국의 가족구조	이홍식박사 회갑기념 한국사학논총 725-74	이광규	1969
H	민족학에서 본 한국문화의 기원	문화인류학 2:7-13	이광규	1969
H	메가릿드 문제	문화재 4:141-152	이광규	1969
O	보부상	민속자료조사보고서 16호	이광규	1969
I	전남편, 사회·통과의례편	전국민속종합조사보고서pp.37-144	이광규	1969
H	한국문화의 기원:민족학	한국문화인류학 2집	이광규	1969

I	Family Structure and its Influence on the Formation at Personality	한국문화인류학 3: 49-60	이광규	1970
S	문화인류학		이광규	1971
O	한국의 친척명칭	연구논총 1:221-56	이광규	1971
O	사회문화와 교육	한국교육의 사회적 기초(배영사):85-108	이광규	1971
I	전통문화와 외래문화의 갈등	기독사상 15(6):36-43	이광규	1971
I	한국의 사회구조와 문화유형	문화인류학 4:5-18	이광규	1971
T	화전부락의 가옥과 인구	민속자료조사보고서 35호	이광규	1971
O	농촌개발과 지도자의 역할	한국문화인류학 5:151-94	이광규	1972
O	The Korean Family in a Changing Society	East Asia Cultural Studies 9(1-4):28-43	이광규	1972
O	Kulte in einer koreanischen Dorf-gemeinschaft	Zeitschrift für Ethnologie: 97(1):22-37		1972
O	경남편 제1편 사회	전국민속종합조사보고서pp.28-169	이광규	1972
S	한국생활사(공)		이광규	1973
S	레비-스트로스의 생애와 사상		이광규	1973
O	가족관계		이광규	1973
I	가족구조와 인성에 관한 문제	서울대학교논문집 인문사회과 18:277-99	이광규	1973
O	한국농촌가족의 구조-경기도 광주군 중부면 암미리의 자료를 중심으로	기전문화연구 2:43-75	이광규	1973
I	자연부락과 인간관계	한국사상의 원천:244-86	이광규	1973
I	Teknonmy and Geononymy in Korean Kinship Terminology(공)	Ethnology 12(1):31-46	이광규	1973
S	한국민속학개설(공)		이광규	1974
E	문화과정과 교육(공)		이광규	1974
O	제주편 제1편 사회·통과의례	전국민속종합조사보고서pp.22-67	이광규	1974
O	한국가족의 구조분석		이광규	1975
O	Kinship System in Korea, 2 Vols		이광규	1975

O	부계가족에서의 부부관계	인류학논집:1:119-40	이광규	1975
O	은거제도의 분포와 유형과 관한 연구	한국문화인류학 7:1-19	이광규	1975
O	Women's Status in Patriarchal Family in East Asia	Seoul National University Faculty Papers 4:11-27	이광규	1975
O	급변하는 사회에서 한국문화의 전통성:가족생활분야	한국문화인류학 7집	이광규	1975
O	조선왕조시대의 재산상속	한국학보 3:58-91	이광규	1976
H	동성동본불혼의 사적고찰	한국문화인류학 8:1-19	이광규	1976
O	신라왕실의 혼인제도	사회과학논문집 1:125-51	이광규	1976
O	한국가족의 사적연구		이광규	1977
O	동양삼국의 가족제도의 삼유형	문리대학보 10:417-30	이광규	1977
O	친족집단과 조상숭배	한국문화인류학 9:1-24	이광규	1977
O	친족체계와 친족조직	한국문화인류학 9:119-22	이광규	1977
O	신라왕실의 친족체계	동아문화 14:243-85	이광규	1977
O	강원편 제1편 사회	전국민속종합조사보고서pp.12-112	이광규	1977
O	한국친족관계에 미친 중국의 영향	인류학논집 4:97-137	이광규	1978
S	인류학의 과제와 전망	한국문화인류학 10:1-6	이광규	1978
S	인류학 및 민족학 국제대회참가기	한국문화인류학 10:159-62	이광규	1978
O	경기도편 제1편 사회	전국민속종합조사보고서pp.21-85	이광규	1978
O	안동수몰지역 사회조사	신라가야문화 9(10):105-25	이광규	1978
O	서울편 제1편 사회	전국민속종합조사보고서pp.23-70	이광규	1979
I	민속(의식주생활, 관혼상제·세시풍속 및 민간신앙)	경기도사 pp.1029-88	이광규	1979
S	문화인류학개론		이광규	1980
S	문화인류학의 세계		이광규	1980
O	전통적 가족구조와 변화	한국사회론 : 131-15	이광규	1980

O	고대소설과 신소설에 비친 고부문제	한국문화 1:189-233	이광규	1980
O	도시친족조직의 연구	학술원논문집 19:347-86	이광규	1980
O	민요에 비친 시집갈이	한국문화인류학 12:1-51	이광규	1980
O	설화를 통새서 본 가족관계	사회관계논문집 5:25-61	이광규	1980
I	한국가족의 심리문제		이광규	1981
S	한국문화사연구시론-문화인류학과 역사학의 공동과제	한우근박사정년기념사학논총:677-95	이광규	1981
O	가족, 친족, 촌락	한국학연구입문: 63-72	이광규	1981
I	생활습속	한국학연구입문: 73-81	이광규	1981
O	한국고대사회와 친족제도	한국고대문화와 인접문화와의 관계:345-78	이광규	1981
S	레비-스트로스와 한국	정신문화 11:167-79	이광규	1981
OK	재일한국인과 조사연구-대판생야구를 중심으로	한국문화인류학 13:1-52	이광규	1981
S	Cultural Anthropology in Korea	Korea Journal 21(9): 44-55	이광규	1981
HK	재일한국인과 사회운동사	사회과학과 정책연구 4(3):175-204	이광규	1982
I	한국민속문화의 특징과 과제	현대사회 겨울호:233-41	이광규	1982
S	문화인류학의 구조주의적 접근	동아 22:49-60	이광규	1982
OK	Korean Minority in Japan	Ethnicity and Interpersonal Interaction: 165-80	이광규	1982
S	예술과 인류학	종교음악과 문화:86-95	이광규	1982
OK	재일한국인-생활실험을 중심으로		이광규	1983
S	한국가족생활사		이광규	1983
H	신라의 치족세계	신라문화제학술발표회논문집 4,신라민속의 신연구:65-92	이광규	1983
I	한국기층문화의 구조원리와 대립론	동방사상논고:1127-42	이광규	1983

HK	재일교포이주사	김철준박사회갑기념사학논총:841-66	이광규	1983
O	한국가족제도 변화의 재조명	사업사회와 우리 가족의발견:21-34	이광규	1983
I	한국대학생의 CPI검사	한국문화인류학 15:207-32	이광규	1983
O	사회구조론-문화인류학각론 친족편		이광규	1984
O	한국의 가족제도		이광규	1984
O	농촌사회내의 대립과 조화의 양상	정신문화연구 봄: 171-84	이광규	1984
O	민족이산의 역사와 현황	사회과학과 정책연구 6(1):11-21	이광규	1984
O	조선조후기의 사회구조의 변동-울산지역 호적을 중심으로	한국문화 5:109-64	이광규	1984
OK	재일한국인	재외한국인의 사회와 문화: 239-63	이광규	1984
OK	국제 인권규약과 재일교포의 지위	교포정책자료 22:128-37	이광규	1984
O	Family and Religion in Traditional and Contemporary Korea	Ethnological Studies 11: 185-99	이광규	1984
I	The Concept of Ancestors and Ancestor Worship in Korea	Asian Folklore 43(2): 199-214	이광규	1984
S	베네딕트-국화와 칼		이광규	1985
S	한국인-생		이광규	1985
I	가족을 통해 본 한국인의 갈등과 그 해결	변동사회와 한국인의 갈등,현대아카데미총서 1:77-92	이광규	1985
OK	재일한국인사회	교포정책자료 23:143-48	이광규	1985
HK	재미한인의 이민사	변태섭박사화갑기념사학논총:943-6	이광규	1985
I	한국의 조령관념과 조상숭배	한국종교의 이해:143-75	이광규	1985
O	중국친족제도연구서설	한국문화인류학 17:245-22	이광규	1985

H	18세기 전반기 울산지역의 가족 구조	한국사회의 변동과 발전: 431-56	이광규	1985
O	Changing Aspects of Rural Family in Korea	Family and Community Changes in East Asia: 158-90	이광규	1985
O	Development of the Korean Kinship System with Influence from China	Academia Sinica 59:163-89	이광규	1985
O	사회구조	서해도서민속학	이광규	1985
I	부락생활의 대립과 조화를 통한 질서의식	한국의 사회와 문화 86(3):181-21	이광규	1986
OK	재미한국인연구서설	한국문화인류학 18: 243-58	이광규	1986
S	사회공헌을 위한 인류학	한국문화인류학 19: 247-53	이광규	1986
OK	재미한국인의 분포연구	사회과학과 정책연구 9(3):103-43	이광규	1986
S	Anthropological Studies in Korea	Asian Peoples and their Cultures: 117-38	이광규	1986
I	Confucian Tradition in the Contemporary Korean Family	Past and Present : 3-22	이광규	1986
S	사회공헌을 위한 인류학	한국문화인류학 19: 247-53	이광규	1987
I	Socio-Cultural Aspects of Rice Cultivation	Korea Journal 27(1):16-30	이광규	1987
I	Ancestor Worship and Kinship Structure in Korea	Religion and Ritual in Korean Society: 56-70	이광규	1987
OK	재미한국인의 분포연구	사회과학과 정책연구 9(3):103-43	이광규	1988
S	한국의 문화인류학과 민속학의 현황과 과제	현대사회 30:130-44	이광규	1988
O	공간적 한계내에서의 친족의 기능	한국학의 과제와 전망 2:809-32	이광규	1988
I	한국의 종교체계와 종족이념	한국문화인류학 20:273-91	이광규	1988
O	Family Community in Post-Industrial Society	Changing Family in the World Perspective: 2-9	이광규	1988
OK	재미한국인-총체적 접근		이광규	1989
O	한국문화의 종족체계와 공동체체계	두산김택규박사화갑기념문화인류학논총: 37-54	이광규	1989

O	후기산업사회의 종족체계	가족:14-22	이광규	1989
O	전통일본가족의 구조적 특성	아세아문화 5: 151-64	이광규	1989
O	Conflict and Harmony in Korean Rural Communities	The Journal of Korean Studies 6:193-210	이광규	1989
I	The Practice of Traditional Family Rituals in Contemporary Urban Korea	Journal of Ritual Studies 3(2):167-83	이광규	1989
O	한국의 가족과 종족		이광규	1990
O	분거가족과 문제가족	사회복지학의 이론과 실제:333-52	이광규	1990
OK	제일한국인의 지문제도	한국근현대의 민족문제:111-31	이광규	1990
H	마한사회의 인류학적 고찰	마한백제문화 12:63-75	이광규	1990
IK	국제인권규약과 재일한국인의 주체성문제	재외한국인연구 1:1-16	이광규	1990
HK	재소한국인들의 이민사	동원성병회박사화갑기념민속학논총, 521-52	이광규	1990
S	문화와 인성		이광규	1991
O	조선사회촌락과 가족-지역집단과 공동체적 성격	한국의 사회와 문화 16:63-89	이광규	1991
OK	중앙아시아 재소한국인 가족에 대한 연구	가족학논집 3:1-19	이광규	1991
O	가족과 친족		이광규	1992
S	세계속의 한민족 선택받은 한민족		이광규	1992
H	문화인류학에서 본 한국사	이웃학문에서 본 한국사, 25-44	이광규	1992
OK	미국과 소련의 교포사회비교	미소연구 5:335-58	이광규	1992
I	가족에서의 윤리교육	도덕성회복을 위한 교육의 과제:204-15	이광규	1992
OK	재소원동한인의 문화와 생활	재외한인연구 2:1-23	이광규	1992
I	남북한 문화교류의 증진방안	사회과학과 정책연구 13(3):105-27	이광규	1992
S	인류학과 인접과학:역사학	한국문화인류학 11집	이광주	1979

O	도서와 도서민:마라도	제주도연구 제1집: 145-210	이기욱	1984
O	도서문화의 생태학적 연구*	인류학논집 제7집: 1-56	이기욱	1984
I	The Merchant of Venice의 화폐와 인간관계	제주대학교 논문집 제21집 : 149-167	이기욱	1986
S	구조주의와 구조주의 비평	제주대학교 새마을연구제5집	이기욱	1986
O	추자군도의 인류학적 조사보고(공)	자연보호중앙협의회 자연실태종합조사보고서제5집 : 215-256	이기욱	1986
I	제주도 문화의 정체성에 관한 연구	한국문화인류학 제21집	이기욱	1989
I	제주도 사신숭배의 생태학	제주도연구 제6집	이기욱	1989
O	한국문화속의 제주지역문화의 특수성과 발전방향	사회발전연구 제6집	이기욱	1990
I	문화인류학:문학텍스트의 문화론*	영어영문학 제37권 3호: 651-666	이기욱	1991
I	문화텍스트로서의 드라마:O'Neil의 극 Long Day's Journey Into Night의 문화론	제주대학교 논문지 제33집: 89-110	이기욱	1991
O	환경과 제주문화	탐라문화 제13집 :51-80	이기욱	1993
I	제주도사신숭배의 재고*	제주도 6집 : 38-51	이기욱	1993
O	한국의 도서문화:서남해 도서를 중심으로	도서문화 제11집:375-416	이기욱	1993
O	제주도 농민문화의 변화에 관한 연구*	서울대학교 대학원 인류학과 박사학위 논문	이기욱	1995
O	제주도 농민경제의 전망	제주도 통권 제98호	이기욱	1995
I	동제의 상징체계연구	석사논문	이기태	1986
I	마을 공간부담과 당고제	비교민속학 3	이기태	1988
I	수평리의 민속신앙	향토문화 4	이기태	1988
O	부곡리의 동계 : 합성계	향토문화 4	이기태	1988
I	부곡리의 동제	경북예악지	이기태	1989
I	동제에서의 희생과 의미전달과정	동계성병희박사화갑기념민속학논총	이기태	1990

I	동제의 상징과 커뮤니케이션 체계	인류학연구 5	이기태	1990
I	가족신앙·세시풍속·사찰	김육민속지	이기태	1991
I	창녕 조씨문중의 가례	김육민속지	이기태	1991
I	연일 정씨문중의 가례	김육민속지	이기태	1991
O	경천댐 주변 이주민의 적응	민속연구 1	이기태	1991
O	사회 민속분야	운문댐 수몰지역지표조사보고서	이기태	1992
T	주생활	한국민속학의 이해 pp.98-107	이기태	1994
M	민속박물관의 사회교육	민속박물관의 세계 pp.377-405	이기태	1994
I	가리실의 의례와 기전의 전개	향토문화 2	이남식	1983
I	오봉산성의 산신제와 당고제	민속학 16집 pp.329-375	이남식	1983
I	농경생산신의 역할구조와 민간신앙체계	사회문화총론 3집 pp. 97-104	이남식	1983
O	촌락사회에 있어서 여성노동력의 교환관행	여성문제연구 12집	이남식	1983
O	취락의 형태와 마을사회의 공동체적 기능	한국사회의 변동과 발전	이남식	1985
O	송하리 친족집단의 소민속지	안동문화 제9집 pp. 29-54	이남식	1988
I	조산지	김택규교수회갑기념논집pp.165-176	이남식	1989
I	촌락사회의 전통성과 새환경에의 적응	안동문화 제10집 pp. 117-172	이남식	1989
O	취락의 공간유산과 수리공동체의 기능	안동문화 제10집 pp. 173-206	이남식	1989
O	금소동의 가족과 친족관계	안동문화 제11집 pp. 301-449	이남식	1990
I	색채와 방위신의 민속지	한국민속과 문화연구 pp.433-449	이남식	1990
O	감천유역 취락의 형성배경	금릉민속지	이남식	1991
O	대·소가의 분거행태와 동거관습의 소민속지	민속연구 2집 pp.145-176	이남식	1992
T	풍기의 경제와 생업기술	민속연구 3집	이남식	1992
T	금오산 문화제 지표조사보고서		이남식	1994

I	한국의례신화에 있어서 씨앗 모티브	일본 아세아 아프리카 문화연구	이남식	1995
O	한국농촌의 정기시장에 관한 인류학적 고찰	인류학논집 2집	이덕성	1976
O	지역사회의 인적사항을 활용한 가족계획 보급방안	가족계획논집 제5집	이덕성	1978
O	통·반장을 통한 도시저소득층 국민의 모자보건 및 가족계획 보급방안 연구실험 연구		이덕성	1978
O	Peasant in Transition under the Impact of Modernization	Northwestern Univ.(석사논문)	이덕성	1982
O	An Assessment of Anthropological Approach to Modernizing Peasant Societies	한국문화인류학 15집	이덕성	1983
S	경제인류학 이론적 체계들에 대한 비판적 평가	인문논총 10집	이덕성	1985
O	민속조사	가야문화 유적보존 및 자연자원 개발계획	이덕성	1986
O	지역체계와 시장구조	인문과학 제8집	이덕성	1992
S	농민경제의 이론적 체계들에 대한 비관적 고찰	인류학연구 제6집	이덕성	1992
O	Acculturation of Korean Residents in Georgia		이돈창	1975
O	Problems of Asian Wives of U.S. Citizens and Questions of Governmental Role	U.S.Commission on Civil Rights	이돈창	1975
O	Korean Wife-American Husband Families in America	Resources in Education	이돈창	1976
O	Korean Family Organization in the U.S.: Role and Value Conflicts	Resources in Education	이돈창	1976
O	Korean Community Structure in America	Korea Journal Vol.17, No.2 pp.48-55	이돈창	1977
O	Social Networks in Two Korean Communities	Historical and Sociological Studies of Korean Immigrants	이돈창	1978
O	The Korean Culture as an Agency for the Assimilation of Koreans in the U.S.	Resources in Education	이돈창	1979

I	The Koreans and Japanese: A Comparison of National Character	Journal of Comparative Culture Vol.2, No.1, pp. 5-21	이돈창	1983
O	Korean Immigrant Families: Role and Value Conflict	Koreans in America: Dreams and Realities pp.72-83	이돈창	1990
OK	Intermarriage and Spouse Abuse: Korean Wife-American Husband	Koreans in America pp. 133-150	이돈창	1990
OK	Ethnicity of the Korean in America	Korean Culture in the World pp.109-115	이돈창	1991
OK	Ethnicity and Education of Korean Overseas	Overseas Korean Community and Ethnicity	이돈창	1991
I	Ritual Transformation Techniques in Kut Performance Practices: Three Forms of Korean Shamanist Theatre		이동일	1994
H	신라오기고	서울대인문사회과학논집제9집	이두현	1959
T	양태 및 갓 공예	고문화 제3집	이두현	1964
I	한국연극 기원에 대한 몇 가지 고찰	예술논문집 제4집	이두현	1965
I	한국신극사연구		이두현	1966
I	한국민속지 : 오광대	이하운선생 화갑기념 논문집	이두현	1966
S	문화인류학과 교육	교육과 관계과학	이두현	1966
H	신라고악재고	시라가야문화 제1집	이두현	1966
I	한국민속지 : 봉산탈춤	진단학보 제29·30합본호	이두현	1966
I	하회 및 병산가면	문화재 제3호	이두현	1966
I	양주소놀이굿	국어국문학 제39·40합본호	이두현	1968
I	완도읍 장좌리마을 당제	이승녕박사송수기념논총	이두현	1968
I	양주별산대놀이 연구 및 대사	아세아연구 제11권 2호	이두현	1968
I	사자기고	동서문화 제2집	이두현	1968
I	고창읍 오거리당산	한국문화인류학 1집	이두현	1968
I	한국가면극*		이두현	1969

I	북청사자놀음	김재원박사회갑기념논총	이두현	1969
I	한국연극사	한국문화사대계	이두현	1970
I	강령탈춤	연극평론 제3호	이두현	1970
I	수영야유	문화재 제5호	이두현	1971
I	한국세시풍속의 연구	문교부 학술연구논문집	이두현	1971
I	벽아진경의 세시풍속	김형규박사송수기념논총	이두현	1971
I	세시풍속	한국민속종합조사보고서(전북편)	이두현	1971
O	김해 삼정동의 걸립치기	기헌손락범선생회갑기념논총	이두현	1972
I	송파산대놀이	한국문화인류학 5집	이두현	1972
I	연희	한국민속종합조사보고서(경남편)	이두현	1972
S	한국생활사		이두현	1973
I	한국연극사		이두현	1973
I	옥산궁조제	남일본문화 제6집	이두현	1973
I	초분	한국농촌의 가족과 제의	이두현	1973
S	한국민속학개설(공)		이두현	1974
I	장제와 관련된 무속연구*	한국문화인류학 6집	이두현	1974
I	민속극	한국의 무속문화	이두현	1974
I	은율탈춤	국어교육 제26권	이두현	1975
I	Mask Dance Drama	Traditional Performing Arts of Korea	이두현	1975
I	합천지방의 세시풍속	이민과 문화변용	이두현	1976
I	Burial Custons of Korea: Ch'obun*	The Realm of the Extra-Human Idea and Actions	이두현	1976
I	세시풍속	한국민속종합조사보고서(충북편)	이두현	1976
I	민속놀이	한국민속종합조서보고서(충북편)	이두현	1976
I	안동 수몰지구의 세시풍속지	신라가야문화 제9·10 합본호	이두현	1978
I	동제와 당굿*	사대논총 제17집	이두현	1978

I	한국민속예술의 본질과 그 사회적 기능- 특히 민간연희를 중심으로	동북아민속비교연구 제1집	이두현	1978
I	전국민속종합조사의 회고와 전망: 세시풍속과 민속놀이 분야	한국문화인류학 10집	이두현	1978
I	한국의 가면극		이두현	1979
I	무형민속문화재의 보존과 전승방안	문화예술논문선집 (1)	이두현	1979
I	선묘와 광청아기 설화*	연암현평효박사회갑기념논총	이두현	1980
I	가면과 종교		이두현	1980
I	Drama and Dance	Studies on Korea: A Scholar's Guide	이두현	1980
I	제주도민속조사	한국문화(1)	이두현	1980
I	세시풍속	한국민속종합조사보고서(황해, 평남·북편)	이두현	1980
I	한국의 탈춤		이두현	1981
I	한국의 야외가면극	계간민족학 (15)	이두현	1981
I	세시풍속	한국민속종합조사보고서(한남·북 편)	이두현	1981
I	동해안별신굿 *	한국문화인류학 제13집	이두현	1981
I	한국의 촌제와 가면	예능사연구	이두현	1981
I	한국가면의 역사		이두현	1982
I	탈놀이	한국민속대관(5)	이두현	1982
I	신극의 태동	한국문학연구입문	이두현	1982
I	Entertaining the Gods-Korean Village Festival	Asian Culture(32)	이두현	1982
I	한국고대의 상장의례*	동아세아의 의례와 국가	이두현	1982
I	조선조 전기의 연희	동양학 제13집	이두현	1982
I	하회별신굿 탈놀이	한국문화인류학 제14집	이두현	1982
S	한국의 민속학연구	한국학입문	이두현	1983
S	한국민속학논고*		이두현	1984
I	장례와 연희고	사대논총 제30집	이두현	1985
I	내림무당과 쇠걸립	사대논총 제34집	이두현	1987

I	황해도 평산 소놀음굿	난대이응백교수정년퇴임기념논문	이두현	1988
I	조선예능사		이두현	1990
I	Korean Shamans: Role Playing through Trance Possession*	By Means of Performance pp.149-166	이두현	1990
I	단골무와 야장 *	정신문화연구 16(1): 191-230	이두현	1993
I	전남 영암의 무속	한국의 향촌민속지(2) pp.181-221	이두현	1995
O	옹기와 주부	한국문화인류학 17집	아동아인	1985
K	Adjustment of Korean Nurses to United States Hospital Settings		이명순	1993
O	도시지역 형성 및 생태적 과정에 대한 연구: 용산구 해방촌을 중심으로	사회학 석사논문	이문웅	1966
O	Rural North Korea Under Communism	Rice University Studies, Vol.62, No.1	이문웅	1976
O	한국사회에 있어서 호혜관계의 몇가지 측면	진단학보 43:143-154	이문웅	1977
O	공산체제하에서의 친족조직:북한의 경우	한국문화인류학 9:127-129	이문웅	1977
I	문화의 원인 : 문화과정의 설명을 위한 한 모델	세계의 문학 2권 2호: 47-66	이문웅	1977
S	인간주의 사회학에 대한 반론:문화결정론의 올바른 이해를 위하여	현상과 인식 2권 2호: 5-35	이문웅	1978
O	Family System in North Korea: Continuity and Change	Korea Journal 18-3:36-43	이문웅	1978
O	북한 정치문화의 형성과 그 특징	통일정책 4권 2호:185-203	이문웅	1978
I	북한의 도덕과 종교	북한문화론 pp.491-538	이문웅	1978
I	가족 및 부락신앙		이문웅	1978
O	북한의 사회와 가족형태	한국문화론 pp.235-254	이문웅	1980
O	가족생활과 친족생활	한국민속종합조사보고서(황해/평안도편) pp.36-45	이문웅	1980
O	부락생활	한국민속종합조사보고서(황해/평안도편) pp.46-64	이문웅	1980

I	가족 및 부락신앙	한국민속종합조사보고서(황해/평안도편) pp.80-99	이문웅	1980
O	가족생활	한국민속대관 1권: 296-332	이문웅	1980
OK	중앙아시아의 한국인 사회:문화접변의 일 연구	사회과학과 정책연구 3권 1호:195-236	이문웅	1981
O	가족생활과 친족생활	한국민속종합조사보고서(함경도편) pp.34-41	이문웅	1981
I	가족 및 부락신앙	한국민속종합조사보고서(함경도편) pp.67-88	이문웅	1981
OK	중앙아시아의 한국인 사회	동아문화 18집: 289-297	이문웅	1981
O	북한의 사회문화적 변동: 사회조직 및 신앙체계를 중심으로	한국인과 한국문화 pp.198-218	이문웅	1982
IK	중앙아시아 한인사회에 있어서 민족예술활동에 관한 고찰	동아연구 제2집: 163-187	이문웅	1983
IK	Ethnic Art Activities of Soviet Koreans in Central Asia	Korea Journal 24-2: 4-16	이문웅	1984
OK	소련 중앙아시아의 한인사회	재외한인의 사회와 문화 pp.119-136	이문웅	1984
O	아프리카제국의 농촌개발정책과 개발전력에 관한 고찰	사회과학과 정책연구 7-1:127-145	이문웅	1985
O	신흥공업도시에 있어서 외지인의 생활적응:특히 적응전략을 중심으로	사회변동의 이론과 실제 pp.127-145	이문웅	1985
O	신라친족연구에서 혼인체계와 출계의 문제	한국문화인류학 17:35-59	이문웅	1985
O	남북의 생활상:그 삶의 현주소		이문웅	1986
O	공업화 과정에서 있어서 근로자의 생활 및 직업적응에 관한 연구	복지사회 구현의 당면문 제 pp.101-163	이문웅	1986
I	유일한 종교〈김일성교〉	아세아공론 15권 1호: 29-37	이문웅	1986
T	Impact of Information Technology on Korean Culture	사회과학과 정책연구 8권 2호:233-240	이문웅	1986
O	Adaptive Strategies of Immigrants in a New Industrial City of South Korea	Korean Social Science Journal 13:124-137	이문웅	1987

S	한국의 인류학 교과과정	한국문화인류학 19집: 255-265	이문웅	1987
S	문화통계 및 지표체계연구를 마치고	문화예술 109:64-70	이문웅	1987
S	문화지표를 통해서 본 문화복지와 그 전망	한국의 사회복지 : 현재 와 미래 pp.406-424	이문웅	1987
O	우포늪지 및 주남저수지 일대의 인문 사회조사	우포늪, 주남저수지 생 태계조사 pp.157-182	이문웅	1987
OK	재일 제주인의 의례생활과 사회조직	제주도연구 제5집:51-58	이문웅	1988
T	도예전통의 변화에 관한 일 고찰: 고려청자의 경우	두산김택규박사회갑 기념논문집 pp.85-97	이문웅	1989
IK	재일 제주인 사회에서의 무속	제주도연구 제6집 pp. 79-87	이문웅	1989
O	북한의 가족과 친족제도: 연속과 변용	평화연구 제14집 : 69-82	이문웅	1989
S	민속의 인자형과 표현형 : 연속과 변용의 이해를 위한 시론	민속의 지속성과 시대성 pp.15-20	이문웅	1990
O	정보화기술의 발달과 가정생활	정보화 사회와 사회변동 pp.123-142	이문웅	1990
S	인간이란 무엇인가(공)		이문웅	1991
O	제주도 당제에 나타난 혈연성과 지연성	최재석교수정년퇴임 기념논총 pp.267-294	이문웅	1991
O	근교농촌의 도시교외화에 따른 생활양식의 변화	근교농촌의 해체과정 pp.153-197	이문웅	1993
S	법인류학의 연구영역과 방법	법과 사회 제8호:198-220	이문웅	1993
OC	일본 농촌에서의 지역활성화 운동의 사례연구	지역연구 3권 1호:145-213	이문웅	1994
M	일본 국립민족학박물관의 〈울산 컬렉션〉	울산문화 제10집:32-55	이문웅	1995
O	광복후 한국사회의 문화변동 : 한 가족의 생활사를 중심으로	광복 50주년 기념논문집	이문웅	1995
T	정보통신기술의 발달과 문화·생활양식의 변화	정보문화 9/10월호: 44-49	이문웅	1995
O	지식문화산업 문제 : 한국영상문화산업의 현황과 육성전략	정책포럼 16호 : 74-83	이문웅	1995
I	무악장단고	한국문화인류학 3집	이보형	1970
I	시나위권의 무속음악	한국문화인류학 4집	이보형	1971

I	급변하는 사회에서 한국문화의 전통성 : 음악분야	한국문화인류학 7집	이보형	1975
I	신대와 농기	한국문화인류학 8집	이보형	1976
I	전국민속종합조사의 회고와 전망:민속예술분야	한국문화인류학 10집	이보형	1978
I	메나리토리 무가·민요권의 음악문화	한국문화인류학 15집	이보형	1983
I	입무과정의 몇가지 특징에 대한 분석심리학적 고찰	한국문화인류학 2집	이부영	1969
I	토속신앙과 관계된 정신장 삼례의 분석	한국문화인류학 3집	이부영	1970
I	East-West Communication from the View-point of Analytic Psychology	한국문화인류학 5집	이부영	1972
S	인류학과 인접과학 : 정신의학	한국문화인류학 11집	이부영	1979
S	인류학과 인접과학 : Communication	한국문화인류학 11집	이상회	1979
E	Culture and Preschoolers' Activities: The United States and Korea		이소온	1994
I	U.S. Popular Films and South Korean Audiences: A Political-Economic and Ethnigraphic Analyses		이수연	1993
I	Traditional Conceptions of Health and Nursing in Korea		이영자	1992
T	농촌주거공간에 관한 문화인류학적 연구	인류학연구 제2집	이영진	1982
O	서울 근교의 인구이동에 관한 연구 : 경기도 양주군 별래면 광전리의 사례	인류학논문 제5집	이용숙	1979
E	경제 성장에 있어서의 교육의 역할에 대한 인류학적 연구고찰*	한국문화인류학 제17집	이용숙	1985
S	문화기술지와 간학문학적 공동연구*	교육개발 제8권 제3호	이용숙	1986
E	교육인류학적 연구방법-문화기술 적 방법을 중심으로*	교육과정 운영의 효율화	이용숙	1986
OC	동아시아계 미국인의 사회경제적 지위와 교육적 성취*	미국학 제9집	이용숙	1986
E	교수-학습 자료 활용 실태 및 교수-학습 방법에 관한 인류학적 국제비교 연구*	한국교육개발원 연구보 고서 RR 86-39	이용숙	1986

E	교육 연구에 있어서의 민족과학 (ethnoscience) 접근 방법의 적용*	한국교육 제14권 제2호	이용숙	1986
EC	Academic Success of East Asian Americans: An Ethnographic Comparative Study*		이용숙	1987
E	교과용 도서의 체제 개선 방안-6개국 교과서의 체계 비교 결과를 토대로	한국 교육과정 뿌리의 재발견	이용숙	1987
E	교육대학 교육실습의 현황과 개선방안 연구*	KEDI Monograph 88-8	이용숙	1988
E	국민학교 수업방법의 개선을 위한 문화기술적 연구*	한국교육개발원 연구보 고서 RR 88-35	이용숙	1988
E	어머니의 취업과 학교교육 및 자녀의 성취에 관한 연구*	한국교육개발원 연구보 고서 RR 88-26	이용숙	1988
E	한국 교육과 여성	현대사회 봄호	이용숙	1988
E	수업방법*		이용숙	1989
E	국민학교 교육의 불평등과 비효율 성*	한국 교육의 현단계	이용숙	1989
E	수업외의 잡무로 바쁜 우리 교사들 : 국민학교 교사들의 근무환경에 대한 비교연구	또 하나의 문화 제5호	이용숙	1989
E	교육 평가 연구에 있어서의 인류학적 연구 방법의 적용*	교육평가연구 제3권 제1호	이용숙	1989
E	문화기술적 수업 연구 방법*	한국교육 제 16권 제 1호	이용숙	1989
E	교육인류학의 기본 개념과 전망에 관한 논의*	새교육 10월호	이용숙	1989
E	국민학교 교육 현상에 대한 문화기술적 연구-학교와 가정의 학습 활동을 중심으로*	한국교육개발원 연구보고서 RR90-4	이용숙	1990
OC	A Model for Academic Success:The School and Home Environment of Asian Student	Anthropology and Education Quarterly21(4)	이용숙	1990
E	수업중 실제 학십 시간 확대를 통한 국민학교 수업 방법의 개선	한국교육논총 제3집	이용숙	1991
E	외국에서의 학교장의 역할*	사학 제58호	이용숙	1991
E	국민학생들의 가정에서의 시간 사 용에 대한 연구-학습 활동과 학 습의 의미*	초등교육연구 제5집	이용숙	1991
E	현장교육연구가이드 2-자료의 질적 분석*	새교육 11월호	이용숙	1991

EK	Korean in Japan and in the United States*	Minority Status and Schooling	이용숙	1991
E	한국교육의 종합이해와 미래구상 (3):교육내용과 수업방법편*	한국교육개발원 연구보고서	이용숙	1992
E	모든 사회생활의 기본이 익혀지는 초·중학교 교육의 내실을 다지는 길	21세기 한국교육의 청사진	이용숙	1992
E	우리나라 중등학교 문화의 특성*	한국청소년연구 제3권 제2호	이용숙	1992
E	교육의 질과 열린 교육*	교육학연구 30(3)	이용숙	1992
E	한국형 열린 교육의 탐색*	교육철학 11	이용숙	1993
E	한국사학의 현황과 변화 가능성	사학 가을호	이용숙	1993
E	실제 학습시간 비교분석을 위한 인류학적 연구방법-질적 양적 통합접근*	비교문화연구 창간호	이용숙	1993
E	외국학교 참여관찰일지*	교육개발 93년 3월호-94년 1월호	이용숙	1993
E	미국 대학교의 현장실습 강과 운영 방식*	교육월보 10월호	이용숙	1993
E	교육과정 개혁 국제비교연구*	한국교육개발원 연구보 고서	이용숙	1994
E	현장에 본 미국과 영국의 국민학교 교육*	비교교육연구 제4권 제1호	이용숙	1994
E	외국 국민학교의 학생평가 방법*	교육평가연구 제7권 제1호	이용숙	1994
E	교육내용 조직방식 국제비교연구-한국·일본·프랑스·독일·미국·영국 중심*	교육과정연구 제 13집	이용숙	1995
E	일본의 교육과정 개혁	비교교육연구 제6권 제1호	이용숙	1995
E	영어교과 신설을 위한 국민학교 교육과정 개선 기초연구*	한국교육개발원 연구보 고서	이용숙	1995
E	한국 학교문화의 특성과 잠재적 교육과정	한국문화인류학 제28집	이용숙	1995
E	수준별 교육과정의 현실화 방안*	교육개발 11월호	이용숙	1995
E	효율적인 열린 수업을 위한 수업 운영방안*	열린교실연구 제3집 제2호	이용숙	1995
E	인문계 고등학교 교직문화 연구	박사논문	이인효	1990
O	촌락사회의 줄당기기연구	영남대 석사학위논문	이장섭	1984

S	한국민속학의 비판적 검토	두산김택규선생회갑기념논총	이장섭	1989
OK	Koreanischer Alltag in Deutschland: Zur Akkulturation Koreanischer Familien	박사학위논문	이장섭	1990
IK	독일 한인이세의 문화화	재외한인연구 제2호	이장섭	1992
OK	해외한인의 문화접변	민족과 문화 제1집	이장섭	1993
T	식생활민속, 금강지		이장섭	1994
O	관광문화와 문화관광 소고	문화정책논총 6집	이장섭	1994
T	영암지방의 물질문화	한국의 향촌민속지2	이장섭	1995
S	독일민속학의 향토문화연구	향토사와 지역문화 pp.116-128	이장섭	1995
I	독일의 지역축제	민족과 문화 3집	이장섭	1995
O	외국인노동자문제를 통해 본 한국문화	국제한국학 1집	이장섭	1995
I	Identity and Social Dymanics in Ethnic Community: Comparative Study on Boundary Making Among Asian Americans in Philadelphia		이재협	1994
S	인류학적 포스트모더니즘에 대한 비판적 검토	비교문화연구 1:113-138	이정덕	1993
OK	사회갈등과 사회재생산:뉴욕시의 한·흑 갈등을 중심으로	한국문화인류학 26: 239-258	이정덕	1994
O	인간의 국제적 이동과 한국인류학	한국문화인류학 26: 345-360	이정덕	1994
O	세계화와 한국인의 소비문화의 변화	한국의 정신과 문화 23:221-256	이정덕	1995
I	문화해석을 넘어 : 한혹갈등에 있어서 욕,의심,멸시를 통하여	호남사회연구 2:311-330	이정덕	1995
OK	Captial Accumulation and Every day Life in New York City Korean Shopkeepers	Seoul Journal of Korean Studies 7집	이정덕	1995
I	소수민족의 민족주의	정신문화연구 18(2)	이정덕	1995
IK	Social Order and Contest in Meanings and Power: Black Boycotts against Korean	CUNY박사학위논문	이정덕#	1993
S	인류학과 인접과학:언어학	한국문화인류학 11집	이정문	1979
E	교육인류학의 탐구		이종각	1995
A	명주군 하시동 고분조사보고	고고미술 110호 pp.16-23	이종철	1971

I	서도 부락제의 고찰	문화인류학 4집 pp. 87-101	이종철	1971
O	안계마을의 민속지	석주선 기념논총 pp. 341-359	이종철	1971
I	심곡별신굿	서낭당 3집 pp.175-182	이종철	1972
T	축산양잠 수렵채집조사	민속종합조사보고서, 충남 pp.389-418	이종철	1975
T	축산양잠 수렵채집조다	민속종합조사보고서, 충북 pp.339-351	이종철	1976
I	음성 양곡마을 상례의 구조야 기능	한국민속학 12집 pp. 291-309	이종철	1980
M	스미소니안의 박물관 교육	고문화 19집 pp.2-27	이종철	1981
M	민속박물관의 사회교육기능	한국민속학 15집 pp. 119-136	이종철	1982
M	스미소니안의 동남아 전시소고	석주선 고회 민속학 논 총 2집 PP.185-201	이종철	1982
I	장승신앙에 관한 연구	영남대 석사논문	이종철	1982
I	장승의 기원과 변천사고	이화사학 13,14 합집 PP.31-41	이종철	1983
I	진도 덕병리 장성의 거릿제 연구	이두현박사회갑기 념논문집 PP.373-393	이종철	1984
I	고흥 장수마을 민속조사 (민간 신앙)	국립광주박물관 총서 7집 pp.33-46	이종철	1984
I	장승과 솟대에 관한 고고민속학적 접근시도	윤무병 박사 기념논총 pp.503-527	이종철	1984
O	전남 신안군 장산도, 하의도 민속 조사	도서문화 3집 pp.63-170	이종철	1985
I	장승의 현지 유형에 관한 사고	한국문화인류학 17:141-172	이종철	1985
I	전남 영암군 장승,입석,동제조 사(영암군의 문화유적)	영암군의 문화유적 pp.313-352	이종철	1986
I	전남 무안군의 장승,입석,동제 조사	무안군의 문화유적 pp.155-203	이종철	1986
I	산속의 신앙구조와 사회적 상징	임동권박사회갑기념 민 속학총서 pp. 337-359	이종철	1986
I	신앙민속	방월리-마을조사사례 pp.85-128	이종철	1986
I	전남 해남군 장승, 입석, 동제조 사	해남군의 문화유적 pp.345-410	이종철	1986

I	안좌도 지역의 민속지	도서문화 4집 pp.79-178	이종철	1986
I	전남 진도군 장승, 입석, 동제 초분 무속조사	진도군의 문화유적 pp.193-294	이종철	1987
I	전남 신안군 지도의 신앙민속	도서문화 5집 pp.97-181	이종철	1987
I	장승제의 신앙체계	삼불김원룡박사정년기념논총 pp.787-807	이종철	1987
M	덴마크 국립박물관 소고	고문화 30집 pp.33-55	이종철	1987
I	신안군의 민속신앙	신안군의 문화유적 pp.212-277	이종철	1987
I	구례 운조루 민속신앙	민속박물관 학술총서 4 집 pp.1-144	이종철	1988
I	진도무속 현지조사	민속박물관 학술총서 5 집 pp.127-136	이종철	1988
I	장승	민속박물관 학술총서 5 집 pp.122-147	이종철	1988
I	정읍 원백암 당산제 고찰	고문화 33 pp.35-51	이종철	1988
I	해남군의 동제소고	전남문화재 창간호 pp.217-243	이종철	1988
M	물질문화연구와 박물관	하국문화인류학 20집 pp.173-198	이종철	1988
I	경기자방 장승, 솟대신앙	국립민속박물관 학술총 서 7:28-62	이종철	1988
I	호남지역 장승의 현지연구	한국민속학총서 4:160-178	이종철	1989
M	덴마크 문화와 박물관 150년사	김택규교수 고희논총 pp.379-402	이종철	1989
I	전북지방 당산입석과 남근석 신앙 고	문화재 22:33-56	이종철	1989
T	18세기의 미국 민속건축 소고	장산김정기박사회갑기념논총 pp.200-214	이종철	1990
T	남녘의 벅수	김향문화총서	이종철	1990
M	민속박물관의 현황과 미래	한국민속과 문화연구 pp.451-458	이종철	1990
I	경북지방 골백이 수구맥이 신앙의 민속학적 고찰	경북지방 장승, 솟대신앙 pp.19-42	이종철	1990
T	충남의 장승	국립민속박물관 장승사 전	이종철	1991

I	장승의 문화적 의미와 상징	역사민속학 2집 pp. 145-161	이종철	1992
IC	일본남향촌 사도제의 조사연구	한국문화인류학 24집	이종철	1992
T	한지(문방사우 조사보고서)	국립민속박물관 학술총 서 11:7-50	이종철	1992
T	경기도지역 매사냥	매사냥 조사보고서 pp.32-52	이종철	1993
T	백제의 의식주 생활습속	배종무총장퇴임기념 사 학논총 pp.93-107	이종철	1993
T	삼국 신라시대의 의식주생활		이종철	1993
I	서낭당		이종철	1994
I	계룡산의 신앙습속	계룡산지 pp.687-754	이종철	1994
I	전북지방의 장승, 솟대신앙	국립민속박물과 학술총 서 14집	이종철	1994
I	충북지방의 장승, 솟대시앙	국립민속박물관 학술총 서15집	이종철	1994
I	한국의 성문화연구		이종철	1994
I	변강쇠가에서의 상징성과 갈등구조	민속학 연구 제2호 pp. 237-256	이종철	1995
I	한국과 일본의 성신앙 비교연구	해외훈련보고서 pp. 1-59	이종철	1995
IC	오키나와 친족어휘의 사회문화적인 의미에 관한 예비적 고찰	민족학연구 58(1) (일본 민족학회)	이진영	1993
H	거문도의 어업에서 있었던 문화변 용	일본식민지와 문화변용	이진영	1994
OC	오키나와 전통창조의 일국면:문중과 계도의 생성을 중심으로	오키나와 민속연구 15	이진영	1995
O	이농민의 생활양식 변화에 관한 연구	인류학연구 제4집	이창언	1986
O	도시화와 지역사회의 재구조화	한국문화인류학 28집	이창언	1995
O	도시 저소득층 거주지역의 형성과 주민의 분화 및 통합	박사논문	이창언	1995
E	국민학교 교내 자율장학에 관한 문화기술적 연구	박사논문	이창형	1995
S	인류학과 인접과학 : 건축학	한국문화인류학 11집	이희봉	1979
I	Toward a Recomciliation of Microand Macro- Level Analyses of Folklore*	Folklore Forum 9: 56-66	임돈희	1976
I	Logical Contradiction in Korean Learned Fortunetelling	펜실바니아대 민속학과 박사논문	임돈희	1977

I	한국농촌부락에 있어서의 묘자리의 영향:풍수와 조상탓	한국문화인류학 14집	임돈희	1982
I	Korean Religion	The Encyclopedia of Religion Vol.8 pp. 367-376	임돈희	1987
S	The Anthropology of Korea: East Asian Perspectives		임돈희#	1995
I	Translation and Annotation of Five korean Folktales	Folk Tales Told Around the World pp. 287-295	임돈희 Jane	1975
I	한국 조상숭배 의식의 연구	한국문화인류학 7: 145-156	임돈희 Jane	1975
I	Anthropology, Folklore, and Korean Ancestor Worship	한국문화인류학 6: 175-190	임돈희 Jane	1975
I	Ritual Change in a Korean Village	Chosen Gakuho 89:59-65	임돈희 Jane	1978
O	Lineage Organization and Social Differentiation in Korea *(공)	Man: Journal of the Royal Anthropology Institute 13:272-289	임돈희 Jane	1978
I	The Functional Value of Ignorance at a Korean Seance	Asian Folklore Studies 38(1): 81-90	임돈희 Jane	1979
I	Ancestor Worship and Korean Society *(공)		임돈희 Jane	1982
I	Ownership Rights to Lineage Property in Rural Korea	한국문화인류학 15집	임돈희 Jane	1983
S	The Origins of Korean Folklore Scholarship*	Journal of American Folklore 99:24-49	임돈희 Jane	1986
O	Interest Rates and Rationality: Rotaing Credit Associations Among Seoul Women*	Journal of Korean Studies 6:159-185	임돈희 Jane	1988
I	Korean Religion	The Religious Traditions of Asia pp.333-346	임돈희 Jane	1989
S	한국 민속학사의 재조명: 최남선의 초기연구를 중심으로	비교민속학 5:3-42	임돈희 Jane	1989
O	Making Capitalism: The Social, Cultural Construction of a Korean Conglomerate *		임돈희 Jane	1993
I	Toward a Political Economy of Korean Shamanism	Shamans and Cultures pp.52-60	임돈희 Jane	1993
I	The Real and Idel in South Korean Capitalism	동방학지 84:275-289	임돈희 Jane	1994

O	한국전통사회의 가족 연구	한국민속연구사	임돈희 Jane	1994
I	민속학의 연희이론	비교민속학회보 6:2-5	임돈희 Jane	1994
I	전통의 새로운 개념:전통의 구성-한국의 한 재벌의 사례연구	비교민속학 11:19-43	임돈희 Jane	1994
S	Postwar South Korean Society	The Cambridge History of Korea Vol.4 Modern Korea	임돈희 Jane	1995
I	Gender Construction in the Offices of a South Korean Conglomerate	Gender and Social Change in Late 20th Century Korea	임돈희 Jane	1995
I	The Mutual Constitution of Capitalism and Confucianism in South Korea *	Culture and Economy in Eastern Asia	임돈희 Jane	1995
I	The Genealogy of "Making Harmony" among Co-workers in a Korean Conglomerate*	The Anthropology of Korea:East Asian Perspectives	임돈희 Jane	1995
S	Choe Namson's Folklore Research in the 1920s	민속학연구 2:31-56	임돈희 Jane	1995
O	한국농촌가족의 변화:내아리 마을 연구	비교민속학 12:25-42	임돈희 Jane	1995
IC	대만 고산족의 민속조사	한국문화인류학 4집	임동권	1971
I	세시풍속에 나타난 양귀속	한국문화인류학 5집	임동권	1972
O	통구스족의 사회와 정체성	석사논문, 몽뻬리에 대 학	임봉길	1980
OC	세벤느 거주 묘족의 사회조직	준박사 학위논문	임봉길	1982
IC	갸르 지방의 묘족의 사회조직과 종교적 표상	박사학위논문	임봉길	1985
IC	통구스족의 민족정체성과 샤먼의 역할	한국문화인류학회	임봉길	1985
S	문화에 있어 진보의 개념	예술과 비평	임봉길	1985
S	프랑스의 인류학교육	한국문화인류학회	임봉길	1990
O	소양강댐의 인류생태학적 조사연구(공)	사회과학연구	임봉길	1992
I	도시중산층의 생활문화(공)		임봉길	1992
OC	동북시베리아 지역 통구스족의 민 족정체성의 형성과 변화	서울대학교 지역종합연 구소	임봉길	1994
I	전국민속종합조사의 회고와 전망:구비전승분야	한국문화인류학 10집	임석재	1978

I	꼭두각시놀음의 갈등양상	석사학위논문	임재해	1978
I	꼭두각시놀음의 구조양상	구비문학 2:74-104	임재해	1979
I	꼭두각시놀음의 대립양상과 사회의식	한국민속학 2:157-192	임재해	1980
I	호국용설화의 전승양상과 신인관계	한국민속학 13:103-115	임재해	1980
I	무왕형설화의 유형적 성격과 여성 의식	여성문제연구 10:33-56	임재해	1981
I	꼭두각시놀음의 이해*		임재해	1981
I	꼭두각시놀음의 놀이적 성격과 연 극적 성격	민속논총 2:219-233	임재해	1982
I	온달형설화의 유형적 성격과 부녀 갈등	여성문제연구 11:31-46	임재해	1982
I	사용향악보 소재 무가류 시가연구	영남어문학 9:155-182	임재해	1982
I	우리 민속놀이의 건강성과 오늘의 놀이	세계의 문학 29:192-215	임재해	1983
I	민속학 쪽에서 본 한국인의 의식구조	민속어문논총: 569-591	임재해	1983
I	꼭두각시거리에 나타난 부부갈등과 여성의식	여성문제연구 12:143-156	임재해	1983
I	임하댐 수몰지역의 구비문학	안동문화 4:23-72	임재해	1983
S	민속연구의 현장론적 방법*	정신문화연구 20:65-84	임재해	1984
I	민속극의 전송집단과 영각 할미의 싸움	여성문제연구 13:207-226	임재해	1984
I	원룡계마을의 성격과 설화의 전승 1	안동문화 5:45-70	임재해	1984
I	설화의 존재양식과 갈래체계	구비문학 8:85-126	임재해	1985
I	마을공동체의 성격과 설화의 전승 양상	한국민속학 18:247-260	임재해	1985
I	놋다리 밟기의 유형과 풍농기원의 의미	한국문화인류학 7:197-217	임재해	1985
O	마을공동체 민속의 통합적 기능과 생산적 기능*	공동체문화 3:83-124	임재해	1986
I	탈과 조각품으로 본 하회탈의 예술성과 사회성	예술과 비평 86년 봄호	임재해	1986
I	문화의 존재양식과 민속문화의 위 상	월산임동권박사송수기념논문집:451-478	임재해	1986

O	임하댐 그 얻는 것과 잃는것	안동문화연구 1: 95-118	임재해	1986
S	민속학의 연구영역과 방법	한국민속학의 과제와 방법:218-238	임재해	1986
I	안동사람들의 의식형성과 그 비판 적 인식	안동문화의 재인식: 114-141	임재해	1986
I	화소체계에 따른 김현감호 설화의 유형적 이해	영남어문학 13: 169-190	임재해	1986
I	설과 보름 민속의 대립적 성격과 유기적 상관성	한국민속학 19:295-320	임재해	1986
I	하회탈춤에 나타난 민중적 세계관 과 대동성	전통과 예술 창간호: 133-147	임재해	1986
I	우리 전통춤의 맥락과 현장에서의 본디 모습	예술과 비평 12: 122-144	임재해	1986
I	설화의 현장론적 연구	영남대학박사학위논문:1-177	임재해	1986
S	민속문화론		임재해	1986
S	한국민속학의 과제와 방법(편)		임재해	1986
I	안동문화의 재인식		임재해	1986
T	안동지구 전통문화 유적 보존 개발계획		임재해	1986
I	한국의 탈		임재해	1986
I	임하댐 수몰지역 도연 축우제의 주술성	안동문화 2:83-103	임재해	1987
I	존재론적 구조로 본 설화갈래론	한국·일본의 설화연구: 12-52	임재해	1987
I	도시화와 전통의 재창조	현대사회 27:159-183	임재해	1987
I	연행예술로서의 놀이문학과 민중적 현실인식	문학과 사회 창간호: 217-242	임재해	1988
I	꿈 이야기의 유형과 꿈에 관한 인식	문학과 비평 6: 262-271	임재해	1988
I	여성민요에 나타난 시집살이와 여 성생활의 향방	한국민속학 21: 199-237	임재해	1988
I	탈의 조형미가 지닌 예술적 형상성과 사회적 기능	한국의 탈:229-243	임재해	1988
I	민요의 사회적 생산과 수용 양상	한국의 민속예술: 252-281	임재해	1988
I	단군신화에 던지는 몇가지 질문	문화재 21:207-223	임재해	1988
I	한국의 민속예술		임재해	1988

I	설화에 나타난 나무의 생명성과 그 조형물	비교민속학 4:69-100	임재해	1989
I	설화에 의한 미적 범주의 확장*	영남어문학 16: 127-155	임재해	1989
I	안동의 길쌈 전통과 두레 공동체	민속학연구 1:27-54	임재해	1989
I	기우제의 제의적 성격과 주술의 원리*	두산김택규박사화갑기념문화인류학논총:361-377	임재해	1989
I	꿈이야기를 통해 본 꿈의 인식	수여성기설박사화갑기념논총:95-118	임재해	1989
I	단오에서 추석으로-안동지역 세시풍속의 지속성과 변화*	한국문화인류학 21: 341-365	임재해	1989
S	안동지역 민속연구 10년의 성과와 과제	안동문화 10:7-23	임재해	1989
O	안동댐 십년, 그 퇴행적 삶의 현장	안동문화연구 4:107-124	임재해	1990
I	손순매아 설화의 전승현장과 전승 상황	삼국유사의 현장적 연구:235-260	임재해	1990
I	한국의 농작기원의 주술적 행사와 전식가	자연과 문화 29:42-48	임재해	1990
S	세시풍속-세시풍속 연구의 반성과 과제	한국민속학23: 285-308	임재해	1990
O	지역문화,그 토박이들의 삶의 문화	문화비평 5:53-72	임재해	1990
I	기우제의 제의적 성격과 전승의 시공간적 이해	한국민속과 문화이해: 255-282	임재해	1990
O	한 동성마을의 민속과 문화적 전통의 양상	안동문화 11:125-191	임재해	1990
I	전통상례		임재해	1990
I	초가 안팎, 그 믿음과 섬김의 세계	초가:221-236	임재해	1991
I	민속의 전승주체는 누구인가?	민속연구 1:47-80	임재해	1991
I	윷놀이의 이치와 민중적 세계관	안동문화연구 5:63-78	임재해	1991
I	Tradition in Korean Society: Continuity and Change	Korea Journal Vol.30, No.3:13-30	임재해	1991
O	안동지역 문화운동의 성과와 동향	안동문화 12:3-48	임재해	1991
I	설화작품의 현장론적 분석*		임재해	1991
T	초가		임재해	1991
I	한국민속과 전통의 세계		임재해	1991

I	강강술래와 놋다리밟기의 지역적 전승과 문화적 상황*	민속연구 2:57-143	임재해	1992
I	한국사회 변동과 문화적 전통의 변혁성*	문학과 사회 17:316-345	임재해	1992
O	티베트 유목문화의 생태학적 해석*	비교민속학 8:111-140	임재해	1992
I	하회마을의 자연환경과 풍수지리의 이해	안동문화연구 6:27-45	임재해	1992
I	굿의 주술성과 변혁성*	비교민속학 9:115-143	임재해	1992
I	한국의 연희	비교민속학 9:223-238	임재해	1992
I	민족설화의 논리와 의식		임재해	1992
O	안동하회마을		임재해	1992
I	풍기지역 구비문학의 전승양상과 지역적 성격	민속연구 3	임재해	1993
I	세시풍속의 변화와 공휴일 정책의 문제	비교민속학 10	임재해	1993
I	평생의례	안동민속문화:9-30	임재해	1993
I	농민문화의 전통과 생명운동	녹색평론 12:24-44	임재해	1993
I	장례 놀이들의 반의례적 성격과 역설적 기능*	한국 민속놀이의 종합적연구:14-27	임재해	1993
I	하회탈 해석상의 몇가지 문제와 그 시비	안동문화여구 7:43-64	임재해	1993
I	하회 별신굿에 나타난 옛 제의의 자취와 별읍의 전통	안동문화 14:201-226	임재해	1993
I	금강유역 설화에 나타난 문화와 역사	금강지 하:903-963	임재해	1993
I	금강유역의 민요들	금강지 하:963-998	임재해	1993
I	안동시의 민족사적 전개와 문화적 전통의 중심성	안동개발연구 5:57-118	임재해	1993
I	탈이 지닌 종교적 의미와 주술적 기능	민속연구:35-49	임재해	1994
S	한국민속사 시대구분의 실제와 역 사인식의 전망	한국학연구 1:189-254	임재해	1994
I	놀이문화의 역사적 전개와 민속현 상	한국민속과 오늘의 문화:255-288	임재해	1994
I	노래의 생명성과 민요 연구의 현장 확장	구비문학연구 1:53-101	임재해	1994
S	민속학 연구방법론의 전개	한국민속연구사: 33-50	임재해	1994

S	지역문화 연구에 대한 몇가지 구상과 전망의 명암	향토사 연구 6:5-34	임재해	1994
O	우리 농촌문화의 생태학적 전통과산업사회의 환경문제	민속학연구 2:7-24	임재해	1994
I	미학없는 '탈춤의 미학'과 식민담 론의 정체	계간 민족예술 5:130-143	임재해	1994
I	하회별신굿의 당제 시기와 낙동강 유역의 탈놀이 전파	안동문화 15:47-72	임재해	1994
S	임재해의 이바구 세상		임재해	1994
S	한국민속과 오늘의 문화		임재해	1994
S	한국 민속연구사		임재해	1994
I	국제화 담론에 대한 민속학적 인식과 생산적 대응	민속연구 5:13-28	임재해	1995
I	상례 관련놀이의 반의례적 성격과 성의 생명상징	비교민속학 12:265-317	임재해	1995
I	구비전승 문화의 묘미와 조사방법	향토사와 지역문화: 47-66	임재해	1995
I	민족신화와 건국영웅들		임재해	1995
I	신앙체계로서의 무속	한국문화인류학 16집	장윤식	1984
I	삼성시조신화 해석의 한 시도	국어국문학 22호	장구근	1960
I	한국의 신화		장구근	1961
I	처용설화의 연구	국어교육 6호	장구근	1963
I	한국 신당 형태고	민족문화연구 제1집	장구근	1964
I	무속과 무형문화재	문화재 2호	장구근	1966
I	영남지방의 민간신앙과 금어지신화	문화재 3호	장주근	1967
I	줄다리기에 대하여	문화인류학 1집	장주근	1969
I	부락 및 가족신앙	한국민속종합조사보고서(전남편)	장주근	1969
H	한국문화의 기원-신화적 측면	문화인류학 2집	장주근	1969
H	한국문화의 기원:신화학	한국문화인류학 2집	장주근	1969
I	고대 의례와 신화의 일형태	문학 38권 11호	장주근	1970
I	한국 민속문예의 전통시론	아세아여성연구 11집	장주근	1972
I	제주도 무속의 도깨비 신앙에 대하여-탈해,처용과의 대비	기헌손낙범선생회갑기념논문집	장주근	1972
I	서사무가의 시원한 민속문예사상의 위치	한국문화인류학 5	장주근	1972
I	한국의 민간신앙 논고편·자료편		장주근	1973

S	한국민속학개설(공)		장주근	1974
I	한국의 세시풍속과 민속놀이		장주근	1974
I	부락 및 가족신앙*	한국민속종합조사 보고서(경남·제주도·경북편)	장주근	1974
I	한국의 무속	한국의 민속문화	장주근	1974
I	한국의 향토신앙		장주근	1975
I	무속,점복 및 주술, 민간의료*	한국민속종합조사 보고서(충남·충북·경기·강원편)	장주근	1975
I	무속의 종교심성	인류와 문화	장주근	1976
I	Korean Folk Belief	Korean and Asian Religious Tradition	장주근	1977
I	향토문화제의 현대적 의의	한국민속학 10집	장주근	1977
S	민속종합조사의 회고와 전망	한국문화인류학 10집	장주근	1978
I	전국민속종합조사의 회고와 전망: 민간신앙분야	한국문화인류학 10집	장주근	1978
I	한국 민속문화의 형성과 그 성격	한국민속대관 1	장주근	1980
I	한국의 판소리와 중국의 구창문학	경기어문학 2	장주근	1981
I	한국의 향토신앙		장주근	1982
I	가신신앙	한국민속대관 3	장주근	1982
H	삼국유사의 무속기록 고찰	삼국유사의 연구	장주근	1982
I	제주도 풍어제	한국민속종합보고서(풍어제,풍악,민요편)	장주근	1982
I	제주도 영등굿	한국의 굿 3	장주근	1983
I	한국의 농경과 세시풍속	한국어 농경문화	장주근	1983
I	한국 민간신앙의 조상숭배	한국문화인류학 15	장주근	1983
I	한국의 세시풍속		장주근	1984
I	토속신앙에 나타난 사회의식	한국민주문화대전집	장주근	1985
I	한국세시풍속의 역사적 고찰	한국문화연구2	장주근	1985
H	고대사 연구와 신화 연구	한국문화인류학 17집	장주근	1985
S	한국민속논고		장주근	1986
I	무속의 조상숭배	한국문화인류학 18집	장주근	1986
I	제주도 당신신앙의 구조와 의미	경기어문학 7집	장주근	1986
I	인류학 30년-민간신앙연구	한국문화인류학 20집	장주근	1988

I	구전신화의 문헌신화화 과정	이두현 교수정년기념 논 문집	장주근	1989
I	제주도 무속과 신화	제주도연구 6집	장주근	1989
I	단군신화의 민속학적 연구	서남춘교수 정년기념 논문집	장주근	1990
I	고주몽신화의 민속학적 연구	민속학연구 창간호	장주근	1994
I	삼성신화와 형성과 문헌정착과정	탐라문화94	장주근	1994
I	제주도 무속신화:본풀이 전승의 현장연구	제주도연구 11호	장주근	1994
I	중국의례가 한국의례생활에 미친 영향	한국문화인류학 6:66-84	장철수	1974
I	급변하는 사회에 있어서의 한국문 화의 전통성	한국문화인류학 7:109-116	장철수	1975
I	통과의례	한국민속종합조사 보고서(충남):96-139	장철수	1975
I	신앙촌락의 구성과 인간관계	인류학논집 2:99-162	장철수	1976
I	통과의례	한국민속종합조사 보고서(충북):70-98	장철수	1976
I	통과의례	한국민속종합조사 보고서(강원):74-112	장철수	1977
I	통과의례	한국민속종합조사 보고서(경기):63-85	장철수	1978
O	통과의례		장철수	1979
O	양동마을 조사보고서		장철수	1979
I	통과의례	한국민속종합조사 보고서(서울):53-70	장철수	1979
I	전통적인 관혼상제의 연구	한국의 사회와 문화 2: 43-93	장철수	1979
I	의례	도설 한국의 민속: 461-467	장철수	1980
I	제의	한국민속대관 1:685-750	장철수	1980
I	통과의례	한국민속종합조사 보고서(황해,평안남 북도):65-79	장철수	1980
I	통과의례	한국민속종합조사 보고서 (함경남도):55-66	장철수	1981
I	관혼상제의 변천*	서울 600년사 4권: 1110-1141	장철수	1981

I	한국 전통사회의 관혼상제		장철수	1984
I	유교상례의 초혼에 대하여*	이두현교수 회갑논집: 394-418	장철수	1984
O	가구의 성격규명에 대한 일시론	문화인류학 17집:109-118	장철수	1985
I	충청지방의 예절	한국민속종합조사 보고서 (예절):180-264	장철수	1987
I	경상도지방의 예절	한국민속종합조사 보고서 (예절):386-493	장철수	1987
T	목화전래에 따른 민속문화의 변화 에 대한 시론	안동대 9집:127-138	장철수	1987
I	관혼상제	경북 북부지역의 전통문화:533-582	장철수	1988
I	지석의 발생에 대한 일고찰*	이두현교수정년논집: 88-102	장철수	1989
I	지석의 명칭과 종류에 대한 일고찰	김택규교수회갑논집: 347-359	장철수	1989
I	예속편	경북예악지:169-380	장철수	1989
I	영동·영남지방의 묘지풍수	한국민속종합조사 보고서(묘지풍수): 157-225	장철수	1989
I	사당의 역사와 위치에 대한 연구		장철수	1990
I	안산의 민속	내고장 안산:139-176	장철수	1990
I	강원도·경기도·경상남북도의 도읍 및 생활풍수	한국민속종합조사 보고서21:247-326	장철수	1990
I	한국종교의 의례와 예절*	한국의 민속문화와 예술:281-299	장철수	1991
S	한국민속학과 민속지의 체계*	역사민속학 창간호: 202-235	장철수	1991
I	한국 상장례의 변천	민족혼 5집: 25-49	장철수	1991
T	목면이 생활문화에 미친 영향*	문익점과 생활문화의 변천 : 30-48	장철수	1991
I	예서	김육민속지:156-212	장철수	1991
I	가신신앙과 마을신앙, 가례	한국의 향촌민속지 1: 223-263	장철수	1992
I	조선시대의 오례	조선조궁중생활연구: 253-268	장철수	1992
I	경북지역 예서의 저술과 의의*	한국의 사회와 문화 제 21집: 111-148	장철수	1993
I	평생의례와 정책	비교민속학 10:51-61	장철수	1993

M	전시의 종류와 유형	민속박물관의 세계: 209-230	장철수	1994
T	주자 〈가례〉에 나타난 사당의 구 조에 관한 연구	한국의 사회와 문화: 190-349	장철수	1994
I	한국의 관혼상제		장철수	1995
I	옛무덤의 사회사 1		장철수	1995
I	가신신상과 마을신앙, 가례	한국의 향촌민속지 2	장철수	1995
I	지리지 한성부 풍속조의 서술기준 과 원리*	한국의 사회와 문화 제 23집:163-220	장철수	1995
I	현대 한국의 종교와 민간신앙*	한국의 사회와 문화	장철수	1995
I	동구릉	구리시지	장철수	1995
E	American High School Adolescent Life and Ethos: An Ethnography		장희원	1989
I	이중장제와 인간의 정신성(공)	한국문화인류학 2	전경수	1969
I	이중장제 소고	문리대학보 26	전경수	1971
O	노동주기와 출산력의 상관관계	한국문화인류학 9:155-162	전경수	1977
I	진도 하사미의 의례생활	인류학논집 3:35-74	전경수	1977
O	거주지의 확산과정	한국문화인류학 9	전경수	1977
O	격렬비열도의 인류학적 조사보고 (공)	격렬비열도 종합학술조 사보고서	전경수	1978
O	Patterns of Reciprocity in a Korean Community: A Contextual Approach	Doctoral Dissertation	전경수	1982
O	덕적도군의 인류학적 보고(공)	자연실태종합조사 1: 267-304	전경수	1982
O	완도남단 인근 낙도의 인류학적 조사보고(공)	자연실태종합조사 2: 313-360	전경수	1982
S	Economic Anthropology: The Question of Reciprocity	한국문화인류학 14: 103-111	전경수	1982
I	Death and Dying: Contrast between Traditional Korean and American Views	Korea Journal 23(2): 72-74	전경수	1983
S	Cross Culturral Comparison: Retrospect and Prospect	인류학논집 6:207-212	전경수	1983
OK	우리나라 아동의 해외입양실태: 미국으로 입양한 양자를 중심으로	사회복지 1983년 가을 호	전경수	1983
I	We are Well Nourished by Virtue of Our Ancestors: Ancestor Worship and Nuitrition	Ecology of Food and Nuitrition 13:267-276	전경수	1983

P	서남해 도서지역의 풍토병:의료 인류학적 접근	한국문화인류학 15: 275-280	전경수	1983
O	조도지구의 인류학적 답사보고 (공)	자연실태종합조사 보고(다도해상국 립공원)	전경수	1983
O	중동진출의 개척동기와 그 과정	한국인의 해외입양:중 동사례연구	전경수	1983
S	매스컴과 인류학	언론학보 4:215-229	전경수	1983
H	한국 민족문화의 기원연구에 대한 방법론의 비판적 검토	한국사론 14:73-100	전경수	1984
O	동족집단의 지위 상향이동과 개인 의 역할: 안동 거주 영양 천씨를 중심으로	전통적 생활양식의 연 구(하)pp.157-209	전경수	1984
O	Reciprocity and Korean Society		전경수	1984
T	Reluctant and Selective Acceptance: The Korean Case	Biogas-Social Response to a Technological Invention	전경수	1984
S	Cultural Transmission in Three Societies: Testing a Systems-Based Field Guide	Anthropology and Education Quarterly 15: 275-322	전경수	1984
S	문화이론의 이상과 방법론: 인류 학적 관점을 중심으로	사상과 정책2(1): 183-198	전경수	1984
T	생물가스 이용에 관한 사례연구: 제주도 송당리를 중심으로(공)	제주도연구 1:255-291	전경수	1984
O	The Natives are Restless: Anthropological Research on Korean University(공)	Korean Studies Forum 1:67-92	전경수	1984
OC	일본 산음농촌의 가족제도에 관한일편상	일한합동학술조사 보고3:278-280	전경수	1985
S	식민주의와 인류학	오늘의 책 7:3-29	전경수	1985
H	신라사회의 연령체계와 화랑제도	한국문화인류학 17: 59-78	전경수	1985
O	제주도의 관광개발과 지역문화보 전을 위한 제언:관광인류학적 입 장	제주도연구 2:21-37	전경수	1985
S	문화이론과 인류학적 4관점	예술과 비평 9:28-54	전경수	1986
S	환경과 인간에 대한 사회문화적 관점들	사상과 정책 3(2): 151-160	전경수	1986
O	관광경제와 관광문화:국제관광의 인류학	사회과학연구 4: 89-110	전경수	1986

O	추자도군의 인류학적 조사보고 (공)	자연실태종합조사 보고 5:213-156	전경수	1986
O	완도군 장좌리의 통혼권 분석	일한합동학술조사 보고:한국전라남도 완도군	전경수	1986
O	쓰레기를 먹고사는 사람들	문학과 역사 1: 182-221	전경수	1987
O	섬사람들의 풍속과 삶	한국의 기층문화 (한길 역사강좌 4) pp.93-131	전경수	1987
S	관광과 문화: 관광인류학의 이론과 실제		전경수	1987
S	이원론의 인류학적 차원과 철학인 류학의 가능성	삼불김원룡교수정년퇴임기념논총 pp. 700-712	전경수	1987
OC	경도부 인근 어촌의 가족과 친족	일한합동학술조사보고5:145-153	전경수	1987
I	Ritual for Saving Face: Seoul Olympiad and its Reflective Meaning to Koreans	The Olympics and Cultural Exchange pp.297-305	전경수	1987
O	진도 하사미의 대바구혼인	한국문화인류학 19: 93-112	전경수	1987
H	상고탐라사회의 기본구조와 운동방향	제주도연구 4:11-45	전경수	1987
O	Water Supply and Sanitation in Korean Communities(공)		전경수	1988
H	신진화론과 국가형성론	한국사론	전경수	1988
O	해외취업의 계기와 과정	한국의 해외취업 pp. 459-511	전경수	1988
T	월남전 화학무기 황색고엽제의 후 유증	사회와 사상 pp.323-342	전경수	1989
E	Cultural Acquisition: Operationalizing a Holistic Approach(공)	Culture Acquisition: A Holistic Approach	전경수	1989
E	A Pilot Study of Cultural Acquisition in Three Societies: Testing the Method(공)	Culture Acquisition pp. 88-116	전경수	1989
E	Cultural Transmission and Cultural Acquisition in a Korean Village(공)	Culture Acquisition	전경수	1989
T	기술도입과 문화변동:체계적 접근	두산김택규박사화갑기념문화인류학논총 pp.99-108	전경수	1989

OK	중국동북의 조선족:민족지적 개황	사회과학과 정책연구 11(2):181-370	전경수	1989
I	전통문화의 자생적 현대화방안 (단 행본 보고서) (공동)		전경수	1989
T	생태적 불균형과 공동체문화의 위 기:충제와 농약의 생태인류학	제17회 국제학술대회 논문집 pp.73-89	전경수	1989
S	제주도연구회약사	제주도연구 6:259-261	전경수	1989
IK	브라질 한국이민의 문화화과정과 자녀교육	한국라틴아메리카 학회논총 2:128-153	전경수	1989
S	서남해 도서지방의 문화인류학적 성격	도서문화 7:321-329	전경수	1990
O	한국농촌의 사회문화적 변화에 관 한 인류학적 연구(공동)	서울대학교 인류학과	전경수	1990
S	지역연구의 개념과 방법론	우리나라 지역연구 현황·문제점·활성화 방법 연구	전경수	1990
S	물상화된 문화와 문화비평의 민속 지론:민속지의 실천을 위한 서곡	현상과 인식 14(3): 139-179	전경수	1990
O	지역개발의 종합모형과 주민참여 제주도, 1959-1989(공)	제주도연구 7:183-268	전경수	1990
O	Integrated Health Services in Rural Korea(공)	Seoul Journal of Korean Studies 3:103-144	전경수	1990
OK	브라질의 한국이민과 그 전개과정	재외한인연구 1:155-219	전경수	1990
OK	아르헨티나의 한국이민:형성과정과 분포경향	이베로아메리카연구 1: 157-197	전경수	1990
I	숲속에 사는 사람, 숲밖에 사는 사람:생태인류학적 관점	한국임학회지 79(3): 330-342	전경수	1990
A	대략짐작의 고고학적 경향을 박함:최몽룡교수의 '호남지방의 지석묘사회'를 읽고	한국지석묘의 제문제 pp.89-98	전경수	1990
O	수렵채집집단의 인구성장과 출산력통제:아프리카의 꿍산족을 중심으로	한국문화인류학 22: 245-279	전경수	1991
O	제주도 촌락의 민속지적 약보(공)	한국의 사회와 역사. pp.314-180	전경수	1991
S	문명론과 문명비판론의 반생태학	과학과 철학 2:157-177	전경수	1991

OC	일본산음촌락의 사회조직	일한어촌의 비교연구 pp.591-608 (아세아여성연구 30:219-239)	전경수	1991
OK	브라질의 한국이민		전경수	1991
S	문화연구의 생태학적 조망	가정문화논총 5:59-113	전경수	1991
S	똥이 자원이다:인류학자의 환경론		전경수	1992
O	한국의 낙도민속지(공)		전경수	1992
OK	브라질 한국이민사회 민족과 문제	재외한인연구 2:45-52	전경수	1992
O	한국어촌의 저발전과 적응(편)		전경수	1992
O	도시중산층 아파트촌의 소비자경 제생활	도시중산층의 생활문화 pp.143-174	전경수	1992
S	엔트로피, 부등가교환, 환경주의: 문화와 환경의 공진화론	과학사상 3:85-109	전경수	1992
S	환경·문화·인간: 생태인류학의 논의들	생태계 위기와 한국의 환경문제 pp.153-186	전경수	1992
I	제주연구와 용어의 탈식민화	제주도언어민속논총 pp.481-494	전경수	1992
H	을라신화와 탐라국 산고	제주도연구 9:257-270	전경수	1992
I	사자를 위한 의례적 윤간	한국문화인류학 24: 301-322	전경수	1992
O	월남전쟁 동안의 한국군 포로와 실종자	군사저널 3:14-25	전경수	1993
C	베트남 일기		전경수	1993
OC	재소한인(공)		전경수	1993
A	선사문화의 변동과 소금의 민속고 고학	한국학보 72:2-77	전경수	1983
S	비교의 개념과 문화비교의 정적수 준	비교문화연구 1:1-29	전경수	1993
I	똥냄새를 기억하시나요?	녹색평론 13:46-52	전경수	1993
S	문화의 이해		전경수	1994
S	인류학과의 만남		전경수	1994
I	문제논 사람 : 환경이해의 전제조건	공동선 4:13-20	전경수	1994
H	을라신화의 문화전통과 탈전통	탐라문화 14:115-127	전경수	1994
S	한국문화론:상고편		전경수	1994
S	한국문화론:전통편		전경수	1994

M	관광박물관과 박물관관광	민속박물관의 세계 pp.361-375	전경수	1994
O	The Korean Family System and its Transition	Korean and Korean American Studies 5(2/3):3-14	전경수	1994
OC	베트남의 국가통일과 사회재편과정	지역연구논총 8:105-132	전경수	1994
S	인간발달 연구를 위한 인류학적 방법의 적응과 한계:'문화와 인성'학파 중심으로	인간발달연구 1:25-38	전경수	1994
S	한국문화론:현대편		전경수	1995
S	한국문화론:해외편		전경수	1995
O	환경친화적 주거양식의 모색:유기물 쓰레기 재순환을 통한 아파트의 생태주택화	환경과 주택문제 (보고 서) pp.59-94	전경수	1995
OC	통일사회의 재편과정(공)		전경수	1995
O	환경지속발전과 환경구속적 미래기업	지속가능한 사회와 환경pp.121-138	전경수	1995
S	성애의 문화론과 생물학	사회비평 13:10-33	전경수	1995
I	A Structural Analysis of the Tangun Myth	M.A.Thesis	정병호	1983
O	Labor-Market Demand for Working Mothers and the Evolution of Day Care System	International Journal of Sociology of the Family Vol.18	정병호	1988
O	탁아소:삶의 방식을 익히는 곳	우리 아이들의 육아현실과 미래:161-182	정병호	1990
O	여성노동시장수요와 공동육아제도:일본정부의 대응을 중심으로	한국문화인류학 23: 227-244	정병호	1991
OC	Childcare Politics : Life and Power in Japanese Day Care Centers	Univ.of Illinois 박사논문	정병호	1992
OC	일본공동육아 제도의 정치화	비교문화연구 창간호: 245-264	정병호	1993
O	사회문화적 환경변화와 바람직한 공동육아	21세기 영육아보육	정병호	1993
OC	일본의 지방자치와 교육/복지 부문의 역동성:코우치현 유수하라정의 사례	민족과 문화 제2집: 223-242	정병호	1994
S	대안교육의 길을 찾아서: 야학에서 공동육아까지	또 하나의 문화 제10집	정병호	1994
O	공동육아 운동론	함께 크는 우리 아이	정병호	1994

I	민족국가 이데올로기의 변화와 소 수민족 아이덴티티의 부활: 일본 아이누족 사례	민족학연구 창간호: 301-319	정병호	1995
I	'들놀음'각의고	한국문화인류학 6집	정상박	1973
I	의례에 나타나는 의미의 상징적 표현과정에 관한 일연구	인류학논집 5집	정승모	1979
I	마을공동체의 변화와 당제	한국문화인류학 13집	정승모	1981
O	농촌 정기시장체계와 농민 지역사 회구조	호남문화연구13집	정승모	1983
O	통혼권과 지역사회체계연구	한국문화인류학 15집	정승모	1983
O	동족 지연공동체와 조선전통사회 구조	태동고전연구 1집	정승모	1984
O	서원·사우 및 향교 조직과 지역 사회 체계(상)	태동고전연구 3집	정승모	1987
I	서원·사우 및 향교 조직과 지역 사회 체계(하)	태동고전연구 5집	정승모	1989
H	조선풍속과 민의 존재방식	역사속의 민중과 민속	정승모	1990
I	상·장제도의 역사와 사회적 기능	한국 상장례	정승모	1990
O	성황사의 민간화와 향촌사회의 변 동	태동고전연구 7집	정승모	1991
O	조선시대 향촌사회의 변동과 농민 조직	역사민속학 1집	정승모	1991
IC	일본 남향촌의 '사도제' 조사연구 (공)	한국문화인류학 24집	정승모	1992
O	조선후기 단성현의 신분구성비 변 화와 그 동인-특히 양반호 증가 현상과 관련하여	태동고전연구 9집	정승모	1992
H	시장의 사회사		정승모	1992
H	조선시대 석장의 건립과 그 사회 적 배경-전라도 부안·고창의 사 례를 중심으로	태동고전연구 10집	정승모	1993
S	한국 가족·친족제도에 관한 김두 헌의 연구	한국사회사연구의 전통	정승모	1993
O	동족촌락의 형성배경	정신문화연구 제10권 4호	정승모	1993
O	가족과 친족	한국사회사의 이해 (사 회사연구총서)	정승모	1995
A	구석기시대 혈거유적에 관하여	한국문화인류학 6집	정영화	1974
A	제주도의 고고학적 조사:신발견 유적을 중심으로	한국문화인류학 9집	정영화	1977

O	Change and Continuity in an Urbanizing Society	하와이대 박사논문	정자환	1977
O	한국산업여성의 사회관계	성심여대논문집 제12집:199-224	정자환	1981
O	서울 사당2동 정착지의 도시화과정	성심여대논문집 제13집:117-138	정자환	1982
O	한국사회연구에 있어서의 제3세계 적 접근의 가능성 탐색-서울 사 당2동 무허가 정착지	성심여대논문집 제18집:119-148	정자환	1984
O	도촌양거주민들의 도시적응연구	성심여대논문집 제19집	정자환	1987
S	한국사회학과 문학에서의 민중개념 비교연구	성심여대논문집 제22집:119-138	정자환	1990
O	지방자치와 주민참여-경기도 부천시를 중심으로	사회과학연구	정자환	1991
O	시민생활과 지방자치-지방행정을 위한 105개 안내		정자환	1991
I	사회학자들이 진단한 현대산업사회의 특질과 한국현대민중의 삶의 체계	성심논문집 제28집: 153-232	정자환	1993
O	한·미·일 3사회의 가구구성비교를 통해본 후기산업사회 가족형태 전망	가톨릭대학교 성심교정 논문집 pp.323-352	정자환	1995
S	인류학과 인접과학:종교학	한국문화인류학 11집	정진홍	1979
O	난지도 주민의 빈곤과 사회적 관계의 성격	한국문화인류학 21집	정채성	1989
O	영남지방의 혼반연구 : 진성이씨 퇴계파 종가를 중심으로	영남대 석사학위논문	조강희	1983
O	근대화와 문중조직의 변화	영대문화 20:245-265	조강희	1987
O	동족·문중관계 연구사	비교민속학 3:225-231	조강희	1988
O	도시화과정의 동성집단 연구:대구지역 한 문중의 구조적 변화	민족문화논총 9: 271-294	조강희	1988
O	문중조직의 연속과 변화:상주지역 한 문중의 사례를 중심으로	한국문화인류학 21: 401-418	조강희	1989
O	경북향교지		조강희	1991
O	운문댐수몰지역지표조사보고서:총설편		조강희	1992
O	구지공업단지조성지역지표조사보고서:총설편		조강희	1992
O	조선시대 상주향교의 사회·경제적 기반	상주문화연구 2: 181-209	조강희	1992

O	조선시대 성주지역 제지사족의 성 장과 향촌지배	정신문화연구원 연구보 고서	조강희	1995
S	도서문화 민속분야 연구의 반성	도서문화 7집	조경만	1990
O	보길도의 자연환경과 문화에 관한 현지작업	도서문화 8집 pp. 85-126	조경만	1990
T	청산도의 농업환경과 생태적 적응 에 관한 일고찰	도서문화 9집 pp. 107-133	조경만	1991
O	농업노동형태의 생태경제적 맥락*	역사 속의 민중과 민속	조경만	1992
I	농업에 내재된 자연-인간 관계의 고찰*	역사민속학 2집 pp.7-31	조경만	1992
O	농업노동 관련 연행 형태들의 사회문화적 성격	전남문화재 6집 pp.63-75	조경만	1993
I	소안도 촌락의 생태, 경제적 적응과 변화과정	도서문화 11집 pp.191-212	조경만	1993
S	교양환경론(공)		조경만	1994
O	촌락공동체 및 관련관행 연구의 동향	배종무총장퇴임기념논총pp.495-513	조경만	1994
T	조약도의 약용식물에 대한 지역주 민들의 경험	도서문화 12집 pp. 187-202	조경만	1994
T	영산강유역 농촌의 자연이용 체계 와 변동*	문화역사지리 6집 pp. 45-60	조경만	1994
O	농촌경제와 농업생산구조에 대한 연구:노동력 유출에 따른 변화를 중심으로	인류학연구 제5집	조승영	1990
O	한국 소도시 주부들의 가족·친족 및 사회생활	인류학논집 제2집	조옥라	1976
O	Social Stratification in a Korean Peasant Village	SUNY STONY 박사논문	조옥라	1979
O	한국농촌마을의 계층구성에 관한 일고찰	삼불김원룡교수 정년퇴임기념논총 2	조옥라	1987
O	Women in Transition: the Low Income Family	Korean Women in Transition at Home and Abroad	조옥라	1987
O	Societal Resilience : In the Korean Context	Korea Journal vol.27, no.10	조옥라	1987
O	The Socio-Economic Impact of Development Programmes in 2 Korean Rural Communities	ESCAP Report	조옥라	1988
O	재개발이 지역주민에 미친 영향		조옥라	1988

O	도시빈민의 사회경제적 특징과 지역운동	현상과 인식 제12권 1호	조옥라	1988
O	The Prospect of Kinship Research in Korea	Seoul Journal of Korean Studies vol.1	조옥라	1988
O	농촌 마을에서 가족,문중 그리고 지역조직	가와 가문	조옥라	1989
I	여성갈등의 실재와 전망	사상과 정책 8권 4호	조옥라	1989
O	도시빈민가족과 영세빈농 가족 비교연구	한국가족론	조옥라	1990
O	농촌여성의 가족관계	농촌여성	조옥라	1990
O	여성인류학적 시각에서 본도 시빈 민지역운동	문화인류학 제22집	조옥라	1990
O	성불평등구조에 대한 인류학적 접근	여성학연구 방법론	조옥라	1991
O	농촌여성의 경제활동 증대가 농촌 가족구조에 미친 영향	최재석교수정년퇴임기념논문집	조옥라	1991
O	한국 초기 가족에 대한 인류학적 상상	여성·가족·사회	조옥라	1991
O	도시빈민의 삶과 공간(공)		조옥라	1992
O	농민가족과 도시빈민가족에서 여성의 경제활동에 대한 비교연구	한국문화인류학 제24집	조옥라	1992
O	농촌공업화로 예상되는 여성농민 노동의 성격변화	농촌사회 제3집	조옥라	1993
S	한국 인류학에 비교문화 연구와 HRAF	비교문화연구 창간호	조옥라	1993
I	'우리식' 사회주의에서 우리식(전통성)에 대한 인류학적 접근	동아연구 제28호	조옥라	1993
O	가부장적 기업구조와 여성노동운동	사회과학연구 제3집 pp.39-60	조옥라	1993
I	중국농민의 정체성과 종교활동	동아연구 제 30호	조옥라	1995
O	가부장제에 관한 이론적 고찰	한국여성학 제2집	조옥라#	1988
E	문화개념의 교육학적 적합성에 관한 연구	서울대학교 석사학위논문	조용환	1983
E	교육인류학의 관점과 연구방법	교육개발 6(4):74-77	조용환	1984

E	An Ethnographic Case Study of Pretend Play Among Korean Children in U.S Community	Doctoral Dissertation	조용환	1989
E	가사놀이의 경계에 대한 이해 : 미국 한 마을에 사는 한국 어린이의 가상놀이	교육사회학연구 1(1): 67-73	조용환	1990
E	외국 교과서 한국 관련내용 연구의 종합적 검토	한국교육개발원 연구보고서 KEDI RR90-23	조용환	1990
E	현상학적 생태학과 유아교육 ; 문화변동이 아이들의 놀이에 미치는 영향	유아교육 14:27-35	조용환	1991
E	한국교육의 문화적 전제와 교육인 류학	교육이론과 실천1(1): 123-134	조용환	1991
E	학교에 대한 기대와 교육의 방치	사학 통권 58:22-28	조용환	1991
E	북한의 교육과정	교육과정 국제비교연구 507-547	조용환	1991
E	동유럽 6개국의 교육개혁 동향	교육개발 13(3):117-123	조용환	1991
E	교육의 정책적 지향에 관한 상황론과 본연론	사회과학논평 10:51-71	조용환	1992
E	교육사회학:해석적 접근(공)		조용환	1992
E	청소년연구의 문화인류학적접근	한국청소년연구 4(3): 5-17	조용환	1993
I	성차별주의의 기원과 역사적 전개 과정에 관한 문화인류학적 연구	아세아여성연구 32: 131-168	조용환	1993
I	체계적인 놀이 연구를 위한 '놀이' 개념의 검토	교육연구 2:303-313	조용환	1993
E	고등학교 학생문화의 종합적 이해 와 비판	정신문화연구 17(4): 117-149	조용환	1994
E	교육시장 개방의 문제와 대책	교육연구 3:99-108	조용환	1994
E	대학교육의 의미와 기능에 관한 문화기술적 연구: 여대생의 홀로서기를 중심으로	교육학연구 33(5): 163-191	조용환	1995
E	학교 구성원의 삶과 문화: 교사와 학생, 그들은 행복한가?	교육학연구 33(4):77-91	조용환	1995
E	일상세계의 복잡성에 대한 이해	초등교육논총 7:13-22	조용환	1995

E	'삐삐'의 유행과 그 교육적 의미에 대한 연구	교육이론 9(1):11-29	조용환	1995
I	Problems and Solutions: Korean Folktales and Personality	Journal of American Folklore, vol.81, no.320, pp.121-32	조창수	1968
S	A Selected and Annotated Bibliography of Korean Anthropology		조창수	1968
I	남성다움에 관한 인류학적 고찰	현상과 인식 겨울호	조혜정	1979
I	An Ethnographic Study of a Famale Diver's Village in Korea	UCLA 박사논문	조혜정	1979
O	농촌 공동체의 변화에 대한 연구	연세사회학 4집	조혜정	1980
O	부부 권력관계의 변화를 중심으로 본 취업/비취업의 연구	한국사회학 15집	조혜정	1981
I	전통적 경험세계와 여성	아세아 여성연구 21집	조혜정	1981
O	제주도 해녀사회 연구-성별분업에 근거한 남녀평등에 관하여	한국인과 한국문화	조혜정	1982
O	향촌의 권력집단을 통해서 본 한국 전통사회의 조직원리	한국 사회과학 협의회 연구지원보고서	조혜정	1982
I	다역할 수행에서 역할 나누어 갖기에로	여성인구1(1)	조혜정	1983
S	미국 문화인류학에서의 역사인식	한국문화인류학 16집	조혜정	1984
O	전문직 여성	여성과 일	조혜정	1985
O	가족관계 및 사회관계를 통해서 본 노후의 주거양식	럭키개발 지원 지순희 3인 공동연구 결과보고서	조혜정	1985
I	한국의 사회변동과 가족주의	한국문화인류학 18집	조혜정	1986
O	한국의 가부장제에 관한 해석적 분석	한국 여성학 2집	조혜정	1986
O	문화와 사회운동의 양식	열린 사회, 자율적 여성	조혜정	1986
I	한국의 페미니즘 문학 어디까지 왔나?	여성해방의 문학	조혜정	1987
I	한국의 여성과 남성*		조혜정	1988
E	교육의 신화를 깨자	누르는 교육 자라는 아이들	조혜정	1989
O	정보 자본주의화와 여성*	정보사회연구 2(1)	조혜정	1990

I	유교적 전통부활과 사회변동*	연세사회학 10-11호 합본호	조혜정	1990
O	가정과 사회는 여성의 힘으로 되살려질것인가?	주부, 그 막힘과 트임-동인지 6호	조혜정	1990
I	청소년의 평등한 삶을 위한 과제	한국청소년 연구2(3)	조혜정	1991
O	국민학교 교육현장을 통해본 한국교육의 문제점	교육난국의 해부	조혜정	1991
O	결혼, 사랑, 그리고 성-우리 시대의 문화적 각본들	새로 쓰는 성이야기-동인지 7호	조혜정	1991
I	탈식민지 지식인의 글읽기와 삶읽기 : 바로 여기 교실에서*		조혜정	1991
I	압구정동 '공간'을 바라보는 시선들-문화정치적 실천을 위하여	압구정동, 유토피아 디스토피아	조혜정	1992
O	자치, 자율문화의 토대 다지기: 경북시 기초의회관찰기론	우리동네 선거이야기	조혜정	1992
I	서편제의 문화사적 의미:탈식민화의 가능서을 읽어냄	상상 2호	조혜정	1993
S	탈식민지 시대 지식인의 글읽기와삶읽기 2:각자 선 자리에서*		조혜정	1994
S	탈식민지 시대 지식인의 글읽기와삶읽기 3:하노이에서 신촌까지*		조혜정	1994
I	전통문화와 정체성에 관한 담론분석*	동방학지 86집	조혜정	1994
I	Zum Problem der Sogenannten Yoldugori des Chonsin-Kut im Koreanischen Schamanism	Mitteilungen aus Dem Museum für Völkerkunde	조흥윤	1980
I	Die Initiationszeremonie im Koreanischen Schamanismus	Mitteilungen aus dem Museum für Völkerkunde Hamburg	조흥윤	1981
I	Koreanischer Schamanismuseine Einführung. Wegweiser zur Völkerkunde Heft 27		조흥윤	1982

I	Mudang-Der Werdegang Koreanischer Schamanen am Beispiel der Lebensgeschichte		조흥윤	1983
I	한국의 무		조흥윤	1983
I	기산풍속도첩		조흥윤	1984
I	Some Problems in the Study of Korean Shamanism	Hoppal,M.(ed.) Shamanism in Eurasia, Part 2,459-475	조흥윤	1984
I	P'yogu-Montierung und Restaurierung Ostasiatischer Bilder in Korea	Mitteilungen aus dem Museum für Völkerkunde S.133-170	조흥윤	1984
I	무(샤마니즘)의 연구에 대하여	동방학지 제 43집 pp. 223-256	조흥윤	1984
I	한-만들어진 한국인의 심성	한국문학 제12권 pp. 329-338	조흥윤	1984
I	문학과 무와 종교체험	문예중앙 봄 호 pp. 319-327	조흥윤	1985
M	민족학박물관의 형성과 기능-함부르크 민족학박물관을 보기로	문예진흥 99:32-43	조흥윤	1985
I	Problems in the Study of Korean Shamanism	Korea Journal Vol.25, No.5,pp.18-20	조흥윤	1985
I	잡귀잡신 풀이	문화예술 Vol.12,No. 102,pp.37-43	조흥윤	1985
M	세창양행, 마이어, 함부르크민족학박물관	동방학지 제46·47·48 합집 pp.735-767	조흥윤	1985
T	장황-한국에서의 동아시아 그림 처리법	동방학지 제49집 pp. 197-232	조흥윤	1985
I	New Religious	Religions in Korea pp. 92-109	조흥윤	1986
O	중공의 보만교연구	박물관기요 Vol.2, pp.5-14	조흥윤	1986
I	종교체험연구 1	동방학지 제53집	조흥윤	1986
I	한국무속의 세계와 성격	한국의 기층문화· 한길 역사강좌 4, pp.163-190	조흥윤	1987
I	신흥종교	한국인의 종교 pp. 143-168	조흥윤	1987

I	무신앙과 한국인의 삶	현대사회 봄호 통권 25호, pp.68-82	조흥윤	1987
I	한국문화와 민속종교	종교연구 제3집 pp. 249-253	조흥윤	1987
I	The Charateristics of Korean Minjung Culture	Korea Journal Vol.27, No.11,pp.4-18	조흥윤	1987
I	굿판의 의미	한국의 축제·문화 예술총서 8,pp.15-20	조흥윤	1987
I	중산교 연구의 몇가지 문제	손보기박사정년기념고고인류학논총 pp.705-717	조흥윤	1988
T	장황문화의 뜻과 길	고문화 제33집	조흥윤	1988
S	독일 민족학의 대학교육과정과 내용	한국문화인류학 19집, pp.281-287	조흥윤	1988
T	한국장황사료(I)-영수모사도감의궤	동방학지 제57집,pp. 177-195	조흥윤	1988
I	기독교와 제종교의 공존·공영	The Mission and Role of Christianity	조흥윤	1988
I	잡귀잡신연구	종교신학연구 제1집 pp.79-98	조흥윤	1988
T	Materials for the History of Korean Mounting: Yongjong-mosa-togam-uigwe	Korea Journal Vol.29, No.5,pp.19-31	조흥윤	1989
I	민족종교의 나아갈 길	내일의 한국사회와 종교	조흥윤	1989
I	민족 및 고유종교의 성찰과 전망	1945년 이후 한국종교의성찰과 전망 pp.167-186	조흥윤	1989
I	서양종교와 한국종교의 만남	두산김택규박사화갑기념문화인류학논총 pp.109-124	조흥윤	1989
I	조국선진화에 있어서 아시안게임과 올림픽의 역할-문화와 홍보를 중심으로	인간과 경험 제1집 pp. 191-252	조흥윤	1989
I	전통문화분야의 문제점과 대책	문화발전 10개년 계획의방향 pp.29-38	조흥윤	1989

I	그 밖의 종교의 어제와 오늘	한국의 종교 pp.107-116	조흥윤	1989
I	민족종교의 나아갈 길	한국사회와 종교 pp. 248-264	조흥윤	1989
I	죽음의 현상학적 이해-종교적 측면	임종과 간호	조흥윤	1990
I	무와 민족예술	민족예술의 이해 pp. 7-18	조흥윤	1990
O	절대권력의 퇴조와 소수민족 부상	세계와 나 5호 pp.430-436	조흥윤	1990
I	전통사상의 이해와 그 계승문제	전통사상의 현대적 의미pp.133-154	조흥윤	1990
I	무와 민족문화		조흥윤	1990
I	임종과 죽음에 대한 종교적 측면-무속	임종과 간호-호스피스케어 pp.67-75	조흥윤	1990
O	바람직한 문화공간과 그 운영	안산지역문화-바람직한 방향 pp.1-7	조흥윤	1990
I	Kohui: The Korean Seventieth Birthday Celebration	The World & I Vol.5, No.10,pp.614-625	조흥윤	1990
I	전통문화의 진흥과 종교	한국종교와 문화발전 pp.37-46	조흥윤	1990
I	기독교와 제종교의 공존·공영	기도와 인간소리, 크리스찬논총 7 pp.119-128	조흥윤	1991
I	민속과 전통	분당지구 문화유적 종합학술조사보고서 pp. 281-420	조흥윤	1991
I	무문화의 이해	아시아 문화 제6집 pp. 226-230	조흥윤	1991
I	조선전기의 민간신앙과 도교적 성 향	한국사상사대계 4: 137-178	조흥윤	1992
O	안산 지역문화의 정립	인간과 경험(한양대학교민족학연구소) 제3집 pp.323-410	조흥윤	1992
O	잿머리 성황당 및 성곡동 성지연구	안산문화 '91 겨울호 제5집,pp.23-60	조흥윤	1992

I	토속신앙과 논리	한국인의 논리사상 pp.417-434	조흥윤	1992
I	Le Chamanisme au Début de la Dynastie Choson	Cahiers d'Extrême-Asie Vol.6, pp.1-20	조흥윤	1992
O	문화향수충의 공동체적 참여방안	지역발전에 기여하는 문화의 역할	조흥윤	1992
I	민족종교가 한국정신문화에 끼친 영향	한국민족종교총람 pp. 48-64	조흥윤	1992
I	한국종교사상가(증산교·대종교·무교편)		조흥윤	1992
I	장승	장승의 해석, 서남미술전시관 한국성모색시리즈(1)	조흥윤	1993
I	살아남은 가족들과 망자의 작별과 잔치	서울 진오기굿(한국의굿 20) pp.78-91	조흥윤	1993
I	천신에 관하여	동방학지 제77·78·89 합집, pp.13-40	조흥윤	1993
O	지역공동체 형성과 지역문화	전환기한국사회와 지역사회발전 pp.24-32	조흥윤	1993
S	한국민족학의 나아갈 길	민족과 문화 제1집,pp. 5-23	조흥윤	1994
I	무전통에서 보는 그리스도교	종교신학연구 제6집 pp.153-170	조흥윤	1994
I	한국인의 종교(공)		조흥윤	1994
I	한국 단군신앙의 실태	단군 pp.326-246	조흥윤	1994
I	무속의 구원관	한국종교의 구원관 pp.35-52	조흥윤	1994
O	향토축제 활성화를 위한 모형 개발 연구	한국문화정책개발원 연구보고서 93-10	조흥윤	1994
O	한국종교의 비리와 제도적 개혁	한국사회의 비리	조흥윤	1994
I	한국민중문화의 성격	문화론 하나 pp.197-218	조흥윤	1995
I	무의 구원관-개인적 차원	이성과 신앙 제9호, pp.76-97	조흥윤	1995

T	모필장	무형문화재 공예종목발굴기능조사연구보고서제213호	조흥윤	1995
T	지묵장	무형문화재 공예종목발굴기능조사연구보고서제214호	조흥윤	1995
I	한국사회의 원형적 도덕률과 그 변동	아산연구논문집 제13집pp.9-192	조흥윤	1995
I	수수께끼 소고	한국문화인류학 4집	조희웅	1971
I	한국동물담 Index	한국문화인류학 5집	조희웅	1972
I	제주도 고산리 민간신앙	한국문화인류학 4집	진성기	1971
I	본향당의 신앙과 당신의 유형	한국문화인류학 5집	진성기	1972
O	제주도의 생활과 계	한국문화인류학 7집	진성기	1975
O	부자양가의 생활유통:제주도 세시풍습을 중심으로	한국문화인류학 9집	진성기	1977
I	제주도 무속과 당신앙	한국문화인류학 17집	진성기	1985
I	한국의 줄다리기	한국문화인류학 14집	차기선	1982
S	인류학과 인접과학:심리학	한국문화인류학 11집	차재호	1979
E	교육실습을 통한 교사사회화 과정에 관한 연구	박사논문	천은숙	1995
I	조상숭배와 의례	한국문화인류학 18집	최근덕	1986
I	한국무속의 연구 : 서울지방의 제석거리를 중심으로	육사논문집 5	최길성	1967
I	경기도지역무속-양주군 무녀 조영자편		최길성	1967
I	무속		최길성	1967
I	배송굿과 소놀이굿	한국문화인류학 1집	최길성	1968
I	이조가농작고	육사논문집 6	최길성	1968
I	성주푸리	문화제 4	최길성	1968
I	원시종교의 일고	어문논집 11	최길성	1968
I	한국무속의 엑스터시 변천고	아세아연구 34, 12-2	최길성	1969
I	신앙과 의례	한국생활문화 실태조사보고서	최길성	1969
I	한국원시종교고	한국문화에 끼친 원시종교의 영향	최길성	1969
O	무계전승고	한국민속학 1	최길성	1969

I	종교생활	한국생활문화실태 조사보고서	최길성	1969
I	부안 동문안 당산		최길성	1969
I	무속	전국민속종합조사 보고서(전라북도, 전라남도)	최길성	1969
O	무계전승고-전남당골을 중심으로	한국민속학 1	최길성	1969
I	성조무가고	문화재 4	최길성	1969
S	무속연구의 과정과 현재	한국문화인류학 3집	최길성	1970
I	민간신앙	한국의 민속	최길성	1970
I	궁중무속자료	한국민속학 2	최길성	1970
I	영기		최길성	1970
I	한말의 궁중무속	한국민속학 3	최길성	1970
I	한국의 토착신앙	그리스도교사상	최길성	1970
I	동해안지역 무신당장식조사	한국문화인류학 4집	최길성	1971
I	한국풍속지		최길성	1971
I	한국민간신앙의 계통과 유형	민속학논총	최길성	1971
I	영동지방 무악과 구룡포범굿		최길성	1971
I	대관령성황당과 태진동성황당		최길성	1971
I	심곡별신굿	서낭당 2	최길성	1971
I	민속극과 무속신앙	문화재 5	최길성	1971
I	대하동성황당	민속자료조사보고서 33	최길성	1971
I	동해안 지역 무속지 서설	한국문화인류학 5집	최길성	1972
I	부락제당		최길성	1972
I	민간신앙의 구조와 역할	한국민속학 5	최길성	1972
I	친경의궤 해제	국학자료 1	최길성	1972
I	한국부락제의 구조와 특징	신라가야문화 5	최길성	1973
I	무속	한국민속종합조사보고서(경북편)	최길성	1973
I	An Outline of Shamanism Study in Korea	The Journal of Inter-cultural Studies	최길성	1975
I	한국무속의 사령제	계간인류학 7-3	최길성	1976
I	한국무속에서 사령제와 영혼관	조선학보 78	최길성	1976
I	당골 은어고	한국민속학 9	최길성	1976
O	무당사회의 '첩'에 관한 소고	한국문화인류학 9집	최길성	1977

O	한국무속집단에서 혈연 혼인관계	동양문화연구소기요 71	최길성	1977
O	무당의 신분세습과 무업계승	한국민속학 10	최길성	1977
IC	오끼나와의 샤먼에 대하여	한국문화인류학 10집	최길성	1978
I	조선의 샤마니즘	샤마니증의 세계	최길성	1978
I	한국무속의 연구		최길성	1978
I	무당 은어의 분석	한국문화인류학 11집	최길성	1979
I	해방후 한국무속의 경향	한국학보 14	최길성	1979
I	한국무속의 특징	일본의 민속종교 4	최길성	1979
I	근대화와 민속문화의 가치	역사적 맥락에서 본 한국문화	최길성	1980
I	세존굿과 도둑잡이의 구조 분석	한국민속학 12	최길성	1980
I	한국샤머니즘의 신령관	한국인의 가능성	최길성	1980
IC	일본무사도의 충효와 죽음	일본학지 1	최길성	1980
OK	재일한국인에 관한 문화인류학적 고찰	사회인류학연보 6	최길성	1980
I	한국무속론		최길성	1981
I	한국의 무당		최길성	1981
I	제주도 가파도의 민간신앙	한국학논집 9	최길성	1982
I	무속에 있어서의 집과 여성	한국무속의 종합적 고찰	최길성	1982
I	부정관념을 통해서 본 한국인의 의식구조	한국인과 한국문화	최길성	1982
I	부룩신앙	한국민속대관	최길성	1982
I	세시풍속과 의례	한국문화시리즈 제9권	최길성	1982
I	한국무속의 사회인류학적 연구	쓰쿠바대학 박사논문 (일본)	최길성	1982
I	한국조상숭배의 연구	한국문화인류학 15집	최길성	1983
I	제주도 가파도의 제의	최정여박사송수기념 민속어문논총	최길성	1983
I	무속에 있어서의 한 원혼 진혼	최정여박사송수기념 민속어문논총	최길성	1983
S	손진태의 한국 무속연구	학국학문헌연구의 현황과 전망	최길성	1983

I	성조신가의 일고	이웅재박사회갑기념논문집	최길성	1983
I	풍수를 통해 본 조상숭배의 구조	한국문화인류학 16집	최길성	1984
I	한국조상숭배의 연구-효를 중심으로	이두현박사회갑기념논문집	최길성	1984
I	한국의 샤머니즘		최길성	1984
I	샤머니즘에서 본 정신건강의 개념	정신건강연구 2	최길성	1984
I	무속의 세계		최길성	1984
O	호남의 단골제도	전라도 씻김굿	최길성	1985
I	사후결혼의 의미	비교민속학 1	최길성	1985
I	일본조상숭배의 비교고찰	일본학보 14	최길성	1985
I	도참설과 고려·조선의 문화	한국문화인류학 18집	최길성	1986
I	조상숭배의 한·일 비교	한국문화인류학 18집	최길성	1986
I	무속신앙의 현대적 의미고찰	청천강용권박사송수기념논총	최길성	1986
I	오키나와 세골장의 비교고찰	비교민속학 2	최길성	1986
I	우리나라 개화기 수신교과서에 나 타난 조상관념	우인섭박사화갑기념논문집	최길성	1986
I	한일 고대 민속의 비교	일본학 6	최길성	1986
I	한일 조상숭배의 비교	일본학보 14	최길성	1986
I	무속에 나타난 종교의식	한국사상의 심층연구	최길성	1986
I	한국의 조상숭배		최길성	1986
S	일본 인류학·민족학의 교육	한국문화인류학 19집	최길성	1987
H	신라인의 세계관	신라사회의 신연구 8	최길성	1987
I	무속에서 본 서양문화의 충격과 수용	전통문화와 서양문화 2	최길성	1987
I	The Meaning of Pollution in Korean Ritual Life	Religion and Ritual in Korean Society	최길성	1987
S	일본 인류학 민족학의 교육	한국문화인류학 19	최길성	1987
IC	오나리신신앙의 일고	일본민속학 169	최길성	1987
I	한국 조상숭배 연구의 회고와 전망	한국문화인류학 20집	최길성	1988
I	민간신앙	한국의 행사와 의식의 방향	최길성	1988
I	임자없는 조상제사의 현지연구	비교민속학 3	최길성	1988
IC	일본인의 선조숭배의 연구	사회학잡지 5	최길성	1988
S	한국민속학		최길성	1988

S	일본민속 연구의 회고와 전망	일본학보 20	최길성	1988
IC	관원도진의 죽음의 의미	일본학연보 1	최길성	1988
I	한일 자살의 비교	일본학지	최길성	1988
S	한국에서 일본민속연구의 회고와 전망	일본민속학	최길성	1988
I	호남무속과 한국문화	전남고문화의 현황과 전망	최길성	1988
I	제사의 현지연구	비교민속학 3	최길성	1988
I	한국인의 한의 구조	비교민속학 4	최길성	1989
I	일본 식민지 통치이념의 연구	일본학연보 2	최길성	1989
I	The Symbolic of Meaning of Shamanic Ritual in Korean Folk Life	Journal of Ritual Studies 3-2	최길성	1989
I	한국민간신앙의 연구		최길성	1989
I	동아세아에 있어서 샤머니즘의 비교	제주무속의 전통과 변화	최길성	1989
I	선조의 이야기		최길성	1989
O	계의 사회적 기능에 관한 고찰	두산김택규박사화갑기념문화인류학논총	최길성	1989
I	산신도 해제	한국무신도시리즈 1	최길성	1989
I	한국 샤머니즘의 기원과 특징	한국문화인류학 22집	최길성	1990
O	촌락사회에서의 무당의 기능	여산유병덕박사화갑기념한국철학종교사상사	최길성	1990
S	일제시대의 민속지 연구	한국민속지 연구의 과제와 방법	최길성	1990
S	일제 민족지의 연구	이송구박사화갑기념논문집	최길성	1991
S	한국민속학에서의 임서행	비교민족학 7	최길성	1991
I	한국민속지 1		최길성	1992
S	일본식민지 시대의 일어촌의 연구		최길성	1992
S	한국어촌의 문화변용		최길성	1992
I	한국의 조선숭배		최길성	1992
I	티벳 라마교에서의 전생의 의미	비교민족학 8	최길성	1992
S	Trends in Japanese Studies in South korea	Otherness of Japan	최길성	1992

I	한국에서의 민족주의와 국제화	오성박사화갑기념 논문집	최길성	1992
O	한국의 끽다점 <다방>의 문화인류학	국제연구 10	최길성	1992
I	한국 천지개벽 신화고	비교민속학 10	최길성	1993
I	천지개벽과 종말론	비교민속학 10	최길성	1993
I	중국의 놀과 한국의 당골	일중문화연구 5	최길성	1993
I	일본식민지와 문화변용		최길성	1993
I	한국인의 울음		최길성	1994
I	한의 인류학		최길성	1994
S	일본 대학에서 교수법의 연구	일본학연보 제5집	최길성	1994
A	나주 보산리 지석묘 발굴조사보고서	한국문화인류학 9집	최몽룡	1977
O	한국의 집-그의 구조분석	한국문화인류학 13집	최백	1981
O	문중에 관한 사회학적 고찰-특히 안동군 임하면 주전리 의성김씨를 중심으로	한국문화인류학 17집	최백	1985
O	한국 친족조직에 있어서의 문화체 계와 사회체계	한국문화인류학 20집	최백	1988
O	Blood is Thicker than Water: Kinship, Credit and the State		최수호	1990
O	Hyo-Ri: A Traditional Clan Village	한국문화인류학 5집	최신덕	1972
O	비동족마을의 사회구조	한국문화인류학 8집	최신덕	1976
O	한국농촌의 사회경제적 구조와 계:경기도 여주군 한마을의 사례	인류학논집 제7집	최은영	1984
IC	양묘제와 사자제사:도바시스가지마의 사례를 중심으로	민족학연구 54(3) (일본 민족학회)	최인택	1989
OC	촌락사회의 제집단에 관한 일고찰:시마반도 스가섬의 사례를 중심으로	사회인류학연보 16	최인택	1990
I	제의·의례를 통해서 본 거문도 지역문화	일제시대 한 어촌의 문화변용	최인택	1992
TC	제의집단에서 보이는 야에야마도서 사회지:고하마지마의 기술과 재구성	사회인류학보 19	최인택	1993

I	거문도의 민속문화와 코스몰로지	일본식민지와 문화변용:한국 거문도	최인택	1994
IC	오키나와 야에야마의 제의적 세계:고하마지마의 사례를 중심으로	비교민속학 12	최인택	1995
OC	Ami족의 의식과 사회조직	한국문화인류학 10집	최인학	1978
O	촌락사회에서의 양자와 재산상속의 변화	한국문화인류학 18집	최재석	1986
O	자연부락의 성격과 그 변화	한국문화인류학 19집	최재석	1987
O	Social Organization of Upper Han Hamlet in Korea	Michigan대 박사논문	최정림(한)	1949
I	The Competence of Korean Shamans as Performers of Folklore		최정무	1988
I	Korean Animal Entities With Supernatural Attribute: Expressive Culture	Artic Anthropology Vol.21, No.2, pp.109-121	최정필	1984
A	Subsistence Patterns of the Chulmun Period	피츠버그대 박사논문	최정필	1986
P	A Study on the Differences Between Biological Evolution and Cultural Evolution	한국문화인류학 제20집pp.37-56	최정필	1988
P	한국민족 기원에 관한 형질인류학적 연구의 재검토	세종사학 제1집 pp.1-24	최정필	1992
A	선진화론과 한국상고사 해설의 비판에 대한 재검토	한국상고사학보 제16집pp.7-37	최정필	1994
O	Socio-Economic Aspects of No-tillage Agriculture	Department of Sociology Staff Paper Series, No-RS-63	최협	1979
I	도시화와 정신위생 : 이농민 조사를 위한 시론	한국문화인류학 제11집	최협	1979
O	Diffusion of Innovation Research: Contrasts between Anthropology and Sociology	Social Science Reviews Vol.7, No.1	최협	1980
O	농촌지역 소규모 기업인과 농민의한 비교연구	한국문화인류학 제13집	최협	1981
O	동족부락과 비동족부락의 사회구조적 특성	호남문화연구 제12집	최협	1982

O	Development and Change in Rural Korea	Journal of Rural Development Vol.5,No.2	최협	1982
S	사회과학방법론 비판(공)		최협	1983
O	동족부락과 비동족부락의 한 비교*	호남문화연구 제13집	최협	1983
I	한국동해안 어촌의 금기	일한합동학술조사 보고(한국 경북 평해 읍 후보리)제2집	최협	1983
O	자생적 지방발전*		최협	1985
OC	일본 어촌가족의 초기 사회학과정:입포의 사례조사	일한합동학술조사 보고(도치현 경항제·도한현미보관정) 제3집	최협	1985
O	한국사회·공동체·공동체이념*	한국사회학 제20집	최협	1986
O	조선시대 향촌사회 연구에 대한 일고찰	한국문화인류학 제18집	최 협	1986
O	Industrialization, Urbanization and Family Change in Korea	Akademia Vol.30	최 협	1987
O	촌락구조와 태도의 차이에 관한 사례연구*	한국문화인류학 20집	최 협	1988
O	The Seoul Olympiad and the Olympic Ideals: A Critical Evaluation	Toward One World Beyond All Barriers Vol.1	최 협	1990
O	Economic Growth and East Asian Cultures	Asia in the 21st Century: Challenge and Prospects	최 협	1990
O	21세기를 향한 한국의 과제		최 협	1991
O	Differential Patterns of Adaptation among Korean Immigrants in the U.S.A*	Korea Journal Vol.31, No.4	최 협	1991
S	2020년의 한국과 세계		최 협	1992
S	응용인류학의 성립과 발전	현대사회과학연구 제2집	최 협	1992
O	남북한 사회통합의 과제와 전망	21세기 논단 제6집	최 협	1992
OK	해외거주 한인들의 적응형태에 관한 연구*	현대사회과학연구 제3집	최 협	1993

I	호남문화론의 모색	한국문화인류학 제25집	최 협	1993
S	21세기의 한국과 한국인*		최 협	1994
OK	Overseas Koreans and Their Adaptation Patterns*	Korea Journal Vol.34	최 협	1994
O	농촌청소년과 문화	한국농촌청소년 문제의현황과 대책 pp.201-222	최 협	1994
T	In Search of Sustainable Agriculture	Current Anthropology Vol.35, No.3 pp.325-326	최 협	1994
I	The Three Dimensions of Tolerance	Democracy and Tolerance pp.33-44	최 협	1995
OC	Agricultural Change in America		최 협#	1981
I	조선무속의 현지연구	동경대 박사논문	秋葉隆	1950
I	한국신흥종교 여교주들의 생태	한국문화인류학 4집	탁명환	1971
I	제주사신 신앙에 대한 소고	한국문화인류학 10집	탁명환	1978
OK	뉴욕거주 한국인 이민가정내의 갈등과 화해	박사학위논문	하순	1991
K	Conflict and Rapprochement in Immigrant Korean Families in New York		하순	1991
OC	베트남의 가족제도와 베트남인의 사회적 행위	논문	하순	1994
OC	베트남에서의 공산주의 혁명과 문화	논문	하순	1994
O	왜 일본은 계급사회가 아니라고 하는가?	한국문화인류학 제23집	한경구	1992
O	천황제와 일본문화	일본평론 제5집	한경구	1992
OC	일본의 정치권력구조를 보는 눈-중소기업사례를 중심으로	비교문화연구 제1집	한경구	1993
IC	정내회의 문화적 상징적 통합기능 (일본의 지역생활조직 연구)*	지역연구 제2권 제3호	한경구	1993
I	메이지시대의 기업가 정신이라는 신화와 그 실상	한국문화인류학 제25집	한경구	1994
OC	공동체로서의 회사*		한경구	1994

S	일본·일본학 : 현대 일본 연구의 쟁점과 과제		한경구	1994
I	어떤 음식은 생각하기에 좋다-김치와 한국 민족성의 정수	한국문화인류학 제26집	한경구	1994
OC	일본의 지방자치에 관한 인류학적 연구	비교문화 제2집	한경구	1994
OC	일본의 문화와 일본의 기업-문화론적 설명의 허와 실	동박학지 제86집	한경구	1995
OC	일본의 사회교육과 한 여성 사회교육운동가의 삶의 형성	지역연구 제4권	한경구	1995
OC	Company as Community: the Study of a Japanese Business Organization	학위논문	한경구#	1990
O	한국 산간촌락의 연구 : 강원도 태백산맥중의 2개 산촌에 관한 구조적 분석	사회학논총 1	한상복	1964
T	한국 산촌주민의 의식주1	사회학보 7	한상복	1965
T	한국 산촌주민의 의식주2	청맥 2(6)	한상복	1965
O	산간촌락의 생활구조 연구	우리문화 1	한상복	1966
I	한국 산촌주민의 의식과 신앙	한국사회학 2	한상복	1966
O	벽지취락의 변화과정	지방행정 15(9)	한상복	1966
T	농가변수의 측정을 위한 육종의 척도와 지수	한국사회학 3	한상복	1967
T	이조후기의 농업기술변화와 사회적 동태	우리문화 2	한상복	1967
T	한국농촌의 혁신과 관련된 사회문 화적 제요인의 분석(공)	한국문화인류학 1	한상복	1968
O	한국의 어촌과 어업에 관한 인류학적 연구	사회과학계열연구보고서	한상복	1969
I	한국 샤머니즘의 생태	정경연구 5(2)	한상복	1969
O	서울시 중간계급의 생활수준과 소비유형	김재원박사회갑기념논 총	한상복	1969
I	이중장제와 인간의 정신성(공)	한국문화인류학 2	한상복	1969
O	Level of Living	Life in Urban Korea	한상복	1971
O	Socio-Economic Organization and Change in Korean Fishing Vilage	Ph.D.Thesis, Michgan State University	한상복	1972

O	The Effects of Local Enterprise on Social Change in a Korean Fishing Village	한국문화인류학 5	한상복	1972
O	Micro Development of Farming and Fishing Villages in Korea: Theory and Policy	Development and Change	한상복	1973
S	한국문화인류학의 반성과 지향: 사회인류학분야	한국문화인류학 6	한상복	1974
S	환경과 문화 : 생태인류학의 개념·방법 및 문제	환경논총 1(1)	한상복	1974
O	한국 촌락생활의 전통문화	아카데미총서 5	한상복	1975
O	한국의 수산물 유통과정에 관한 경제인류학적 연구	인류학논총 1	한상복	1975
S	인류와 문화: 문화인류학특강(편)		한상복	1976
O	한국의 촌락관행	한국사회(한국문화 시리즈)	한상복	1976
O	농촌과 어촌의 생태적 비교	한국문화인류학 8	한상복	1976
O	Korean Fisherman: Ecological Adaptation in Three Communities		한상복	1977
O	한국의 인구과정에 관한 인류학적 연구	한국문화인류학 9	한상복	1977
O	한국의 어업과 어촌생활의 변화연구	연구논총 2	한상복	1978
O	(한국의) 도시생활	한국사회 3	한상복	1978
I	소비경제체제와 청소년사상의 현황	경제체제가 한국 청소년사상에 미치는 영향	한상복	1978
O	북한의 생활문화	북한문화론(북한연구총서 6)	한상복	1978
O	The Korean Marketing System for Marine Products: Economic Anthropology	Korean Social Science Journal 5	한상복	1978
I	Traditional Cultural Values in Korea: Current Status and Prospect	Comparative Study of Traditional Cultural Values in Asia	한상복	1978
T	전국민속종합조사의 회고와 전망:생산기술분야	한국문화인류학 10집	한상복	1978

O	반월지역 공업단지화가 그곳 자연 및 사회에 미치는 영향에 관한 연구		한상복	1979
I	한국문화와 청소년의 정신건강	대한신경정신의학회지79(2)	한상복	1979
O	한국인의 집단생활	한국문화의 연속과 변화에 관한 연구	한상복	1980
O	한국 경제발전에 따르는 문화적 코스트	서울대 국제문제연구소논문집 6	한상복	1980
O	경제생활	한국민속대관 1	한상복	1980
I	한국인의 공동체의식에 관한 연구	한국의 사회와 문화3	한상복	1980
O	Anthropological Approach in Fertility and Family Planning Research in Korea	PDSC Bulletin 10	한상복	1981
S	한국인과 한국문화(편)		한상복	1982
I	한국사회의 미래상:사회환경의 변화를 중심으로		한상복	1982
O	지역사회종합개발사업평가연구		한상복	1982
I	한국인의 공동체의식	정신문화 12	한상복	1982
O	장기인구성장에 따른 향후 목표인 구 수정과 이에 따른 장기인구사업계획	인구·보건기술자문연구 1	한상복	1982
S	사회과학연구를 위한 관찰방법	사회과학방법론	한상복	1983
O	한국농촌의 개발조직과 발전의 성과	한국사회의 전통과변화(이만갑교수화갑기념논총)	한상복	1983
O	후포인근 농산어촌의 통혼권과 초혼연령	한국문화인류학 15	한상복	1983
O	Community Solidarity of the Korean People	Korean Social Science Journal 10	한상복	1983
I	공동체의식과 기업가정신	새마을운동이론체계정립2	한상복	1984
S	Behavioral Science Methodology and Approach on Health Behaviour Research	Behavioral Science and Mental Health 4	한상복	1984

S	문화인류학개론(공)		한상복	1985
O	한일농어촌의 통혼권과 초혼연령	한국사회의 변동과 발전(이해영교수 추념 논문집)	한상복	1985
OC	미보관 농어촌의 통혼권과 초혼연령	일한공동학술조사 보고 3	한상복	1985
S	경제인구학(공편)		한상복	1986
S	Asian Peoples and Their Cultures: Continuity and Changed(ed.)		한상복	1986
O	인구·자원·환경	경제인구학	한상복	1986
O	완도의 인구변동과 인구이동	일한공동학술조사 보고 4	한상복	1986
S	Anthropological Studies in Asian Peoples and Their Cultures	Asian Peoples and Their Cultures: Continuity and Change	한상복	1986
O	산지 및 산촌사회개발 기본계획에 관한 기초연구		한상복	1987
O	산지 및 산촌지역개발을 위한 기초자료조사 결과보고서		한상복	1987
OC	이근정의 생태지구(농산어촌)별 인구변동과 인구이동	일한합동학술조사 보고서	한상복	1987
S	한국인류학교육의 현황과 발전방향의 모색	한국문화인류학 19	한상복	1987
I	전통문화의 연속과 변화	전통문화의 계승과 발전	한상복	1987
O	Water Supply and Sanitation in Korean Communities(Coath.)		한상복	1988
O	통역지역 농어촌의 인구변동과 인구이동	일한공동학술조사 보고 6	한상복	1988
I	전통문화의 자생적 현대화방안(공)		한상복	1989
O	독립운동가 가문의 사회적 배경: 우당 이회영 일가의 사례연구	한국독립운동사연구 3	한상복	1989
S	Traditional Cultures of the Pacific Societies: Continuity and Change (eds.)		한상복	1990

O	한국농촌의 사회문화적 변화에 관한 이류학적 연구:간현의 사례(공)		한상복	1990
O	한국농촌의 사회경제적 변화와 보건의료체계	한국농촌의학회지 15(1)	한상복	1990
O	지역개발의 통합모형과 주민참여:제주도 1959-1989(공)	제주도연구 7	한상복	1990
O	Experimenting the Integrated Health Services in Rural Korea (공)	Seoul Journal of Korean Studies 3	한상복	1990
O	Continuity and Change in the Korean Village Life	Traditional Cultures of the Pacific Societies	한상복	1990
S	Introduction to the Traditional Cultures of the Pacifc Societies		한상복	1990
O	태평양열도의 인간과 문화:파푸아뉴기니·피지를 중심으로(공)		한상복	1991
O	제주도촌락의 민속지적 약보(공)	한국의 사회와 역사(최재석교수 정년퇴임기념논총)	한상복	1991
I	Cultural Perspectives on Economic Development in the Republic of Korea	Culture-Development Interface ed.	한상복	1991
O	한국의 낙도민속지(공)		한상복	1992
OK	중국 연변의 조선족:사회의 구조와 변화(공)		한상복	1992
OC	일본 대마도 어촌 와니우라의 사회조직과 변화	한국문화인류학 24	한상복	1992
OK	중국 연변 조선족의 생활상:과거와 현재	동아시아연구논총 2	한상복	1992
OK	중국 연변의 조선족 : 사회의 구조와 변화(공)		한상복	1993
S	호남지역 농어촌 연구의 평가와 전망	한국문화인류학 25	한상복	1993
OC	악포의 가족·친족·혼인	대마도의 어촌:일한공동연구	한상복	1993
O	Cultural Transformation in Rural and Urban Korea	The State and Cultural Transformation	한상복	1993
S	문화인류학(개정판)(공)		한상복	1995

I	현대사회의 문화적 전통:외래문화와 전통문학의 접변	한국문화연구원논총 67	한상복	1995
S	한국인류학의 적실성	한국문화인류학 28	한상복	1995
I	The Role of Endogenous Culture in Socioeconomic Development of Korea	Integration of Endogenous Cultural Dimension into Development	한상복	1995
O	Local Level Entrepreneurs in Rural Korea: Their Econimic Behaviour and Life Style	Asian Entrepreneurs in Comparative Perspective	한상복	1995
I	From Regional Craft to National Symbol: Politics and Identity in a Japanese Regional Industry		한승미	1995
H	Songje's Transformation: Social and Economic History of a Korean Village	Ph.D.Dissertation	함한희	1990
H	조선말 일제시대의 궁삼면 농민의사회경제적 지위와 그 변화	한국학보 제66집 pp. 2-52	함한희	1992
O	해방이후의 농지개혁과 궁삼면 농민의 사회경제적 지위와 그 변화	한국문화인류학 제23집 pp.21-62	함한희	1992
I	농민의 역사의식에 나타난 민족주의적 담론의 의미	한국문화인류학 제24집	함한희	1993
H	호남지방 경제사의 연구사적 경험구한말에서 일제시대에 이르는 시기	한국문화인류학 제25집	함한희	1994
O	토산물의 상업화 과정과 농민들의 역사적 경험	이기백선생고희 기념 한국사학논총 하-조선시대·근·현대편	함한희	1994
O	계문화구조의 변화와 지속성	한국사회사연구회논문집 43	함한희	1994
O	농민들의 경제적 위기와 문화적 대응-문화와 정치경제의 상호작용에 유의하여	한국문화인류학 제27집	함한희	1995
O	한국에 있어서 외국인노동자 유입에 따른 인종과 계급의 문제	한국문화인류학 제28집 한상복교수화갑기념특집	함한희	1995
S	구미의 인류학연구의 현황과 그 평가	인문논총	함한희	1995

H	Aspects de la Parenté Royale en Corée Ancienne	École des Hautes Études et Sciences Socials 박사논문	허문강	1976
I	'고종달'형 설화에 나타난 제주민의 생활의식	한국문화인류학 9집	현길언	1977
I	풍수(단맥)설화에 대한 일고찰	한국문화인류학 10집	현길언	1978
I	제주도 무의의 '기매'고:무속의 신화형성의 일면	한국문화인류학 2집	현용준	1969
I	고대 한국 민족의 해양 세계	한국문화인류학 5집	현용준	1972
I	제주도의 기층문화	한국문화인류학 7집	현용준	1975
I	제주도 무속의 연구	동경대학 박사논문	현용준	1982
OC	일본 농민의 농업경영형태와 사회경제적 적응전략-관동평야의 한촌락 사례연구	서울대 박사논문	홍성흡	1995
OC	상례와 증여교환-일본 복도현 대자관속 입수의 사례를 중심으로	비교민속학 제3집 pp. 125-70	황달기	1988
OC	결혼과 증여교환-복도현 농촌의 사례	일교연구 제13권 통권 81호 pp.97-116	황달기	1988
OC	결혼에 있어서의 혼수의 의미-일본의 한 농촌의 사례를 중심으로	일본학회 25집 pp. 201-225	황달기	1990
OC	증여교환의 사회인류학적 연구-복도현 한 농촌의 사례를 중심으로	박사학위논문 413p.	황달기	1990
OC	일본 타끼네쵸의 온거관행-2세대부부 부동거관의 민족지적 고찰	일본학연보 3집 pp. 37-55	황달기	1991
OC	일본 타끼네쵸의 의원선거에서 보는 유권자와 입후보자와의 관계	한국문화인류학 23집 pp.193-226	황달기	1991
OC	일본의 사회와 교환-일본인의 선물, 교제, 인간관계*		황달기	1992
IC	일본인과 집단주의		황달기	1992
OC	일본인의 교제-부조와 선물교환	일본평론 5집pp.178-200	황달기	1992
OC	일본 농가후계자의 결혼난-농촌사회의 내부모순과 불안정구조*	일본학연보 4집 pp. 101-130	황달기	1992
O	거문도의 사회조직-임의집단인 '계'와 '회'를 중심으로	일제시대 한 어촌의 문화변용 pp.349-370	황달기	1992

OC	일본 농가후계자의 '국제결혼'-그 실상과 문제점*	일본학보 30집 pp.467-91	황달기	1993
OC	일본사회의 집단의 형태와 통합원 리*	일본학보 31집 pp.415-42	황달기	1993
O	한국 건설업의 고용구조	한국사회연구 제4집 pp.289-347	황익주	1986
OC	Class,Religion and Local Commnity: Social Grouping in Nenagh, Ireland	D.Phil.Thesis	황익주	1992
T	향토음식의 소비의 사회문화적 의미:춘천닭갈비의 사례	한국문화인류학 제26집pp.69-93	황익주	1994
OC	아일랜드에서의 일상적 사교활동과 사회집단 분화:인류학적 사례 연구	지역연구 제3권 제4호, pp.169-200	황익주	1995
O	한국 건설업의 고용구조에 관한 연구:비공식부분을 중심으로	서울대학교 인류학과 석사논문	황익주	1985

附录3 美国大学收藏的韩国人类学关系博士论文（1987—1995年）

Seung-mi HAN(1995 Harvard University), From Regional Craft to NationalSymbol: Politics and Identity in a Japanese Regional Industry(일본).

Hyun Mee KIM(1995 Univ. of Washington), Labor, Politics, and the WomenSubject in Contemporary Korea(한국어 여성노동문제).

Sunyoung PAK(1995 SUNY-Buffalo), A Longitudinal Study of Growth, Maturation, and Functional Performance among School Children in Seoul, Korea(한국의 체질인류학).

Yangjin PAK(1995 Havard University), A Study of Mortuary Practice and Social Structure in the Northern Zone of Bronze Age China: the Caseof Yanqing Burials(중국 청동기시대 고고학).

Kyejung RHEE-YANG(1995 U Illinois), Religion, Symbol and Ethnicity of Contemporary Mapuche People in Chile(칠레 원주민의 종교).

Garry P. BAILEY(1994 University of Oklahoma), Perceptions of Organizational Socialization Strategies, High and Low Context Communication, and Uncertainty Reduction in American and Korean Church of Christ Newcomers(한미교회 비교 , 이민사회).

Marian M. CHATTERJEE(1944 University of Washington), Ethnicity and Personality: Variations in Personality as a Function of Cultural Differences in Social Desirability(재미교포).

Sheila Miyoshi JAGER(1994 University of Chicago), Narrating the Nation: Students, Romance, and Politics of Resistance in South Korea(남 한 의 정치와 학생운동).

Jinsook KIM(1994 New York University), An Exploration of "Roles" in NAERIM KUT,the Korean Shaman Initiation Rite(샤머니즘).

Ki Sang KIM(1994 Nova Southeastern University), The Relationship of Select Cultural Norms and Select Demograhics in the Decision-Making Process(재

미교포).

Jonathan Charles KRAMER(1994 Union Institute), The Acquisitiong of Bi-Musicality: A Journal of Studies in Traditional Korean Music(Ethnomusicology)(음악인류학).

Sug-in KWEON(1994 Stanford University), Politics of Furusato in Aizu, Japan: Local Identities and Metropolitan Discourses(일본).

Dong-il LEE(1994 University of Minnesota), Ritual Transformation Techniques in KUT Performance Practices : Three Forms of Korean Shamanist Theatre(샤머니즘).

Jae-hyup LEE(1994 University of Pennsylvania), Identity and Social Dynamics in Ethnic Community: Comparative Study on Boundary Making among Asian Americans in Philadelphia(Pennsylvania)(미국아시아계 이민사회).

Meery LEE(1994 University of Illinois at Urbana- Champaign), Cultural Differences in the Daily Manifestation of Adolescent Depression: A Comparative Study of American and Korean High School Seniors(한 미 고등학교 비교).

Soeun LEE(1994 University of North Carolina at Greensboro), Culture and Preschoolers' Activities: The United States and Korea(한미 유치원 비 교).

Jang Ho MOON(1994 Walden University), A Comparative Study of Management Styles within United States Based Korean Subsidiaries(재미 한국회사 의 경영방법).

Kyungseuk OH(1994 Northwestern University), Emerging Patterns of Generativity and Integrity among Korean Immigrant Elderly: Implications for Korean Church Education(한국인의 미국 이민).

Jongsung YANG(1994 Indiana University), Folklore and Cultural Politics in Korea : Intangible Cultural Properties and Living National Treasures(한국민속학).

Jim Yong KIM(1993 Harvard University), Political Economy of Meaning in South Korea(HEALTH CARE SYSTEMS)(의료인류학).

Seong-yeon PARK(1993 Northwestern University), Cross-Cultural Gift-Giving Behavior : Collectivistic VS. Individualistic Cultures(선물의 비교문 화)

Sooyeon Lee SEOK(1993 Northwestern University), U. S. Popular Films and South Korean Audiences: A Political-Economic and Ethnographic Analysis(영화와 제국주의).

James Philip THOMAS(1993 University of Rochester), Contested from Within and Without: Squatters, the State, the MINJUNG Movement and the Limits of Resistance in a Seoul Shanty Town Targeted for Urban Renewal(민중운동 , 현대한국).

Myungsun YI(1993 State University of New York at Buffalo), Adjustment of Korean Nurses to the United States Hospital Settings(재미교포).

Eun Kwang Yoon YOO(1993 University of California, San Francisco), An Ethnographic Study about SANHUJORI, the Phenomenon of Korean Postpartal Care(의료인류학).

Eun-young KIM(1992 University of California, Berkeley), Korean Ethnicity and Adaptation in the United States(재미교포).

Oh-hyang KWON(1992 University of California, Los Angeles), Cultural Identity through Music: A Socio-Aesthetic Analysis of Contemporary Music in South Korea(음악인류학).

Young-ja LEE(1992 University of Utah), Traditional Conceptions of Health and Nursing in Korea(간호인류학).

Soon HA(1991 Rutgers, the State University of New Jersey), Conflict and Rapprochement in Immigrant Korean Families in New York City : The Adaptation of Elderly Koreans to Cultural Change in an Urban Setting (재미교포노인).

Sehwa Yang KHIL(1991 Iowa State University), A Cross-Cultural Study of Housing Adjustment among Korean, Mexican, and American Households(재미교포 비교).

Ai Ra KIM(1991 Drew University), The Religious Factor in the Adaptation of Korean Immigrant 'ILSE' Women to Life in America(재미교포).

Soon-hwa SUN(1991 Drew University), Women, Religion, and Power: A Comparative Study of Korean Shamans and Women Ministers(한국무 당과 여사제 비교).

Nancy Anne ABELMANN(1990 University of California, Berkeley), The Practice and Politics of History : A South Korean Tenant Farmers Movement(소작농운동).

Mark John MCTAGUE(1990 University of Texas at Austin), A Sociolinguistic Description of Attitudes to and Usage of English by Adult Korean Employees of Major Korean Corporations in Seoul(언어 인류학).

Heewon CHANG(1989 University of Oregon), American High School Adolescent Life and Ethos: An Ethnography(미국 고등학생).

Yongwhan KIM(1989 Rutgers, the State University of New Jersey), A Study of Korean Lineage Organization from a Regional Perspective: A Comparison with the Chinese System(친척조직).

Jung Hyu NAM(1989 University of Connecticut), Korean Minority Nationality in China: A Case Study of China's Minority Nationalities Policy(중 국 조선족).

Hyung Il PAI(1989 Harvard University), LELANG and the Interaction Sphere in Korean Prehistory(낙랑고고학).

Chungmoo CHOI(1988 Indiana University), The Competence of Korean Shamans as Performers of Folklore(샤먼 , 민속학).

Hyunok Kim DO(1988 Boston University), Health and Illness Beliefs and Practices of Korean Americans(재미교포 , 건강).

Theresa Ki-ja KIM(1988 New York University), The Relationship between Shamanic Ritual and the Korean Masked Dance-Drama: The Journey Motif to Chaos/Darkness/Void(샤먼 , 무용인류학).

Sung Eun NOH(1988 University of Connecticut), Returned Korean Immigrant Children's Perceptions about their Educational Environments in Korea (逆이민).

Sunae PARK(1988 University of North Carolina at Greensboro),

Reactions of Korean Women Who Adopted Western-Style Dress in the AcculturationPeriod of 1945-1962: An Oral History(패션 인류학).

Chung Hee SOH(1987 University of Hawaii), Korean Women in Politics(1945-1985): A Study of the Dynamics of Gender Role Change (한국여성 정치학).

附录4 日本方面的韩国研究文献目录（1966—1995年）

青柳清孝

1973，“全羅南道光山郡大村面A部落における世帯構成と住居の構成——中間報告”，「アジア文化研究」7：51−60.

朝倉敏夫

1981，“全羅南道都草島調査豫備報告（1）——とくに婚姻について”，「明治大學大學院紀要」18：78−87.

1982，“全羅南道都草島調査豫備報告（2）——葬禮について”，「明治大學大學院紀要」19：49−61.

1983，“全羅南道都草島調査豫備報告（3）——契について”，「明治大學大學院紀要」20：17−31.

1984，“全羅南道都草島調査豫備報告（4）—— ‘Chib-an’過去にみる農村社會の一面”，「明治大學大學院紀要」21：19−31.

1985，“韓國——農村の社會的性格——契を通して”，「朝鮮史研究會會報」81：11−14.

1989，“韓國祖先祭祀 の 變化——都市アパート團地居住者を中心に”，「國立民族學博物館研究報告」13（4）：741−786.

崔吉城

1977，“韓國巫業團における血緣・姻戚關係——東海岸地域のドンゴルを中心に”，「東京大學東洋文化研究所紀要」71：263−295.

1980，「韓國の 祭りと巫俗」，第一書房.

1984，「韓國のシヤーマニズム」，弘文堂.

1995，「日本植民地と文化變容——韓國. 巨文島」，御茶ノ 水書房.

張籌根

1973/1974，「韓國の民間信仰—— 濟州島の巫俗と巫歌」（論考編・資料編），金花捨.

出口晶子

1987，“濟州道のイカダブネ”，「季刊民族學」42：72−79.

1987，“韓國東岸の筏船テッブ”，「民博通信」35：39–48.

江嶋修作

1976，“韓國農村に於ける親族構造分析の一問題點—— ‘同族’概念の使用 をめぐつて”，「廣島修道大論集 人文編」16（2）：87–112.

江守五夫，崔龍基 編

1982，“韓國兩班同族制の研究”，第一書房.

淵上恭子

1991，“韓國キリスト教の信仰治療——現代シヤマーニズム社會におけるキリスト教會”，「慶應義塾大學大學院社會學研究科紀要」31：1–8.

1993，“「祈禱院」にみる民族史と民俗宗教——韓國キリスト教のフロン テイア”，「宗教研究」296：105–130.

1994，“韓國のキリスト教とシヤーマニズム——神癒の能力（メンニヨク）をめぐる祈禱院と韓國教會”，宮家準.鈴木正崇編，「東アジアのシヤーマニズムと民俗」，勁草書房，pp.233–253.

福留範昭

1986，“韓國東海岸S村における祖先祭祀”，「西日本宗教學雜誌」8：105–117.

後藤田遊子

1994，“ソウルの純福音教會——1970年代の急成長とその背景”，「北陸學院短期大學紀要」26：201–217.

服部民夫

1992，「韓國——ネットワークと政治文化」，東京大學出版會.

秀村研二

1987，“韓國の擬制的親族關係覺書”，「常民文化」10：55–67.

1990，“韓國教會にみるキリスト教と傳統文化”，「社會科學ジヤーナル」28（2）：147–70.

1992，“教會と女性——韓國キリストの一斷面”，「明星大學研究紀要」28：13–20.

1994, “キリスト教の中のシヤーマニズム”，「韓國文化」16（8）：8–12.

1995, “現代韓國社會におけるキリスト教”，田邊繁治 編「アジアにおける宗教の再生——宗教的經驗のボリテイクス」，pp.389–402.

1995, “韓國キリスト教の現在とその理解”，社會科學ジヤーナル 21：79–100.

本田洋

1993, “墓を媒介とした祖先の <追慕>——韓國南西部一農村におけるサンイルの事例から”，「民族學研究」58（2）：42–169.

1994, “韓國家族論の現在——全羅北道南原郡——山間農村の事例 から”，「朝鮮學報」152：109–166.

1995, “更正儒道の成立と展開——韓國の土着主義的運動 と民眾文化の 創造”，「東京大學教養學科紀要」（東京大學教養學部）27：1–22.

1995, “鄉土藝能はだれのモノ”——現代韓國農村における民俗傳承の一側面，「東京大學文學部朝鮮文化研究室研究紀要　朝鮮文化研究」2：141–172.

玄容駿

1977, “濟州島の喪祭——K村の事例を中心として”，「民族學研究」36（4）：269–279.

1985,「濟州島巫俗の研究」，第一書房.

石毛直道

1987, “アジアの市場——韓國の定期市〈場市〉”，「季刊民族學」11（1）：102–113.

伊藤亞人

1977, “契システムにみられるCh’inhan-saiの分析——韓國全羅南道珍島 における村落構造の一考察”，「民族學研究」41（4）：281–99.

1977, “韓國村落社會における契——全羅南道珍島農村の事例”，

「東京大 學東洋文化研究所紀要」71：167−230.

1982，“甕と主婦——韓國農村の女性の『領分』”，「季刊民族學」24：26−35.

1983，“儒禮祭祀の社會的脈絡——全羅南道珍島農村の一事例全羅南道珍島の一事例を通して”，伊藤亞人・江淵一公 編，「儀禮と象征——文化人類學的考察」，九州大學出版會，pp.415−442.

1987，“韓國の親族組織における‘集團’と‘非集團’”，伊藤亞人・ 關本照夫・船拽建夫 編，「現代の社會人類學 1 親族と社會の 構造」，東京大學出版會，pp.163−186.

1990，“韓國における祖先と歷史認識”，阿部年晴・伊藤亞人・萩原眞子 編，「民族文化の世界（下）社會の統合と動態」，小學館，pp.196−217.

1991，“韓國における親族體系と歷史認識”，「思想」808：I39−151.

1993，“朝鮮における宗教と社會統合”，梅棹忠夫・中牧弘允，「宗教の比較文明學」，春秋社，pp.191−216.

1994，“韓國民間信仰における道教の傳統”，「東京大學文學部朝鮮文化研 究室研究紀要 朝鮮文化研究」創刊號：179−192.

1995，“韓國農村における土器使用”，吉田集而 編，「生活技術の人類學」，平凡社，pp.168−184.

泉靖一

1966，「濟州島」，東京大學出版會.

龜山慶一

1986，「漁民文化の民俗研究」，弘文堂.

木鎌節子

1990，“韓國における天主教の土着化”——江原道横城郡横成天主教會の事例”，「常民文化」13：pp.1−10.

金美榮

1993，“婚姻時の互助事例から見たイウツ（近隣關係）”——韓國慶尚南道仙倉の事例から，「民族學研究」57（4）：437−455.

太谷治

1984，「東アジアの民俗と祭儀」，雄山閣.

眞鍋祐子

1991，“烈士の誕生——韓國運動圏の死生觀をめぐつて”，「ソシオロジ」39（2）：19–36.

丸山孝一

1978，“居住空間の社會性——韓國民家の預備的調査報告”，「九州人類 學會報」6：49–55.

1980，“韓國社會におけるナショナル・アイデンテトの形成”，「九州大學教育學部比較教育文化研究施設紀要」31：65–80.

1982，“文化の周辺性について——韓國全羅南道巨文島の事例研究から”，「九州大學教育學部比較教育文化研究施設紀要」33：39–54.

1985，“教育における中央文化の遠心性と求心性——韓國全羅南道巨文島の事例研究から”，弘中和彦 編，「戰后アジア諸國の教育政策の變容過程とその社會的文化的基盤に關する綜合的比較研究」pp.9–18.

1986，“周緣文化の持續性について——特に韓國島嶼社會を事例として”，「九州大學教育學部比較教育文化研究施設紀要」37：15–23.

1987，“韓國離島社會における儒教の展開に關する一考察”，「九州大學教育學部比較教育文化研究施設紀要」38：35–46.

盆田莊三 編

1991，“日韓漁村の比較研究——社會・經濟・文化を中心に”，行路社.

松本誠一

1981，“湖南堂山祭の祭祀組織と變化——全羅南道城邑Y裏の事例——フアジュ（化主）と當家を中心に”，「東洋大學アジア・アフリカ文化研究所研究年報」15：69–88.

1984，“東海岸狗岩のユルメギ洞神祭と洞組織”，日韓漁村社會・經濟共同研究會 編，「日韓合同學術調査報告」2：232–245.

中根千枝 編
1973,「韓國農村の家族と祭儀」, 東京大學出版會.
魯富子
1992, "現代韓國の都市における同族結合の社會學的研究——ソウル市の宗親會を事例に",「日本社會學會報告」13: 155-182.
野口隆 編
1976,「移民と文化變容——韓國陜川地域の事例研究」, 日本學術振興會.
野村伸一
1985,「仮面戯と放浪藝人——韓國の民俗藝能」, ありな書房.
1987,「韓國の民俗戯——あそびと巫の世界へ」, 平凡社.
小笠原眞
1976, "韓國の葬送儀禮——慶尙南道内谷裏の事例",「大谷學報」55 (4): 34-46.
小笠原眞・眞鍋祐子
1986, "韓國社會と巫俗——近代化と巫俗の變容",「奈良教育大學紀要」35 (1): 77-99.
朴銓烈
1989,「'門付け'の構造——韓日比較民俗學の視點から」, 弘文堂.
朴桂弘
1982,「韓國の村祭り」, 圖書刊行會.
櫻井哲男
1989,「'ソリ'の研究——韓國農村における音と音樂の民族誌」, 弘文堂.
佐藤信行
1973, "濟州島の家族と親族——O村の事例",「アジア文化研究」7: 1-49.
1975, "韓國洛東江 上流の山村社會",「アジア經濟」16 (3): 78-88.
1976, "濟州島の'サドン'",「南道——その歷史と文化」",

pp.219−231.

1977，“韓國における忌祭の祭官構成について”，「季刊人類學」8（1）：123−140.

重松眞由美

1980，“賽神にみられる女性の社會關係”——韓國京幾道楊州郡における巫俗の一考察，「民族學研究」45（2）：93−110.

1981，“チノキ賽神における 祖上と祖靈——韓國楊州郡K洞の 事例”，「國立民族博物館研究報告」6（2）：256−282.

1981，“財數賽神（チエスクツ）——韓國ソウルの商家における事例を中心に”，「季刊人類學」12（2）：143−165.

1982，“韓國の女”，綾部恆雄 編，「女の文化人類學」pp.197−223，弘文堂.

嶋陵奥彦

1976，“堂内（Chib-an）の分析——韓國全羅南道における事例の檢討”，「民族學研究」41（1）：75−90.

1978，“韓國の門中と地緣性に關する試論”，「民族學研究」43（1）：1−17.

1979，“韓國農村における生產關係”，「廣島大學綜合科學部研究紀要 1 地域文化研究」5：27−47.

1980，“韓國の‘家’の分析——養子と分家をめぐつて”，「廣大アジア研究」2：39−52，66.

1983，“韓國農村村落構造研究ノ一ト”，「韓國文化人類學」15：177−191

1983，“換金作物栽培と農村——韓國慶北星州の 事例から”，「慶大アジア研究」3：55−67.

1985，「族譜と門中組織——朝鮮社會史における親族組織研究ノ一ト」，菊池啓治郎學兄還曆紀念會 編 ‘日高見國’，菊池啓治郎學兄還曆紀念會，pp.399−415.

1985，「韓國農村事情——‘儒’の國に生きる人クの 生活史」，PHP研究所.

1987，“氏族制度と門中組織”，伊藤亞人・關本照夫・船曳建夫 編，「現代の 社會人類學 1 親族と 社會の構造」，東京大學出版會，pp.3-23.

1990，“契とムラ社會”，阿部年睛・伊藤亞人・萩原眞子 編，「民族文化の世界（下）社會の統合と 動態」小學館，pp.76-92.

末成道男

1975，“韓國安東地方における眞城李氏の墓祀について”，「東京大學教養學部教養學科紀要」7：59-69.

1982，“東浦の村と祭——韓國漁村調查報告”，「聖心女子大學論集」59：124-218.

1984，“東浦の生業と協同——韓國漁村調查報告”，「聖心女子大學論集」63：85-218.

1985，“東浦の祖先祭祀——韓國漁村調查報告”，「聖心女子大學論集」65：5-96.

1987，“韓國社會の『兩班』化”，伊藤亞人・關本照夫・船曳建夫 編，「現代 の社會人類學 1親族と社會の構造」，東京大學出版會，pp.45-79.

杉山晃一

1979，“韓國農村瞥見——社會と宗教の諸側面”，「東北大學日本文化研究所研究報告」15：109-127.

1981，“韓國南部一農村における農耕儀禮素描”，「東北大學日本文化研究所研究報告」18：173-92.

1982，“韓國南部一農村における葬送儀禮について”，「東北インド學宗教學會論集」9：585-88.

1990，“洞社會における世帶主の 契と主婦の契”，「東京大學日本文化研究所研究報告」27：57-69.

杉山晃一・櫻井哲男 編

1990，「韓國社會の文化人類學」，弘文堂.

鈴木文子

1992，“韓國における一漁村の儀禮生活——その祖靈觀を中心に”，

「甲南大學紀要文學編」83：27−61.

1995，“韓國における出山の不淨觀に關する預備的一考察”，「山陰民俗研究」1：55−73.

高橋統一・淸水洗昭・金龍澤・松本誠一

1990，“韓國の地域社會と老人の地位——傳統と近代化をめぐつて”，「東洋大學アジア・アフリカ文化研究所研究年報」24：166−205.

竹田旦

1983，「木の雁——韓國の人と家」，サイエンス社.

1990，「祖靈祭祀と死靈結婚」，人文書院.

1995，「祖先崇拜の比較民俗學——日韓兩國における祖先祭祀 と社會」，吉川弘文館.

土佐昌樹

1989，“憑依の現在——韓國珍島における巫俗儀禮の記述と解釋”，「民族學研究」53：374−398.

津波高志

1985，“ 濟州島東部地域の相續慣行”，「比較民俗學會會報」3：2−5.

1989，“相續と繼承からみた濟州島の家族”，「地域文化研究」4：99−104.

辻稜三

1982，“韓國の火田の變貌について”，「地理」27（3）：143−48.

和歌森民男

1986，“韓國農村の家族主義的性格——內谷裏の實態を中心に”，「廣島法學」2（2/3）：173−98.

依田千百子

1985，「朝鮮民俗文化の研究——朝鮮の基層文化とその原流 をめぐつて」，琉璃書房.

附录5 日本“过客会”的研究活动

1986년

제1회연구회，1986년 5월 22일: 발표자 秀村研二，제목 韓國의擬制的親子關係에 대하여

2（6/19）：植村幸生，‘朝鮮寺’에 있는심방의 儀禮

鈴木仁志，在日朝鮮人의 宗教：大阪 生駒의 朝鮮寺의事例

3（7/3）：岡田敏子，忌祭祀・집안・主婦

4（9/25）：松本誠一，韓國의 ‘小家族化’에 대하여

5（10/30）：朝倉敏夫ICSK Seminar “The Psycho-Culture Dynamics of the Confucian Family: Past and Present”에 대하여

6（11/27）：黃達起，贈與交換과 親族近隣關係：福島縣田村郡滝根村의事例 에서

（12/15）：忘年會（新宿武橋洞）

1987년

7（1/29）：酒井出，韓國村落調査 레포트

（3/5）：懇談會

8（4/30）：依田千百子，中國遼寧省朝鮮族概報

9（5/28）：眞鍋祐子，韓國의 샤머니즘에 대하여

10（7/2）：張世和・김금순，中國의 朝鮮族에 대하여 들음

11（11/5）：小林由裏子，韓國家族의 調査를 마치고

12（12/10）：金龍澤，在日朝鮮人社會의 老人扶養：千葉縣船橋市의事例

1988년

13（2/17）：孫鐘欽，韓國의 葬式과 輓歌

14（4/28）：崔德源，多島海의 堂祭

15（6/2）：本田洋，朝鮮의 傳統的親族組織과 社會認識

16（6/30）：李鎮榮，兩班이 본 兩班

17（9/29）：丹羽泉，서울의 巫堂 서보살에 대하여

18（11/10）：張世哲，農山村嫁不足對策으로서의 國際結婚：新潟의

韓國花嫁를 中心으로

19（12/20）：松原孝俊，親族名稱・親族呼稱：朝鮮語辭書를 編纂하면서생 각한 것

1989년

20（1/25）：眞鍋祐子，黃海道失鄕民社會에서 巫俗의 意味에 대하여

21（2/21）：岡野恭子，全羅道의 도깨비이야기에 대하여

22（3/23）：涉谷鎭明，韓國의 風水에 대하여

23（4/27）：安田히로미，韓國巫俗研究史

24（6/7）：大野祐二，在日韓國・朝鮮人에 관한 宗教研究：佛教를 中心 으로

25（6/19）：飯田剛史，朝鮮寺의 誕生: 在日民間宗教者의 네트워크

（12/21）：忘年會（代代木上原燒肉屋）

1990년

26（2/7）：文玉杓，日本의 韓國人人類學者

27（4/14）：金光日，Shaman's Healing Ceremonies in Korea（東大醫學部精神 衛生學教室과 合同）

28（4/27）：韓國研究의 整理와 今后의 展望 1（緊急을 要하는 研究）

29（5/15）：韓國研究의 整理와 今后의 展望2（中長期的 視點에서）

30（6/22）：安田히로미，韓國의 샤머니즘과 女性

31（10/2）：伊藤亞人，中國東北地方調查旅行에서

32（10/23）：服部民夫，네트워크論의 試圖：李朝時代의 人間關係와 權力

33（11/27）：片茂永，生佛花의 심볼리즘: 韓國佛教寺院에서 釋迦誕生曆壁畫의 意味

34（12/21）：神田요리子，巫俗儀禮의 比較研究：濟州島와 三陸沿岸地方의事例 에서

1991년

35（2/27）：鈴木文子，韓國忠淸南道長古島調查報告

36（6/4）：金良柱，韓國人이 日本을 필드로써 民族誌를 쓴단는 것

37（7/9）：川村湊，北朝鮮訪問記

38（7/12）：崔吉城，샤머니즘을 통해 본 韓國文化
39（9/21）：原口英樹，今后 在日朝鮮人 硏究의 問題點에 대하여
40（11/26）：吉田光男，漢城의 都市空間
41（12/17）：自由討論

1992년

42（1/20）：金容雲，不明:日本과 韓國의 比較
43（2/5）：服部民夫，家族의 構造와 韓國의 企業經營
44（2/13）：吉田光男，戶籍에서 본 20世紀初의 서울
45（4/23）：本田洋，마을，집，상일：全羅北道南原郡一山間農村의都市化 와 家族，家族儀禮
46（6/10）：金良柱，日本에서 본 韓國，韓國에서 본 日本
47（6/24）：吳善花，新宿에 가는 韓國女性들에 대하여
48（7/15）：株本千鶴，現代韓國의 葬法에서 死生觀
49（12/2）：植村幸生，李朝后期의 細樂手와 三絃六角：成立과 展開

1993년

50（1/21）：山內民博，李朝后期의 旌表請願運動과 在地士族
51（3/4）：坂元新之輔，創氏政策의 論理：殖民地朝鮮에서 姓과氏의文化 接觸
52（3/24）：川森博司，韓國口承說話의 分類體系：比較民俗學의 視點에서 考察
53（4/28）：林慶澤，韓國키톨릭에서 教會와 國家：18世紀末에서 19世紀初
54（5/24）：李英珠，農村의‘工業化’와兼業農家：慶尙北道古鏡農工地區의事例를中心 으로
55（7/14）：金周姬，在日韓人家族硏究의 課題
56（7/22）：金光植，藝術文化와 經濟
57（10/13）：鄭大均，在日韓國人・아이덴티티와 歸屬
58（11/22）：井口有子，韓國의 그리스도教：日本에 있는 韓國人教會 의事例
59（12/20）：楡木義瑛，韓國 그리스도者의 生活史：서울 近郊의 A教

會의 事例에서

1994년

60 (1/19) : 梁 順, 朝鮮總聯은 어떤 存在인가

61 (2/9) : 古田博司, 朝鮮儒

62 (5/11) : 金義哲, 하나의 家族, 두 文化: 韓國系 아메리카人의 親子間 의 葛藤

63 (7/13) : 大山孝正, 韓國의 성주 壺로 본 '穀靈' 의 問題

64 (11/30) : 岩本通彌, 이야기로서의 自殺事件: 미디아에 나타난 '神話' 의 日韓比較

(12/21) : 忘年會

1995년

65 (3/7) : 大野祐二, 農村社會와 그리스도敎: 扶餘의 事例에서

66 (6/21) : 李鐘哲, 日韓性信仰의 比較硏究

67 (11/29) : 林史樹, 韓國의 사카스團 構成員의 流動性

참고문헌

강신표

1974, “동아세아에서의 한국문화”, 문화인류학 6.

1998, “한국의 대대문화문법과 인학”, 한국문화인류학 31（2）：205-233.

京城大 朝鮮史研究會 編

1949, 朝鮮史概說, 서울:弘文書館.

경향신문 1947년 4월 25일자, 1949년 7월 23일자.

고려대학교 90년지 편찬위원회

1995, 고려대학교 90年誌（1905—1995）, 서울:고려대학교.

高麗大學校 民族文化研究所

1964, “民族文化關係文獻目錄”, 民族文化 1：245-336.

高義駿

1896, “事物變遷의 研究에 對한 人類學的方法”, 親睦會會報 2:22-26.（東京：大朝鮮人日本留學生親睦會）

官報 1949년 240호.

국립민속박물관

1996, 개관 50돌 국립민속박물관 50년, 서울:국립민속박물관.

國立博物館 館報 第1號（1947년 2월）, 第4號（1948년4월）, 第7호（1949년 9월발행）.

權五聖

1986, “한국민속음악학의 연구방법”, 民族音樂學 8：41-49.

김광억

1987, “한국 인류학의 평가와 전망”, 현상과 인식 11（1）：53-89.

1995, “한국 인류학의 반성과 과제: 개인적인 그리고 자성적인 평가”, 현상과 인식 19（2）：75-102.

金基守

1965, “民族文化研究論：人類學的方法論을 中心으로”, 國學

研究 1:3-19.

김선풍

1986, "江原道民俗研究史", 江原民俗學 4: 53-69.

金聖七

1940, "裏程長栍의 一例", 人文評論 2（10）: 184-191

金丞植 편

1947, 1948年 朝鮮年鑑, 서울:朝鮮通信社.

김열규

1989, 오늘의 북한민속, 서울:조선일보사.

金永鍵

1940, "占城（참파）と日本", 東亞學 3: 357-370.

1941, "印度支那人類研究所の事業とその意義", 民族學研究 1941년12월, pp.425-433.

1942, 日·佛·安南語會話辭典, 東京: 罔倉書房.

1943, 印度支那と日本との關係, 東京: 富山房.

1943, "安南の多妻制度", 民族學研究 1943년 3월, pp.181-184.

1947, 朝鮮開化秘譚, 서울:正音社.

1948, 黎明期의 朝鮮, 서울:正音社.

金容浩 편

1947, 1947年版 藝術年鑑, 서울: 藝術新聞社.

김원룡

1963, 울릉도（국립박물관 고적조사보고서 제4책）, 서울 :을유문화사.

1985, 하루하루와의 만남, 서울:문음사.

金源模

1984, 近代韓國外交史年表, 서울: 檀國大出版部.

金載元

1992, 博物館과 한평생:초대박물관장자서전, 서울:探求堂.

김정일·조성일

1992, "머리말", 조선족민속연구제1권, 연변조선족민속학회·

조선족민속연구소 편，연길: 연변대학출판사 （1991），pp. 1-3.

김정태

1966a，“韓國山岳會의 創立前后（1）”，한국산악 6（1）：7-13.

1966b，“會務·事業 略誌（1）： 資料”，한국산악 6（1）： 34-39.

金鐘瑞

1993，“韓末，日帝下 韓國宗教 研究의 展開”，韓國思想史大系 6:243-314.

金俊燁·金昌順

1986，韓國共產主義運動史（上），서울: 청계연구소.

김진균

1997，한국의 사회현실과 학문의 과제，서울: 문화과학사.

金泰坤

1971，“日帝가 實施했던 朝鮮民間信仰調査資料의 問題點”，石宙善教授回甲紀念民俗學論叢.

1984，한국민속학원론，서울: 시인사.

金宅圭

1982，“民俗學”，文藝年鑑，서울: 韓國文化藝術振興院.

1994， “학회활동을 통해 본 한국민속학의 좌표”，한국민속연구사，최인학·최래옥·임재해 편，서울:지식산업사，pp.33-49.

金賢準

1930，“朝鮮家族制度의 研究”，大衆公論2（2，3）.

金喜坤

1998，“北美留學生雜誌「우라키」연구”，慶北史學 21:1097-1119.

南州

1956，“宗教의 起源”（譯），思想界 1956年 3月號：121-126.

南宮卓

1933，“北米士人 인디안種 연구”，우라키 6호.

南根祐

1996，“손진태학의 기초연구”，韓國民俗學 28：85-121.

1998, "植民地主義 民俗學의 一考察", 정신문화연구 21 (3) : 55-76.

盧熙燁

1958, "人種이란 무엇인가?" (譯), 思想界 1958年 2月號: 256-269.

동아일보1946년 4월 26일자, 동년 5월 7일과 11일자, 1947년 9월 18일자, 1949년 6월 20일자.

동국대학교 90년지 편찬위원회

1998, 동국대학교 90년지 Ⅰ (약사편). 서울:동국대학교교사편찬실.

류기선

1995, "1930년대 민속학 연구의 한 단면:손진태의 '민속학'연구의 성격을 중심으로", 민속학연구 2:57-80.

柳葉

1954, "人理學의 新提唱", 新天地 1954年 3月號: 102-123.

리제오

1989, 조선민속학, 평양: 김일성종합대학출판사.

문승익

1974, "自我準據的 政治學", 국제정치논총 13·14 合輯, pp.111-118.

문옥표

1997, "한국인류학의 지역연구 동향", 최협 편, 인류학과 지역연구, 서울: 나남출판, pp.89-128.

朴成益

1996, 교육학과", 서울대학교50년사 (下), 서울대학교50년사편찬위원회편, 서울: 서울대학교.

朴仁和

1982, 舊韓末 渡日官費 留學生에 관한 考察, 이화여자대학교대학원 (社會生活學科) 석사학위 논문.

朴鎮泰

1996, "石南 宋錫夏의 民俗學과 실천적 삶", 국립민속박물관1996, 개관50돌 국립민속박물관 50년, 서울: 국립민속박물관, pp.

169-185.

박현수

1993, 일제의 조선조사에 관한 연구, 서울대학교 인류학과 박사논문.

邊世鎮

1950, "文化와 社會: 美國文化社會學論", 學風 13: 70-78.

사회과학원 민속학연구실

1990, 조선민족풍습, 평양:사회과학출판사.

사회과학출판사

1992, 조선말대사전, 평양: 사회과학출판사.

서울대학교 50년사 편찬위원회

1996, 서울대학교 50년사(상), 서울: 서울대학교.

서울大學校 社會學科 五十年史 刊行委員會

1996, 서울大學校 社會學科 五十年史, 서울: 서울大學校 社會學科.

石宙明

1949, "新聞記事로 본 解放后一年間의 濟州島", 學風 2(1): 100-101.

선희창

1991, 조선의 민속(재판), 평양: 사회과학출판사.

成炳禧·林在海(편)

1986, 韓國民俗學의 課題와 方法, 서울:정음사.

孫晉泰

1926, "西伯利亞 各民族의 結婚形式", 新女性 4(1): 41-45.

1930, 朝鮮民譚集, 東京: 鄉土研究社.

1947a, "國史教育의 基本的諸問題", 조선교육 1947년 6월호(국어·국사특집), 서울: 文化堂.

1947b, "民俗과 民族: 民俗文化의 民族的性格에 關係하여", 京鄉新聞1947년 11월 9일자.

宋錫夏

1941, "朝鮮傳承娱樂의 分類", 朝光 1941년 4월호.pp.179-182.

1947a, "黑山島의 傳說과 海神의'性'", 京鄉新聞 1947년 11월 9일자.

1947b, “序”, 朝鮮民間傳說集, 崔常壽 著, 서울: 을유문화사.

1985, “민속학은 무엇인가?”, 최철·설성경 편, 민속의연구（Ⅰ）, 서울:정음사, pp.148-164.（원래 1934년 學燈에 게재되었던 것임）

宋乙秀

1926, “生物學上으로 본 人類의 將來”, 學潮 1:51-61. 京都學友會.

신용하

1991, “일제하 仁村의 민족교육활동”, 評傳, 仁村 金性洙, 동아일보사편, 서울: 동아일보사, pp.237-266.

安秉煜

1956, “文化에 對한 情熱: 民族의 存在 理由”, 思想界 1956年 12月號: 234-239.

梁永厚

1981, “朝鮮民俗學の苦難”, 傳統と現代 12（4）: 135-142.

이강숙

1982, 종족음악과 문화, 서울: 민음사.

李謙魯

1987, 通文館 책방비화, 서울: 광우당.

李光麟

1990, “北韓의 考古學: 특히 都宥浩의 研究를 中心으로”, 東亞研究 20: 105-136.

이광호

1988, “창간사”, 체질인류학회지 1（1）: 1.

李克魯

1947, 苦悶四十年, 서울: 乙酉文化社.

李德成

1947, “朝鮮社會學徒의 現段階的課題”, 科學戰線 2（4）: 93-111.

이도원

1997, 떠도는 생태학, 서울: 범양사출판부.

李杜鉉·張籌根·李光奎

1991，韓國民俗學槪說（新稿版），서울：一潮閣.

李萬甲

1950，“家族起源論”，學風 13:35-42.

李相佰

1962，“（閑婆）라 불리우던 인도네시아: 인도네시아의 民族硏究를 中心으로”，思想界1962年9月號： 150-159.

李晢洛

1954，“韓國人種史”，慶大學報 1:54-65.

李元淳

1989，“韓末雇聘歐美人綜鑑”，韓國文化10：24-307.

李鐘求

1957a，“人類의 來日”（譯），思想界 1957年2月號：54-57.

1957b，“社會의 挑戰”（譯），思想界 1957年 2月號：58-62，87.

李忠雨

1980，京城帝國大學，서울:多樂園.

李海英·安貞模（共編）

1958，人類學槪論，서울: 精硏社.

李憲載

1995，韓國考古學文獻目錄，서울：學硏文化社.

李惠求

1986，“韓國音樂史學과 民俗音樂學의 方法과 課題”，民族音樂學 8：1-8.

李效再

1959，“文化의 槪念”（譯），思想界 1959年9·10月號.

李興雨

1996，“澗松 全鎣弼”，澗松 全鎣弼，서울:普成高等學校，pp. 137-272.

익명

1945，朝鮮의 將來를 決定하는 各政黨各團體，서울: 輿論社出版部.

인권환

1978，한국민속학사，서울: 솔화당.

一記者

1920，“人類學에 對한 概念”，開闢 5：78-80.

任東權

1964，“韓國民俗學小史：解放后”，民族文化研究 1：240-244.

1966，“金孝敬·金永鍵論：1930年代 日本에서 活躍한 두 學者”，한국민속학 28:53-63.

任晳宰

1960，“序”，韓國民俗考，宋錫夏 著，서울: 日新社，pp.5-8.

1974，“한국문화인류학의 반성과 지향: 학회활동 분야”，문화인류학 6.

張信堯

1979，“우리나라의 體質人類學”，大韓解剖學會誌 12（1）：11-15.

1988，“한국의 체질인류학에 대한 회고”，체질인류학회지 1（1）：1-3.

장주근

1996，“국립민속박물관 50년사: 국립민족박물관 시대（1945년 11월 8일~1950년 12월）”，개관 50돌 국립민속박물관 50년，서울: 국립민속박물관，pp.146-150.

장철수

1996，“민속학 연구 50년사”，韓國學報 82：31-114（一志社）.

1997，“민속학에서 본 宋錫夏 의 평가문제”，민속학연구 4:9-21

奬忠六十年史 편찬위원회

1994，奬忠六十年史. 서울: 학교법인 고계학원 장충중·고등학교.

全京秀

1989，“中國東北의 朝鮮族：民族誌的 概況”，社會科學과 政策研究 11（2）：181-370.

1994，문화의 이해，서울: 일지사.（개정판 1999년도）

1997，“宋錫夏，朝鮮民俗學會，國立民族博物館，人類學科：民俗學에서 人類學으로”，민속학연구 4:23-43（국립민속박물관）.

1998, “한국 박물관의 식민주의적 경험과 민족주의적 실천및세계주의적 전망”, 韓國人類學의 成果와 展望, 송현이광규교수정년기념논총 간행위원회 편, 서울: 집문당, pp.661-716.

전신재

1977, “송석하의 전통연극론”, 민속학연구 4:45-58.

鄭在覺

1956, “文化의 黎明”, 思想界 1956年 11月號：18-28.

朝鮮出版文化協會

1949, 出版大鑑 7.*1948년 5월에 출판 준비하였다 사정에 의해 1949년4월에 출판되었음.

趙芝薰

1964, “韓國民俗學小史：解放前”, 民族文化研究 1：235-240.

주강현

1991, 북한민속학사, 서울: 이론과 실천.

1994, 북한의 민족생활풍습, 서울: 대동.

차배근

1998, “大朝鮮人 日本留學生 「親睦會會報」에 관한研究”, 言論情報研究35：1-56.

채현경

1996, “음악인류학（Anthropology of Music）의 최근 연구동향”, 民族 音樂學 18:31-62.

崔吉城

1983, “손진태의 한국무속의 연구”.한국학의 문헌연구와 현황, 서울: 아세아문화사, pp.603-616.

1995, “金孝經의‘巫堂이즘’研究小考”, 比較民俗學 12：439-452.

최몽룡 外

1998, 울릉도 : 고고학적 조사연구 . 서울: 서울대학교 박물관.

崔常壽

1949, 朝鮮口碑傳說誌, 서울: 과학문화사.

1966, “한국가면의 연구”, 민족문화연구 2:1-53.

1967，海西假面劇의 研究，서울: 대성문화사.
崔榮熙
1992，“발간사”，崔榮熙·姜信杓·高誠晞·趙明玉 공저，看護와 韓國文化：文化技術誌的 接近，서울: 壽文社.
崔在錫
1974，“韓國의 初期社會學：舊韓末 — 解放”，韓國社會學 9：5-29.
1976，“解放30年의 韓國社會學”，韓國社會學 10：7-46.
1985，“孫晉泰 著作文獻目錄”，韓國學報 39：179-183.
최종고
1984，한독교섭사，서울: 홍성사.
최혜월
1986，국대안반대운동의 이념적 성격에 관한 연구（연세대학교 석사학위논문）.
편집부
1991，“6·25 피납치인사 명부”，역사산책 1991년 6월호，pp.78-98.
한국정신문화연구원 편
1983，한국학인명록，성남: 한국정신문화연구원.
1984，국역 韓國誌，성남 : 한국정신문화연구원. * 이 책은 원래제정러시아가 1900년대 펴낸「KOPEN」의 번역본임.
韓萬英
1986，“韓國民俗音樂學의 課題”，民族音樂學 8：57-63.
한상복
1974，“한국문화인류학의 반성과 지향: 사회인류학 분야”，문화인류학 6.
1980，“한국문화인류학 30년”，한국문화인류학 20:57-76.
1991，“인류학과 30년의 회고와 전망”，人類學科 30年 白書，서울대학교사회과학대학 인류학과，pp.5-9.
1996，“인류학과”，서울대학교 50년사（下），서울대학교50년사 편찬위원회편，서울: 서울대학교，pp.65-69.
1998，“문화인류학 40년 일화”，한국문화인류학 31（2）： 187-203.

한성겸

1994, 재미있는 민속놀이, 평양: 금성청년출판사.

한양명

1996, "石南 宋錫夏의 民俗硏究와 民俗學史的 位相", 韓國民俗學 28:65-83.

韓永愚

1994, "韓國學의 概念과 分野", 한국학연구1:1-24（단군대한국학연구소）.

1996, "歷史學 및 考古學의 회고와 전망: 國史學", 서울대학교 학문연구50年（Ⅰ）: 總括·人文·社會科學.서울: 서울대학교연구처.pp.217-222.

한창균

1994, "도유호와 북조선 고고학", 도유호 저, 조선원시고고학. 서울: 백산자료원. pp.327-408.

홍종인

1966, "한국산악운동 20년 소고", 한국산악6（1）: 2-6.

黃性模

1954, "思維의 原始化에 關하여: 人類學의 科學的 救濟를 為한 斷想", 文理大學報2（2）: 26-34.

黑龍江人

1933, "藝術的으로 본 人類學上의兩性問題"우라키（留米學生雜誌）5호.

江帆

1995, 民俗學田野作業硏究, 山東大學出版社.

烏丙安

1992, 中國民俗學, 沈陽, 中國: 遼寧大學出版社.

赤松智城·秋葉 隆

1938, 朝鮮巫俗圖綠, 大阪: 大阪屋書店.

秋葉隆

1929，“‘Intensive Method’에 就하여”，社會學雜誌 57：1-1I.

1954，朝鲜民俗誌，東京：六三書院.

朝倉敏夫

1997，“村山智順師の迷”，民博通信 79：104-111.

伊藤亞人

1988，“秋葉隆：朝鮮의 社會와 民俗研究”，綾部恆雄 編，文化人類學群像：日本编，京都：아카데미아出版會，pp.211-223.

1995，“文化人類學에서 본 朝鮮學의 展望”，朝鮮學報 156：10-12.

1996，“韓國·朝鮮——日本의 民族學·文化人類學에서 달성한 研究”，日本民族學의 現在: 1980年代부터 90年代까지，Josef Kreiner 編，東京：新曜社，pp.238-252.

川村湊

1996，‘大東亞民俗學’의 虛實，東京：講談社.

京城帝國大學創立五十周年紀念誌编纂委員會

1974，鉗碧遙かに——京城帝國大學創立五十周年紀念誌，東京：耕文社.

朝鮮總督府

1940，朝鮮總督府 及 所寫官署 職員緣，京城：朝鮮總督府 編饕.

大貫良夫

1988，“泉 靖一：日本 안데스學의 創始者”，文化人類學群像：日本编，京都: 아카데미아出版會，pp.411-432.

水野祐

1988，“西村眞次”，綾部恆雄 編，文化人類學群像 3：日本編，京都：아카 데미아出版會，pp.125-143.

岩崎繼生

1933，“朝鮮民俗學界에의 展望”，도루멘，pp.112-115.

島本彥次郎

1955，“秋葉隆 博士의 生涯와 業績”，朝鮮學報 9（沈雨晟 譯 1993.“아키바 다카시 박사의 생애와 업적”，朝鮮民俗誌，秋葉 隆 著，서울:東文選，pp.378-391）.

島五郎

1974,“城大醫學部解剖學教室其他のことと”,京城帝國大學創立五十周年記念誌編纂委員會,鉗碧遙かに——京城帝國大學創立五十周年記念誌.東京:耕文社,pp.239-241.

泉靖一·村武精一

1966,“朝鮮”,日本民族學의 回顧와展望,日本民族學振興會(崔吉城 編譯 1982,“韓國硏究의 回顧와 展望”,韓國의 社會와宗教: 일본인에 의한 사회인류학적 연구,서울: 亞細亞文化社,pp.1-12)

泉靖一

1972,泉靖一著作集 7(文化人類學의眼),東京:讀賣新聞社,pp.439-452.

蒲生正男

1981,“泉靖一”,社會人類學年報 7:133-143.

馬淵東一

1974,“移川先生の追憶”,馬淵東一著作集第3卷,馬淵東一著,東京:社會思想社,pp.467-483. 이 글은 民族學硏究 12권 2호(1947년)에 처음 발표되었음.

嶋陸奥彦·朝倉敏夫

1998,變貌する韓國社會,東京:第一書房.

松本誠一

1985,“金賢準博士の足跡”,白山社會學會會報3:19-22.

1988,“日本에서 이루어진 文化人類學的 韓國調査의 展開 1960-1980,付韓國硏究者別著述目錄 日本人:文化人類學,民俗學編 1965—1987”,東洋大學社會學部紀要 25(2):35-76.

村武精一

1977,“末弟子가 본 <秋葉 隆>像”,社會人類學年報 3:179-195.

村山智順

1999,朝鮮場市の硏究,東京:圖書刊行會.

古野淸人

1974，“序”，馬淵東一著作集 第1卷，馬淵東一 著，東京：社會思想社，pp.I-13.

杉本直治郎·金永鍵

1942，印度支部에서 邦人發展의 硏究：古地圖에 印刷된 日本河에 대하여， 東京：富山房.

松本信廣

1943，“序”，金永鍵 著，印度支那와 日本과의 關係.東京： 富山房，pp.1-2

旗田 巍

1977，“朝鮮史硏究と私”，姜在彦·李進熙 편.朝鮮學事始の. 東京：靑丘文化社pp.7-35.

人類學雜誌 全號

大正大學學報 12，13，14，15，26，27，29，30·31合號

日本民族學會 編

1961，民族學關係雜誌論文總目錄 東京：誠文堂新光社.이중에서pp. 177-178에 한국관계가 수록되어 있음. 1925년에서 1959년 사이에출판된 것들이다.

須田昭義

1949，“朝鮮人人類學에 關한 文獻”，人類學雜誌 60（3）：123-136. 1887-1948년 간행된 體質人類學的 논문（일본어，영어，독일어）목록.

Bert，Gerow

1952，Publication in Japanese on Korean Anthropology: a Bibliography of Uncatalogued Materials in the Kanaseki Collection，Stanford University Library，pp.18.

Bouchez，Daniel

1995，“프랑스國立極東硏究院의 事業”，亞細亞硏究 38（2）：175-189.

Brew, J.O.

1968, "Introduction", *One Hundred Years of Anthropology.* Cambridge, MA:Harward University Press, pp.5-25.

Bromley, Yu.V.

1976, *Soviet Ethnography; Main Trends.*Moscow: USSR Academy of Sciences.

1984, *Theoretical Ethnography.* Moscow: NAUKA（번역, V.Epstein & E.Khazanov）.

Brouguignon, Erika

1996, "American Anthropology: A Personal View", *General Anthropology 3（1）: 1-9.*

Eggan, Fred

1968, "One Hundred Years of Ethnology and Social Anthropology", *One Hundred Years of Anthropology.* ed. by J.O.Brew. Cambridge, MA: Harvard University Press, pp.116-149

Flew, Anthony

1967, "From Is To Ought", *Evolutionary Ethics in New Studies in Ethics.* ed. by W.Hudson, New York:St. Martin's.

Glenn, James R.

1922, *Guide to the National Anthropological Archives.*Smithsonian Institution, National Anthropological Archives 발행.

Grinker, Roy Richard

1998, *Korea and Its Futures.* New York: St.Martin's.

Ingold, Tim（ed.）

1994, *Companion Encyclopedia of Anthropology.* London:Routledge.

Janelli, Roger

1986, "The Origins of Korean Folklore Scholarship", *Journal of American Folklore 99（391）: 24-49.*

Knez, Eugene & Chang-su Swanson

1968, 韓國人類學에 關한 文獻목록.（*A Selected and Annotated*

Bibliography of Korean Anthropology）.서울:대학민국 국회 도서관，p.235.

Knez，Eugene

1984-1985, "Eugene Knez and korea and Korean Studies: Some bibliographical highlights, 1945-1985", *Korean and Korean-American Studies Bulletin 1（2&3）：10-12.*

L.

1950，"美國社會心理學의 新傾向：精神分析學과 文化人類學"，學風 13：43-49.

Lee, Kwang-kyu

1986，"Anthropological Studies in Korea", *Asian Peoples and Their Cultures*, ed. by Han, Sang-Bok, Seoul: Seoul National University Press, pp.117-138.

Linke, Uli

1990，"Folklore, Anthropology, and the Government of Social Life", *Comparative Study of Society and History 32（1）：117-148.*

McGlamery, T.

1979, "Eugene I.Knez", mimeo.

Nguyen Thieu Lau

1997, "Ong Chu Su: Dong Phuong Bac Co Hoc Vien", *XUA NAY 40:29-30.*

Penniman, T.K.

1965, *A Hunderd Years of Anthropology.* New York: William Morrow.

Ryang, Sonia

1992, "Indoctrination or Rationalization?: The Anthropology of 'North Koreans' in Japan", *Critique of Anthropology 12（2）：101-132.*

1997, North Koreans in Japan: Language, Ideology, and Identity, Boulder, CO: Westview.

Schwimmer, Brian & Michael Warren（eds.）

1993, *Anthropology and the peace Corps: Case Studies in Carrer Preparation,* Ames: Iowa State University Press.

Slotkin, J.S.

1965, *Readings in Early Anthropology.* New York.

Stocking，George

1979，*Anthropology at Chicago.* Chicago : University of Chicago.Press.

Underwood Horace H.

1931，“A Partial Bibliography of Occidental Literature on Korea: From Early to 1930”, *Transactions of the Korea Branch of the Royal Asiatic Society 20:1-186.*

Wunsch, Richard

1976，*Arzt in Ostasien*（金玉慶・金鍾大 譯，高宗의 獨逸侍醫 분쉬 博士.대구: 형설출판사）.

One Hundred Years of Korean Anthropology

Chun Kyung-soo, Ph. D. & Prof.
Department of Anthropology
Seoul National University

Contents & Resume

Abstract : A Proposal for the Future Korean Anthropology

We never know the reason why a discrepancy between the so-called natural sciences and humanities has happened in acedemism for the best meaning of itself. There should be very much an arbitrary and irrational distinction between them in reality. Anthropology has naturally started with combination between them and eventuually evolved into several subfields likeCultural anthropology,physical anthropology, archaeology, linguistic anthropology, and so forth. Anthropology in Korea should not be merged into either social anthropology or primatology as a form of sub-subfields within anthropology.

There have without doubt been anthropological traditions fueled by and transmitted from the comparative sociology as well as comparative anatomy in the begining of anthropology as an independent discipline of the 19th century. Anthropology in its beginning put together and combined different streams in a single pot and created a science of human being based on the holistic perspective which should be claimed as the very spirit of the unified sciences against institutionalizing and overprofessionaliziing trends. Anthropology has obviously needed the universal idea of human being to depart from the dimension of ethnology focusting on different peoples and to link among humanity covering the field of physical anthropology, culture eptomizing cultural anthropology, social life representing social anthropology(Ingold 1994). Anthropology in its begining stage in Korean situation should apparently be considered as something with its wider meaning including all subfields.

In 1896, Koh Ui-joon, a Korean students in Tokyo, Japan, wrote an article titled “On Anthropological Method of Culture Change” which must be the first Korean written article in anthropology introducing and abridging Prof.Edward Tylor’s *Primitive Culture*, while Drs. Tsuboi Shogoro and Torii Ryujo practiced criminal anthropology, comparative anatomy as well as archaeology and physical anthropology from the European tradition of anthropology in their beginning in Japan. The former tried to focus on the concept of culture later transmitted to the American tradition while the latters on colonialism and imperialism combined with authropology around the academic circle named as the Tokyo Anthropological Association led by Tokyo Imperial University. It should be noted that the concept of the culture was for the first time comprehensively introduced under the book titled *Cultural Anthropology* by Prof. Nishimura Shinji at Waseda University during the 1920s in Japan.

In Korea, anthropology was eventually sowed by Mr.Koh's article in a sense of general atmosphere of the self-searching modernity against outside impact of modernization and disappeared by the Japanese colonial expansion of modernization against the indigenous movement. The colonial government occupied Korea and transplanted a social anthropologist, Akiba Takashi, trained in both Tokyo and London under the Keijo Imperial University in Seoul in 1926. Izumi Seiichi, Akiba's student, became an assistant professor at the Institude of the Continental Resources and Sciences in the Keijo Imperial University in 1944 and seemed to be actively participated in the military activities supporting for the so-called the Great Asian Prospering Circle. At the same time, the Korean Folklore Society founded in 1932 by two Koreans, Song Suc-ha and Son Chin-tai, which was banned from conducting their academic activities by the influence of the Japanese military-academic complex during the wartime.

The Korean Anthropological Association was eventually founded in the spring of 1946 and led by Dr.Lee Kuc-ro, a notorious communist who later fled to Northe Korea before the Korean War and acted in the field of academic anthropology including both cultural and physical anthropologies, and archaeology with the full force of the newly independent state of Korea. The Anthropology Department at Seoul (National) University was supposedly established by Mr.Song Suk-ha in the fall of 1946 at least. The curriculum of anthropology for students reflects a broad and wider meaning of anthropology including archaeology, museology, and folklore. Mr.Song strongly argued the fact that folklore as an academic field should be finally converged into anthropology and contributed with a great deal of effort to establish the National Museum of Anthropology in the fall of 1945 under the auspices of the US Military Government. The Korean War of 1950 wiped and blew out everything related with anthropology of the univereity department, the national museum,and the academic association.

The KoreanCultural Anthropological Association established in 1958 by a group of young scholars interested in folklore did not even recognize the existence of the former ancestor of anthropological activities by the Korean Anthropological Assocation and failed to establish an anthropological assocation with physical anthropologists resisting against the cultural side. Mr.Yim Suk-jai,trained in psychology and interested in oral tradition, was invited to be the first president of the group. In 1961, a department of archaeology and anthropology at Seoul National University was established and the department emphasized the field of archaeology rather than anthropology in training her students and conducting research. In order words, anthropology disappeared with the advent of the war and later resprouted with a half size of being "cultural" and stood behind archaeology seemingly in theory being a part of anthropology.

As a result, no one even cares about the subfield of physical anthropology and, finally, even just a couple of physical anthropologists (this number covers whole in Korea!) properly trained abroad are not able to find their appropriate jobs in academic as well as in applied fields. Of course, there is a group called Korean Physical Anthropological Association since 1958 occupied by anatomists and comparative anatomists among physicians which do not incorporate cultural ideas of anthropology. This might be another obstacle for the field of physical anthropology to settle down in Korean academic community related with anthropological science since 1958.

Holism should in theroy be remembered by every anthropologists in Korea before opening the door of the issue of indigenization of anthropology. The very reality of only lip-servicing the holism does in nature hurt the nature of doing anthropology. There seems to be serious conversations between "cultural anthropologists" and sociologists for developing the so-called interdisciplinary cooperations and another talk between "physical anthropologists" and anatomists for the same token in Korea.

I would like to see those cooperations with other disciplines by anthropologists in Korea with one condition which should be considered as the key in this paper. We need to sow the seed and cultivate physical anthropology for the future of doing anthropology and indigenizing the descipline on this soil. Anthropology should stay with its wider meaning of anthropology in the very form in this age of academic turmoil. Anthropology is neither part of social sciences nor a part of natural sciences. It needs to be claimed as a bridging discipline in the future among all academic disciplines including natural sciences and humanities as well as arts.